绿色环保领域普通高等教育教学丛书

生 态 学

主 编 李振基 陈圣宾
副主编 赵春章 王国严 权秋梅 杨永川

科学出版社

北 京

内 容 简 介

《生态学》是一本深入浅出地介绍生态学基础理论和应用技术的教材，同时注重将课程思政资源融入教学中。本书着重展现了中国学者在现代生态学发展中的学术贡献和生产实践，以及近年来开展的重要生态保护修复实践及其成效。此外，本书还探讨了生态文明建设的生态学途径。在阐述基本原理和概念时力求清晰明了，同时充分吸收生态学基础理论与实践应用前沿的最新成果。通过选择优秀实践案例进行阐述，强调了学生能够学以致用、解决实际生态问题的重要性。本书为新形态教材，配套知识图谱，扫描正版图书每章首的二维码可查看彩图、课件、视频、文档等数字资源。

本书适用于生态学、环境科学与工程、生物学、生物工程、地理学、城乡规划、风景园林等相关专业本科生使用，也可作为生态学科研工作者以及社会科学各专业工作者了解生态环境问题的参考书。

图书在版编目（CIP）数据

生态学 / 李振基, 陈圣宾主编. -- 北京：科学出版社, 2024.12. --（绿色环保领域普通高等教育教学丛书）. -- ISBN 978-7-03-080319-1

Ⅰ. Q14

中国国家版本馆 CIP 数据核字第 20242VP486 号

责任编辑：张静秋 / 责任校对：严　娜
责任印制：肖　兴 / 封面设计：有道文化

科 学 出 版 社 出版

北京东黄城根北街 16 号
邮政编码：100717
http://www.sciencep.com

三河市骏杰印刷有限公司印刷
科学出版社发行　各地新华书店经销
*

2024 年 12 月第 一 版　开本：787×1092　1/16
2024 年 12 月第一次印刷　印张：21 1/2
字数：507 000

定价：89.00 元
（如有印装质量问题，我社负责调换）

《生态学》编写人员

主　　编　李振基　陈圣宾

副 主 编　赵春章　王国严　权秋梅　杨永川

编写人员（按姓氏拼音排序）

陈　果（成都理工大学）

陈劲松（四川师范大学）

陈鹭真（厦门大学）

陈圣宾（成都理工大学）

丁　鑫（广东生态工程职业学院）

付长坤（四川师范大学）

郭霞丽（广西大学）

李　强（河南农业大学）

李振基（厦门大学）

刘　静（成都理工大学）

权秋梅（西华师范大学）

石松林（成都理工大学）

王国严（成都理工大学）

杨永川（重庆大学）

赵春章（成都理工大学）

　　生态学作为一门历史悠久且不断发展的学科，其重要性随着高等教育的普及和战略性新兴领域的发展而日益凸显。

　　从生态学的发展历史来看，人类对生态系统的认识从最初的简单观察，逐渐过渡到现代的系统化、定量化研究，这一转变不仅促进了生态学理论的深化，也为解决现实世界的生态问题提供了科学依据。在高等教育层面，生态学教育不仅要培养学生掌握生态学的基本理论、方法和技能，更重要的是培养他们对生态环境保护的责任感和解决问题的能力。随着全球环境变化和生物多样性的减少，对生态学专业人才的需求日益增加，高等教育机构有责任加强生态学的教育和研究，为生态文明建设培养合格的专业人才。

　　从战略性新兴领域发展的角度来看，生态学与气候变化、可再生能源、环境保护等新兴领域紧密相关。生态学的研究成果不仅有助于理解和预测环境变化趋势，还能为新能源开发、生态系统服务评估和生物资源的可持续利用提供科学指导。生态文明建设是实现可持续发展的关键，生态学在这一过程中扮演着不可或缺的角色。因此，生态学作为一门连接自然科学与社会科学、传统知识与现代技术、学术研究与实际应用的桥梁学科，在高等教育和战略性新兴领域发展中具有极其重要的地位。

　　在编写这本教材的过程中，经验丰富的学者发挥了核心的领导作用，他们凭借深厚的学术底蕴和丰富的教学经验，为教材的编写提供了坚实的理论基础和方向指导。年轻教师们则以饱满的热情和创新精神，全身心投入教材的编写工作中，在积极学习老教授们经验的同时结合自己的研究和教学实践，为教材注入了新的活力和视角。在编写过程中，团队成员通过多次深入研讨，对教材的结构、内容和表述进行了反复打磨和优化，确保每一章节、每一概念都清晰易懂。通过这种老中青结合的团队合作模式，教材最终得以呈现出全面性、系统性、实践性、科学性、前瞻性和思政性的特点。

　　全面性：教材内容全面，涵盖了生态学的多个方面，从基础概念到高级理论，从生态学简史到未来生态学的发展趋势，包括全球气候系统、地质与土壤、人类活动对生态系统的影响、生命起源与演化等多个方面。教材全面覆盖从个体生态学到宏观生态学，再到生态文明建设等内容，为学生提供了一个完整的生态学知识体系，为他们的学习和研究提供了坚实的基础。

　　系统性：教材从个体、种群、群落、生态系统到宏观生态学，逐步深入、系统地介绍了生态学的各个层次和各个分支领域，并探讨了它们之间的相互联系。这使教材形成了完整的知识体系，涵盖了生态学的各个分支领域，为学生提供了系统性的学习资源。

实践性：教材强调了生态系统服务、退化生态系统的恢复以及生物多样性保护等关键实践议题，并深入探讨了人类活动对生态系统的影响；教材还介绍了生态学研究的实用方法和工具，如生态调查和监测技术、大数据分析、人工智能等，为学生和研究人员提供了有益的实践指导。

科学性：教材的内容建立在严谨的科学研究基础之上，通过引用大量翔实的数据和研究结果，不仅反映了生态学领域的最新进展和科学发现，而且为学生和研究人员提供了深入理解生态复杂性的坚实基础。教材强调了生态学研究的多维度特性以及理论与实践的紧密结合。

前瞻性：教材不仅提供了生态学的历史背景和发展脉络，帮助读者理解生态学概念和理论的形成过程，还展望了生态学未来的发展趋势。教材对生态学的未来发展进行了深入探讨，包括生物多样性保护、生态系统过程与功能、退化生态系统修复、人类与全球变化的影响以及生态学方法前沿领域，为生态学研究和实践提供了前瞻性的启示。

思政性：教材在内容上特别突出了中国在生态学研究和生态文明建设方面的实践与成就，彰显了中国在生态学领域的独特贡献和中国特色的生态文明建设理念。通过将生态学与生态文明建设相结合，深入探讨了生态文明的概念、实现途径和实践案例，强调了可持续发展在生态文明建设中的核心地位。希望能培养学生对生态学发展历程的历史感知、科学精神和时代责任感。

我们希望这本教材能够提供全面且深入的学习资源，不仅能为学生和研究人员提供扎实的理论基础和研究工具，也能为政策制定者和公众提供生态学知识和实践指导。同时，希望这本教材不仅适用于高等教育的教学，也可作为生态学研究者和环境保护工作者的重要参考资料。

本书编写分工为：第一章杨永川、付长坤、陈圣宾，第二章赵春章、刘静，第三章权秋梅、王国严，第四章李振基、陈圣宾，第五章陈果、李强、郭霞丽，第六章陈圣宾、刘静，第七章陈圣宾、丁鑫。全书由李振基和陈圣宾负责统稿。

本书的编写得到了科学出版社的大力支持和帮助，在此对所有参与本教材编写、绘图、审阅的同志表示诚挚的谢意。

由于我们的水平和能力有限，在编写过程中难免有不足之处，恳请同行专家和广大读者给予指正。

编 者

2024 年 6 月 24 日

目 录
Contents

《生态学》知识图谱

扫描上方二维码可查看本书配套知识图谱

《生态学》教学课件申请单

凡使用本书作为所授课程配套教材的高校主讲教师，填写以下表格后扫描或拍照发送至联系人邮箱，可获赠教学课件一份。

姓名：	职称：	职务：
手机：	邮箱：	学校及院系：
本门课程名称：		本门课程选课人数：
开课时间： □春季　　□秋季　　□春秋两季		选课学生专业：
您对本书的评价及修改建议（必填）： 		

联系人：张静秋 编辑　　电话：010-64004576　　邮箱：zhangjingqiu@mail.sciencep.com

第一章

绪　论

本章数字资源

◆ 第一节　全球气候系统

地球生态系统的分布格局在很大程度上受气候条件的制约。温度和水分是决定生物活动和生物化学反应速度的关键要素，而这些反应速度又直接关系到生态系统中植物光合作用和微生物分解等核心过程。气候不仅塑造了岩石的风化和土壤的形成，而且这些地质变化也会反过来影响生态系统的功能。因此，理解气候如何随时间和空间变化，对于理解全球生态系统模式的形成至关重要。气候的变化受多种因素影响，包括太阳辐射、大气成分和动态，以及地球表面的特征。大气循环和海洋环流在调节全球热量和水分分布方面发挥着重要作用，对气候类型的分布及其变化趋势有着深远的影响。

一、能量平衡

地球的能量收支平衡决定了可用于维持其气候系统的能量总量。对地球能量收支的各个组成部分的理解，是揭示气候系统短期和长期变化的关键。太阳是地球能量的终极来源，其辐射的波长由太阳表面的温度决定。太阳的高温（约 6000K）可产生 300～3000nm 的高能短波辐射，包括可见光、近红外光和紫外光。大约 31% 的短波辐射被反射回太空（主要由云层、大气分子、尘埃、雾和地表反射），剩余的短波辐射中，20% 被大气层吸收，特别是被大气中的臭氧和水蒸气吸收，而 49% 则到达地球表面并被吸收。

在一年或更长时间尺度上，地球处于辐射平衡状态，即吸收和释放的能量相等。地球表面温度较低（约 288K），因此吸收的能量大部分以长波辐射（3000～30 000nm）的形式释放。地表通过水分蒸发（潜热通量）和向大气层传递热量（显热通量）来释放剩余能量。水分蒸发时吸收的热量，通过云的形成和降水过程释放到大气层。

尽管大气层只将一半左右的短波辐射传递到地面，但它吸收了地表释放的 90% 的长波辐射。水蒸气、二氧化碳、甲烷、氧化亚氮和氯氟烃等温室气体能有效吸收长波辐射，这些气体吸收的能量又以长波形式向四面八方辐射。返回地面的部分有助于地球升温，即温室效应。如果没有大气层吸收长波辐射，地表平均温度将比现在低约 33℃，这将不利于生命的存在。云层和温室气体吸收的辐射也向太空释放，以平衡短波辐射。

上述的地球能量收支平衡可帮助我们理解全球气候系统的关键调控因素。地区气候反映了能量交换和大气海洋间热量传输的空间变化。地球赤道地区受热更多，而地球的自转和倾斜的地轴导致大陆热量分布不均，大气层和海洋的物理化学性质也具有空间和时间上的变化。为了深入理解能量转化过程及其对生态系统的影响，我们需要进一步研究大气层和海洋的能量动态（Chapin et al.，2002）。

二、大气层系统

1. 大气的化学组成

大气的化学组成对于其在地球能量平衡中所扮演的角色至关重要。大气层可以被视为一个庞大的化学反应容器，内部充满了各种微粒和气体，它们参与各种速率的化学反应和分解过程。这些化学活动不仅塑造了大气的组成，也影响了其物理属性，如云的形成，进而对气候系统产生了深远的影响。

地球大气主要由氮气、氧气和氩气组成，这些气体占据了大气体积的绝大部分。尽管二氧化碳的浓度较低，但其对大气的影响却非常显著。全球范围内，这些气体的浓度相对稳定，这反映出它们在大气中具有较长的存留时间。例如，氮气的存留时间可达1300万年，氧气为1万年，而二氧化碳则为4年。水蒸气的存留时间较短，大约10天，其浓度受地表蒸发、降水和水汽传输的影响而变化较大。

一些辐射活性气体，如二氧化碳、甲烷、氧化亚氮和氯氟烃，虽然在大气中的含量极低，但其反应较慢，存留时间较长，从数年到数十年不等。这些气体的活性导致了大气化学组成的显著时空变化，其反应产物可能对生态系统构成威胁。

大气中的一些气体对生命至关重要。光合生物利用二氧化碳进行光合作用、生产有机物，而氧气则是大多数生物进行呼吸所必需的。氮气虽然在大气中占主导地位，但大多数生物无法直接利用，只有固氮细菌能将其转化为可用形式。其他气体，如一氧化碳、一氧化氮、甲烷和挥发性有机化合物，是生物活动的产物。臭氧等气体则是生物源和人为源气体在大气中化学反应的产物，高浓度时可能对生物造成伤害。

大气中还悬浮着微小颗粒，这些颗粒物可能来自火山爆发、风扬尘土、海盐，或是污染源和生物燃料燃烧产生的气体反应。这些颗粒物可以吸收水分，参与化学反应，并作为云凝结核，影响云滴的形成。颗粒物、云和气体共同影响大气的反射能力，进而影响能量平衡。例如，颗粒物散射短波辐射，减少到达地面的辐射量，可能导致气候变冷，如1991年菲律宾吕宋岛上皮纳图博（Pinatubo）火山喷发所引发的全球性降温。

云对地球能量平衡的影响十分复杂。云层具有高反射率，能反射短波辐射，产生冷却效应；同时，云层也吸收并重新释放长波辐射，有助于维持地球系统的能量平衡，产生加热效应。这两种效应的平衡取决于云层的高度：高云层以反射短波辐射为主，导致冷却效应；而低云层则以吸收和释放长波辐射为主，产生加热效应（Chapin et al.，2002）。

2. 大气层结构

随着海拔的升高，大气压力和密度会逐渐减小。地球大气层根据温度变化可划分为4个不同的垂直层次：对流层、平流层、中间层和热层，这些层次的形成与地球表面的重力密切相关，导致大气的大部分质量集中在地球表面附近。气压随着高度的增加而迅速降低，通常与空气密度的减小同步。流体静力学方程描述了气压、密度和高度之间的相互关系，显示了气压的垂直变化是由空气密度和重力加速度共同作用的结果。随着高度的增加气压的降低速率也会减小。热空气由于密度较低，其气压降低速度相对较慢。

对流层是大气层的最底层，包含了大气的绝大部分质量。对流层主要受地表热量和长波辐射加热，温度随着高度的增加而降低。对流层之上是平流层，它与对流层不同，主要受太阳紫外光辐射加热。平流层中的臭氧层吸收紫外光，使得空气温度随高度增加而上升，保护地球上的生物免遭紫外光伤害。然而，由于氯氟烃等物质的影响，平流层的臭氧浓度正在下降，尤其是在两极地区，形成了臭氧层的"空洞"。平流层与对流层之间的混合较慢，使得氯氟烃等物质能够在平流层中积累。平流层之上是中间层，这里的温度同样随着高度的增加而降低。热层位于大约80km以上，主要由氧原子和氮原子组成，它们吸收极短波长的能量，导致温度随高度增加而上升。中间层和热层对生物圈的影响相对较小。

对流层是大多数天气现象发生的场所，包括雷暴、暴风雪、飓风和高低气压系统，因此对生态系统活动有直接影响。对流层顶是对流层和平流层之间的分界线，在热带地区大约位于16km高空，而在极地则在9km左右。对流层顶的高度会随季节变化，冬季较低，夏季较高。

行星边界层（planetary boundary layer，PBL）是大气层最接近地表的部分，受地表和大气共同影响。PBL中的空气受地表加热产生的对流和空气运动时与地表摩擦产生的机械湍流的影响。白天，PBL的高度会因对流湍流而增加，而在风暴影响下，PBL与自由对流层的混合会加快。例如，在亚马孙平原，PBL会在正午前因对流运动而上升。夜晚，由于缺乏太阳能，PBL会变薄。PBL中的空气与自由对流层相对隔离，可以作为地表生物和化学过程的指示器。例如，城市中的PBL通常含有较高浓度的污染物，因为这些污染物在较薄的边界层中被浓缩（Chapin et al.，2002）。

3. 大气环流

地球表面的加热不均是大气环流形成的根本原因。地球的球形特性导致赤道地区接收到的太阳辐射量远超过极地地区。赤道地区因太阳光近乎垂直照射而获得更多的热量，而高纬度地区由于太阳入射角较小，辐射能量在更大的地表面积上分散，导致单位面积接收的辐射量减少。同时，高纬度地区太阳辐射在通过更厚的大气层时，会有更多能量被大气吸收、反射或散射。这种热量分布的不均导致热带对流层温度高于极地，进而驱动大气环流。

大气环流包括垂直上升和水平移动两个方向。地表向大气传递能量，使地表空气加热、膨胀并上升，密度随之降低。空气上升时，由于压力降低而进一步膨胀，温度下降。干绝热递减率描述了空气在上升过程中温度下降的速率，大约每上升1km下降9.8℃。而湿绝热递减率则考虑了水汽凝结释放的潜热，减缓了空气的降温速度，尤其是在热带地区，这有助于形成强烈的雷暴和深厚的边界层。

赤道地区因强烈加热和潮湿空气上升释放的潜热，成为地表空气上升最强烈的区域。这些上升的空气最终到达对流层顶，形成水平气压梯度，驱动空气向极地流动。这些空气在向极地流动的过程中冷却、体积缩小，形成高气压区，促使空气下沉，补充赤道上升的空气。

大气环流主要由哈得来环流、费雷尔环流和极地环流三个部分组成，它们分别由赤道上升气流、极地下沉气流和大气动力学过程驱动。这些环流将大气分为热带、温带和极地三个气团，并且随着季节变化，它们的纬度位置也会相应移动。

地球自转导致风向在北半球向右偏转，南半球向左偏转，这是科里奥利力的作用结果。科里奥利力是一种表观力，它影响大气的水平运动，与大气环流的温度梯度共同作用，形成三个主要的风带。

在地球表面，盛行风的方向取决于空气是向赤道移动还是远离赤道。在热带地区，哈得来环流中的地表空气向赤道移动，形成东北信风和东南信风。这些风系在赤道附近汇聚，形成热带辐合带，是上升气流产生微风和高湿度的区域。而在南北纬30°~60°，向极地移动的气流形成了盛行西风带。

热带辐合带（intertropical convergence zone，ITCZ）和大气环流的位置随季节变化，这是地球倾斜轨道导致的太阳辐射最大区域的变化。海陆分布的不均匀性也影响了气候的纬度趋势，导致了高压带和低压带的形成。这些带的形成与科里奥利力相互作用，形成了行星波，影响大气的水平运动和气候格局。

行星波和主要的高、低压中心的分布进一步解释了大气水平运动的细节，进而影响生态系统的分布。例如，高、低压中心的位置影响了湿润空气的运动，导致了温带雨林和地中海气候的形成（Chapin et al.，2002）。

三、海洋

1. 海洋的结构

海洋具有明显的分层结构，其稳定性较高，层与层之间的垂直混合并不频繁。太阳辐射不仅为大气层带来热量，也加热了海洋的表层。由于较热的海水密度较低，海洋内部形成了分层结构，这使得不同层之间的混合变得困难。海洋表层的深度通常为75~200m，受风力混合的影响，并且与大气直接接触。这一表层区域是海洋生物初级生产、碎屑生成和分解活动的核心场所。

与大气环流不同，海洋环流中海水的密度受温度和盐度的双重影响。这表明，即便温暖的海水倾向于上升，但如果其盐度较高，它也可能下沉。在海洋表层的温暖水域与中层较冷且盐度较高的水域之间存在显著的温度和盐度差异，形成了温跃层和盐跃层。这些垂直梯度进一步巩固了表层与深层之间的分层结构，导致深层海水与表层海水的混合过程极为缓慢，可能需数千年。

尽管混合过程缓慢，深层海水在地球的元素循环、生物生产和气候系统中仍发挥着至关重要的作用。其充当长期的碳汇，并为海洋生态系统提供必需的营养物。在特定地区，深层海水会上涌至表层，为海洋中的初级生产者和消费者（如无脊椎动物和鱼类）提供养分，这些区域往往是全球重要的渔场。

2. 海洋环流

海洋环流在全球气候系统中扮演着关键角色,在将热量从赤道输送到两极的过程中,约 40% 的热量是由海洋环流输送的,其余部分则是由大气环流输送的。在热带区域,海洋是热量传输的主要媒介,而在中纬度地区,大气的作用更为显著。海洋表面的洋流主要由风力驱动,其全球分布与风系的分布相似。科里奥利力导致洋流在北半球向右偏转,南半球向左偏转,这种偏转与地形的共同作用形成了洋流的流动路径。

在赤道地区,信风推动洋流向西流动,直至遇到陆地后分裂,沿着大洋的西部边界向两极方向流动,携带热带的温暖海水至高纬度地区。在两极地区,海水因冷却和盐度增加而密度变大,下沉形成深层水流,推动了全球的温盐循环。

深层海水的流动是由温度和盐度差异驱动的。在两极,特别是在冬季末期,冷空气使表层海水冷却,海冰形成时排出的盐分增加了海水的盐度,使这些冷盐水下沉,形成了全球中层和深层海洋的水流,这些水流在各大洋盆之间转移,携带碳至深海,并长期储存。

海洋的巨大热容量使其温度变化比陆地慢,有助于调节邻近陆地的气候。例如,北大西洋暖流使得西欧的冬季比北美东岸同纬度地区更温暖。相对地,寒流在夏季为沿岸地区降温,如加利福尼亚寒流影响了美国西海岸的气候。沿海地区的气候受到向岸风的影响,比内陆城市更为温和。例如,纽约的冬季比内陆的明尼阿波利斯温暖,但比西海岸城市寒冷。这些温度差异对全球不同地区的生态系统类型具有决定性作用。

四、气候

1. 温度的空间分布特征

地球的温度分布呈现出明显的地理特征,主要受以下几个因素影响。

(1)纬度差异:地球的温度随纬度变化而变化。赤道地区因太阳直射,接收到的太阳辐射强烈,因此气候炎热,形成热带气候。随着纬度的升高,太阳辐射角度变小,接收到的辐射能量减少,气温逐渐降低,依次形成温带、亚寒带和寒带气候。

(2)海陆差异:海洋与陆地因热容量不同而导致温度差异。海洋热容量大,能够缓和温度变化,使沿海气候较为温和。而内陆地区远离水源,受海洋影响小,气温变化更为剧烈。

(3)地形影响:地形对气候有显著影响。山脉可阻挡气流,形成雨影区,影响降水分布。同时,随着海拔升高,气温降低,形成独特的高山气候。

(4)洋流作用:洋流通过携带热量影响沿海地区的气候。暖流如北大西洋暖流可为沿岸地区带来温暖,而寒流则降低沿岸地区的气温。

(5)季节性变化:季节变化导致太阳直射点在一年中移动,影响北半球和南半球的温度。夏季时,北半球气温较高;冬季时,南半球气温较高。

(6)大气环流:大气环流通过风的移动,将赤道的热量向两极输送,影响全球的温度分布。例如,赤道地区的上升气流和极地的下沉气流构成了全球热量循环的一部分。

这些因素相互作用，塑造了地球表面的温度地理分异，形成了多样化的气候类型和温度条件。

2. 降水模式及其空间变化

全球降水的分布模式受多种因素的综合影响，形成了多样化的气候特征。以下是影响降水模式的主要因素。

（1）大气环流：全球风带和气压系统对降水分布有重要影响。赤道低压带通常带来热带地区的丰沛降水，而副热带高压带则与降水较少的气候相关。

（2）海陆分布：海洋和陆地的相对位置影响降水模式。沿海地区由于海洋的水汽供应，通常降雨量更为稳定，降雪量则可能较少；内陆地区则可能面临极端的降水波动。

（3）地形因素：地形如山脉造成降水的分布不均。迎风坡因气流上升冷却而降水较多，而背风坡则因雨影效应而干燥。

（4）季节性变化：季节变化影响太阳辐射的分布，进而影响大气环流和降水模式。季风气候区在夏季降水量增加，冬季则减少。高纬度和高海拔地区冬季降水量较大，夏季则减少。

（5）洋流影响：洋流通过调节邻近地区的气温和湿度，影响降水量。暖流可能增加沿岸地区的降水，而寒流则可能减少降水。

（6）气候系统：全球气候现象如厄尔尼诺和拉尼娜能显著改变降水模式，影响特定地区的降水量。北极涛动等气候模式的变化影响中高纬度地区的降雪量。

（7）温度条件：高纬度和高海拔地区气温多在0℃以下，因此降雪较多。靠近两极的地区，如北欧、加拿大和俄罗斯的部分地区，冬季长且寒冷，降雪量较大。

3. 气候的时间变异性

由于地球的倾斜和公转，不同地区会经历不同的季节变化。在赤道附近，季节变化不明显；而在中高纬度地区，季节变化显著，夏季温暖，冬季寒冷（Chapin et al.，2002）。

1）长期变化　　气候变化是一个长期而复杂的自然过程，受多种因素影响，其中，太阳辐射和大气成分的变化起着关键作用。太阳辐射的长期变化是推动地球气候演变的主要动力，过去40亿年间太阳辐射逐渐增强，此外，地球轨道的周期性变化也在较短的时间尺度上影响气候。

古气候信息的记录，如冰芯气泡中的气体分析显示，气候变暖往往伴随着二氧化碳和甲烷浓度的上升，证实了辐射活性气体在气候变化中的作用。此外，冰芯记录还表明，当前大气中的二氧化碳浓度达到了过去40万年间的最高水平。树木年轮和湖泊沉积物中的花粉记录提供了更近期的气候信息，以及气候和植被的演变历史。对这些自然档案的分析揭示了气候的内在变异性，并指出人类活动对大气、海洋和环境造成的影响是自然变异之外的新因素。

当前地球的气候比过去1000年甚至更长时间内都要温暖。这种变暖趋势在地球表面尤为显著，带来了一系列生态效应。近期的气候变暖不仅反映了太阳辐射的自然增加，更多的是由人类活动导致的辐射活性气体浓度上升引起的。气候模型和观测数据表明，变暖现象在大陆内部和高纬度地区尤为明显。

随着气候变暖，大气中的水汽含量增加，导致海洋和其他湿润表面的蒸发增强。这影响了降水模式，上升气流区域的降水增多，而雨影区的降水减少。沿海和山区的土壤含水量和径流量增加，而内陆地区则减少。气候系统的复杂性和非线性反馈机制使得气候细节问题成为研究的重点。

2）年际变化　　气候的年度波动与大气及海洋系统的广泛变化紧密相连，这些变化形成了可观测的周期性模式，对农业、渔业和自然环境研究具有重要意义。其中，厄尔尼诺–南方涛动（ENSO）现象是最为显著的例子，它展示了大气与海洋之间的大规模互动，将赤道太平洋的海水温度变化与大气压力变化联系起来。ENSO 事件的发生频率大致每 3～7 年一次，具有不可预测性，如 1943～1951 年未记录到 ENSO 事件，而 1988～1999 年则发生了三次。

在正常情况下，信风将太平洋的暖水推向西太平洋，形成西太平洋的暖池，而东太平洋则因深层冷水上涌而相对较冷。这种模式支持了东太平洋的渔业生产，并形成特定的气候特征。但在厄尔尼诺事件中，信风减弱，导致东太平洋海水变暖，影响全球气候模式，如秘鲁的降水量减少，而在西太平洋则可能导致干旱。拉尼娜现象则是 ENSO 的正常状态，表现为较强的信风和东太平洋的冷水上涌。

ENSO 事件对全球气候、生态系统和人类社会都有深远的影响。例如，它可能导致秘鲁渔业产量下降，改变海鸟和海洋哺乳动物的生态状况，以及在远离赤道的地区引起极端天气事件。ENSO 现象的研究揭示了地球某些区域的气候事件是如何通过大气环流和洋流的相互作用产生全球性影响。

除了 ENSO，还有其他大尺度气候模式，如太平洋–北美（PNA）模式和北大西洋涛动（NAO）模式。PNA 模式影响北美的气候特征，而 NAO 则影响北大西洋地区的气候，如增强冰岛低压和百慕大高压之间的气压梯度，影响热量传输至高纬度地区。这些模式虽然与 ENSO 的阶段关联不紧密，但它们的出现可能与气候变化趋势有关。

尽管人们对这些大尺度气候模式的成因了解有限，但对于其对生态系统影响的认识和可预测性正逐渐提高。未来的气候变化可能与这些模式在特定阶段的出现频率有关，气候变暖可能增加 ENSO 事件和 NAO 正向阶段的发生频率，进而影响全球气候格局。

3）季节性变化及日变化　　太阳辐射在不同季节和一天中的变化对气候和生态系统产生显著且可预测的影响。这些变化在地球的气候系统中尤为突出，表现为季节性变化及日变化。

地球的自转轴相对于公转轨道平面有大约 23.5° 的倾斜，这一倾斜导致季节性变化在白昼长度和太阳辐射量上表现出来。春分和秋分时，全球大多数地区白昼和黑夜各占12h。北半球夏至时，太阳直射点在北回归线上，北半球白昼最长；而冬至时，太阳直射点在南回归线上，北半球白昼最短。南半球的情况与北半球相反，但相差六个月。纬度越高，太阳辐射的季节性变化越明显，在极地区域最为显著，那里在夏至时可经历极昼，而在冬至时则面临极夜。

热带地区由于全年温度和光照变化较小，生态系统生产力和生物多样性相对较高。而在高纬度地区，温暖季节的持续时间对植物生长和生态系统生产力有重要影响。光照和温度的周期性变化在植物选择和特定气候及生物过程中扮演关键角色。许多生物过程对温度敏感，低温可能降低这些过程的速率。白昼长度的变化，即光周期，为生物提供了关于季节性变化的重要信号，帮助它们适应即将到来的季节性变化。

4. 全球主要气候类型

气候分类研究已逾百年，已形成的方法主要包括实验（经验）分类、成因（动力）分类和数学（统计）分类等。实验分类法如德国气象学家弗拉迪米尔·柯本（Wladimir Köppen）于 1931 年提出的柯本气候分类法。成因分类法如美国气象学家阿瑟·纽厄尔·斯查勒（Arthur Newell Strahler）建立的以天气系统活动为指标的斯查勒气候分类法。此外，世界气象组织（WMO）则基于温度、降水和季节性变化等因素提出了自己的气候分类体系。其他气候分类法，如基于植被类型的气候分类法、基于生物气候的分类法等，各有其特定的应用领域和研究目的。

全球气候分类体系中，最为广泛使用的是柯本气候分类法，这一分类体系提出后，由其他科学家在随后的年份中进行了修订和完善。柯本气候分类法将全球气候分为 5 个主要气候带，各气候带又划分为 2～3 个气候型，其中，赤道气候带、暖温气候带和冷温气候带还包含三级气候副型。这样，全球范围内共 13 个气候型。为确定不同气候类型的界线，又以一定的温度和降水数值作为划分界线的标准。该分类法标准相当严格，数字指标明确，便于应用（表 1-1）。其最大的缺点是干燥气候的标准几乎是人为的；其次，未考虑海拔对温度与气候分类的影响；此外，该方法不适用于小范围的植被气候。

表 1-1　柯本气候分类法符号及定义标准

气候带		气候型		定义标准
A	赤道气候带			$T_{cold} \geq 18℃$
		Af	热带雨林气候	$P_{dry} \geq 60mm$
		Am	热带季风气候	非（Af），且 $P_{dry} \geq$（100−MAP/25）mm
		Aw	热带疏林草原气候	非（Af），且 $P_{dry} <$（100−MAP/25）mm
B	干旱气候带			$MAP < 10 \times P_{threshold}$
		Bs	草原气候	$MAP \geq 5 \times P_{threshold}$
		Bw	沙漠气候	$MAP < 5 \times P_{threshold}$
C	暖温气候带			$T_{hot} > 10℃$，且 $0 < T_{cold} < 18℃$
		Cs	夏干暖温气候	$P_{sdry} < 40mm$，且 $P_{sdry} < P_{wwet}/3$
		Cw	冬干暖温气候	$P_{wdry} < P_{swet}/10$
		Cf	常湿暖温气候	非（Cs）或（Cw）
D	冷温气候带			$T_{hot} > 10℃$，且 $T_{cold} \leq 0℃$
		Ds	夏干冷温气候	$P_{sdry} < 40mm$，且 $P_{sdry} < P_{wwet}/3$
		Dw	冬干冷温气候	$P_{wdry} < P_{swet}/10$
		Df	常湿冷温气候	非（Ds）或（Dw）
E	极地气候带			$T_{hot} < 10℃$
		ET	苔原气候	$T_{hot} > 0℃$
		EF	冰原气候	$T_{hot} \leq 0℃$

注：MAP 表示年降水量；T_{hot} 表示最热月气温；T_{cold} 表示最冷月气温；P_{dry} 表示最干旱月的降水量；P_{sdry} 表示夏半年（北半球 4 月至 9 月）最干旱月的降水量；P_{wdry} 表示冬半年（北半球 10 月至次年 3 月）最干旱月的降水量；P_{swet} 表示夏半年最湿润月的降水量；P_{wwet} 表示冬半年最湿润月的降水量；当 70%以上的全年降水发生在冬半年时，$P_{threshold}=2 \times MAT$，MAT 表示年平均气温；当 70%以上的降水发生在夏半年时，$P_{threshold}=2 \times MAT+28$，其他情况下，$P_{threshold}=2 \times MAT+14$（参考朱耿睿和李育，2015；王婷等，2020）

王婷等（2020）根据中国 734 个气象站点多年的气温和降水量数据发现，中国包括所有 5 个气候带和 9 个气候型；全国陆地范围内，赤道气候带包括热带季风气候和热带疏林草原气候，面积占比仅有 0.17%；干旱气候带包括草原气候和沙漠气候，面积占比41.38%；暖温气候带包括冬干暖温气候、常湿暖温气候，面积占比 25.53%，冷温气候带包括冬干冷温气候、常湿冷温气候，面积占比 28.44%，极地气候带仅有苔原气候，面积占比 4.48%。1957～2016 年，中国出现了冷温气候带向干旱气候带和暖温气候带的转移，以及冷温气候带中冷夏向温夏的转移和温夏向热夏的转移。

5. 气候变化

全球气候系统动态变化受自然与人为因素驱动。相较工业化前，全球平均气温攀升约 1.1℃，2021 年的平均气温超 20 世纪 1.3℃。极端天气频发，热浪、干旱、强降水、风暴加剧，2016 年破历史最热纪录。源于冰川加速融化的海平面上升威胁沿海地区与岛屿，影响淡水供应。气候变化使生态系统受扰，物种分布与行为变化，部分物种濒危或者扩散。降水模式失衡，干旱与洪涝并存。大气中的 CO_2 被海水吸收，导致海水酸度增加，进而对海洋生态系统造成损害。

从生态学角度来看，气候变化影响深远，物种适应与迁移，生态系统结构功能调整，生态平衡面临挑战。全球变暖加速冰川融化，使淡水生态系统压力增大，海平面上升威胁沿海生物多样性。极端天气事件频发，生态系统稳定性下降，物种生存环境恶化。降水模式改变，干旱与洪涝交替，影响植物生长周期与分布。海洋酸化，珊瑚礁受损，海洋食物链基础动摇。生态学研究强调气候变化下生态系统的适应性与恢复力，以为全球气候变化应对策略提供科学依据。

史培军等（2014）根据气温和降水量的变化趋势，将中国气候变化（1961～2010年）划分为 5 个变化趋势带，即东北–华北暖干趋势带、华东–华中湿暖趋势带、西南–华南干暖趋势带、藏东南–西南湿暖趋势带以及西北–青藏高原暖湿趋势带。

◆ 第二节 地质与土壤

一、岩石圈与土壤圈

1. 岩石圈的特征和组成

岩石圈是地球最外层的坚硬部分，包括地壳和上地幔的最外层。它构成了地球的固体外壳，平均厚度约为 100km，但在某些地区，如大陆板块的边缘，岩石圈的厚度可以达到 200km 或更多。岩石圈被划分为几个板块，这些板块在地球表面缓慢移动，形成了地球的板块构造理论。

岩石圈由多个板块组成，这些板块在地幔的软流圈上移动。板块的边界可以是离散型（如洋中脊）、汇聚型（如海沟）或转换型（如圣安德烈斯断层）。岩石圈的最外层是地壳，分为大陆地壳和海洋地壳。大陆地壳较厚且主要由花岗岩组成，而海洋地壳较薄，且主要由玄武岩组成。岩石圈的下层是地幔，它可延伸到大约 2900km 的深度。地幔的上部被称为岩石圈地幔，它与地壳共同构成了岩石圈。地幔的物质成分以镁和铁的硅酸盐为主，具有塑性，可以缓慢流动。岩石圈板块的相互作用导致地震活动。地震通常发生在板块的边界，尤其是板块的汇聚边界。岩石圈板块的运动和相互作用也与火山活动有关。火山通常出现在板块边界或热点地区，这些热点是地幔柱上升的区域。板块的碰撞可以导致山脉的形成，如喜马拉雅山就是印度板块与欧亚板块碰撞的结果。而福建省的武夷山和台湾省的中央山是欧亚板块与太平洋板块碰撞的结果。岩石圈的密度、厚度和化学组成在不同地区存在显著差异，这些差异影响了地球表面的地形和地质活动。岩石圈是地球表面动态变化的主要场所，其板块构造运动对地球的地质历史、地貌形成、生物演化以及人类文明的发展都产生了深远的影响（Chapin et al.，2002）。

2. 土壤圈的主要特征和功能

土壤圈位于岩石圈之上、大气圈之下，是生物圈与岩石圈互动的界面。土壤经风化、侵蚀、生物作用等过程形成，可支撑植物生长，驱动生态系统物质循环与能量流动。其形成复杂，涉及物理风化、化学分解与生物作用，其中微生物活动尤为关键。土壤类型多样，如砂土、壤土、黏土，各具物理、化学与生物特性。土壤肥力由有机质、矿物质、水分与空气决定，可支撑植物生长。土壤生态系统的重要组成部分包括微生物与小型动物，它们可以参与有机物分解、养分循环，维护土壤结构。土壤功能多样，可支持植物生长、水分调节、养分供给、环境净化、碳储存，对生态平衡与人类生存至关重要。然而，过度耕作、不合理的土地利用、污染等导致土壤退化，侵蚀、盐碱化、污染问题严峻，威胁生态系统健康。土壤圈的保护与土壤资源的合理利用，是生态学研究的焦点，对生物多样性、气候调节、环境净化及全球可持续发展具有不可替代的作用。

二、土壤形成的控制因素

1. 母质

岩石的物理和化学属性以及它们的抬升与风化速度对土壤特性产生了深远影响。岩石循环是一个漫长的地质过程，它影响着地球表面地质材料的分布。这个循环涵盖了岩石和其他地质材料经历的物理和化学变化，包括它们的形成和风化。

在岩石循环中，风化作用释放的矿物能够中和生物活动产生的酸性物质，这些物质对于风化过程至关重要。同时，岩石循环为生态系统提供了必需的营养物质。风化产物通过河流运输到海洋，在那里沉积形成新的沉积物，这些沉积物最终在一定的压力和温度下转化成沉积岩。岩浆通过地壳裂缝或火山口上升到地表时，会形成火成岩。沉积岩和火成岩在极端的温度和压力下可以变成变质岩，而变质岩在进一步加热和加压下可能重新熔化成岩浆。

地质运动，如造山运动，可以将不同种类的岩石带到地表，这些岩石随后再次经历风化和侵蚀。板块构造是岩石循环的主要驱动力。岩石圈，也就是地球表面的硬壳，是漂浮在部分熔融的软流圈上的，它分裂成多个大型的刚性板块，这些板块独立移动。

在板块的汇聚和碰撞区域，岩石圈的一部分会下沉形成海沟，而另一部分则可能上升形成山脉和火山。这些活跃的板块碰撞区域通常与地球上的主要地震带相对应。与此同时，板块在某些地方分离，形成裂谷和新的海洋地壳，如两亿年前的泛大陆分裂成现今的五大洲和四大洋的分布格局。当前，太平洋中脊和大西洋中脊是海洋板块分裂和新地壳生成的活跃区域（Chapin et al.，2002）。

2. 气候

温度和湿度是影响化学反应速率的关键因素，这些化学反应在岩石风化过程中起着至关重要的作用。风化过程涉及岩石的物理和化学分解，其速度和产物受到温度及湿度的直接影响。例如，高温和湿润条件通常会加速岩石的风化过程，而低温和干燥环境则会减缓这一过程。风化产物的积累和分布，进而影响土壤的形成和发育。

温度和湿度的变化不仅影响岩石的风化速度，还深刻影响着生物过程，包括植物的光合作用和微生物的分解作用。这些生物过程对土壤有机质的形成和转化至关重要。土壤中的有机质含量，如碳的含量，会随着温度和湿度的变化而变化。例如，Vitousek（1994）的研究表明，随着海拔升高和温度降低，土壤中的碳含量会增加。而在山脉的背风侧，由于降水减少，土壤中的碳含量也会相应减少。这些变化反映了温度和湿度对土壤有机质动态变化的影响。

降水是生态系统中许多营养物质的主要来源，尤其是对于那些营养贫乏的生态系统，如寡营养的沼泽地。这些生态系统通常与矿物土壤隔离，完全依赖降水来补充矿物质。降水的量和频率直接影响着土壤的营养状况和水分条件，进而影响植物的生长和微生物的活动。

水的运动，包括降水、地表径流和地下水流动，对风化产物在土壤中的积累或流失起着决定性作用。水的运动可以将风化产物从一个地方搬运到另一个地方，或者使其在土壤中重新分布。水的运动对土壤的物理结构和化学组成有着深远的影响。

综上所述，气候因素，包括温度和湿度，通过影响化学反应、生物过程和水的运动，对土壤的形成、性质和功能产生了广泛的影响。这些影响在从局部的土壤剖面到全球的生态系统尺度上都存在，表明气候是塑造土壤性质和功能的关键因素。因此，理解气候如何影响土壤对于土壤科学、生态学和环境管理等领域至关重要（Chapin et al.，2002）。

3. 地形

地形对土壤的影响是多方面的，它不仅通过影响气候条件间接作用于土壤，还通过影响土壤颗粒的搬运和沉积直接塑造土壤的特性。在生态系统中，坡位、坡向以及与水文网络的关系等特征对土壤的形成和发育具有决定性作用。例如，土壤的深度、质地和矿物质含量等特性会随着坡位的不同而发生变化。地形的这些特征影响着土壤的水分保持能力、养分循环以及土壤生物的活动。

侵蚀过程是地形影响土壤的一个重要方面。侵蚀作用倾向于将细小的土壤颗粒从高处搬运到低处，并在低洼地区沉积。这种过程导致山坡底部和谷底的土壤通常含有较厚的细粒层，这些土壤具有较高的有机质含量和良好的持水能力。这些区域的土壤为植物根系和微生物提供了丰富的资源，从而增强了土壤的物理稳定性。因此，谷底的生态系统过程，如植物生长、养分循环和群落演替，通常比山坡的顶部或侧面更为活跃。

在寒冷气候条件下，坡向对雪的分布有显著影响。在山脊下和受山体保护的低坡处积雪最深厚，这种积雪的分布差异改变了有效降水量和生长季节的长度，从而对植物和微生物的活动产生了深远影响。例如，在冬季，这些区域的雪层可以为植物提供额外的水分，延长生长季节，影响植物的生长周期和生物量积累。

此外，斜坡的方位也影响着太阳辐射的接收量，进而影响土壤的温度、蒸发速率和土壤湿度。在高纬度地区和湿润气候下，朝向极地的斜坡由于接收到的太阳辐射较少，土壤的分解和矿化作用较慢。而在低纬度地区和干旱气候下，朝向极地的斜坡由于具有较强的土壤水分保持能力，可以延长生长季节，促进森林植被的生长。相反，朝向赤道的斜坡可能由于水分条件较差，更适合沙漠或灌丛植被的生长。

综上所述，地形通过其对气候的影响和对土壤颗粒的搬运作用，对土壤的形成和生态系统过程产生了深远的影响。这些影响在不同气候和地理条件下表现出不同的特点，从而形成了地球表面多样化的土壤类型和生态系统（Chapin et al.，2002）。

4. 时间

土壤的形成是一个长期且复杂的过程，其性质和结构受到多种因素的影响，其中，时间是关键因素之一。土壤的发育时间决定了其成熟度和肥力水平，而土壤形成这一过程可能需要数千年甚至更长的时间来完成。

在土壤形成初期，岩石和矿物的风化是关键步骤。随着时间的推移，岩石和矿物逐渐分解，释放出重要的营养元素，如钾、钙、镁和磷等。这些元素在土壤中的分布和转移对土壤的肥力至关重要。在一些地区，如冰川退却区和河流冲积平原，由于沉积物的富磷特性，这些区域的土壤往往具有较高的肥力潜力。如果这些区域能够获得种子来源，共生固氮植物如豆科植物能够迅速占据这些土地，通过固氮作用增加土壤中的氮含量，从而在相对较短的时间内（50～100 年）显著提高土壤的碳库和氮库容量。

然而，土壤的形成过程并非总是如此迅速。在年轻的海成阶地，尽管磷的可利用性较高，但碳和氮的含量相对较低。这些阶地的土壤需要经过更长时间的积累过程，才能逐渐转变为高生产力的生态系统。

在更长的时间尺度上（如数百万年），土壤的成熟过程会继续进行。硅酸盐的溶解和铁/铝氧化物的积累导致土壤质地变得更加坚硬，同时土壤的生产力和氧气供应能力下降，形成季节性厌氧的环境。在这些成熟土壤上生长的"小老头树"生产力极低。这些树木产生的酚类化合物能够抑制土壤中有机质的分解，进一步降低了土壤的生产力。

随着时间的推移，土壤的性质和结构会发生显著变化，从而影响其肥力和生态系统的生产力（Chapin et al.，2002）。

5. 生物

土壤的形成和发育是一个长期且复杂的生物地球化学过程，其中生物有机体扮演着至关重要的角色。土壤的物理和化学性质受到过去和当前生物活动的深刻影响，土壤的形成和发育主要发生在有活生物有机体存在的条件下。例如，针叶树种的枯枝落叶富含有机酸，这些有机酸能够导致土壤酸化。同时，针叶树种的枯枝落叶通常分解速度较慢，这使得土壤的分解过程比落叶阔叶林土壤慢。针叶林土壤的分解速率和营养循环与落叶阔叶林土壤存在显著差异。

然而，关于生物有机体与土壤性质之间的因果关系，是一个"先有鸡还是先有蛋"的复杂问题。一方面，植被及其类型可以影响土壤的性质；另一方面，土壤的性质也会影响植被的生长和分布。生态学家采用在初始条件均一的地方种植单一或多个物种的方法，研究了植被对土壤性质的影响。例如，Wedin 和 Tilman（1990）发现，在氮贫乏的多年生草原上，生长迅速的草本植物在 3 年时间里显著增强了土壤中氮的矿化作用，说明植被对土壤的氮循环有显著影响。

动物在土壤性质的形成和变化中也扮演着重要角色。蚯蚓、白蚁等无脊椎动物中的食碎屑动物通过挖掘、搅拌和排泄等行为，加速了有机质的分解，增加了土壤的通气性和水分保持能力，显著影响了土壤的物理结构和化学组成，从而影响了土壤的肥力和生态系统的生产力（Chapin et al.，2002）。

6. 人类

人类活动对土壤的影响是多方面的，不仅直接作用于土壤本身，还通过改变其他环境要素间接影响土壤。这些影响不仅在当前对生态系统性质产生影响，而且在未来的几十年甚至更长时间内，潜在影响可能持续存在。

随着化肥的广泛使用，氮的输入量显著增加，可能导致土壤酸化、盐碱化，以及氮的流失，进而打破了土壤的营养平衡，改变了土壤的化学性质和微生物活动。灌溉活动的增加改变了土壤的水分条件，对土壤结构和养分循环产生了影响。过度灌溉可能导致土壤盐渍化，而灌溉不足则可能引起土壤干燥和退化。土地利用变化改变了土壤的微环境，影响了土壤的物理、化学和生物特性，可能导致土壤肥力下降、生物多样性减少和生态系统服务功能的退化。不合理的土地管理，如过度耕作，导致土壤侵蚀加剧，土壤流失严重。这不仅降低了土壤的肥力，还可能导致水土流失和下游地区的淤积问题。温室气体和污染物排放改变了大气的组成，影响了土壤的温度和水分条件，间接影响了土壤的发育。人类活动导致的物种入侵和本地物种的减少也间接影响了土壤的性质。入侵物种可能改变土壤的生物群落结构和功能，而本地物种的减少则可能影响土壤的营养循环和生态系统的稳定性（Chapin et al.，2002）。

三、土壤类型及特征

1. 土壤剖面

生态系统中物质的流动、转化、积累和流失的差异性，是影响土壤形成及其剖面特点的关键因素。土壤成分，即有机物质、矿物质、气体和水分等，在土壤剖面中的垂直排列是有一定规律的。土壤剖面的形成是一个长期的地质过程，受到气候、生物、地形和时间等多种因素的影响。尽管土壤剖面的结构在不同地区和不同土壤类型中有所不同，但通常可以划分为一系列典型的土层，这些土层在土壤学中有着特定的命名和功能（图 1-1）。

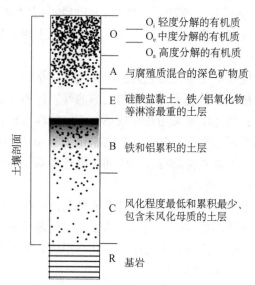

图 1-1　一个典型的土壤剖面图（引自 Chapin et al.，2002）

该图展示了在土壤发育过程中形成的各个主要发生层，点的密度反映了土壤有机质的浓度

（1）O 层：位于土壤剖面的最上层，主要由死亡植物和动物的残留物组成，这些残留物在分解过程中形成了有机质。O 层是土壤中生物活动最为活跃的区域，也是营养物质循环最为迅速的区域。根据有机质分解程度的不同，O 层可以进一步细分为几个亚层，其中下部的亚层通常分解程度较高。

（2）A 层：紧接在 O 层下方，是土壤剖面中矿物质含量较高的层次。由于与 O 层相邻，A 层通常富含有机质，因此呈现出较深的颜色。A 层是植物根系和微生物活动最为集中的区域，也是土壤中营养物质供应最为丰富的区域。

（3）E 层：在某些湿润气候下的土壤中，A 层下方可能会出现 E 层。E 层的特点是其中的黏土矿物和铁/铝氧化物被淋溶掉，只留下较为粗大的颗粒，如砂粒和淤泥。E 层的存在表明土壤中发生了显著的淋溶作用。

（4）B 层：位于 A 层和 E 层下方，是铁/铝氧化物和黏土矿物积累最为集中的区域。在干旱和半干旱地区，盐类和沉淀物也可能在 B 层中积累。

（5）C 层：位于 A 层、B 层下方，C 层通常包含一些上方层次淋溶下来的矿物，但受到土壤形成过程的影响相对较少。C 层可能包含未风化的基岩部分，是土壤剖面中较为原始的层次。

（6）R 层：在一定深度下，土壤剖面中还存在一个未风化的岩床层，即风化壳。风化壳是土壤形成的基础，它提供了土壤发育所需的矿物质和有机质。

需要注意的是，表土层（topsoil）、心土层（subsoil）和底土层（substratum）等实用性土层表达方式，与土壤学中剖面的 A 层、B 层、C 层不能等同。

2. 土壤分类系统

土壤的多样性与复杂性是地球生态系统多样性的基础。尽管全球土壤类型繁多，但它们的形成过程却遵循着相似的自然法则和成土因素。气候、生物、地形、母质和时间等因素共同作用，形成了具有不同物理、化学和生物特性的土壤类型。

土壤分类是指根据土壤自身的发生、发展规律，系统地认识土壤，通过比较土壤之间的相似性和差异性，对客观存在的各种土壤进行区分和归类，系统编排分类位置的过程。土壤分类依据土壤性状差异，系统划分土壤类型及相应的分类级别，从而拟定土壤分类系统。由于自然条件和知识背景的不同，目前并没有世界统一的土壤分类系统，各个国家的土壤分类系统也不尽相同。国外几个影响较大的土壤分类体系有：美国土壤诊断分类体系、苏联土壤分类系统、西欧的土壤形态发生学分类，以及联合国粮食及农业组织（FAO）/联合国教育、科学及文化组织（UNESCO）的世界土壤图图例单元。

美国土壤诊断分类体系作为全球广泛认可的土壤分类系统之一，将土壤分为 12 个主要的土纲，这些土纲基于土壤剖面的特征、有机质含量、碱性饱和度以及土壤的湿润或干燥状况等指标进行划分，包括从有机土壤到干旱土壤、从年轻土壤到成熟土壤的各种类型，反映了土壤在不同环境条件下的发育状态和特性。2023 年，美国发布了《土壤系统分类检索》（第 13 版）。

中国土壤分类系统是根据土壤的形成过程、性质和用途进行分类的系统，它反映了中国土壤的多样性和复杂性。在 20 世纪三四十年代，中国曾采用美国马伯特制订的土壤分类系统。1958 年，中国开始第一次全国土壤普查，提出了农业土壤分类系统。1978 年中国土壤学会提出了《全国土壤分类暂行草案》，于 1987 年 12 月在太原召开土壤分类会议拟订出《中国土壤分类系统》，经过修改，于 1992 年定稿。2009 年，中国发布了《中国土壤分类与代码》（GB/T 17296—2009），将中国土壤分为 12 个土纲、30 个亚纲、60 个土类、229 个亚类、658 个土属和 2624 个土种。

3. 重要的土壤性质

土壤的形成和发育在不同时间与空间条件下表现出显著的差异，导致了土壤性质上的巨大变化。接下来，我们将探讨土壤的几个关键属性。

1）土壤质地　土壤质地（soil texture）指的是土壤中黏土、粉砂和砂粒的相对比例。黏土颗粒最小，粒级小于 0.002mm，粉砂颗粒在 0.002～0.05mm，而砂粒则在 0.05～2mm。土壤由至少两种不同大小的颗粒组成。砂粒和粉砂颗粒由未风化的原生矿物和部分风化释放的次生矿物构成，而黏土颗粒主要由次生矿物组成，包括层状硅酸盐黏土和其他微小晶体或无定形矿物。

土壤质地受多种因素影响，包括岩石的物理和化学风化速度、土壤发育过程、风和水的沉积作用以及侵蚀作用。风化作用使得原生矿物转化为次生矿物，增加了土壤中细颗粒的比例。在高纬度地区，由于化学风化速度较慢，土壤中的黏土含量通常较低，大约为 10%。然而，细颗粒更容易受到风和水的侵蚀。水的侵蚀作用会将黏土颗粒从山顶搬运到谷底，形成质地细腻的土壤。在缺乏植被覆盖的地区，风可以将细颗粒搬运到山顶，形成富含粉砂的黄土。

土壤质地的重要性在于它决定了土壤颗粒的总表面积。细颗粒具有较大的比表面积，能够吸附更多的水分，因此质地细腻的土壤能保持更多的水分。细颗粒的填充还增加了土壤颗粒间的孔隙空间，有助于水分的保持。在中等降水量的条件下，砂质土壤上的生态系统通常比细腻土壤上的生态系统具有更强的耐旱性。此外，土壤中硅酸盐黏土颗粒的增加扩大了表面积，从而提供了更多的表面电荷，增强了土壤的阳离子交换能力。土壤质地与多种土壤性质相关，如土壤容重、营养含量、持水力和氧化还原电位，因此，土壤质地是预测生态系统性质的一个重要指标。

2）土壤结构　　土壤结构（soil structure）指的是土壤颗粒如何聚集成更大的团块。当这些颗粒通过胶合剂如有机质、铁氧化物、高价阳离子、黏土和二氧化硅等结合在一起时，就形成了土壤团粒。土壤团粒的大小范围从不到 1mm 到超过 10cm。

土壤质地对土壤团粒的形成有显著影响。砂质土壤通常难以形成团粒，而壤土和黏土则能形成不同大小的团粒。植物根系和细菌分泌的多聚糖是土壤团粒形成中有机质的重要来源。真菌菌丝在土壤团粒的聚合中也扮演着关键角色。因此，土壤有机质和微生物的减少会导致土壤结构的退化。蚯蚓和其他土壤无脊椎动物通过吞食土壤并排出有助于保持团粒结构的粪便，从而促进土壤团块的形成。不同植物物种及其相关微生物的分泌物、土壤质地、有机质含量和物种组成都会影响土壤结构。

土壤团块之间的空隙和毛细孔隙是水分和气体交换的关键通道，对可利用水分量、土壤通气、氧化还原反应和植物生长都有重要影响。土壤团块在微观层面上的异质性对土壤功能至关重要。气体在土壤团粒的孔隙中扩散较慢，而在与土壤毛细管的接触点附近则迅速形成厌氧环境。这使得即使在排水良好的土壤中，也能发生厌氧过程，如反硝化作用，而这些过程需要好氧过程（如硝化作用）的产物。

动物活动和机械压实会填充土壤团块间的裂缝和毛细孔隙。耕作活动通过机械干扰土壤团块和减少土壤有机质及其相关微生物分泌物与真菌菌丝的胶合活性，降低了土壤的团块化程度。土壤结构的改变，如板结，会阻碍雨水的快速渗透，导致地表径流和侵蚀的增加。

3）土壤容重　　土壤的容重（bulk density）指土壤单位体积的干重，通常以 g/cm^3 表示，等同于 Mg/m^3。土壤容重会因土壤的质地和有机质含量的不同而有所变化。矿质土壤的容重一般在 $1.0 \sim 2.0 g/cm^3$，而富含有机质的土壤层的容重则在 $0.05 \sim 0.4 g/cm^3$。质地细腻的土壤由于具有较高的内部表面积和更多的毛细孔隙，通常具有较低的容重。然而，如果土壤变得紧实，黏土的容重可能会超过质地较粗的土壤。

土壤容重对土壤的营养和水分状况有显著影响。例如，有机质丰富的土壤在表层通常具有较高的碳浓度（以质量百分比计）；但在深层土壤中，由于容重较高，碳含量（以体积密度计）也较高。计算单位体积内营养含量时，需要将营养的质量百分浓度与土壤的体积密度相乘。通过比较单位体积内的营养含量，可以更准确地评估植物和微生物可利用的营养量，这比单纯比较营养浓度更为有效。

4）土壤水分　　土壤水分（soil water）是生态系统中至关重要的资源。在土壤中，水分以薄膜的形式吸附在土壤颗粒上，并储存在土壤的毛细孔隙中。当土壤孔隙完全充满水分时，土壤被称为饱和状态。在饱和状态下，水分通常在重力作用下排出，直到土壤颗粒上的水分内聚力与重力平衡，这一过程通常需要几天时间。当土壤达到田间持水量时，水分不再自由排出。

当土壤水分含量低于田间持水量时，水分会根据水势梯度以非饱和水流的方式在土壤中移动。植物通过根系吸收水分以补充蒸腾作用中失去的水分，这会导致根系周围水膜变薄，土壤颗粒与水分结合得更紧密。这种变化降低了根系附近的土壤水势。水分会沿着水势梯度，通过土壤毛细孔隙向根部移动。随着植物持续蒸腾，水分不断向根部移动，直到达到最低水势，此时根部无法再从土壤颗粒上移走水分，这一状态被称为永久萎蔫点。土壤的持水力是指田间持水量与永久萎蔫点之间的水分差值。

黏土和土壤有机质的存在可以显著增强土壤的持水力，因为它们具有较大的表面积。例如，有机化土壤的持水力可以达到300%（即每100g干燥土壤可保持300g水分），而黏土的持水力约为30%，砂质土壤则小于20%。在相同体积下，壤土通常具有最高的持水力。这种差异意味着，在相同降水量下，砂质土壤虽然能浸润更深，但植物可利用的水分却较少。土壤的持水特性有助于我们了解植物可吸收的水分量，以及微生物分解、营养循环和水分损失等过程可用的水量。

5）土壤氧化还原反应　　土壤氧化还原（oxidation-reduction）反应是电子在不同化学物质间转移的过程，这种能量的转移可以被生物体利用。在这些反应中，一个物质释放电子（氧化），而另一个物质则接收这些电子（还原）。氧化还原反应中，电子的转移是能量转换的关键。氧化还原电势是由于物质具有获得或失去电子的倾向而产生的电势。土壤中由于含有不同的离子和化学物质，其氧化还原电势变化范围很广。在活的真核细胞中，一个重要的氧化还原过程是将电子从碳水化合物传递给氧气。这一系列反应释放的能量是细胞生长和细胞维持所必需的。在土壤生物中，还有许多其他氧化还原反应，电子从不同的供体传递到受体。

生物体在电子传递给氧气时获得的能量最多。在高有机质含量的厌氧环境中，如积水土壤或水下沉积物，电子必须传递给其他受体，但电子传递给这些受体时释放的能量依次递减：氧气>硝酸盐>锰>铁>硫酸盐>二氧化碳>氢气。

随着土壤氧化还原电势的降低，优先的电子受体逐渐被消耗。例如，氧气耗尽后，电子传递给硝酸盐的反硝化作用成为主要的氧化还原反应，接着是锰和铁的还原，然后是硫酸盐还原为硫化氢以及二氧化碳还原为甲烷，最后是氢气的还原。因此，高硫酸盐含量的土壤（如盐沼）比硫酸盐含量低的土壤更难以将二氧化碳还原为甲烷。

许多土壤生物只能进行有限的氧化还原反应，尽管某些细菌能将锰和铁的还原直接与有机底物的氧化反应相联系。土壤氧化还原电势的时空变化主要通过改变生物间的竞争平衡来影响氧化还原反应的类型。能够从自身氧化还原反应中获得较多能量的生物（如反硝化细菌和产甲烷细菌）在电子受体充足时具有竞争优势。

6）土壤有机质　　土壤有机质（soil organic matter）是土壤中至关重要的成分，它对土壤的风化速度、发育、水分保持能力、结构稳定性以及养分的储存和供应都有显著影响。土壤有机质为土壤中的异养生物提供能量和碳源，并且是植物生长所需养分的储备库。它来源于植物、动物和微生物的死亡组织，包括未分解的新鲜植物组织及古老的腐殖质，后者可能有数千年的历史。

土壤有机质的流失是土地退化和生物生产力下降的主要原因，这通常是由不恰当的土地管理造成的。土壤的pH，即溶液中氢离子浓度的负对数，是衡量土壤酸碱度的一个重要指标。pH 通过影响阳离子交换和磷酸盐及微量元素的溶解度，对养分的可用性产生显著影响。

阳离子交换能力（cation exchange capacity，CEC）是土壤保持可交换阳离子的能力，这些阳离子位于矿物质和有机质表面的负电荷位点。CEC 在黏土矿物中变化很大，晶体型黏土矿物在土壤 pH 下通常带负电或呈中性，这些负电荷来源于硅酸盐黏土的晶格夹层表面未中和的负电荷和 1∶1 型黏土颗粒边缘的羟基。土壤有机质具有很高的 CEC，这归因于有机化合物表面和腐殖质颗粒内部的羟基和羧基基团。在某些土壤中，有机质对总 CEC 的贡献至关重要，尤其是在热带土壤中，由于矿物的 CEC 较低，有机质占据了 CEC 的大部分。

高 CEC 和碱性饱和度为土壤提供了防止酸化的缓冲能力。当系统中加入额外的氢离子（如酸雨）时，它们会与黏土矿物和土壤有机质的阳离子交换位点上的阳离子交换。这种缓冲能力有助于使森林土壤的 pH 在酸雨影响下保持相对稳定。然而，当缓冲能力被超过时，土壤 pH 开始下降，导致铝离子的溶解度增加，这可能对陆地和水生生态系统产生潜在的毒性影响。在许多热带土壤中，较低的 CEC 无法为土壤溶液中的化合物提供有效的缓冲，使得这些土壤在酸性条件下更容易释放铝，对植物和微生物产生毒性。

◆ 第三节　生命起源与演化

一、自然选择

1. 生命的概念

生命是一个包含多重层面的复杂现象，它不仅包含生物化学、遗传学、生理学等分子和细胞层面的特征，也涵盖了生态学和进化论等宏观层面。生命体通过一系列新陈代谢的化学反应进行能量转换，以支持其生命活动；生命体通过细胞的分裂和功能分化实现生长和发育；生命体能够感知并响应外部环境的变化；生命体能够通过有性或无性繁殖不断产生后代；生命体展现出对环境变化的适应能力，可通过进化适应新的环境条件；生命体利用 DNA 或 RNA 等遗传物质来保持遗传信息的连续性。

从生态学的视角来看，生命体是生态系统中不可或缺的组成部分，它们与环境中的其他生物和非生物因素相互作用、相互依赖。这种视角强调了生物体不仅是独立存在的，还是生态系统中相互联系的一环。在生态系统中，生命体扮演着生产者、消费者和分解者的角色，通过光合作用、食物链和物质分解等过程，参与能量流动和物质循环。生命体之间的捕食、共生、竞争和寄生关系影响着它们的生存和繁衍。适应性使生命体能够在资源有限的环境中生存，而生态位则定义了生命体在生态系统中的位置和功能。生物多样性是生态系统健康和稳定的基础，不同的物种提供了多样的生态服务，增强了生态系统的抵抗力和恢复力。生命体的种群动态受多种生态过程的影响，如能量流动、物质循环和生物地球化学循环。此外，生命体在景观尺度上的分布和移动形成了不同的生态模式，影响遗传交流和生态系统的连通性（Begon et al.，2006）。

2. 早期生命形式的产生

生命起源的探索聚焦于生命物质从无到有的化学演化过程，以及其对生态系统的深远影响。化学进化说主张，生命起源于原始地球特定条件下，经历了从无机到有机、从简单到复杂的生命物质演化。这一过程的核心是核酸和蛋白质等生物大分子的形成。在无生命的原始地球环境中，自然因素如闪电、火山活动等，促使非生命物质经过化学反应生成多样的有机化合物，为生命起源提供了化学基础。生命起源的关键在于原始有机物质的生成及其早期演变，化学进化的结果是形成了构成氨基酸、糖类等生命基础结构单元的化学物质，这些单元进一步组合成核酸和蛋白质等生命物质。

苏联生物化学家亚历山大·伊万诺维奇·奥巴林（Alexander Ivanovich Oparin）在1922年提出，原始地球的无机物在自然能量作用下转化成了有机分子。1953年，美国化学家斯坦利·米勒（Stanley Miller）通过实验模拟原始大气，利用氢、甲烷、氨和水蒸气合成了氨基酸，为化学进化说提供了实验支持。此后，科学家在类似条件下合成了核糖、脱氧核糖、核苷酸、脂肪酸和脂质等生命分子，展示了生命物质的复杂性和多样性是如何逐步建立起来的。1965年，中国科学家在世界上首次合成了结晶牛胰岛素，1981年又在世界上首次合成了酵母丙氨酸转移核糖核酸，这标志着人类通过人工合成生命物质研究生命起源的新时代开启。

生命的化学进化过程被理解为四个关键阶段：无机小分子生成有机小分子，有机小分子聚合为复杂大分子，多分子体系自组装，最终获得复制遗传能力。这一过程不仅展示了生命从无到有的奇妙转变，也揭示了生命物质复杂性与多样性的逐步建立。化学进化说认为，这些多分子体系的形成和演化，是生命起源的关键，标志着原始生命的诞生。

宇宙胚种说则提出，地球上的生命可能源自地球外的宇宙空间。这一理论的支持者认为，生命的起源物质可能是通过彗星或陨石等天体带到地球上的。近年来，对陨石和彗星样本的研究，发现了多种有机分子，包括氨基酸和其他被认为是生命基础的化合物，为宇宙胚种说提供了一定的支持。例如，一些空间物理学家和天体物理学家提出，地球生命的起源可能与40亿年前坠入海洋的彗星有关，这些彗星可能为地球提供了生命诞生所需的原材料。宇宙胚种说认为，这些天体携带的有机分子在地球早期环境中可能促进了生命起源，为生态系统的形成奠定了基础。

尽管宇宙胚种说提供了一个有趣的视角，但它也面临着挑战和质疑。例如，生命的基本构成在宇宙空间中的稳定性，以及它们在穿越大气层时能否保持活性等问题，都是该理论需要进一步解释的难题。此外，即使有机分子能够到达地球，它们如何组装成生命形式并开始自我复制的过程，仍然是一个未解之谜。尽管如此，宇宙胚种说仍然是探索生命起源的多种可能性之一，它激发了对宇宙中生命分布和演化的进一步思考（王谷岩，1998）。

3. 遗传变异与自然选择

遗传变异是指生物体在遗传物质（通常是 DNA）上发生的变异，这些变异可以是基因层面的，也可以是染色体层面的。遗传变异是生物进化和物种多样性的基础，也是生物适应环境变化、维持生存和繁衍后代的关键因素。遗传变异的来源主要有以下几种。

（1）基因突变：基因突变是指 DNA 分子中单个或多个碱基对的改变，包括点突变（单个碱基的改变）、插入、缺失等。这些突变可以是自发的，也可以由外界因素如辐射、化学物质等引起。

（2）染色体变异：染色体变异是指染色体结构或数量的改变，包括染色体片段的重排，染色体数目异常（如非整倍体），染色体结构的缺失、重复、倒位和易位等。

（3）基因重组：在有性生殖过程中，通过减数分裂和受精作用，父母双方的遗传物质可以重新组合，产生新的遗传组合，这称为基因重组。基因重组是遗传变异的重要来源之一。

（4）基因流动：基因流动是指生物个体或其遗传物质在不同种群或群体之间的迁移和交换，这可以导致不同群体间基因频率的变化。

遗传变异是生态适应与进化的基石，可提高物种多样性与维持生态系统的稳定性。它可驱动形态、生理及行为差异，提升生物环境适应力，尤其是在生态压力下，丰富变异可支撑种群适应与恢复。遗传变异可积累推动物种分化，增加生态位多样性，强化系统复杂性与抗干扰能力，对生态系统服务至关重要。自然选择——达尔文进化论的核心，通过环境筛选有利特征，促进物种进化与适应。遗传差异、有利特征的繁殖优势与传递，环境压力下的生存竞争，共同驱动了种群特征变化与新物种形成。

4. 系统发育树

系统发育树（phylogenetic tree），也称为进化树，是一种描述生物种群之间进化关系的图形表示方法，通过分支结构展示不同物种或群体之间的亲缘关系，以及它们从共同祖先分化出来的历史过程（Hall，2016）。

系统发育树的基本组成包括以下四个部分。①节点（node）：节点代表物种或群体的共同祖先，在系统发育树的最顶端的节点通常代表所有物种的最近共同祖先。②分支（branch）：分支连接节点，表示物种或群体之间的进化关系，分支的长度通常表示进化时间的相对长度，但有时也用于表示遗传距离或进化变化的程度。③叶（leaf）：系统发育树的末端节点称为叶，代表现存的物种或已知的分类单元。④根（root）：系统发育树的起点，代表所有物种的共同祖先（图 1-2）。在无根树中，根的位置是未知的，而在有根树中，根的位置是确定的。

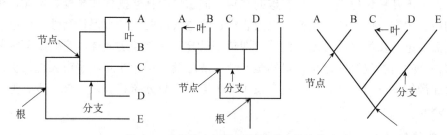

图 1-2　系统发育树的不同类型及其结构

A～E 表示不同的物种

系统发育树的构建基于分子数据（如 DNA、RNA 和蛋白质序列）和形态学特征的比较。构建系统发育树的方法有多种，包括最大简约法、最大似然法、贝叶斯法、邻接法等，每种方法都有其特定的假设和适用范围。在实际应用中，研究者可能会结合多种方法来构建系统发育树，以提高结果的可靠性和准确性。

（1）最大简约法（maximum parsimony）：基于"简约原则"，即在所有可能的进化树中，选择需要最少进化事件的树作为最可能的系统发育树。由于计算量随数据量的增加而急剧增加，此方法适用于较小的数据集。

（2）最大似然法（maximum likelihood）：基于统计学原理，通过计算不同进化树的似然值来选择最可能的系统发育树。这个方法考虑了进化过程中的随机性和选择性，能够处理复杂的进化模型和数据集。

（3）贝叶斯法（Bayesian inference of phylogeny）：使用贝叶斯统计方法来估计系统发育树的概率，结合先验信息和数据来推断进化树，能够处理不确定性，并提供进化树的后验概率分布。

（4）邻接法（neighbor joining）：邻接法是一种基于距离的聚类方法，通过逐步合并距离最近的节点来构建系统发育树。计算相对简单，适用于大规模数据集。

二、物种形成的主要方式

1. 异域物种形成

异域物种形成（allopatric speciation）是指由地理隔离导致的物种形成过程。在这种情况下，一个物种的种群被某种地理障碍（如山脉、河流、海洋、沙漠等）分隔成两个或多个部分，它们之间的基因流动被阻断。随着时间的推移，由于遗传漂变、自然选择、突变和基因流的限制，这些隔离的种群在不同的环境条件下独立演化，最终形成了新的物种。异域物种形成是物种形成的一种常见方式，它在生物进化史上起着重要作用（图 1-3）。以下是异域物种形成的一些机制（Begon et al.，2006）。

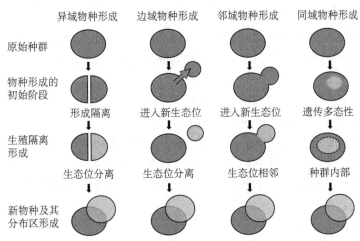

图 1-3 物种形成的主要方式

（1）地理隔离：地理隔离是异域物种形成的关键因素。它阻止了种群间的基因流动，使得每个隔离的种群可以独立地适应其特定的环境。

（2）遗传漂变：在隔离的种群中，由于种群大小有限，随机事件（如个体死亡、繁殖成功等）对基因频率的影响可能比在大种群中更为显著，这种现象称为遗传漂变。

（3）自然选择：在不同的环境条件下，自然选择会作用于不同的特征，导致种群适应其特定的环境。例如，一个隔离的种群可能发展出适应干旱环境的特征，而另一个隔离的种群可能发展出适应湿润环境的特征。

（4）突变：新的突变可以在隔离的种群中出现，并在没有基因流动的情况下独立地在种群中传播。

（5）基因流的限制：由于地理隔离，隔离的种群之间几乎没有基因交流，这有助于维持和加强种群间的遗传差异。

（6）物种形成：随着时间的推移，这些隔离的种群可能在形态、行为、生态位或遗传上变得足够不同，以至于它们不再能够成功地杂交繁殖，从而形成了新的物种。

异域物种形成是达尔文进化论中的一个核心概念，它解释了生物多样性是如何通过自然选择和地理隔离等机制逐渐增加的。

2. 边域物种形成

边域物种形成（peripatric speciation）与异域物种形成类似，但涉及的种群规模较小，通常是一个小的亚种群从一个较大的母种群中分离出来。这种分离通常发生在母种群分布范围的边缘，因此得名"边域"（图 1-3）。边域物种形成的关键特征是小种群效应，这包括遗传漂变和奠基者效应（肖钰等，2022）。

（1）奠基者效应（founder effect）：当一个小的亚种群从母种群中分离出来时，它可能只携带了母种群遗传多样性的子集。这种随机的遗传样本可能与母种群的遗传组成有所不同，从而导致新种群的遗传特征与母种群存在显著差异。

（2）遗传漂变：在小种群中，由于随机事件（如个体死亡、繁殖成功等）对基因频率的影响更为显著，这可能导致某些基因在新种群中变得固定或消失，即使这些基因在母种群中并不具有适应性优势。

（3）地理隔离：边域物种形成通常涉及地理隔离，但与异域物种形成不同的是，边域物种形成中的隔离种群规模较小，因此地理隔离和奠基者效应在物种形成过程中扮演了更为重要的角色。

（4）适应性辐射：在新环境中，小种群可能经历快速的适应性辐射，发展出适应新环境的特征，这进一步促进了物种的分化。

边域物种形成的一个著名例子是达尔文雀，达尔文雀是共计 5 属 15 种的小型鸟类，它们在加拉帕戈斯群岛的不同岛屿上进化出了不同的形态特征。这些雀鸟的祖先可能是一个小的亚种群，它们在迁移到新的岛屿后，由于奠基者效应和随后的适应性变化，逐渐形成了不同的物种。

3. 邻域物种形成

邻域物种形成（parapatric speciation）介于异域物种形成（allopatric speciation）和同域物种形成（sympatric speciation）之间。在这种情况下，物种的种群分布区域在地理上是连续的，但存在一个逐渐过渡的区域，称为过渡区或边缘区。在这些边缘区，种群间的基因流动受到限制，但并没有完全被阻断（图 1-3）。邻域物种形成通常发生在以下几种情况下（Begon et al.，2006）。

（1）生态位分化：在边缘区，由于环境条件的变化，种群可能开始适应不同的生态位，从而导致生态位分化。例如，一个种群可能适应了较湿润的环境，而另一个种群可能适应了较干燥的环境。

（2）行为隔离：种群间可能发展出不同的行为模式，如繁殖季节、求偶行为或栖息地选择的差异，这些行为上的隔离减少了基因流动。

（3）选择压力：在边缘区，由于环境条件的差异，自然选择可能对某些特征产生不同的选择压力，导致种群间出现遗传差异。

（4）基因流的限制：尽管种群在地理上是连续的，但在边缘区，基因流动可能受到限制，这可能是由种群间的竞争、生态位分化或行为隔离造成的。

邻域物种形成的一个关键特征是，尽管存在基因流动，但这种流动不足以阻止种群间的遗传分化。随着时间的推移，这些遗传差异可能积累到一定程度，使得边缘区的种群在遗传上与其他区域的种群显著不同，最终导致新物种的形成。邻域物种形成在自然界中可能不如异域物种形成常见，但它在某些情况下对物种多样性的形成和维持起着重要作用（肖钰等，2022）。

4. 同域物种形成

同域物种形成（sympatric speciation）是指在没有地理隔离的情况下，一个物种内部的某些群体在生态位、行为或繁殖隔离机制的作用下，逐渐演化成两个或多个不同的物种。这种物种形成方式与异域物种形成相对（图 1-3）。同域物种形成通常涉及以下几种机制（Begon et al.，2006）。

（1）生态位分化：物种内部的不同群体开始利用不同的资源或生态位，随着时间的推移，这些差异导致它们在生态上相互隔离，从而减少了基因交流。

（2）行为隔离：物种内部的某些群体可能发展出不同的求偶行为或繁殖习性，这可能导致它们在繁殖季节选择不同的配偶，从而减少了基因流动。

（3）繁殖隔离：即使在同一个地理区域内，物种内部的某些群体也可能发展出不同的繁殖机制或繁殖时间，这限制了它们之间的交配机会，从而促进了物种的分化。

同域物种形成在自然界中相对罕见，因为物种内部的基因流动通常会阻碍物种的分化。只有当生态位分化、行为隔离或繁殖隔离等机制足够强烈时，一个物种才可能在没有地理隔离的情况下分化成不同的物种。同域物种形成的例子包括一些植物物种，它们可能因为花期不同或授粉者不同而形成不同的繁殖隔离群体。在动物中，同域物种形成可能发生在那些具有高度特化的繁殖习性的物种中。

三、主要生物类群

地球上的生物丰富多样，如何对它们进行分类是生物学家面临的重大课题。生物分类不仅基于形态学特征，还包括遗传学、生态学和行为学等信息。分类学家使用不同的方法和工具，如比较解剖学、胚胎学、分子序列分析等，来确定生物之间的亲缘关系。

生物分类体系建立的目的是提供一个共同的语言和框架，使科学家能够交流有关生物多样性的信息，并理解生物的进化历史。生物分类体系是一个层次化的命名和组织方法，用于描述生物多样性并反映生物之间的进化关系。这个体系由瑞典植物学家卡尔·冯·林奈（Carl von Linné）在 18 世纪建立，并随着时间的推移而不断发展和完善。

（1）种（species）：是分类体系中的基本单元，指一组在形态和遗传上相似、能够自然交配并产生有生育能力后代的个体。

（2）属（genus）：由密切相关的种组成，是种的上一个分类级别。

（3）科（family）：由一组相关的属组成，反映了更远的亲缘关系。

（4）目（order）：由一组科组成，进一步扩大了分类的范围。

（5）纲（class）：由一组目组成，代表了更大的生物群体。

（6）门（phylum）：在多细胞生物中，门是比纲更高一级的分类单元，由多个纲组成。

（7）界（kingdom）：是最高的分类级别，将生物分为几个大的群体。

界是最高的分类级别，但对于将全部生物划分为几个界，生物分类学家的意见也不统一，主要的有两界系统、三界系统和五界系统。目前最为人所知的是 1969 年由生态学家罗伯特·H. 惠特克（Robert H. Whittaker）提出的五界系统：原核生物界（Monera）、原生生物界（Protista）、植物界（Plantae）、真菌界（Fungi）、动物界（Animalia）。五界系统提供了一个更全面的视角来理解生物的多样性和进化关系，它强调了原核生物和原生生物在生物界中的基础地位，以及它们在生物进化中的重要性。这个系统也反映了生物界从简单到复杂的进化过程（吴相钰等，2014）。

1. 原核生物

原核生物属于原核生物界，是一类没有细胞核的单细胞生物，它们的遗传物质（DNA）不被核膜所包围，而是直接存在于细胞质中；鞭毛并非由微管构成，更无"9+2"的结构，仅由几条螺旋或平行的蛋白质丝构成；主要的营养方式是吸收，但也有一些是光合作用或化学合成；主要通过分裂或出芽进行无性生殖；通过简单的鞭毛运动，或滑行或不动。原核生物是地球上最古老的生命形式之一，在地球生命的早期阶段就已出现，并且在今天的生物界中仍然占有重要的地位。原核生物的主要特征包括以下几点。①无核膜：原核生物的 DNA 直接存在于细胞质中，没有核膜包裹，因此它们的遗传物质不被限制在细胞核内。②细胞结构简单：原核生物的细胞结构相对简单，细胞质内仅有核糖体而没有线粒体、高尔基体、内质网、溶酶体、液泡和质体（植物）、中心粒（低等植物和动物）等细胞器。③繁殖方式多样：原核生物的繁殖方式包括无性繁殖（如分裂繁殖）和有性繁殖（如转化、转导和接合等）。④适应性强：原核生物具有极强的适应性，能够在极端环境中生存，如高温、高盐、酸碱度极端的环境等。⑤生物多样性丰富：原核生物包括细菌和古菌两大类，它们在生物界中占据着基础地位，对地球的生态系统和生物圈的维持起着至关重要的作用。

1）细菌（bacteria）

A. 革兰氏阳性菌

球菌：如链球菌属（*Streptococcus*）和葡萄球菌属（*Staphylococcus*）。

杆菌：如炭疽芽孢杆菌（*Bacillus anthracis*）和枯草杆菌（*Bacillus subtilis*）。

B. 革兰氏阴性菌

螺旋菌：如霍乱弧菌（*Vibrio cholerae*）和钩端螺旋体属（*Leptospira*）。

杆菌：如沙门菌属（*Salmonella*）和铜绿假单胞菌（*Pseudomonas aeruginosa*）。

C. 其他细菌

蓝细菌门（Cyanobacteria）：如鱼腥藻属（*Anabaena*）和颤藻属（*Oscillatoria*）。

放线菌门（Actinomycetes）：如链霉菌属（*Streptomyces*），是许多抗生素的生产者。

2）古菌（archaea）

A. 极端嗜热菌

硫磺还原菌：如热变形菌属（*Thermoproteus*）。

B. 嗜盐菌

盐湖古菌：如盐杆菌属（*Halobacterium*）。

C. 嗜酸菌

硫磺氧化菌：如硫化叶菌属（*Sulfolobus*）。

D. 其他古菌

产甲烷菌（methanogen）：如甲烷八叠球菌属（*Methanosarcina*）。

原核生物在生态系统中的作用包括促进物质循环（如氮循环、碳循环）、维持生态平衡、作为食物链的基础等。一些原核生物也是人类健康和农业生产的重要影响因素，如一些细菌是病原体，而另一些则用于生产抗生素、酶和生物肥料等。

2. 原生生物

原生生物是一类单细胞或简单多细胞的真核生物，属于原生生物界，这些生物在细胞结构和功能上比原核生物（如细菌和古菌）更复杂，但又与多细胞的植物、动物和真菌有所不同。原生生物的主要特征包括以下几点。①真核细胞：原生生物的细胞具有真正的细胞核，细胞核内含有染色体，这些染色体被核膜所包围。②种类多样：原生生物界包含多种不同的生物，如变形虫、纤毛虫、孢子虫、锥虫等，它们在形态、生活方式和生态位上具有极大的多样性。③营养方式：原生生物的营养方式多样，包括异养（如原生动物）、寄生（如某些原生动物）和混合营养（如某些变形虫）。④繁殖方式：原生生物的繁殖方式也多种多样，包括无性繁殖（如分裂、出芽）和有性繁殖（如配子结合）。⑤环境适应性：原生生物适应了多种不同的环境，从淡水和海水到土壤和寄生在其他生物体内。

原生生物的主要类群如下。

1）原生动物（protozoa）

变形虫（amoeba）：如大变形虫（*Amoeba proteus*）。

纤毛虫（ciliate）：如草履虫属（*Paramecium*）和四膜虫属（*Tetrahymena*）。

孢子虫（sporozoan）：如疟原虫属（*Plasmodium*），是引起疟疾的病原体。

放射虫（radiolarian）：如球虫属（*Sphaerozoum*）。

2）真菌状原生生物（fungus-like protist）

卵菌纲（Oomycetes）：如水霉属（*Saprolegnia*）和霜霉属（*Peronospora*）。

3）寄生性原生生物（parasitic protist）

锥虫（trypanosome）：如非洲睡眠病的病原体布氏锥虫（*Trypanosoma brucei*）。

利什曼原虫属（*Leishmania*）：是引起利什曼病的病原体。

原生生物参与物质循环和作为食物链中的重要组成部分，为其他生物提供能量和营养。一些原生生物，如疟原虫，对人类健康有重要影响。

3. 植物

在五界分类体系下，植物界是其中的一个界，它包括所有进行光合作用的多细胞生物。植物界是地球上最大的生物界之一，包括了从简单的藻类到复杂的被子植物等广泛多样的生物。植物界的主要特征包括以下几点。①光合作用：植物通过叶绿体中的叶绿素进行光合作用，将光能转化为化学能，同时产生氧气作为副产品。②细胞壁：植物细胞具有细胞壁，主要由纤维素构成，这为植物提供了结构支持和保护。③多细胞结构：植物是多细胞生物，它们的细胞通过细胞分裂和分化形成不同的组织和器官，如根、茎、叶、花、果实和种子等。④营养方式：植物是自养生物，它们通过光合作用制造自己所需的有机物质，不需要从其他生物体摄取营养。⑤生命周期：植物的生命周期包括无性繁殖和有性繁殖两种方式，无性繁殖通过分裂、出芽或形成孢子进行，而有性繁殖则涉及花粉和胚珠的结合，产生种子。

植物界中具有代表性的物种如下。

1）藻类（algae）

绿藻：如衣藻属（*Chlamydomonas*）和水绵属（*Spirogyra*）。

红藻：如紫菜属（*Porphyra*）和石花菜属（*Gelidium*）。

褐藻：如海带属（*Laminaria*）和墨角藻属（*Fucus*）。

硅藻：如舟形藻属（*Navicula*）和圆筛藻属（*Coscinodiscus*）。

2）苔藓植物（bryophyte）

苔类：如地钱属（*Marchantia*）。

藓类：如泥炭藓属（*Sphagnum*）。

3）蕨类植物（pteridophyte）

卷柏：如卷柏属（*Selaginella*）。

真蕨：如铁线蕨属（*Adiantum*）和蕨属（*Pteridium*）。

4）裸子植物（gymnosperm）

松柏类：如松属（*Pinus*）和柏木属（*Cupressus*）。

苏铁类：如苏铁属（*Cycas*）。

银杏类：如银杏（*Ginkgo biloba*）。

5）被子植物（开花植物）（angiosperm）

木兰纲（Magnoliopsida）：也称为双子叶植物纲，如玫瑰（*Rosa rugosa*）、苹果

（*Malus domestica*）和向日葵（*Helianthus annuus*）。

百合纲：也称为单子叶植物纲，如稻（*Oryza sativa*）、小麦（*Triticum aestivum*）和玉米（*Zea mays*）。

植物界在生态系统中扮演着至关重要的角色，是食物链的基础，可为其他生物提供氧气和食物，驱动碳循环和水循环。在人类社会中也具有重要的经济价值，如粮食、药材、木材和观赏植物等，被广泛应用于医药、食品、工业和园艺等领域。

4. 动物

在五界分类体系中，动物界是其中的一个界，是能自由活动的或至少在生活史某一阶段能自由活动的、多细胞、无细胞壁的一类异养真核生物。动物界是生物界中最大的界之一，包含了从简单的海绵到复杂的哺乳动物等众多物种。动物界的主要特征包括以下几点。①多细胞结构：动物界的所有成员都是由多个细胞组成的多细胞生物。②异养生物：动物是异养生物，它们不能进行光合作用，必须通过摄取其他生物体（如植物、其他动物或微生物）来获取能量和营养。③移动能力：大多数动物具有移动能力，能够主动寻找食物、逃避捕食者或寻找繁殖伙伴。④神经系统和感觉器官：动物通常具有发达的神经系统和感觉器官，如眼睛、耳朵、鼻子等，以感知环境并做出反应。⑤繁殖方式：动物的繁殖方式多样，包括无性繁殖和有性繁殖，有性繁殖是动物界中常见的繁殖方式，涉及雌雄配子的结合。

根据动物的形态、遗传和生态特征，动物界被分为多个门类。

1）脊索动物门（Chordata）

尾索动物亚门（Urochordata）：如柄海鞘属（*Styela*）。

头索动物亚门（Cephalochordata）：文昌鱼属（*Branchiostoma*）。

脊椎动物亚门（Vertebrata）：包括辐鳍鱼纲（Actinopterygii）和软骨鱼纲（Chondrichthyes）（均为水生的鱼类）、两栖纲（Amphibia）（水陆两栖动物）、爬行纲（Reptilia）（爬行动物）、鸟纲（Aves）（鸟类）和哺乳纲（Mammalia）（哺乳动物）。

2）节肢动物门（Arthropoda）

昆虫纲（Insecta）：如蝴蝶［鳞翅目（Lepidoptera）］、甲虫［鞘翅目（Coleoptera）］、蜜蜂［膜翅目（Hymenoptera）］、苍蝇［双翅目（Diptera）］、蜻蜓［蜻蜓目（Odonata）］。

蛛形纲（Arachnida）：如蜘蛛［蜘蛛目（Araneae）］、蝎子［蝎目（Scorpiones）］、螨虫［蜱螨目（Acarina）］。

甲壳纲（Crustacea）：如虾和蟹［同属十足目（Decapoda）］、水蚤［哲水蚤目（Calanoida）］。

唇足纲（Chilopoda）：如蜈蚣属（*Scolopendra*），其为大型且颜色鲜艳的蜈蚣。

倍足纲（Diplopoda）：如丸马陆属（*Glomeris*），其可卷成球状。

3）软体动物门（Mollusca）

腹足纲（Gastropoda）：如蜗牛属（*Helix*）和蛞蝓属（*Limax*），都属于柄眼目

（Stylommatophora）。

双壳纲（Bivalvia）：如贻贝目（Mytiloida）的贻贝属（*Mytilus*）、真瓣鳃目（Eulamellibranchia）的蚌科（Unionidae）、帘蛤目（Veneroida）的文蛤属（*Meretrix*）等。

头足纲（Cephalopoda）：如八腕目（Octopoda）的章鱼属（*Octopus*）、乌贼目（Sepiida）的乌贼属（*Sepia*）等。

掘足纲（Scaphopoda）：如细环象牙贝（*Episiphon subtorquatum*），其主要分布于台湾省的浅海沙底。

多板纲（Polyplacophora）：如刺石鳖属（*Chaetopleura*），其通常生活于潮间带的岩石上。

4）环节动物门（Annelida）

多毛纲（Polychaeta）：如沙蚕属（*Nereis*）、沙蠋科（Arenicolidae）。

寡毛纲（Oligochaeta）：如赤子爱胜蚓属（*Eisenia*），其可用于生活垃圾的生物处理。

蛭纲（Hirudinea）：如医蛭科（Hirudinidae）的各种蚂蟥，生活在水田、沟渠、池塘和沼泽的日本医蛭（*Hirudo nipponia*）是一种在我国分布广泛且危害较大的吸血水蛭。

5）刺胞动物门（Cnidaria）

钵水母纲（Scyphozoa）：如黄斑海蜇（*Rhopilema hispidum*）、叶腕水母（*Lobonema smithi*）。

珊瑚虫纲（Anthozoa）：包括软珊瑚目（Alcyonacea）、柳珊瑚目（Gorgonacea）、海鳃目（Pennatulacea）、黑珊瑚目（Antipatharia）、海葵目（Actiniaria）、石珊瑚目（Scleractinia）等。

水螅虫纲（Hydrozoa）：包括花水母目（Anthoathecata）、管水母目（Siphonophorae）、柱星螅科（Stylasteridae）、多孔螅属（*Millepora*）、薮枝螅属（*Obelia*）、中华桃花水母（*Craspedacusta sinensis*）、僧帽水母（*Physalia physalis*）、正十字水母（*Kishinouyea nagatensis*）等。

方水母纲（Cubozoa）：包括澳大利亚箱形水母（*Chironex fleckeri*）、伊鲁坎吉水母（*Irukandji jellyfish*）、疣灯水母（*Carybdea sivickisi*）等。

十字水母纲（Staurozoa）：包括喇叭水母属（*Haliclystus*）、高杯水母属（*Lucrenaria*）等。

5. 真菌

在五界分类体系中，真菌界占据着重要的位置，它是一类具有真正细胞核和细胞壁，产生孢子，不含叶绿素，以寄生或腐生等方式吸取营养的异养生物。真菌界的主要特征包括以下几点。①细胞结构：真菌细胞具有细胞壁，但与植物细胞不同，真菌的细胞壁主要由几丁质构成，而不是纤维素，真菌细胞内含有线粒体，但没有叶绿体，因此它们不能进行光合作用。②营养方式：真菌是异养生物，通过分泌酶分解有机物来吸收营养，真菌的营养方式多样，包括腐生、寄生和共生。③繁殖方式：真菌的繁殖方式包括无性繁殖和有性繁殖，无性繁殖通常通过孢子进行，而有性繁殖则涉及配子的结合。

真菌界的主要类群如下。

（1）子囊菌门（Ascomycota）：包括酵母属（*Saccharomyces*）、曲霉属（*Aspergillus*）和一些食用菌，如松露属（*Tuber*）和羊肚菌属（*Morchella*）。

（2）担子菌门（Basidiomycota）：包括蘑菇属（*Agaricus*）、灵芝属（*Ganoderma*）、单胞锈菌属（*Uromyces*）和一些食用菌，如香菇属（*Lentinula*）和冬菇属（*Flammulina*）。

（3）接合菌门（Zygomycota）：如根霉属（*Rhizopus*）和毛霉属（*Mucor*）等，这些真菌通常在土壤中分解有机物。

（4）壶菌门（Chytridiomycota）：一些水生真菌，它们在淡水和海洋环境中分解有机物。

（5）球囊菌门（Glomeromycota）：与植物根系共生的菌根真菌。

真菌参与分解有机物，有助于物质循环，如碳循环和氮循环的进行。真菌与植物的共生关系（如菌根）对植物的生长和营养吸收至关重要。真菌在人类社会中具有重要的经济价值，可作为食品（如蘑菇、松茸）、调味品（如酵母提取物）、药物（如抗生素）、工业原料（如酵母用于发酵生产乙醇）等。

四、生物的性状

生物的性状（trait）是指生物体的任何可观察或可测量的特征或属性，这些特征或属性可以是形态的、生理的、行为的或生态的。性状是生物遗传信息的外在表现，可以是遗传的，也可以受到环境因素的影响。性状是自然选择作用的对象，其变异可以导致生物体在生存和繁殖上的成功或失败，从而影响种群的遗传组成和进化方向。在生态学中，对性状进行分析是研究生物适应性、种群动态、物种间相互作用、物种多样性、生态系统功能、生态系统服务以及植被对环境变化响应的重要途径（丁晨晨等，2022）。

1. 性状的分类

性状的分类及其定义：①形态性状，指生物体可直接观察或测量的特征或结构；②生理性状，指生物体内部的生理过程和功能特征，通常涉及生物体如何处理和响应其环境中的各种刺激；③行为性状，指生物体在行为上的特征或表现，是生物体对环境刺激的反应方式，通常涉及个体的生存和繁殖策略；④生态性状，指生物体在与环境相互作用过程中所表现出来的特征或属性，可表征生物体如何适应其特定的生态位和环境条件（Green et al.，2022）。

2. 常用的生物性状

形态性状是生物适应环境的关键，包括尺寸（长度、高度）、形状（轮廓、对称性）、颜色（体表、斑纹）、纹理（表面质地）、结构（内外构造）、器官特征（大小、位置）、生长习性（直立、攀缘）、繁殖结构（花、果实、种子）。这些性状反映了生物与环境的互动，是生态适应的体现。

生理性状揭示生物适应环境的内在机制，包括以下几点：代谢速率、生长速率，体现生物体活力与发育速度；繁殖能力，关乎种群延续与遗传多样性；耐受性、生理性适应，反映生物对环境压力的应对；呼吸速率、消化效率，关联能量转换；免疫反应、激素水平、酶活性，涉及防御与调控；水分平衡、体温调节，确保生物体内外环境的稳定。这些性状共同塑造了生物的生存策略和生态位。

行为性状是生物适应策略的核心，包括以下几点：社会行为，如蜜蜂的分工、狼群的等级制度，展现群体协作与竞争；繁殖行为，如孔雀开屏、海豚求偶，维持遗传多样性；觅食行为，如猫头鹰夜猎、蜜蜂采蜜，优化能量获取；防御行为，如变色龙伪装、鹿的警戒，规避捕食风险；迁徙行为，如候鸟迁飞、鲑鱼洄游，适应季节变化；学习记忆，如海豚模仿、鸟类迁徙记忆，增强生存技能；交流行为，如鸟鸣、蜜蜂舞蹈，传递信息；领地行为，如狮子巡逻、鸟鸣示界，维护资源；清洁行为，如猫舔毛、鱼的清洁互助，保持健康；睡眠休息，如动物昼夜节律、鸟类睡姿，恢复体力。

生态性状指标揭示了物种在生态系统中扮演的角色，包括以下几点：物种的栖息地选择，反映了它们对特定环境的偏好；资源利用策略，展示了它们获取能量的途径；繁殖策略，种群密度和结构，反映了物种在繁衍和分布方面的特征。此外，种间相互作用，如捕食和共生，对群落的构建和动态起着至关重要的作用。生态位概念进一步界定了物种在生态系统中的功能角色，而适应性特征，如耐旱和耐寒能力，则展示了物种适应环境变化的能力。综合这些指标，我们可以全面评估物种的生态功能和对环境的适应性。

3. 影响生物性状的主要因素

影响生物性状的因素非常多，包括遗传因素、环境因素、发育过程以及它们之间的相互作用等。以下是一些主要的影响因素（Bello et al.，2021；Green et al.，2022；Schleuning et al.，2023）。

（1）遗传因素：生物的遗传信息储存在 DNA 中，基因的变异和组合决定了生物的基本性状。基因的表达受到调控，包括转录、翻译等过程，这些过程的调控影响性状的表达。

（2）环境因素：温度的变化可以影响生物的生长、发育和生理活动，进而影响生物性状。湿度水平影响生物的水分平衡和生理过程。光照强度和光周期对植物的光合作用、开花和生长周期有重要影响。营养物质的可用性直接影响生物的生长和发育。干旱、盐碱、污染等环境压力可以引起生物的适应性变化。

（3）发育过程：植物和动物体内的激素水平影响生长、发育和性状的形成。细胞分裂和分化过程中的调控影响组织和器官的形成。生物体在不同发育阶段可能表现出不同的性状。

（4）相互作用：基因和环境因素的相互作用可以导致性状的复杂变化。DNA 甲基化、组蛋白修饰等表观遗传机制可以影响基因的表达，进而影响性状。

（5）进化历史：自然选择作用于生物的可遗传性状，导致适应性性状的保留和积累。在小种群中，随机事件（如个体死亡、繁殖成功）对基因频率的影响，可能导致某些性状的固定或消失。

（6）人类活动：在农业和园艺发展过程中，人类通过选择性繁殖来改变植物和动物的性状。人类活动导致的环境变化（如气候变化、城市化）也会影响生物的性状。

了解这些影响因素对于理解生物性状的形成、变异和进化至关重要，有助于在生态学、进化生物学、遗传学和保护生物学等领域进行深入研究。

◆ 第四节 生态学简史

一、人类早期实践与生态学起源

生态学（ecology）专注于研究生物体与其环境之间的相互作用，是一门从实践中发展而来的学科。可以说，从生命诞生开始，生态学关系就已经存在了，凡是有生命的地方，就有生态学的问题、现象与规律。人类作为最高等的生物，在发展历程中不断观察和探究环境与生物体的关系，积极主动地改造自然。生态学已经成为人类文明史不可或缺的一部分。

1. 中国的古代生态学

中国古代生态学的历史可以追溯到远古时期，考古学家在江西万年县仙人洞、湖南道县玉蟾岩、湖南澧县城头山、浙江余姚河姆渡等多个古代遗址中发现了稻谷种植遗迹，这表明远古时期人类就已经开始从事与自然环境有着密切互动的农业生产活动。原始人类通过观察和实践，逐渐积累了关于动植物习性、气候规律以及季节变化的知识，这些知识对于指导农业生产至关重要。夏朝时期，大禹通过疏导河流、治理水患，改善了农业生产条件，反映了古人对水土保持和生态环境管理的重视。春秋时期，《管子·地员篇》中详细讨论了不同土壤类型，"群土之长，是唯五粟"，首次提出了"五粟"（五种不同颜色的土壤）这一概念，"其泽则多鱼，牧则宜牛羊。其地其樊，俱宜竹、箭、藻、龟、楢、檀"等指出了这些土壤适宜种植的各种植物以及适宜养殖的各种动物。《管子·地员篇》中不仅深刻阐述了土壤类型和植物生长环境之间的关系，还提出了对生态多样性和生境异质性的早期理解。

从周代开始已经有了对生物多样性保护和管理的措施，《周礼》中记载"山虞掌山林之政令，物为之厉而为之守禁"，"林衡掌巡林麓之禁令，而平其守"。"山虞"负责制定和执行山林的管理政策，确保山林资源得到合理利用和保护，同时对山林中的物产进行分类和管理，防止滥伐和非法狩猎。"林衡"则负责巡视林麓，监督禁令的执行情况，确保林麓的生态平衡和资源的可持续利用。秦汉时期，虞衡制度得到了进一步的发展和完善，除了山林管理之外，还设立了湖官、陂官、苑官等不同职能的官职，分别负责湖泊、池塘、园林等不同类型的自然资源的管理和保护，如渔业资源的可持续利用，池塘水质和生态平衡的维护等。虞衡制度一直延续到清代，成为中国古代长期实行的一种自然资源管理方式，不仅体现了古代中国对自然资源的重视，也反映了古代政府在资源管理方面的精细化和专业化，以及在环境保护方面的智慧和远见。

随着农耕经济的迅猛发展及农业文明的不断丰富，生态学知识得到了快速积累。原始人类在进行渔猎活动过程中，就积累了生物习性、气候特征等基本生态知识。各朝各代通过对农耕的探索，又总结出了不同气候对生物的影响、生物与生物之间的相互影响、生态的多样化以及生态保护等内容，如《礼记·月令》中有"东风解冻，蛰虫始振，鱼上冰，獭祭鱼，鸿雁来"的物候认识，《齐民要术》中有"和麻子漫散之，即劳。秋冬仍留麻勿刈，为楮作暖。若不和麻子种，率多冻死"的生物共生认识。中国农业文明的发展不仅促进了人类对自然环境和生物习性的深入理解，还体现了人类与自然环境和谐共存的生态学智慧。

2. 欧洲的古代生态学

欧洲的古代生态学可以追溯到古希腊时期，历史学家希罗多德（Herodotus）通过对生物现象的细致观察，注意到自然界中掠食性动物（捕食者）的后代数量往往少于它们的猎物（被捕食者），暗示了自然界中存在一种自我调节的机制，以维持生态系统的稳定，进而提出了"自然平衡"的概念，这一发现为后来生态学发展提供了重要的思想基础。古希腊哲学家柏拉图（Plato）通过观察自然界，提出了"每个物种都有生存的手段"的观点，强调了自然界中物种多样性和生存策略的复杂性。古希腊哲学家亚里士多德（Aristotle）对动物学进行了深入的研究，并撰写了一系列相关论文，在他创办的学校"吕克昂学园"（Lykeion），动物学和植物学作为独立学科开始建立，对生物学和生态学的发展做出了巨大贡献。同一时期，泰奥弗拉斯托斯（Theophrastus）对植物学进行了系统的研究。罗马时代，盖乌斯·普林尼·塞孔都斯（Gaius Plinius Secundus，一般称老普林尼）的《自然史》（*Naturalis Historia*，又译《博物志》）涵盖了动物学、植物学、矿物学等多个领域。

中世纪时期，古代的博物学知识得到了恢复和扩展。神圣罗马帝国皇帝腓特烈二世（Friedrich II）在其著作《鹰猎术》（*De Arte Venandi Cum Avibus*）中，详细记录了对猛禽及其猎物的观察，展现了对自然界的深刻理解。同时，阿尔贝图斯·马格努斯（Albertus Magnus）撰写了关于植物和动物自然史的两部百科全书式著作。16世纪中叶，瑞士学者康拉德·盖斯纳（Konrad Gesner）也撰写了关于动物和植物自然史的著作，其中《动物志》（*Historia Animalium*）将作者观察和收集的资料全部编撰进去。意大利自然学家乌利塞·阿尔德罗万迪（Ulisse Aldrovandi）的作品《大全集》（*Opera omnia*）涵盖了植物学、动物学和地理学等多个领域。吉罗拉莫·卡尔达诺（Girolamo Cardano）在1547年出版了第一本关于寄生虫的书籍。弗朗切斯科·雷迪（Francesco Redi）、约翰·雷（John Ray）和安东尼·范·列文虎克（Antonie van Leeuwenhoek）对动物寄生虫的研究以及对自然界的细致观察，为后来的生物学和生态学研究奠定了基础。17世纪末，约翰·格朗特（John Graunt）、威廉·佩蒂（William Petty）和马修·黑尔（Matthew Hale）在人口学研究方面的工作为现代种群统计学的发展奠定了基础。

1725年，意大利科学家路易吉·费迪南多·马尔格利（Luigi Ferdinando Marsigli）的《海洋自然史》（*Histoire Physique de la Mer*）出版，该书详细探讨了海洋温度、盐度、潮汐、洋流、深度以及动植物的分布情况，不仅深入分析了海洋的物理特性，还记录了海洋生物的种类和生态，为后来的海洋生态学研究奠定了基础。之后，英国航海家詹姆斯·库克（James Cook）在1768～1779年进行了三次环球航行，随船的博物学家对海洋生物进行了细致的观察和记录，包括昆虫及其生活史，不仅丰富了海洋生物学的知识，还深入了解了海洋环境，促进了人类对海洋世界的认识和理解。

3. 生态学概念的发展

德国著名生物学家恩斯特·海克尔（Ernst Haeckel）在 1866 年首次提出了"生态学"这一术语。他将生态学定义为"研究生物体与其有机及无机环境之间相互关系的科学"，特别强调了动物与其他生物之间的有益和有害关系。1935 年，英国生态学家亚瑟·乔治·坦斯利（Arthur George Tansley）提出了"生态系统"的概念，这一概念强调了生物群落与其环境之间的相互作用和能量流动。美国生态学家雷蒙德·林德曼（Raymond Lindeman）基于对湖泊生态系统的深入研究，提出了著名的"十分之一定律"，进一步推动了生态学作为一门独立学科的发展。此后，美国生态学家尤金·奥德姆（Eugene Odum）在 20 世纪中叶，将生态学的焦点放在了生态系统这一概念上，认为生态学是研究生态系统结构和功能的科学。奥德姆强调了生态系统中能量流动、物质循环和生物多样性的重要性，并提出了生态系统的概念模型，为生态学研究提供了新的视角和方法。中国生态学家马世骏先生认为，生态学是研究生命系统与环境系统相互作用和相互关系的科学。这一定义将生态学的研究范围扩展到了更宏观的层面，不仅包括了生物个体、群体和群落，还涵盖了这些生命系统与周围环境系统之间的相互作用。这一定义强调了生态学研究的系统性和整体性，为生态学的研究提供了更为广阔的视野。

二、现代生态学发展特征

（1）定量研究：生态学研究从定性走向定量，雷蒙德·林德曼的理论为现代生态科学打下了理论基础。他通过对赛达伯格湖（Cedar Bog Lake）的能量流动进行定量分析，发现了生态系统的能量流动具有单向流动、逐级递减的特点，能量在相邻两个营养级间的传递效率大致为 10%～20%。现代生态学研究的手段正在发生新的变化，除了采用一些能准确地获取信息的手段，如遥感、地理信息系统、全球定位系统（3S 系统），连续、精密观测仪器外，还强调应用模拟和模型方法来研究大尺度、多因素的大系统。这些现代化装备的不断完善为生态学研究过程从定性走向定量，从短期考察走向长期定位，从描述走向实验奠定了坚实的基础。

（2）研究方法多样化：生态学研究方法大多数与其相关学科的方法相同或相似。生态学研究需要先对自然界或实验室中的生态现象进行观察记载、测计度量和实验，再对资料数据进行分析综合，最终找出生态学规律。此外，现代生态学研究也在向专一、综合的方向发展，方法包括野外考察、定位观测、原地实验以及控制实验等，技术方面，涉及资料归纳分析、数值分类与排序、模拟生态学数字模型等技术。20 世纪初，示踪原子和其他标记技术的出现，标志着生态学研究的方法向微观层面发展，使得人们能够对动物的活动进行持续全面的观察，并追踪元素在植物体内的运输和分布。20 世纪 40 年代发展起来的群落能量研究使人们对生物群落与其环境组成的生态系统有了新的理解，认识到生态系统是一个依赖物质和能量流动维持其功能的整体。

（3）多尺度多层级：生态学的研究范畴涵盖了分子、基因、个体，直至地球生物圈等不同尺度，但它的核心内容主要是个体、种群、群落、生态系统和景观五个组织层次。这些层次不仅反映了生物在不同空间尺度上的组织结构，也揭示了生物与环境相互作用的复杂性。生态学的研究范畴和维度不断扩展，不仅在空间尺度上从微观到宏观，也在时间尺度上从短期到长期，为理解生物与环境的复杂关系提供了全面的视角。

（4）从描述解释到实践应用：生态学研究正逐渐从理论描述转向实践应用，强调将理论积极融入生产生活，发挥其正面价值。生态学理论与应用紧密交织，相互促进，理论需实例验证，应用则需理论指导。随着生态学理论的演进，其在生物生产和人类生活领域的应用受到更多关注，一方面为理论生态学带来了新挑战，另一方面，理论成果也为解决实际问题提供了科学依据。现代生态学在理论指导下，积极实践生态环境保护，丰富理论内涵，推动学科发展。在经济活动中，现代生态学重视自然资源的价值，利用生态价值观指导经济发展，减少对环境的破坏。同时，科技进步可应用于降低经济活动的环境影响，同时倡导可持续的消费模式。应用生态学、产业生态学、恢复生态学以及生态工程和城市生态建设等领域，都是生态学理论在实践中的体现，展示了生态学在现代社会中的重要应用和价值。

三、现代生态学在中国的发展历程

1. 起步阶段（1949 年以前）

20 世纪 40 年代之前，我国的生态学整体上还属于萌芽阶段。在这个阶段，由于当时科技水平和研究条件的限制，生态学研究相对较为基础，主要由一些植物学家和动物学家进行，当时的生态学研究主要集中在对自然环境的描述和分类上。1916 年，张珽教授最早将日文的"生态学"一词译成中文并引入中国，他在武汉大学最早开设植物生态学课程，并与董爽秋教授合著了我国第一部《植物生态学》教科书，于 1930 年出版。中国最早的动物生态学教材是费鸿年编著的《动物生态学纲要》（1937 年）。在这一阶段，仅有少数学者如钱崇澍、李继侗、刘慎谔和曲仲湘等在国外接受了生态学教育，并将生态学引入中国，开始进行初步的研究工作。例如，钱崇澍先生于 1927 年发表了中国最早的植物生态学和地植物学论文《安徽黄山植被区系的初步研究》。李继侗先生于 1921 年发表的《青岛森林调查记》被认为是中国最早的森林生态学文献之一。刘慎谔先生于 1931 年春深入新疆和西藏地区进行科学考察，并发表了《中国西部和北部的植物地理》和《中国西南部植物地理》等论文。曲仲湘先生在 20 世纪 30～40 年代对四川、江苏、浙江、安徽的植被资源进行了广泛的考察，并发表了《四川之森林》专著。

2. 初步发展阶段（1949～1978 年）

自新中国成立以来，生态学在中国的研究取得了显著的发展。在国家建设的推动下，中国科学院等机构组织了多次综合考察，对自然资源、社会经济状况以及区域开发进行了全面调查研究。这些考察活动不仅为地学、生物学等学科的发展奠定了基础，也为生态学的深入研究提供了宝贵的第一手资料。中国科学家对全国范围内的森林、草原、沼泽等生态系统进行了广泛的研究，尤其是在东北地区对红松和落叶松的生态特性、群落结构以及更新演替进行了深入探讨。在西南地区，对西双版纳热带森林的生物地理群落进行了开创性的研究，并在华南地区对橡胶林地进行了调查和热带作物的引种栽培研究。全国划定了多处自然保护区，中国科学院在云南西双版纳等地建立了不同生态系统的定位观测研究站，开始了长期定位观测研究。这些研究和实践不仅为中国的生态学发展奠定了坚实的基础，也为国家的经济建设提供了重要的科学支持。

这一时期的研究主要集中在个体、种群和群落水平，以及植被生态学和农业生态学等领域。研究成果体现在多部经典著作和理论中。1959 年开始出版的《中国植物志》详细描述了中国植物的科学名称、形态特征、生态环境、地理分布、经济用途和物候期等，是中国生态学研究的一个重要里程碑。马世骏先生于 1959 年出版的《中国昆虫生态地理概述》是中国昆虫生态地理与昆虫区划的第一本专著。20 世纪 60 年代初，刘慎谔先生编撰了《历史植物地理学》，并在外国有关理论基础上，结合我国植被的实际情况和存在问题，提出了系统而有特色的动态地植物学理论。

此外，中国科学家在农业生态学领域也取得了显著成就，包括对农作物栽培、昆虫和兽类的生理生态学研究，以及对农业有害生物的防治等。这些研究不仅推动了农业生产的进步，也为生态学理论的形成和应用做出了重要贡献。20 世纪 70 年代后期，中国生态学研究进一步深化，动物生物能量学、昆虫性激素研究、大熊猫和灵长类动物的行为生态学研究等领域的研究取得了突破性进展。这些研究不仅丰富了生态学的理论体系，也为动物种群数量控制、农业预测预报等提供了科学依据，对中国的经济发展产生了深远的影响。

1972 年，中国政府参加了联合国人类环境会议，1973 年在北京召开第一次全国环境保护会议，1974 年成立国务院环境保护领导小组及其办公室，促进了全国环境保护工作的开展。20 世纪 70 年代初，中国重返联合国后，开始接触和学习西方的环境保护理念和实践。这一时期的生态学研究为后续的学科发展奠定了基础，尤其是在生态系统生态学和全球变化生态学等领域的研究上，为中国生态学的进一步深化和国际化奠定了重要基石。尽管在改革开放之前的研究相对基础和初步，但它们为中国生态学的持续发展和在全球生态学研究中的贡献奠定了坚实的基础。

3. 快速发展阶段（1979~2000 年）

改革开放以来，中国的生态学研究经历了显著的扩展和深化，研究领域从城市、湿地、海洋生态等传统领域扩展到包括社会-经济-自然复合生态系统的广泛视角。当代生态学研究的五大特征包括：①研究对象的重新定位，关注人类社会与自然环境的相互作用；②研究范围的时空扩展，从短期调查到长期地质历史和未来预测；③研究设施和手段的现代化，研究平台从分散走向集中；④研究内容从结构、功能到过程和预测；⑤学科发展的分化与融合，形成包括农业生态、林业生态、草原生态、海洋生态、湖沼生态及湿地生态等相对完整的体系，并与社会科学交叉发展了人类生态学、生态伦理学、生态经济学、城市生态学等。

在这一时期，生态学研究的特点表现为研究层次向微观和宏观发展，研究手段不断更新，研究范围从纯自然现象研究拓展到对自然-经济-社会复合系统的研究。新的科学技术，如便携式仪器和同位素示踪法，在生态学实验中的应用，使得研究更加高效和精准。生态学研究的现代化和全球化趋势，以及与多个学科的交叉融合，为解决当代环境问题提供了科学依据和方法论支持。

4. 成熟与深化阶段（2001 年至今）

进入 21 世纪，中国生态学研究显著成熟深化，理论和方法创新，应用成果丰富，尤其是在全球气候变化、生物多样性保护、生态系统服务评估等领域对全球生态学发展做出了重要贡献。

中国生态学快速发展，人才和设施建设显著增强，成为大学和科研机构中的普及学科。中国学者积极参与国际前沿课题，与国际生态学界广泛交流合作，提升了中国在全球生态学发展中的影响力。研究领域拓展，涵盖生态系统服务、生物多样性保护、生态恢复、城市生态学、农业生态学等，研究方法多样化和精确化，包括遥感技术、地理信息系统（GIS）、统计分析等现代技术。

在理论研究方面，中国学者在陆地生态系统碳循环、生物多样性与生态系统功能等领域取得了重大突破。研究成果广泛应用于国家生态保护、生态恢复等实践领域，为生态文明建设战略的形成与实施提供了理论和实践基础。

中国生态学的主要成果包括生态系统服务评估方法的深入探讨，生物多样性调查与评估，森林、草地、湿地等生态系统的碳储存和循环过程的研究，以及生态脆弱地区的生态恢复关键技术开发。环境影响评估制度的建立和完善，为建设项目和政策决策提供了科学依据。

生态学是生态文明建设的重要科学基础。随着中国经济社会的发展，生态与环境问题日益突出，生态学作为理论支撑的需求迫切。2011 年，中国将生态学提升为一级学科，重构了生态学二级学科体系，强调生态学的多学科交叉特性，以及在解决生态与环境问题中的实践作用。

现代生态学研究已扩展到包括人类在内的区域或全球生物圈，关注人与自然、人与生态系统、人与自然环境的相互作用。面对严峻的全球生态环境问题，生态学的未来发展尤为重要。通过国际合作和学术交流，将推动生态学的进步，促进其在生物多样性保护、生态系统管理和可持续发展等领域的深入研究，为实现人与自然和谐共生的未来贡献力量（孙鸿烈，2011；李振基等，2014；方精云，2021；于贵瑞等，2021）。

参 考 文 献

丁晨晨, 梁冬妮, 信文培, 等. 2022. 中国哺乳动物形态、生活史和生态学特征数据集. 生物多样性, 30: 21520.

方精云. 2021. 生态学学科体系的再构建. 大学与学科, 2: 61-72.

李文华. 2018. 中国生态农业的回顾与展望. 农学学报, 8: 145-149.

李振基, 陈小麟, 郑海雷. 2014. 生态学. 4 版. 北京: 科学出版社.

史培军, 孙劭, 汪明, 等. 2014. 中国气候变化区划 (1961—2010 年). 中国科学: 地球科学, 44: 2294-2306.

孙鸿烈. 2011. 中国生态问题与对策. 北京: 科学出版社.

王谷岩. 1998. 了解生命. 南京: 江苏教育出版社.

王婷, 周道玮, 神祥金, 等. 2020. 中国柯本气候分类. 气象科学, 40: 752-760.

吴相钰, 陈守良, 葛明德. 2014. 陈阅增普通生物学. 4版. 北京: 高等教育出版社.

肖钰, 王茜, 何梓晗, 等. 2022. 基于生物学物种定义探讨物种形成理论与验证的研究进展. 生物多样性, 30: 21480.

于贵瑞, 王秋凤, 杨萌, 等. 2021. 生态学的科学概念及其演变与当代生态学学科体系之商榷. 应用生态学报, 32: 1-15.

朱耿睿, 李育. 2015. 基于柯本气候分类的1961—2013年我国气候区类型及变化. 干旱区地理, 38(6): 1121-1132.

Begon M, Townsend C R, Harper J L. 2006. Ecology: From Individuals to Ecosystems. 4th ed. 李博, 张大勇, 王德华, 等, 译. 北京: 高等教育出版社.

Chapin Ⅲ S F, Matson P, Mooney H A. 2002. Principles of Terrestrial Ecosystem Ecology. 李博, 赵斌, 彭容豪, 等, 译. 北京: 高等教育出版社.

Hall B G. 2016. Phylogenetic Trees Made Easy: A How-To Manual. 4th ed. 陈士超, 吴晓运, 译. 北京: 高等教育出版社.

Bello F D, Carmona C P, Dias A T C, et al. 2021. Handbook of Trait-Based Ecology: From Theory to R Tools. Cambridge: Cambridge University Press.

Green S J, Brookson C B, Hardy N A, et al. 2022. Trait-based approaches to global change ecology: moving from description to prediction. Proceedings of the Royal Society B: Biological Sciences, 289: 20220071.

Rindos D. 2013. The Origins of Agriculture: An Evolutionary Perspective. Orlando: Academic Press.

Schleuning M, García D, Tobias J A. 2023. Animal functional traits: Towards a trait-based ecology for whole ecosystems. Functional Ecology, 37: 4-12.

Vitousek P M. 1994. Factors controlling ecosystem structure and function // Amandson R, Harden J, Singer M. Factors of Soil Formation: A 50th Anniversary Retrospective. Madison: Soil Science Society of America: 87-97.

Wedin D A, Tilman D. 1990. Species effects on nitrogen cycling: a test with perennial grasses. Oecologia, 84: 433-441.

第二章

生物与环境

本章数字资源

◆ 第一节 环境因子作用的一般规律

一、环境及相关概念

1. 环境的概念

环境（environment）是指某一特定生物体或生物群体以外的空间，以及直接或间接影响该生物体或生物群体生存的一切事物的总和。

环境是一个相对的概念，是针对某一特定主体或中心而言的，离开主体或者中心的环境是没有内容的，也是无意义的。在生态学中，生物是主体，环境是指围绕着生物体或者生物群体的一切事物（生物以外的所有自然条件）的总和。环境的主体可以是个体、种群、群落、生态系统、景观、生物圈等。其他学科中环境的概念会有所不同，如在环境科学中，人类是主体，环境是指围绕着人类的空间以及其中可以直接或间接影响人类生活和发展的各种因素（其他的生命物质和非生命物质）的总和。

2. 环境的类型

环境是一个非常复杂的体系，至今尚未形成统一的分类系统，一般依据主体、性质、范围等进行分类。

首先，根据主体的差异，环境可以划分为两种类型：一种是以人类为主体，和人类相对应的其他生命物质以及非生命物质都被看成是环境，这类环境称为人类环境，如环境科学就是采用这种分类方法；另一种是以生物为主体，生物体以外的所有环境条件总称为环境。

其次，根据性质的差异，环境可以划分为自然环境、半自然环境（被人类破坏后的自然环境）和人工（社会）环境 3 种类型。

最后，根据范围的差异，环境可以划分为大环境和小环境两种类型。大环境主要是指宇宙环境、地球环境和区域环境；小环境是指对生物有直接影响的邻接环境，即小范围的生境，如接近植物个体表面的大气环境、土壤环境、动物洞穴内的微环境等（图 2-1 和图 2-2）。

图 2-1　分布于青藏高原高寒环境的藏野驴

图 2-2　分布于武夷山海拔 1900m 林内阴湿环境的二叶兜被兰

以上是生态学及环境科学常用的环境分类方法，近年来为了研究方便，也可以根据环境要素的特性将环境划分为能量环境、物质环境及生物环境等。

能量环境：光、温度、风及火等能源要素共同构成地球的能量环境。能量环境变化是驱动地球生物生长和分布的主要因子，如光照、温度变化会显著影响生物的生长。

物质环境：水圈、土壤圈/岩石圈及大气圈等生物赖以生存的物理和化学介质构成地球的物质环境。

生物环境：能够影响主体生物生长和分布的一切生物因素构成地球的生物环境，包括植物、动物、微生物及人等。

3. 生态因子及其类型

环境因子是指生物有机体外的所有环境要素。生态因子（ecological factor）则是指环境中对生物的生长、发育、生殖、行为和分布等有着直接或间接影响的环境要素，如光照、温度、水分、氧气、食物和其他相关生物等。所有的生态因子构成生物的生态环境，特定生物体或群体栖息地的生态环境称生境（habitat）。

美国生态学家道本迈尔（Daubenmire）于 1959 年将生态因子分为三大类：气候类、土壤类和生物类，并将其细分为 7 个方面：温度、光照、水分、土壤、大气、火和生物因子。这是以生态因子特点为标准进行分类的代表。

罗杰·达霍斯（Roger Dajoz）在 1977 年依据生物有机体对环境的反应和适应性将生态因子分为第一性周期因子、次生性周期因子及非周期性因子。

二、生态因子的作用特征

1. 综合性

环境中各种生态因子不是孤立存在的，而是彼此联系、互相促进、互相制约的。任何一个因子的变化都会引起其他因子不同程度的变化。例如，光照强度变化必然会引起大气和土壤温度、湿度改变。生态因子对生物的影响是全面和综合的。例如，一个地区的气候湿润程度不单由降水量决定，更是多种气象因素，如温度、湿度、风速等综合作用的结果，而这种综合作用决定了生物的生长和分布。

2. 不可代替性和补偿性

任何一个生态因子在数量或质量上的不足或过多都可能影响的生物生长、发育和繁殖。具体来说，不同的生态因子在生物的生长和发育过程中起着不同的作用，无法被其他因子所替代。例如，光照和 CO_2 是植物进行光合作用必需的两个重要因子，各自在光合作用中发挥着独特的作用，无法被其他因子所替代。但是，其他生态因子可以补偿某一因子的不足，如增强光照可以延缓植物因 CO_2 不足而引起的光合作用下降。

3. 阶段性

生态因子的阶段性指的是在不同的生长阶段和生命历程中，生物对生态因子的需求不同。以下是几个可能存在的阶段及其特点。

（1）胚胎和早期发育阶段：生物体对生态因子如温度、湿度、化学物质等的敏感性极高，其可能直接影响胚胎的发育和早期生长，甚至可能导致胚胎畸形或死亡。因此，对于这一阶段的生物体，提供一个适宜的环境是至关重要的。

（2）生长和成熟阶段：生物体需要不断地适应变化的生态因子，如食物供应、竞争关系和气候变化等。生物体会通过调整生理、行为和生态策略来应对生态因子的变化，以维持其生存和繁衍。

（3）繁殖阶段：对于许多生物而言，繁殖是一生中的重要阶段，这一阶段生态因子对生物体的影响尤为显著。例如，鸟类可能会为了繁殖而选择特定的环境如树木、草丛或岩石等作为筑巢地点，如果生态因子发生变化，如森林砍伐、城市化等，可能会导致鸟类繁殖率下降或出现灭绝风险。

（4）迁徙阶段：许多动物会为了寻找食物、避免天敌或繁殖而进行迁徙。在迁徙过程中，动物需要应对各种生态因子如气候变化、地形障碍和人为因素等的挑战。如果生态因子发生不利的变化，如气候变化导致迁徙路线改变或人类活动造成障碍，可能会影响动物的生存和繁衍。

这些阶段并不是完全独立的，而是相互联系的。在生物的生命历程中，生态因子的作用是持续存在的，但其在不同阶段的重要性可能有所不同。

4. 主导性

在众多的生态因子中，某些因子可能在特定时间和空间尺度上起主导作用，我们称之为主导因子。这些主导因子在生态系统中具有显著的地位和影响力，会对生物种群、群落乃至整个生态系统的结构和功能产生深远影响。例如，在干旱地区，水分的供应是决定植物生长和分布的主导因子，缺乏水分会导致植被稀疏，而水分充足则会促进植物生长和种群扩张。再如，在海洋生态系统中，光照强度和深度是影响浮游植物分布与生产力的主导因子。

5. 直接性和间接性

生态因子对生物的作用可以是直接的，也可以是间接的，有时还要经过几个中间因子产生作用。直接作用于生物的因子包括光照、温度、水分、二氧化碳、氧等，称为直接因子；而间接因子是通过影响直接因子来间接影响生物的，如山脉的坡向、坡度和高度通过对光照、温度、风速及土壤质地产生影响来间接作用于生物；又如冬季苔原土壤虽然有水，但由于土壤温度低，植物不能获得水，而叶子继续蒸发失水，发生植物冬天干旱，即冬天干旱是由寒冷的间接作用导致的。

三、生态因子作用的理论基础

1. 利比希最小因子定律

利比希最小因子定律（Liebig's law of minimum）是由 19 世纪德国农业化学家利比希（Liebig）首先提出的，其是研究各种因子对植物生长影响的先驱。Liebig 发现作物的产量往往不受其需要量最大的营养物（如 CO_2 和水）限制，而是受限于土壤中稀少但又为植物所必需的元素，如硼、镁、铁等。因此，Liebig 在 1840 年提出"植物的生长取决于那些处于最少量状态的营养元素"。其基本内容是：低于某种生物最小需要量的任何特定因子，是决定该种生物生存和分布的根本因素。进一步研究表明，这个理论也适用于其他生物种类或生态因子。因此，后人称此理论为利比希最小因子定律。

利比希最小因子定律只有在严格稳定状态下，即物质和能量的输入与输出处于平衡时才能应用。如果稳定状态破坏，各种营养物质的存在量和需要量会发生改变，这时就没有最小成分可言。此定律用于实践时，还需注意生态因子间的补偿作用，即当一个特定因子处于最少量状态时，其他处于高量或过量状态的物质会补偿这一特定因子的不足。例如，环境中有大量锶而钙缺乏，软体动物能利用锶来补偿钙的不足。

2. 限制因子定律

限制因子定律（law of limiting factor）是指，生态因子处于最小量时可以成为生物的限制因子，但过量时同样可以成为限制因子，如过高的温度、过强的光或过多的水。因此，1905 年布莱克曼（Blackman）在利比希最小因子定律的基础上，提出生态因子的最高量状态也具有限制性影响，这就是众所周知的限制因子定律。

Blackman 指出，在外界光、温度、营养物等因子数量改变的状态下，探讨生理现象（如同化、呼吸、生长等）的变化，通常可将其归纳为 3 个要点：生态因子低于最低量状态时，生理现象全部停止；生态因子在最适量状态时，得到生理现象的最大观测值；生态因子超过最高量状态时，生理现象又停止。例如，如果温度或者水的获得性低于有机体需要的最低量状态或高于最高量状态，有机体生长停止，很可能会死亡。由此可见，生物对每一种生态因子都有一个耐受范围，只有在耐受范围内生物才能存活。因此，任何生态因子，当接近或超过某种生物的耐受极限而阻止其生存、生长、繁殖或扩散时，这个因子称为限制因子。

限制因子定律非常具有实践意义。例如，某种植物在某一特定条件下生长缓慢，或某一动物种群数量增长缓慢，并非所有因子都具有同等重要性，只要找出可能引起限制作用的因子，通过实验确定生物与因子的定量关系，便能解决生长/增长缓慢的问题。例如，研究限制鹿群增长的因子时发现，冬季雪被覆盖地面与枝叶，使鹿取食困难，食物可能成为鹿群增长的限制因子。根据这一研究结果，在冬季人工增添饲料，可降低鹿群冬季死亡率，从而提高鹿的资源量。

3. 耐受性定律

基于利比希最小因子定律和限制因子的概念，美国生态学家谢尔福德（Shelford）于 1913 年提出耐受性定律（law of tolerance）：任何一个生态因子在数量上或质量上的不足或过多，即当接近或达到某种生物的耐受限度时便会使该种生物衰退或不能生存（图 2-3）。耐受性定律的进一步发展，表现在其不仅估计了生态因子量的变化，还估计了生物本身的耐受限度；同时，耐受性定律允许生态因子间的相互作用。

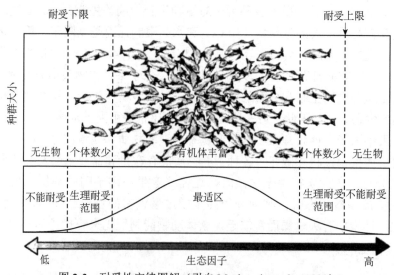

图 2-3　耐受性定律图解（引自 Mackenzie et al.，1999）

在 Shelford 以后，许多学者又进行了研究，使耐受性定律得到发展，概括如下。

（1）每一种生物对不同生态因子的耐受范围存在差异，可能对某一因子的耐受范围很宽，对另一因子的耐受范围很窄，而耐受范围还会因年龄、季节、栖息地等的不同而有差异。对很多生态因子耐受范围都很宽的生物，其分布区一般很广。

（2）在整个个体发育过程中，生物对生态因子的耐受范围是不同的。动物在繁殖期、产卵期、胚胎期和幼体期以及种子在萌发期，耐受范围一般比较窄。

（3）不同的生物对同一生态因子的耐受范围是不同的，如鲑对水温的耐受范围为0~12℃，最适温度为4℃；豹蛙的耐受范围为0~30℃，最适温度为22℃。

（4）某一生态因子处于生物的非最适耐受范围时，生物对其他因子的耐受范围也变窄。例如，陆地生物的温度耐受范围往往与其湿度耐受范围密切相关，湿度很低或很高时，该生物所能耐受的温度范围较窄；当湿度适宜时，该生物所能耐受的温度范围比较宽，反之也一样，表明影响生物的各因子间存在明显的关联。

4. 生态幅

每一种生物对每一种生态因子都有一个耐受范围，即有一个生态上的最低点和最高点。最低点到最高点（或称耐受下限到上限）间的范围，称为生态幅（ecological amplitude）。在生态幅中有一最适区，在这个区内生物生理状态最佳，繁殖率最高，数量最多。生态幅是由生物的遗传特性决定的。很多生物的生态幅很宽，其能够在宽范围的盐度、温度、湿度等条件下存活，但生态幅的宽度会随生长发育的不同阶段而变化。例如，美国东部海湾的蓝蟹（*Callinectes sapidus*）能够生活在34‰盐度的海水至接近淡水中，但是其卵和幼蟹仅能生活在23‰盐度以上的海水中。

生态学中常用“广”（eury-）和“狭”（steno-）表示生态幅的宽度，“广”与“狭”作为前缀与不同因子配合，就表示某物种对某一生态因子的适应范围，如广温性（eurythermal）与狭温性（stenothermal）、广水性（euryhydric）与狭水性（stenohydric）、广盐性（euryhaline）与狭盐性（stenohaline）、广食性（euryphagy）与狭食性（stenophagy）。

当生物对环境中某一因子的耐受范围较宽，而对另一因子的耐受范围较窄时，其生态幅往往受到后一个因子的限制。生物在不同发育期对生态因子的耐受范围不同，物种的生态幅往往取决于其在临界期的耐受范围。通常生物的繁殖期是一个临界期，生态因子最易起限制作用，使繁殖期的生态幅变狭。生态幅对生物的分布具有重要影响。但在自然界中，生物往往并不处于最适环境下，这是因为生物间的相互作用（如竞争）会妨碍其去利用最适宜的环境条件。因此，每种生物的分布区是由其生态幅及其与环境的相互作用所决定的。

5. 耐受范围

生物对生态因子的耐受范围并不是固定不变的，通过自然驯化或人为驯化可改变生物的耐受范围，使适宜生存范围的上下限发生移动，形成一个新的最适范围，以适应环境的变化。这种耐受范围的变化直接与生物化学、生理、形态及行为特征等相关。例如，在环境温度10℃下检测到，5℃驯化的豹蛙比25℃驯化的豹蛙代谢速率（以耗氧量为指标）提高1倍，所以5℃驯化的豹蛙更能耐受低温环境。随着冬季向夏季的转变，水温逐渐升高，鱼经过季节驯化对温度的耐受上限升高，使耐受曲线向右移动，以至于冬季能使鱼致死的高温，在夏季时鱼就能忍受。这个驯化过程是通过生物的生理调节实现的，即通过酶系统的调整改变了生物的代谢速率与耐受上限（图2-4）。

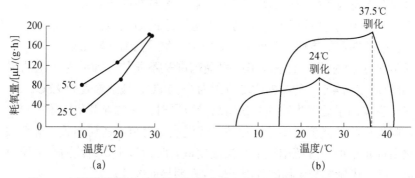

图 2-4　不同驯化温度下豹蛙耗氧量变化（a）及金鱼温度耐受范围（b）

　　生物通过控制体内环境（体温、糖代谢、氧浓度、体液等）来保持相对稳定性，即内稳态（homeostasis），以减少对环境的依赖，从而扩大对生态因子的耐受范围，提高对环境的适应能力。这种控制是通过生理过程或行为调整实现的。例如，哺乳动物具有多种温度调节机制来维持恒定体温，当环境温度在 20～40℃ 变化时，能维持体温在 37℃ 左右，因此可以适应的外界温度范围很宽，地理分布范围较广。爬行动物维持体温依赖于行为调节和几种原始的生理调节方式，稳定性较差，对温度的耐受范围较窄，地理分布范围受到限制。需要注意的是，内稳态只能扩大生物的生态幅与适应范围，并不能完全摆脱环境的限制。

◆ 第二节　能 量 环 境

一、光环境

　　光是地球上所有生物赖以生存和繁衍的最基本能量源泉，地球上生物所需要的能量都直接或间接来源于太阳光。太阳能是构建和维持生态系统内部平衡的能量基础，通过绿色植物的光合作用，太阳能转变为化学能进入生态系统，成为食物链的起点。然而，光的生态作用并不只局限于能量供应，还能引发其他生态因子的变化，如对全球温度、气候及天气类型等方面有重大影响。除此之外，光还是自然界最原始、最普遍的一种信息信号，能指挥和调节生物的生理与行为。

　　光照强度（简称光强，即太阳辐射的强度）、光质（即太阳辐射的频率）与光周期（即太阳辐射的周期性变化）是光环境影响生物的三个基本要素。光强、光质、光周期对生物的生长发育、地理分布、行为形态等均会产生深刻的影响，而生物本身对这些光因子的变化具有多种多样的反应与适应机制。

（一）光强对生物的作用

　　光照强度在地球上具有一定的空间和时间分布特征，纬度、海拔、地形都会影响光照强度。光照强度在赤道地区最大，随纬度的增加而逐渐减弱。纬度较低的热带荒漠地区年光照强度超过 $8.37 \times 10^5 \text{J/cm}^2$，而北极地区年光照强度不足 $2.93 \times 10^5 \text{J/cm}^2$，位于中纬度地区的我国华南地区，年光照强度大约是 $5.02 \times 10^5 \text{J/cm}^2$。光照强度随海拔的增加而增强，高海拔地区获得的光照强度高于低海拔地区。例如，海拔 1000m 的地区可获得全部入射日光能的 70%，而海拔 0m 的海平面却只能获得 50%。地势对光照强度也有较大的影响。例如，北半球温带地区的山脉南坡获得的光照强度多于平地，平地获得的光照强度又多于山脉北坡；随着纬度增加，南坡获得最大年光照量的坡度增大，而北坡无论位于什么纬度，都是坡度越小光照强度越大；较高纬度的南坡可比较低纬度的北坡获得更多的日光能，因此南方的一些喜热作物可以移栽到北方的南坡上生长。

在生态系统中，不同空间的光照强度存在差异。一般来说，由于冠层吸收了大量日光能，光照强度在生态系统内将会自上而下逐渐减弱，下层植物或动物对日光能的利用受到限制，所以生态系统出现垂直分层现象是由于各层次接收的日光能总量不同。

在水体环境中，光照强度将随水深的增加而迅速递减。水能有效吸收和反射光，在清澈静止的水体中，照射到水体表面的光大约只有 50%能够到达 15m 左右的深处；如果水是流动和浑浊的，能够到达这一深度的光就要少得多，对水中植物的光合作用有极其明显的影响。

光照强度是一个随时间变化的因子，一般来说，其变化规律为早晚低、中午高，夏季高、冬季低。即一年中，光照强度夏季最大、冬季最小；一天中，光照强度中午最大，早晚最小。分布在不同地区的生物长期生活在光照条件一定的环境中，久而久之就会形成各自独特的生态学特性和发育特点，并对光照条件产生特定的要求。

1. 光强对植物的作用

光照强度对植物细胞的增长和分化、体积的增长及质量的增加有重要影响。光能促进组织和器官分化，制约器官生长发育，使植物各器官和组织保持发育上的正常比例。例如，植物叶肉细胞的叶绿体必须在一定的光照强度下才能形成和成熟，而且弱光及无光条件下植物色素不能形成，则细胞纵向伸长，碳水化合物含量低，植株呈黄色软弱状，发生黄化现象（etiolation phenomenon）。

在弱光下，植物为获取阳光，通常形成细长茎干，但根系发育相对弱，植株根冠比降低。强光有利于提高农产品的产量和品质，如使粮食作物营养物质充分积累、籽粒充实度提高，使水果糖分含量增加、颜色等外观品质提升等。但是，如果光照强度太高，植物的生长表现为节间短缩、变粗，根系发达，如多数高山植物呈低矮态或莲座状。

向光性（phototropism）是指生物的生长受光源方向影响，常见于植物中。植物的向光性生长可以增加其受光面积，从而获得更多光照，有利于光合作用，以维持更好生长。例如，游走性绿藻、鞭毛藻、双鞭藻等具有向光源移动的现象；没有鞭毛、依靠滑行运动的蓝藻、硅藻和鼓藻也具有这种性质；对高等植物而言，植物茎叶生长会发生向光性弯曲。

植物的光合作用与光照强度有着最密切的关系。光照强度可对植物的光合速率产生直接影响，在较弱的光照强度下，植物通过光合作用所合成的有机物不足以维持自身的呼吸作用消耗，植物没有净积累，不能进行生长发育。随着光照强度增加，光合作用不断增强，当达到某一强度时，光合作用合成的有机物与呼吸作用消耗的有机物达到平衡，此时的光照强度称为光补偿点（compensation point，CP）。光补偿点就是植物开始生长和进行净光合生产所需的最小光照强度，也是衡量低光照强度下植物能否正常生长的重要指标。随光照强度的继续增加，光合速率经过一段时间的迅速增加后增速逐渐变缓，达到一定值后不再随光照强度的增加而增加，即达到饱和，此时的光照强度称为光饱和点（saturation point）。

根据光补偿点和光饱和点的差异，可以把植物划分为阳生植物、阴生植物两种类型（图 2-5）。通过适应地球表面及群落内部不均匀分布的光照强度，两种植物类型又形成了不同的光照强度生态类型。

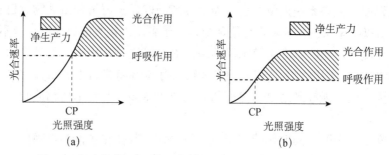

图 2-5　阳生植物（a）和阴生植物（b）的光补偿点关系示意图

阳生植物：在强光下发育良好，在隐蔽环境和弱光下发育不良的植物。阳生植物适应在强光地区生活，一般水、热条件适合，不存在光照过强的问题。这类植物多生长在旷野、路边，森林中的上层乔木，草原及荒漠中的旱生、超旱生植物，高山植物以及大多数的大田作物均属于此类型，如蒲公英、蓟、槐、松、杉、栓皮栎等。阳生植物叶片排列稀疏，角质层较发达，单位面积气孔较多，叶脉密，机械组织发达；叶绿素 a 和叶绿素 b 的比值（叶绿素 a/b 值）较大，叶绿素 a 在红光部分的最大吸收光谱较宽，能在直射光下高效地利用阳光；光补偿点比较高，光合速率和代谢速率都比较快，在弱光下因呼吸消耗大于光合生产而不能生长。

阴生植物：需要在较弱的光照条件下生长，不能耐受高光照强度的植物。这类植物多生长在潮湿背阴处或密林下层，生长季节的生境往往比较湿润。常见的种类有苔藓、部分蕨类、铁杉、紫果云杉、红豆杉、热带相思树下的咖啡、亚热带地区山林中的茶树等，很多药用植物如人参、三七、半夏、细辛等也属于此类型。阴生植物枝叶茂盛，没有角质层或角质层很薄，气孔与叶绿体比较少，叶绿素 a/b 值小；光补偿点较低，光合速率和呼吸速率相对都比较小。

2. 光强对动物的作用

动物生长发育、繁殖和形态分化也受光照强度影响。例如，大部分蛙类的受精卵和有些鱼类的受精卵在适宜的光照强度下孵化快，发育也快；光照强度可调节动物的神经系统、激素和内分泌水平。动物（如洞穴生物、海底生物、内寄生动物等）在没有光照或者光照强度极弱的环境中，视觉器官退化，嗅觉器官或触觉器官高度发达。

根据行为与光照强度的关系，可以将动物分为 4 类：①适应在白天强光下活动的动物，如有蹄类、蝴蝶等，称为昼行性（diurnal）动物；②适应在夜晚活动的动物，如许多昆虫和爬行动物，称为夜行性（nocturnal）动物；③在日出和日落时分最为活跃的动物，如猫头鹰和蝙蝠，称为晨昏性（crepuscular）动物；④既能适应弱光也能适应强光，白天黑夜都能活动的动物，如狐猴和鼠类，称为"猫眠性"（cathemeral）动物。因此，动物会根据日出日落时间的季节性变化调整活动时间。

（二）光质对生物的作用

光是由波长范围很广的电磁波组成的，光谱成分的主要波长范围是 150～4000nm（图 2-6），其中可见光的波长在 380～760nm，可见光谱根据波长的不同又可分为红、橙、黄、绿、青、蓝、紫 7 种颜色的光质。波长小于 380nm 的是紫外光，波长大于 760nm 的是红外光。在地球接收的太阳辐射中，红外光占 50%～60%，紫外光约占 1%，其余的是可见光部分。由于波长越长，增热效应越大，因此红外光可以产生大量的热量，地表热量基本上都是由红外光产生的。紫外光在穿过大气层时，波长短于 290nm 的部分被臭氧层中的臭氧吸收，只有波长在 290～380nm 的紫外光才能到达地球表面。在高山和高原地区，紫外光的作用比较强烈。

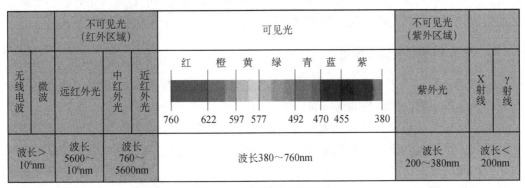

图 2-6　太阳辐射光波组成

光质随空间发生变化的一般规律是，短波光随纬度增加而减少，随海拔升高而增加。光质随时间变化的一般规律是，冬季长波光增多，夏季短波光增多；一天中，中午短波光最多，早晚长波光最多。

1. 光质对植物的作用

植物的生长发育是在日光的全光谱照射下进行的，但是不同光质对植物光合作用、色素形成、向光性、形态建成诱导等的影响是不同的。只有可见光（波长 380～760nm）能通过光合作用被植物利用并转化为化学能。叶绿素是主要的光合色素，主要吸收红光和蓝光，所以在可见光谱中，波长为 622～760nm 的红光和波长为 455～470nm 的蓝光对光合作用最为重要。

在可见光谱中，红橙光能够被叶绿素吸收，蓝紫光能够被叶绿素和类胡萝卜素吸收，这部分光辐射称为生理有效辐射；绿光很少被吸收，称为生理无效辐射。大量试验已证明，红光有利于糖分的合成，蓝光有利于蛋白质的合成。蓝紫光与青光对植物的生长及幼芽的形成有很大作用，能抑制植物的伸长生长而使其形成矮粗的形态，也是诱导细胞分化的最重要光质，还影响植物的向光性。

近年来，日本、荷兰等国已经利用彩色薄膜对蔬菜等作物的生长进行调控，利用紫光使茄子增产，利用蓝色薄膜提高草莓产量。在红光下栽培甜瓜可以加速植株发育，果实成熟提前 20d，果肉的糖分和维生素含量也有所增加。

不可见光对生物的影响是多方面的，如紫外光在高山地带的生态作用非常明显。因为短波光较多，生活在高山上的植物茎叶富含花青素，枝干粗短，叶面缩小，茸毛发达，这是避免紫外光伤害的一种保护性适应。

2. 光质对动物的作用

可见光对动物生殖、体色变化、迁徙、毛羽更换、生长及发育等均有影响。将一种蛱蝶分别养在光照和黑暗的环境下，光照环境中的蛱蝶体色变淡，而黑暗环境中的蛱蝶身体呈暗色；幼虫和蛹在光照与黑暗环境中，体色与成虫有类似的变化。光质对动物分布及其器官功能的影响虽然缺乏足够的有力试验证明，但关于不同动物类群的色觉分布已有许多研究。在节肢动物、鱼类、鸟类和哺乳动物中，有些种类色觉很发达，另一些种类则完全没有色觉。在哺乳动物中，只有灵长类才具有发达的色觉。另外，由于高山上的短波光较多，因此高山地区的多数动物体色较暗，有利于避免紫外光的伤害。

（三）光周期对生物的作用

地球的自转和公转会造成太阳高度角的变化，从而使能量输入发生一种周期性变化，导致地球上的自然现象都具有周期性。

由于地球的公转和自转以及太阳与地球相对位置的变化，太阳的高度和角度发生周期性变化，因而地球上的日照长度也发生周期性变化。日照长度是指白昼的持续时数或太阳的可照时数。日照长度超过 14h 称长日照，日照长度不足 8h 称短日照。光周期的变化随着纬度的增加越加明显。高纬度地区夏季的日照长度高于低纬度地区，而冬季的日照长度短于低纬度地区。高纬度地区的作物虽然生长期很短，但生长季节的日照长度长，因此北方的作物仍然可以正常地开花结实。

日照长度变化对动、植物都有重要的生态作用。由于分布在地球上的动、植物长期生活在具有一定昼夜变化格局的环境中，各类生物对日照长度变化形成了特有的反应方式，这就是生物中普遍存在的光周期现象（photoperiodism）。

1. 光周期对植物的作用

植物开花通常受到日照长度的调控。根据开花对日照长度的要求可以把植物分为长日照植物（long-day plant）、短日照植物（short-day plant）和中日照植物（intermediate-day plant）。长日照植物通常在日照长度超过一定值时才开花，否则只进行营养生长，不能形成花芽。常见的长日照植物有牛蒡、紫菀、凤仙花、除虫菊，以及作物中的冬小麦、大麦、油菜、菠菜、甜菜、甘蓝、萝卜等。短日照植物通常在日照长度短于一定值时才开花，否则只进行营养生长而不开花，通常在早春或深秋开花。常见的短日照植物有牵牛、苍耳、菊类，以及作物中的水稻、玉米、大豆、烟草、麻、棉等。中日照植物只要其他条件合适，无论在哪种日照长度条件下都能开花，如黄瓜、番茄、番薯、四季豆、蒲公英等。在园艺工作中，也常利用光周期现象人为控制开花时间，以便满足观赏需要。

2. 光周期对动物的作用

在脊椎动物中，鸟类的光周期现象最为明显，很多鸟类的迁移是由日照长度变化所引起的。由于日照长度的变化是地球上最严格和最稳定的周期性变化，因此是生物节律中最可靠的信号系统。例如，鸟类在不同年份迁离某地和到达某地的时间一般不会相差几日。同样，各种鸟类每年开始生殖的时间也由日照长度变化决定。随着春季的到来，鸟类生殖腺开始发育，随日照长度增加，生殖腺发育越来越快，直到产卵时达到最大；生殖期过后，生殖腺便开始萎缩，直到来年春季再次发育。

日照长度变化对哺乳动物的生殖和换毛也具有十分明显的影响。很多野生哺乳动物（特别是生活在高纬度地区的种类）均随着春季日照长度的逐渐增加开始生殖，如雪豹、野兔、刺猬等，这些种类可称为长日照兽类。还有一些哺乳动物总是随着秋季短日照的到来而进入生殖期，如绵羊、山羊和鹿，这些种类属于短日照兽类。

昆虫的冬眠和滞育也是一种针对光周期的适应行为，温度、湿度和食物对这种行为也有一定影响。昆虫通过冬眠和滞育来适应恶劣气候与度过食物短缺季节。秋季的短日照是诱发马铃薯甲虫在土壤中冬眠的主要因素，日照长度决定了玉米螟（老熟幼虫）和梨剑纹夜蛾（蛹）的滞育率，其滞育率与温度也有一定关系。

（四）生物对极端光照的适应

极端光照通常指的是对生物体产生不利影响的强光或弱光环境。强光可能导致生物体受到光胁迫，破坏生物体的正常生理功能；而弱光可能导致生物体的光合作用受限，影响其生长和繁殖。不同生物体对光照的适应能力不同，有些生物体只能生活在特定的光照条件下。

1. 植物对极端光照的适应

1）对强光的适应

（1）色素调节：植物能够根据环境条件调整光合色素（如叶绿素、类胡萝卜素）的含量和种类，从而适应不同的光照强度。这种调节有助于减少强光对叶片的损伤。

（2）叶片构造：一些植物的叶片表面覆盖有细小的茸毛，可以减少阳光直接照射到叶片表面的面积，降低光照强度。还有一些植物在叶片内部形成一些气腔结构，以减少外界光线对叶片的影响。

（3）激素调节：植物会通过调节激素来应对环境压力，如光照和温度变化。例如，生长素可以帮助植物调节叶片的光合速率和叶绿素浓度，从而有助于减轻光损伤。

（4）光合酶降解：在强光环境下，植物能够通过降解光合酶来应对强光，即通过增强清除内源性氧化物的能力，达到保护植物细胞膜的效果。

（5）蓝光调节：蓝光环境可以促进植物酶的合成和产生，并且刺激活性氧的产生，从而抑制光合作用中的有害反应，防止叶片受到损伤。

（6）有机物质积累：植物可以通过积累一定量的有机物质，如叶绿素或其他光合色素来抵抗强光。这种积累可以减少过氧化反应的发生，从而减少叶片损伤。

（7）气孔调节：在强光下，植物会缩小或关闭气孔，以减少水分和热量损失。这种调节有助于植物应对强光，防止光合作用过度造成损伤。

植物可通过多种防御机制来减少或避免叶片受到过强光线的损伤，从而维持正常的生理功能。

2）对弱光的适应

（1）形态结构调整：弱光环境下，植物为了吸收更多的光线，通常会通过增加叶片面积和叶绿素含量等方式来增加光合效率。同时，植物叶片可能会变得更为柔软，以更好地适应环境。

（2）生长方向改变：弱光环境下，植物可能会改变生长方向，以更好地朝向光源。例如，一些植物会呈现出趋光性生长，使叶片和茎干尽可能朝向光源。

（3）增加分支和分叉：弱光环境下，植物可能会增加分支和分叉数量，以增加叶片与光线的接触面积，从而提高光合效率。

（4）增加节间长度：弱光环境下，植物可能会增加节间长度，以使叶片能够吸收更多的光线。这种适应方式可以使植物在有限的光照条件下最大化地利用资源。

（5）调整光合作用：弱光环境下，植物可能会调整光合作用来适应光照不足。例如，一些植物可能会增加气孔的开放程度，以提高 CO_2 的摄入量，从而提高光合效率。

2. 动物对极端光照的适应

1）对强光的适应　　动物对强光的适应方式因种类而异，但通常会涉及视觉器官调整、行为习性改变以及生理机能调整。

（1）视觉器官调整：对于强光环境，一些动物可能会通过眼睑的开合、瞳孔的收缩等方式来减少进入眼睛的光线，从而防止强光对视觉器官造成损伤。

（2）行为习性改变：有些动物在强光环境下可能会减少活动时间，或者寻找阴凉处避光。例如，沙漠中的动物可能会在白天躲藏在地下或洞穴中，以避免阳光直射。

（3）生理机能调整：一些动物可能会通过分泌黑色素或类似物来保护视觉器官免受强光伤害。此外，一些动物可能会通过调节体温和水分平衡等生理机能来适应强光环境。

具体的适应方式会因动物的种类、生活习性和生态环境不同而有所差异。一些动物可能会通过多种方式来综合适应强光环境，从而确保自身的生存和繁衍。

2）对弱光的适应　　动物对弱光的适应方式主要表现在视觉系统和行为习性上。

（1）一些动物的眼睛已经适应了弱光环境，在弱光下瞳孔会扩大，以便捕获更多的光线。同时，眼睛里有大量的视杆细胞，其对光线非常敏感，能够帮助动物在光线微弱的环境中看清事物。

（2）一些动物还会通过改变行为习性来适应弱光环境。例如，很多穴居动物会在白天进入地下深处休息，以避免阳光和其他强烈的光线直射，但会在夜间出来活动，这时环境光线比较暗，有利于其生存和捕食。

动物对弱光的适应方式是多种多样的，不同的动物会根据自己的生活习性和生态环境选择最适合自己的方式来适应弱光环境。

二、温度环境

地球表面的温度总是在不断变化：在空间上随纬度、海拔、生态系统垂直高度和各种小生境而变化；在时间上有一年的四季变化和一天的昼夜变化。温度的这些变化会影响生物的各种生命活动。

温度对生物的生态作用还包括能引起环境中其他生态因子的改变，如引起湿度、降水、风、水中氧溶解度以及食物和其他生物活动与行为的改变等。因此，温度对生物的间接影响也是非常重要的，有时很难去孤立地分析温度对生物的作用。此外，温度还经常与光和湿度综合起作用，共同影响生物的各种功能。

（一）生物性能与温度的关系

1. 温度的生态意义

任何一种生物，其生命活动中的每一生理过程都有酶系统的参与。然而，每一种酶的活性都有其最低温度、最适温度和最高温度，相应形成温度的"三基点"。一旦超过耐受能力，酶的活性将受到制约。例如，高温使蛋白质凝固，酶系统失活；低温引起细胞膜系统渗透性改变、脱水，蛋白质沉淀以及其他不可逆转的化学变化。

不同生物的温度"三基点"是不一样的。例如，水稻种子的最适温度是 $25\sim35℃$，最低温度是 $8℃$，$45℃$ 中止活动，$46.5℃$ 就会死亡；雪球藻和雪衣藻主要在冰点附近温度范围生长发育；生长在温泉中的生物可以耐受 $100℃$ 的高温。一般来说，生长在低纬度地区的生物耐高温阈值偏高，而生长在高纬度地区的生物耐低温阈值偏低。

一般来说，在一定的温度范围内，生物的生长速率与温度成正比，以酶反应为基础的生物体内的生理生化反应会随着温度的升高而加快，从而加快生长发育速度，也会随着温度的下降而变缓，从而减慢生长发育速度。

2. 温度对生物的作用

温度与生物发育关系的最普遍规律是温度影响植物与变温动物的发育速率，即有效积温法则。有效积温法则是指在生长发育过程中，生物须从环境中摄取一定的热量才能完成某一阶段的发育，而且某一特定生物类别各发育阶段所需要的热量是一个常数。用公式表达如下：

$$K=N(T-T_0)$$

式中，K 是生物所需的有效积温（effective accumulated temperature）（日度），对于特定物种或种群而言是一个常数；T 是当地研究时期的平均温度（℃）；T_0 是生物生长、活动所需的最低临界温度（生物学零度）（℃）；N 是天数。

生物完成生长发育要求一定的温度，温度过低生物不能生长发育，温度达到需求下限生物才开始生长发育，这一温度阈值称为生物学零度（biological zero point）或者最低临界温度、发育起点温度。不同物种的生物学零度是不同的，如水稻、棉花的生物学零度为 10℃左右，小麦为 3～5℃。在有效积温方面，一般而言，高纬度地区栽培的植物在整个发育期所需要的有效积温较少，反之则较多。例如，小麦、早熟的马铃薯需要的有效积温为 1000～1600 日度；玉米、棉花等需要的有效积温为 2000～4000 日度；而南方的柑橘和椰子需要的有效积温为 4000～5000 日度。

有效积温法在农业实际生产中有重要的应用。具体如下。

（1）预测生物发生的世代数。例如，小地老虎完成一个世代（包括各个虫态）所需的有效积温 K_1=504.7 日度，南京地区年有效积温 K=2220.9 日度，因此小地老虎可能发生 K/K_1=2220.9/504.7=4.4 代，每年实际发生 4～5 代。

（2）预测生物地理分布的北界。某种生物的分布地年有效积温必须满足其生长发育及繁殖后代的需求。

（3）预测害虫来年发生的程度。例如，东亚飞蝗只能以卵越冬，如果某年气温偏高使其在秋季又多发生了一代（第三代），则这一代在冬季到来之前难以发育成熟，于是越冬卵的基数就会大大减少，来年飞蝗发生程度必然偏轻。

（4）制定农业气候区划，合理安排作物。不同作物所需要的有效积温是不同的，如小麦、马铃薯所需的有效积温为 1000～1600 日度，柑橘类为 4000～4500 日度，椰子为 5000 日度以上。

（二）生物对极端温度的适应

极端温度通常指低温与高温两种环境。长期生活在极端温度环境中的生物，通过气候驯化或进化变异，在形态、生理、行为等各个方面对极端环境表现出明显的适应性。恒温动物如鸟类和哺乳动物，因为体温调节机制比较完善，能在环境温度变化的情况下保持体温相对稳定。变温动物如鱼类、蛙类、蛇类等，没有体温调节机制，仅能靠自身行为来调节体热的散发或从外界环境中吸收热量来提高自身的体温，因此其体温会随着外界温度的变化而变化，当外界环境温度升高时，其代谢速率随之升高，体温逐渐上升；当外界环境温度降低时，其代谢速率随之降低，体温逐渐下降。

1. 低温对生物的伤害

当生物的体温低于一定数值时，会因低温而受到伤害，此时的温度称为临界温度。在临界温度以下，温度越低生物受害越重。低温对生物的伤害可分为冷害、霜害和冻害三种类型。

冷害是指 0℃以上低温对喜温生物的伤害。例如，当气温降至 6.1℃时，海南岛的丁香叶片受害呈水渍状；降至 3.4℃时，顶梢干枯，受害更重。低温能对喜温生物产生冷害主要是由于在低温条件下生物体内 ATP 减少、酶活性降低。冷害会导致喜温生物酶系统紊乱，因此生物的各种生理功能降低，彼此之间的协调关系遭到破坏。例如，当环境温度从 25℃降至 5℃时，热带金鸡纳树体内过氧化氢酶和氧化酶的活性显著下降，因而过氧化氢过度积累引起植物中毒甚至死亡。又如，当水温降至 10℃时，生活在热带的齿鲤科（Aplocheilidae）鳉就会死亡，原因是呼吸中枢受到低温抑制而缺氧。冷害是喜温生物向北方引种和扩大分布区的主要障碍。

霜害是指霜对生物造成的伤害，实际上并非是霜本身对生物造成的伤害，而是伴随霜而来的低温冻害，因此霜害可归在冻害的范畴。

冻害是指冰点以下的低温使生物细胞内和细胞间隙形成冰晶而造成的损害。研究表明，冻害主要通过两种途径发生作用，即冰晶形成使得原生质膜发生破裂以及原生质中蛋白质失活与变性。当温度不低于-3℃或-4℃时，植物受害主要由细胞质膜破裂所引起；当温度下降到-8℃或-10℃时，植物受害则主要是由生理干燥和水化层被破坏引起的。

2. 生物对低温环境的适应

在生理方面，生活在低温环境中的植物常通过减少细胞中的水分和增加细胞中的糖类、脂肪、色素等物质来降低冰点，从而增强抗寒能力。例如，鹿蹄草（*Pyrola calliantha*）就是通过在叶细胞中大量储存五碳糖、黏液等物质来降低冰点的，这种方法可使其结冰温度下降到-31℃。而许多动物则是依靠增加体内的产热量来增强御寒能力和保持体温恒定的。生活在寒带的动物，由于有隔热性能良好的毛皮，往往能在少增加甚至不增加代谢产热的情况下保持体温的恒定。

在形态方面，生长在北极和高山上的植物，其芽和叶片受到油脂类物质的保护，芽具鳞片，植物体表面密生蜡粉和茸毛，植株矮小且常呈匍匐状、垫状或莲座状等，这种形态有利于保持体温、减轻严寒影响。恒温动物为了适应在寒冷地区和寒冷季节生存，会增加毛的数量和改善羽毛的质量，或者增加皮下脂肪的厚度，从而提高身体的隔热能力。

生活在高纬度地区的恒温动物，其体型往往比生活在低纬度地区的同类个体大，因为个体大的动物，单位体重散热量相对较少，这就是著名的贝格曼法则（Bergmann's rule）。

恒温动物在低温环境中减少散热的另一种方式是身体的突出部分（如四肢、尾巴、外耳等）有变小的趋势，这种适应方式称为艾伦法则（Allen's rule）。例如，北极狐（*Alopex lagopus*）的外耳明显短于温带的赤狐（*Vulpes vulpus*），而赤狐的外耳又明显短于热带的大耳狐（*Fennecus zerda*）。

在行为方面，动物对低温的适应主要表现在休眠和迁移两个方面，前者有利于增强抗寒能力，后者可躲过低温环境。

3. 高温对生物的伤害

温度超过生物适应范围的上限后，同样会造成损害，温度越高对生物的伤害作用就越大。高温主要破坏植物光合作用和呼吸作用的平衡，使呼吸作用强度超过光合作用强度，植物因此萎蔫甚至死亡。例如，温度达到40℃时，马铃薯不进行光合作用，而呼吸作用强度却随温度上升而继续增强，植物若长期处于这种消耗状态就会死亡。高温还能促进植物的蒸腾作用，破坏水分平衡，促使蛋白质凝固和导致有害代谢产物积累，从而对植物造成伤害。突然高温对动物的有害影响主要表现为破坏动物体内的酶活性，使蛋白质凝固变性、氧供应不足、排泄器官功能失调以及神经系统麻痹等。多数昆虫体温高于45～50℃就会死亡；爬行动物的温度耐受上限为45℃左右；鸟类为46～48℃；哺乳类一般在温度达到42℃以上就会死亡。

4. 生物对高温环境的适应

植物对高温环境的适应表现在形态、生理和行为三个方面。例如，有些植物长有密茸毛和鳞片，能过滤一部分阳光；有些植物呈白色、银白色，叶片革质发亮，能反射大部分阳光，从而免受热害；有些植物叶片垂直排列，叶缘向光，或高温条件下叶片折叠，以减少对光的吸收面积；还有些植物的树干和根茎生有很厚的木栓层，具有绝热和保护作用。在生理上，植物对高温的适应主要是降低细胞含水量，增加细胞糖或盐含量，有利于减缓代谢速率和增加原生质的抗凝结力。此外，旺盛的蒸腾作用可使植物避免因过热而受害。还有一些植物具有反射红外光的能力，夏季反射的红外光比冬季多，也是植物避免受到高温伤害的一种适应方式。

动物适应高温环境的一个重要方式就是适当放松恒温性，体温有较大的变幅，在高温炎热的季节能暂时吸收和储存大量的热使体温升高，而后在环境条件改善时再把体内的热量释放出去，体温由此下降。生长在沙漠中的啮齿动物，针对高温环境常常采取行为上的适应对策，如夏眠、穴居或者白天躲入洞内、夜晚出来活动等，其中穴居、夜出活动都是躲避高温的有效行为。

三、风环境

风的形成主要取决于温度。当温度上升时，空气上升形成局部低压区，当温度下降时，空气收缩下降形成局部高压区，而空气由高压区向低压区流动就形成了风。地球表面的风是在太阳光照、地形、大洋等诸多因素作用下形成的有规律的风带和气压带，其可以促进全球的大气、降水、气温变化，影响和制约环境中温度、湿度以及二氧化碳浓度的变化，从而可以间接影响生物的新陈代谢。风可在一定程度上影响生物的生长发育、形状、繁殖、地理分布、行为和捕食等。

（一）风对生物的作用

1. 风对生物地理分布的影响

风对动物地理分布的影响主要集中在飞行的动物类群上。早在 19 世纪，达尔文就在《物种起源》（1859 年）这一著作中指出，在多风海岛上存在大量的无翅或飞行能力低下的昆虫。这种现象是自然选择的结果，因为一些有翅昆虫逐渐被风吹入大海而被淘汰，那些无翅昆虫则存留在岛屿上。事实证明，在那些经常有强风的地区，飞行动物种类比较贫乏。例如，北海的弗里斯兰岛上没有邻近大陆上常见的有翅类昆虫，如鳞翅目的菜粉蝶（*Pieris* sp.）和赤蛱蝶（*Vanessa* sp.）、双翅目的蜂虻（*Anthrax* sp.）和尾蛆蝇（*Eristalis* sp.）等种类，这是因为其交尾时需要飞到空中，这种行为在经常刮大风的海洋地区是难以完成的。风力很强的亚马孙河下游的昆虫种类远远低于邻近的风力较弱地区，弱风力地区有 19 个属的 100 多种鳞翅目昆虫，强风力地区不仅昆虫种类少，甚至蝙蝠数量也少，物种比较贫乏。在这些地区生活的蝙蝠，都是善飞的长翅种，如长翼蝠（*Miniopterus schreibersi*）飞翔迅速，能在风中猎食，飞行能力较强，常常能飞行较长的距离。而一些飞行能力弱的广翅蝙蝠，如菊头蝠（*Rhinolophus* sp.）、鼠耳蝠（*Myotis* sp.）和管鼻蝠（*Murina* sp.）等只能在微风中猎食，因此主要分布在风小的森林中。

2. 风对生物生长与繁殖的影响

生活在强风地区的鸟类和哺乳类与弱风地区种类的躯体覆盖特点明显不同。前者的羽或毛相当短，且多紧贴在身上，这样的配置有利于防风和加强散热，如荒漠中黑腹沙鸡（*Pterocles orientalis*）和松鸡指名亚种（*Tetrao urogallus urogallus*）的羽毛。在树冠、灌木丛中或风力较弱地区生活的鸟类，如花尾榛鸡（*Tetrastes bonasia*）、红胸鸲（*Erithacus rubecula*）、红尾鸲（*Phoenicurus auroreus*）等森林鸟类，羽毛疏松、长而柔软。

风是许多植物花粉和种子的传播动力。以风力为媒介进行传粉的植物称为风媒植物。风媒植物约占有花植物总数的 1/5，如木本植物中的桦、榛、栎、杨等以及草本植物中的水稻、苔草、车前等，其具有适应风力传播花粉的特点，如花被不明显，花粉光滑、轻、数量多等。在农作物中，平均每株玉米的花粉数有 6000 万粒之多。果树虽大多数是虫媒花，但也可以借助风力进行授粉。还有些植物的种子或果实很轻，可以借助风力进行传播，如兰科、列当等植物的种子质量大约只有 $2×10^{-6}$g；有的种子具有冠毛、翅翼或特殊的风滚型传播体，可借助风力扩散到很远的地方。

风对植物生长的影响主要发生于多风生境中。在强风的影响下，一般植物根系强大、树皮厚、叶小而坚硬，以减少水分蒸腾与受力面积，从而增强抗风能力。强风常能降低植物的生长高度，受强风、干风影响，植物往往会变得低矮、平展。例如，10m/s 风速区的树木生长量要比 5m/s 风速区的少 1/2，比静风区的少 2/3。在相同的栽培条件下，有强风影响时，没有捆扎固定的小枫树 3 年的植株高度为 97～136cm，平均是 116cm；被固定的小枫树高度为 115～185cm，平均是 150cm。玉米试验结果也证明，风速增加会引起叶面积减少、节间缩短、茎总量减少，从而造成植物的矮化。植物矮化的原因是风速增加降低了大气湿度，破坏了植物水分平衡，使细胞不能正常增大。因此，风对树木生长的影响很大，风越大，树木就越矮小。

3. 风对生物行为的影响

昆虫的起飞常受风速影响。例如，黏虫、稻飞虱或稻纵卷叶螟的飞行活动可分为主动飞行和被动飞行两种方式，起飞时大都直上、斜上及盘旋而上，迁飞至接近上空边界层时，主要靠自身主动飞行；一旦迁飞至边界层以上，受气流增强和显著风切变的影响，便由主动飞行变成被动飞行，随风传送。小型昆虫如蚜虫、飞虱等主动飞行的能力较低，穿过边界层要靠上升气流的作用，而那些大型昆虫则可主动飞过边界层。大风天气常伴随低温，因此抑制昆虫起飞，弱风则有刺激昆虫起飞的作用。例如，强风可抑制飞蝗、黏虫起飞；如果蝗群在迁飞中遇上大风，也会低空飞行或者暂时着陆；黑尾叶蝉和褐稻虱在风速较大时均不起飞。风与昆虫迁飞的关系是非常密切的，昆虫迁飞主要是靠风力。迁飞昆虫飞越边界层后主要凭借上空水平气流的运载迁飞到远处，其方向和速度都和当时上空的风向、风速一致。在我国东半部，春、夏季由于太平洋副高压逐步向北推进，高空经常刮南风、西南风，黏虫、稻飞虱和稻纵卷叶螟等会随风向北迁飞；

秋季太平洋副高压减退，大陆高压增强，高空盛行偏北风，此时上述害虫又逐代随风向南回迁。美洲、非洲有许多迁飞昆虫，如马铃薯小绿叶蝉（*Empoasca fabae*）、麦二叉蚜（*Toxoptera graminum*）和乳草蝽（*Oncopeltus fasciatus*）等，都具有这种随风南北往返的迁飞规律。

（二）生物对强风的适应

在强风条件下，生物需要发展出独特的适应性特征来应对风带来的挑战。这些适应性特征既体现在植物的生理和形态上，也体现在动物的行为上。强风会对生物的生存环境产生显著影响。对于植物来说，强风可能导致机械损伤，如叶片撕裂和折断；也可能引起水分胁迫，因为风加速了水分的蒸发。对于动物而言，强风可能影响其移动和狩猎行为，甚至可能将其吹离栖息地。然而，生物并非是被动承受者，其发展出了多种适应性策略来应对强风。

（1）植物对强风的适应：许多物种发展出了坚韧的叶片和强大的根系，以抵抗强风的吹袭。例如，某些植物具有厚实的叶片，可以减少被风吹断的风险，同时根系发达，可以深入土壤，增强稳定性。此外，有些植物学会了随风舞动，既减少了被风吹倒的风险，又有助于传播种子。

（2）动物对强风的适应：动物也展现出了类似的适应性特征。例如，许多鸟类在强风中通过调整自己的飞行姿态来保持稳定；而一些昆虫则利用风的特性进行"滑翔"，既能节省能量，又能在一定程度上控制自己的移动方向。此外，一些动物还会寻找庇护所，如洞穴或遮蔽处，以避免强风的影响。

四、火环境

在生态系统中，火无论是作为一种环境要素，还是作为一种人为因素，都是一个重要的、活跃的生态因子。火破坏了生态平衡，同时快速促进了生态系统中动、植物残体的分解，增加了土壤养分，促进了新的生物生长。火与气候、土壤、地形等一起决定植物的组成成分和分布，并通过植物来影响动物的种类和数量。

自然界中的火主要来源于闪电和人类活动，而陨石、滚石火花、自燃以及火山喷发也是常见的火源，以闪电火最为频繁。千百万年以来，地球上有许多地区经常发生自燃火。埋藏在3亿多年前石炭纪炭层中的木炭化石和新生代第三纪的褐色煤炭都是史前闪电造成自燃火的例证。非洲、大洋洲西部和南部、北美洲西部草原等地远在人类出现之前就已出现周期性的"火灾"。大草原有机物层存在的丰富木炭都是闪电造成的亿万次"野火烧不尽"的杰作。美国西部夏天有70%左右的森林大火是由干旱和闪电所造成的。

根据发生位置，火可以划分为林冠火、地面火和地下火3种类型。

（1）林冠火发生在林冠层，破坏性大，可毁灭地面上全部的植物群落和无法逃离的动物，群落的自然恢复所需时间较长。

（2）地面火发生在地面上，破坏力不如林冠火，但其破坏具有明显的选择性，可减少自然界中与耐火树种竞争的植物。

（3）地下火又称地下煤火、阴燃火等，是煤炭地层在地表下满足燃烧条件后发生自燃，或经其他渠道所形成的大规模地下燃烧起火。

（一）火烧对生物的作用

（1）火烧对植物的作用：火烧对植物的作用是多方面的，受火烧强度、风力大小和方向、气温、土壤湿度、燃烧季节等因素的影响，植物的年龄、茎的粗细、植物内的化学物质（油脂及挥发油、无机盐含量等）、植物的生长状况以及生长地的海拔等也是影响火烧程度的重要因素。一般来说，小龄植物遭受火烧后受损程度比大龄植物严重，茎细的比茎粗的严重。例如，11 年树龄以上、胸径大于 6cm 的植株遭受火烧后受损程度较低；低海拔地区一般比高海拔地区的草长得高，所以比较容易燃烧；遭受火烧后高海拔地区的松树比低海拔地区的受损程度低；树皮薄的种类遭受火烧后受损程度比较高，甚至死亡；火烧对油脂和挥发油含量较高的植物伤害比较大，而对含有较多无机化合物的植物伤害比较小。

有些植物种类的生长及繁殖需要火烧的刺激，如瘤果松（*Pinus attenuata*）的有性生殖受火烧控制。依赖于火烧的物种通常具有生长迅速、繁殖率高、早熟和生活史短的特点，对火烧的响应是更新和复原。例如，大草原和森林经过火烧之后，一些多年生草本植物的花和种子数量会增长数倍以上。还有一些植物需要火烧来破坏物理阻碍及提供营养物质才能更好生长，如松柏类幼苗的根系较短，在火烧清除枯枝碎屑后，其根系就能伸入矿质土壤，获得水和营养物质，因此火烧有利于松柏类幼苗的存活。火烧还有利于一些植物种群的竞争。例如，北美洲西部红冷杉（*Abies magnifica*）和美国黄松（*Pinus ponderosa*）的种子需要短时间的高温刺激才能萌发，而这种高温刺激无论时间长短，都对少数松柏类如扭叶松（*Pinus contorta*）、巨松（*Pinus lambertiana*）是不利的。此外，火烧会导致周边的农作物成熟延迟。例如，1915 年苏联西伯利亚中部的森林大火持续了 50 多天，破坏面积达 $1.6 \times 10^6 km^2$，导致谷类作物成熟比正常年份晚了 10～15d。

（2）火烧对动物的作用：草原火和森林火会对动物与微生物造成较大的灾难。由于森林中堆积的可燃物质多，因此森林火比草原火对动物的危害大，往往会导致动物死亡。一场严重的林冠火及地面火的最大冲击就是破坏自然界的生态平衡，特别是会破坏生物群落及其错综复杂的食物链或食物网。大火使大面积的森林与草地被毁，火烧后生长出的植物群落会发生明显变化。大火会导致野生动物大批死亡，特别是那些体弱多病的动物，由此造成动物种群数量的下降，甚至是有些种类的消失。春季火烧草原植被后，对某些啮齿动物产生毁灭性威胁，造成其大量死亡，然而火烧后草原植被通常会生长旺盛，这对此后的草食动物却是有利的。

例如，2019 年 9 月澳大利亚爆发森林大火，一直持续至 2020 年 2 月，无数森林化为灰烬，约有 1146 万 hm² 土地被烧焦，5200 万只哺乳动物、6200 万只鸟类、3.89 亿只爬行动物在这场大火中丧生（图 2-7）。世界自然基金会（WWF）的一份报告显示，山火造成约 30 亿只动物丧生或失去栖息地，仅新南威尔士州和维多利亚州就有 12.5 亿只动物丧生，丧生的考拉超过 8000 只。

图 2-7　澳大利亚大火中丧生的哺乳动物

（二）生物对火烧的适应

生物对火烧的适应是指生物在面对火烧这一自然灾害时，通过自身的生理、行为和生态策略来应对并适应的过程。

许多动物具有感知火烧威胁的能力。一些动物能闻到火烧产生的烟雾，或者感知火烧产生的热和红外辐射，感知到威胁后其可能会迅速逃离火烧现场，或者躲藏起来保护自己。例如，草原上的地松鼠会在火烧前将食物储藏在地下，火烧后便可以依靠这些储备度过食物短缺的时期。

许多植物也发展出独特的适应火烧的方式。一些植物能够在火烧后快速复苏，这是因为其具有储藏营养物质的能力，可以在火烧中存活下来，然后在适宜的环境条件下再次生长。例如，澳大利亚的桉树，其种子壳在高温下会裂开，释放出种子，从而抓住火烧后的生长机会。还有一些植物具有能够在火烧后土壤中存活的种子或地下部分，如根或球茎，即使地上部分被烧毁，其也能够重新发芽。

许多土壤微生物对火烧也具有一定的适应能力。例如，一些细菌和真菌能够在高温下生存，甚至在火烧后迅速繁殖，帮助分解有机物质，为新生命的出现提供养分。

总的来说，生物对火烧的适应是一个复杂的过程，包括感知威胁、逃离火场、快速复苏以及土壤微生物的适应性等。这些适应策略有助于生物在火烧后快速恢复，以维持生态系统的稳定和生物多样性。

◆ 第三节　物 质 环 境

一、水环境

没有水就没有生命，水是任何生物体都不可缺少的最重要的组成成分。植物体一般含水量为 60%～80%，而动物体含水量比植物体更高，如水母高达 95%，软体动物达 80%～92%，鱼类达 80%～85%，鸟类和兽类达 70%～75%。只有含有足够的水，生物体才能使原生质保持溶胶状态，保证旺盛代谢正常进行。如果含水量减少，原生质由溶胶状态趋于凝胶状态，生命活动随之减弱；如果原生质严重失水，必然导致细胞结构破坏，甚至是死亡。水分的热容量大，吸热和放热比较缓慢，使水体温度不像大气温度那样变化剧烈，也较少受气温波动影响，从而为生物创造了一个相对稳定的温度环境。

光合作用、呼吸作用、有机物合成与分解过程都有水分子的参与，如果没有水，这些体内重要的生理过程不能进行。水也是新陈代谢的主要介质，生物的一切代谢活动必须以水为介质，生物体内营养的运输、废物的排出、激素的传递以及生物赖以生存的各种生物化学过程都必须在水溶液中进行。水作为溶剂，对很多化合物具有水解和电离作用，许多化学元素均是在水溶状态下被生物吸收和转运的。水分不足会导致生物生理上的不协调，正常生理活动被破坏，甚至死亡。

水分能使生物体保持固有的形态。水分使细胞保持一定的紧张度（即膨胀），维持细胞及组织的紧张状态，使植物枝叶挺立，便于充分接受阳光和交换气体，同时使花朵张开，利于传粉；使动物保持体形，便于剧烈运动。如果水分不足，便会造成植物萎蔫、动物脱水，一切生理活动随之减缓甚至停止。

因海陆位置、地理纬度、海拔不同，降水在地球上的分布是不均匀的，所以会影响动植物的数量和地理分布。在降水量最大的赤道热带雨林中，每 100m² 有多达 52 种植物，而在降水量较少的大兴安岭红松林中，每 100m² 仅有 10 种植物。我国从东南至西北，可以划分为 3 个等雨量区，相应地植被也可以划分为 3 个分布区，即湿润森林区、干旱草原区和荒漠区。在同一山体的迎风坡和背风坡，动植物的分布也会因降水量差异而有明显区别。

（一）水对生物的作用

1. 对植物的作用

就植物而言，其生长对水分也有一个最高、最适和最低的"三基点"需求。只有处于合适范围，水分才能保证植物正常生长。种子萌发需要较多水分，因为水能软化种皮，增强其透性，使种子呼吸加强；同时水能使种子内凝胶状态的原生质转变为溶胶状态，使种子生理活性增强，从而促进种子萌发。水分变化也影响植物的生理及生长活动，如当萎蔫前蒸腾量减少到正常水平的 65%，水稻同化产物减少到正常水平的 55%，而呼吸作用强度却增加到正常水平的 162%，其生长基本停止。水对植物繁殖也有深刻的影响，如过多的降水会使玉米的花粉活性下降而导致产量减少；水流和洋流能携带植物的花粉、孢子、果实、幼株或者具有营养繁殖能力的片段漂流到很远的地方，并在适宜的环境中定居和繁衍，从而使其地理分布范围扩大。

2. 对动物的作用

水也是动物赖以生存的生态因子。水分不足会引起动物滞育、休眠甚至死亡。在草原上，在降水季节形成的一些暂时性积水中常有水生昆虫生长，而且密度比较高，但是雨季过后其就会进入滞育期。东亚飞蝗（*Locusta migratoria*）在由蛹发育成成虫的过程中，在相对湿度为70%的环境中发育最快，如果偏离这一最适湿度，发育期就会延长。许多动物的周期性繁殖均与降水季节密切相关。例如，大洋洲鹦鹉遇到干旱年份就停止繁殖，羚羊幼崽的出生时间正好是降水和植被生长茂盛的季节。

根据栖息地的差异，动物可被划分为水生和陆生两大类型。对于水生动物来说，保持体内水分平衡主要依赖水的渗透作用。陆生动物的含水量一般比环境要高，常常会因为蒸发而失水，在排泄过程中也会损失一部分水分，因此要保持体内水分的平衡，必须通过食物、饮水、代谢等得到补充。动物水分平衡的调节总是与各种溶质平衡的调节密切联系在一起，不同类型的水体溶解有不同种类和数量的盐类。水生动物的体表通常具有渗透性，通过对渗透压进行调节来维持体内与体外环境水分的动态平衡。不同类群的水生动物，有着各自不同的适应能力和调节机制。水生动物的分布、种群形成和数量变动都与水体的含盐量和动态密切相关。

（二）生物的水分调节

1. 植物的水分调节

根据植物对水分的需求量和依赖程度，可以将其划分为水生植物和陆生植物两大类型。其中，水生植物可划分为沉水植物（submerged plant）、漂浮植物（free-floating plant）、浮叶植物（floating-leaved plant）和挺水植物（emergent plant）四种类型。陆生植物可划分为湿生植物（hygrophyte）、中生植物（mesophyte）和旱生植物（xerophyte）三种类型。

对陆生植物来说，保持根系吸收水和蒸腾水之间的平衡是保证植物正常生活的基础。陆生植物中，湿生植物是指在湿潮环境中生长，不能忍受长时间的水分不足，即抗旱能力较弱但抗涝性能较强的陆生植物，通常根系不发达；中生植物是指生长在水湿条件适中生境中的植物，具有一套完整的保持水分平衡的结构，根系和输导组织都比湿生植物发达；旱生植物生长在干旱环境中，能耐受较长时间的干旱，且能维持水分平衡和正常的生长发育，多分布在干热草原和荒漠区，通常具有发达的根系，以便能够更多地吸收水分，同时叶面积较小，以尽量减少水分的散失，还有一些旱生植物因具有发达的储水组织来储备大量水分而能生活在极为干旱的环境中。此外，一些旱生植物的原生质渗透压特别高，能够使根系从干旱的土壤中吸收水分，同时可避免发生反渗透而使植物失水。旱生植物通常代谢方式特殊，白天气孔关闭以减少蒸腾，而夜晚大气湿度回升时则张开气孔；夜间行呼吸作用时，碳水化合物只分解到有机酸阶段，在白天有光照时，继续分解到二氧化碳阶段为光合作用提供原料，如仙人掌、景天等。

水生环境与陆生环境相比有很大的差异，主要特点是弱光、缺氧、密度大、黏性高、湿度变化平缓以及能溶解各种无机盐类。因此，水生植物具有一些与陆生植物不同的特征。首先，水生植物具有发达的通气组织，以保证各器官组织的氧气需要。例如，莲的根状茎内有许多纵行通气孔道，叶柄粗壮、中空，空气从气孔进入叶片内，然后通过叶柄输送到地下的根状茎和根，形成一个完整的通气组织，以保证植物体各部分的氧气需要。其次，水生植物的机械组织不发达，甚至退化，以增强弹性和抗扭曲能力，从而适应水体流动。最后，水生植物在水下的叶片多分裂成带状、线状，而且很薄，以增加吸收阳光、无机盐和 CO_2 的面积。沉水植物是典型的水生植物，植株沉没在水中，根退化或消失，表皮细胞可直接吸收水中的气体、营养物和水分，叶绿体大而多，适应水中的弱光环境，同时无性繁殖比有性繁殖发达，如狸藻（*Utricularia vulgaris*）、金鱼藻（*Ceratophyllum demersum*）、黑藻（*Hydrilla verticillata*）等种类。漂浮植物的叶漂浮在水面，根悬垂在水中，不与土壤直接发生关系，可随水流四处漂泊，为了适应漂浮在水面上生长，有些种类具有特化的通气组织，如水鳖（*Hydrocharis dubia*）叶片背部有蜂窝状储气组织和气孔，凤眼蓝（*Eichhornia crassipes*）叶柄中部膨大成囊状或纺锤形，内有许多多边形柱状细胞组成的气室。

2. 动物的水分调节

陆生动物失水的主要途径是皮肤蒸发、呼吸失水和排泄失水，丢失的水分主要从食物水、代谢水和直接饮水三个方面得到弥补。但是，在有些环境中水是很难得到的，所以单靠饮水远远不能满足动物的水分需要，因此陆生动物在进化过程中形成了各种减少或者限制失水的适应方式。

在形态结构上，陆生动物各自以不同的形态来适应环境湿度。例如，昆虫具有几丁质构成的体壁，可非常有效地防止水分过量蒸发；生活在高山干旱环境中的烟管螺（*Euphaedusa aculus*）可以产生膜，通过封闭壳口来抵抗低湿条件；两栖动物体表分泌的黏液可使其长时间保持湿润。在生理上，许多陆生动物具有适应干旱的特性。例如，爬行动物和鸟类以尿酸的形式向外排泄含氮废物，有的甚至以结晶态排出，以减少排泄失水；生活在荒漠地区的鸟类和兽类，其肾具有良好的水分重吸收机能，能高度浓缩尿液，减少水分流失；鸟类和哺乳类中的有些种类，由肺呼出的水蒸气在扩大的鼻道内通过冷凝而回收，由此减少呼吸失水；很多陆生昆虫和节肢动物利用高度特化的气管系统呼吸。气管系统主要包括气门和气管两部分，气门由气门瓣控制，只有当气门瓣打开时，生物体才能与环境进行最大限度的气体和水分交换，则呼吸失水变得微乎其微。在行为上，动物通过多种途径来适应各种干旱环境。例如，沙漠地区夏季的昼夜地表温度相差很大，地面和地下的相对湿度与蒸发强度相差也很大，因此一些沙漠动物白天在洞内、夜里出来活动，还有一些动物白天躲藏在潮湿的地方或水中、夜间出来活动；在水分缺乏、食物不足时，干旱地区的许多鸟类和兽类还会迁移到别处去，以避开不良的环境条件；在非洲，大草原旱季到来时往往也是大型草食动物开始迁徙的时期。

（三）水生生物的水盐平衡

水生环境作为地球生态系统的核心部分，对维持全球生态平衡起着至关重要的作用。水盐平衡作为水生环境的一个关键要素，对水生生物的生存繁衍以及水体的物理、化学性质具有决定性影响。

水盐平衡，简而言之是指水体中的溶解物质达到动态平衡，这种平衡是通过水体内部和外部的各种物质进行交换与循环所形成的。在自然状态下，水体中的溶解物质通过溶解、沉淀、蒸发和降水等过程达到动态平衡，不单影响水体的物理性质，如颜色、透明度、温度等，更对水生生物的生存繁衍产生直接影响。在水生环境中，生物和非生物因素共同作用，影响和调节水盐平衡。例如，某些植物通过吸收和排泄维持体内外的水盐平衡，而微生物和动物则通过生理机制来适应与调节环境的水盐平衡。

水生动物的体表通常具有渗透性，所以存在渗透压调节和水平衡问题。渗透压调节是生活在高渗与低渗环境中有机体通过控制体内水平衡及溶质平衡来适应环境的方式，不同类群的水生动物有着不同的调节机制和适应能力。

1. 淡水动物

淡水水域的盐度在 0.02‰～0.5‰，而淡水硬骨鱼类血液渗透压（250～350mOsm/L）高于淡水渗透压（0mOsm/L），属于高渗（hypertonic）动物，当其呼吸时，大量水流流过鱼鳃，通过鳃和口咽腔扩散到体内，同时体液中的盐离子通过鳃和尿排出体外。其中，进入体内的多余水分，以大量低浓度尿的形式从肾排出，从而保持体内的水分平衡；丢失的溶质可从食物中得到，鱼鳃也能主动从周围的低浓度溶液中摄取盐离子，以保证体内的盐分平衡。因此，淡水硬骨鱼类的肾发育完善，有发达的肾小球，滤过率高，一般无膀胱或膀胱很小，是对淡水生活的适应。

2. 海洋动物

海洋是一种高渗环境，海水水域的盐度在 32‰～38‰，平均 35‰，渗透压为 1000mOsm/L。海洋动物包括两种渗透压调节类型：硬骨鱼类与软骨鱼类。

海洋硬骨鱼类如鳜及鲅鳚等血液渗透压为 410mOsm/L，与环境渗透压相比属于低渗溶液，体内水分会不断通过鱼鳃外流，而海水中的盐分通过鱼鳃进入体内。海洋硬骨鱼类进行渗透压调节需要排出多余的盐分及补偿丢失的水分，经常通过吞入海水来补充水分，随海水进入体内的多余盐分靠鳃排出体外，同时少排尿以减少失水。

海洋软骨鱼类的血液渗透压为 1000mOsm/L，与环境渗透压相等或相近，基本属于等渗溶液。海洋软骨鱼类血液高渗透压的维持依靠血液中贮存的大量尿素和氧化三甲胺，其中尿素可能使蛋白质和酶变得不稳定，而氧化三甲胺正好可抵消尿素的影响，二者含量之比为 2∶1 时抵消作用最大，而这个比例通常出现在海洋软骨鱼类中。海洋软骨鱼类的血液渗透压虽与海水基本相同，但仍具较强的离子调节作用，如血液中 Na^+ 含量大约为海水的一半，排出多余的 Na^+ 主要靠直肠腺，其次靠肾。

3. 洄游鱼类

洄游鱼类在其生活史的不同阶段来往于海水与淡水之间，其渗透压调节具有海洋硬骨鱼类与淡水硬骨鱼类的双重特征，依靠肾调节水分，在淡水中排尿量大，在海水中排尿量小；在海水中生活时大量吞入海水，以补充体内水分；盐分代谢靠鳃调节，在海水中生活时由鳃排出盐分，在淡水中生活时由鳃摄取盐分。例如，洄游鱼类鳗在海水中生活时属低渗压类型，而到淡水中生活又变为高渗压类型。

4. 狭盐性与广盐性动物

不同动物的耐盐范围不同。按照对水体中盐分的耐受能力，可将水生动物分为广盐性动物和狭盐性动物。能够进入低盐水体（咸淡水）或淡水环境并能在其中生存的海洋动物，也包括淡水动物中那些能进入海水生活的种类，属于广盐性（euryhaline）动物，如生活在河海交汇处的动物和在河海之间洄游的大麻哈鱼（*Oncorhynchus heta*）、香鱼（*Plecoglossus altivellis*）。狭盐性动物只能耐受较小范围的盐度变化，典型的海洋动物和淡水动物又分别属于喜盐狭盐性动物如海水鱼真鲷（*Pagrosomus major*）和喜淡狭盐性动物如淡水鱼乌鳢（*Ophiocephalus argus*）。

5. 变渗压与恒渗压动物

当生境的盐度改变时，动物的反应可分为两类：体液渗透压随环境渗透压变化的动物称为变渗压（poikilosmotic）动物或渗透压顺应者；而体液渗透压通过自身的调节保持相对稳定而不随外界改变的动物称为恒渗压（homeosmotic）动物或渗透压调节者。大多数海洋无脊椎动物是变渗压动物，如海星和牡蛎生活在海水盐度变化较大的近岸带，能够顺应盐度的波动，但一般不能离开海水而生活。广盐性洄游鱼类、淡水硬骨鱼类和海洋硬骨鱼类均属渗透压调节者，只是调节机制有所不同。渗透压顺应者和调节者之间并无绝对严格的界限，存在许多介于二者之间的过渡类型。

（四）极端水环境中的生物适应

地球上存在着各种各样的水生环境，从淡水到咸水，从温暖到寒冷，从清澈到浑浊，这些环境中的生物面临着各种各样的极端条件，如低氧、高盐、极端温度和光照等。然而，生物的适应能力是无穷的，其已经发展出各种独特的生理和行为特征来应对极端环境。

1. 极地水生生物的适应

极地水域如北极和南极地区，是地球上最寒冷、最干旱、最清澈的水域，这里的生物面临着温度骤降、食物稀缺、低氧等极端条件，为了生存，许多生物发展出独特的适应性特征。例如，一些鱼类和无脊椎动物在体内积累了大量的脂肪，不仅可以提供热量和能量，还可以作为浮力调节剂。此外，一些极地生物还发展出特殊的器官和生理机制来应对低氧环境。例如，一些鱼类可以通过增加血红蛋白含量来提高氧气运输效率。

2. 深海生物的适应

深海是地球上最大的生物栖息地，覆盖了地球表面的大部分区域。然而，深海环境也是地球上最神秘、最极端的环境之一，水温低、压力大、食物稀缺、光线缺乏，但仍存在大量的生物种群，其已经发展出许多独特的适应性特征。例如，深海鱼类具有发光器官，通过发出生物光来吸引猎物或同伴；一些深海生物具有特殊的化学感受器，可以感知微弱的化学信号；还有一些深海生物具有特殊的代谢机制，可以在食物稀缺的环境中生存。

一些深海生物还具有特殊的形态和行为特征。例如，深海章鱼具有非常灵活的身体和触手，可以在狭窄的空间中移动和捕食；深海鱼类具有发光器官和特殊的色素细胞，可以在黑暗和高压环境中生存，这些适应性特征使得深海生物可以在极端环境中生存和繁衍。

二、土壤环境

土壤是岩石圈表面能够生长植物的疏松表层，是陆生生物生活的基质，提供生物生活所必需的矿质元素和水分，因而是生态系统中物质与能量交换的重要场所，也是生态系统中生物部分和无机环境部分相互作用的产物。

土壤是由固体（无机体和有机体）、液体（土壤水分）和气体（土壤空气）组成的三相复合系统，每个组分都有自身的理化性质，相互间处于相对稳定或变化的状态。在较小的土壤容积里，液相和气相处于相当均匀的状态，而固相则是不均匀的。固相中的无机部分由一系列大小不同的无机颗粒所组成，包括矿质土粒、二氧化硅、硅质黏土、金属氧化物和其他无机成分；有机部分主要包括有机质。土壤各组分的质和量随土壤类型不同而差异很大。适于植物生长的土壤按容积计，固体部分的矿物质占土壤容积的38%，有机质占12%；孔隙（土壤水分和土壤空气）约占50%，其中空气和水分各占15%～35%，自然条件下空气和水分的比例是经常变动的，当水分含量最适于植物生长时，孔隙中水分：空气=1：1。土壤各组分不是简单机械地混合在一起，而是相互联系、相互制约，构成一个统一体。

除上述成分外，每种土壤都有其特定的生物区系，如细菌、真菌、放线菌等微生物以及藻类、原生动物、轮虫、线虫、环虫、软体动物、节肢动物等动植物。这些生物有机体的集合对土壤中有机物质的分解和转化以及元素的生物循环具有重要的作用，并能影响、改变土壤的化学性质和物理结构，构成各类土壤特有的生物作用。土壤中的各种组分及其之间的相互关系，影响土壤的性质和肥力，从而影响生物的生长。植物的生长发育需要土壤不断地供给一定的水分、养料、温度和空气。土壤及时满足植物对水、肥、气、热要求的能力称为土壤肥力。肥沃的土壤能同时满足植物对水、肥、气、热的要求，是植物正常生长发育的基础。土壤是由生物和非生物环境构成的一个极为复杂的复合体，土壤的概念总是包括生活在土壤里的大量生物，而土壤生物的活动促进了土壤的形成和发展。

（一）土壤对生物的作用

1. 土壤质地和结构对生物的作用

不同质地土壤的动物种类和数量明显不同。壤土通常具有较好的保水、保肥及通气性能，更有利于植物的生长。通常砂壤土的动物种数比黏土和黏壤土要少，种类组成也有差别。例如，多数蚯蚓种类喜栖壤质土，砂质土的蚯蚓数量只占壤质土的1/4～1/3，黏土中蚯蚓也很少。再如，金针虫的分布和土壤质地有关，如沟金针虫（*Pleonomus canaliculatus*）是砂壤土中典型的栖居者，而细胸金针虫（*Agriotes fusicollis*）在粗砂土中较多。

土壤结构和机械组成直接影响许多动物在土中的运动与挖掘活动，长期生活在不同结构和机械组成土壤中的动物，形成了不同的挖掘方式。例如，生活在松软土壤中的小型动物如线虫，能够直接利用土壤中已有的小孔洞在土中穿行活动，一般呈蠕虫形，具有较坚固的角质表皮，以保护身体在土中穿行时不被擦伤；生活在松软土壤中的较大型动物，采用推进式的挖掘方式，通过改变身体形状进行运动，如蚯蚓在土中钻行；而那些不能伸缩体形的动物，普遍采用凿掘方式前行，利用附肢上强有力的爪或头部的凿状突起进行凿掘，如伪步行虫幼虫通常使用足爪凿掘，而头虫幼虫和其他甲虫则是用头部的凿状突起凿掘。

2. 土壤水分、空气、温度对生物的作用

（1）土壤水分与生物：土壤水分主要来源于大气降水、灌溉水和地下水的渗透作用，可直接被植物的根系吸收。土壤水分含量直接影响各种盐类的溶解、物质的转化和有机物的分解与合成，水分适量增加有利于各种营养物质的溶解和移动、磷酸盐的水解和有机磷的矿化，从而改善植物的营养状况。土壤水分还能调节土壤温度。但土壤水分过多或过少都会对植物和土壤生物产生不利影响。例如，土壤干旱不仅影响植物的生长，还威胁土壤动物的生存，同时氧化作用加强，使土壤有机质含量急剧下降；土壤中节肢动物一般适于生活在水分饱和的孔隙内，如金针虫在土壤相对湿度下降到92%时就不能存活；当土壤上层水分不足时，土壤动物往往垂直迁移钻入较深的土层，以寻找适宜的湿度环境；土壤水分过多或地下水位接近地面时，会引起有机质的分解，并产生诸如硫化氢等还原物质和有机酸，抑制植物根系的生长并使之老化；土壤水分过多还会导致空气流通不畅以及营养物质流失，致使土壤肥力降低；土壤微粒间完全充满水时常导致好气生物的窒息死亡，同时会促进真菌病的传播。

土壤水分对土壤无脊椎动物及昆虫的数量与分布有重要影响。土壤动物对水分有不同的要求和耐受范围，许多土壤原生动物必须在液态水中生活，小型节肢动物则选择在相对湿度为100%的土壤表面生活。例如，为保持适宜的窝穴湿度，白蚁能钻到地下数米深处寻找水分。土壤水分对土壤昆虫的发育和生殖有直接影响，如东亚飞蝗在土壤含水量为8%～22%时产卵量最大，而卵的最适孵化土壤相对湿度为3%～16%，超过30%大部分东亚飞蝗卵不能正常发育。对于多数土壤动物来说，干燥、水分不足有致命危险。反之，水分过剩，水浸24h以上，表皮柔软的石蜈蚣会在数小时内死亡。土壤生物对水分条件有巧妙的适应，如有些动物体表有厚角质膜或外壳覆盖，有的会使身体卷成球或形成包囊，以应对土壤干旱，有些动物身体密生绒毛或突起，其间能保存气泡以供呼吸，也有的能浮在水面上或在水面上行走，均体现了土壤动物对水浸的适应。

（2）土壤空气与生物：土壤空气来自大气，但成分与大气有所不同，土壤空气的含氧量一般只有大气的10%～12%，但CO_2含量比大气高得多，约为0.1%，在有机肥充足的土壤里CO_2含量甚至可能超过2%。土壤空气各种成分的含量不如大气稳定，常随季节、昼夜和土体深度而变化。在积水和透气不良的情况下，土壤空气的含氧量可降低到10%以下，从而抑制植物根系呼吸并影响其正常生理功能；而动物（如蚯蚓）为寻找适宜的呼吸条件，会向土壤表层迁移，当表层变得干旱时，其会因呼吸不利而重新由表层转移到深层，空气可沿着其挖掘或钻行形成的"虫道"和植物根系向土壤深层扩散。

土壤空气中高浓度的CO_2（比大气含量高几十至几百倍）一部分可扩散到近地面的大气中被植物叶片通过光合作用吸收，另一部分则直接被植物根系吸收。但在通气不良的土壤中，CO_2浓度可达到 10%～15%，会妨碍根系的呼吸，对植物产生毒害作用。此外，土壤通气不良会抑制好气性微生物的分解活动，使植物可利用营养物质减少；而通气过分又会使有机物质分解过快，从而使腐殖质减少，不利于养分的长期供应。

（3）土壤温度与生物：不同土壤类型有不同的热容量和导热率，一般而言，湿土的热容量和导热率大于干土。土壤温度具有周期性的日变化、季节变化以及空间垂直变化特点。一般来说，夏季土壤温度随深度的增加而下降，冬季随深度的增加而升高；白天土壤温度随深度的增加而下降，夜间随深度的增加而升高。土壤温度在 35cm 深度以下无昼夜变化，在 30m 以下无季节变化。土壤温度的生态作用表现为：影响植物种子的萌发、生根、出苗，制约土壤盐类溶解、气体交换和水分蒸发、有机物分解和转化等。不同种类植物种子萌发所需的土温是不同的，秋播作物发芽出苗要求的土温较低，夏播作物发芽出苗要求的土温较高，如小麦发芽所需的最低温度为 1～2℃，最适温度为 18℃；玉米和南瓜发芽所需的最低温度为 10～11℃，最适温度为 24℃。在一定范围内，植物生长随土壤温度升高而加快，但过高的温度会影响根系呼吸作用并抑制植物生长。此外，土壤温度对土壤微生物的活动和腐殖质的分解都有明显影响，从而影响植物的生长。

土壤温度对土壤动物也有重要影响。土壤温度高有利于微生物的活动，可促进养分的分解和植物的生长，为动物提供丰富的食物和养分。土壤温度在空间上的垂直变化也影响动物的行为。一般来说，土壤动物于秋冬季节向深层迁移，于春夏季节向上层回迁，移动距离与土壤质地有密切关系。很多狭温性土壤动物不仅表现出季节性的垂直迁移，在较短的时间范围也能随温度的垂直变化而调整其在土层中的活动地点。不同类型土壤动物对温度的耐受能力是不同的。例如，跳虫、蜱螨、有壳变形虫、轮虫、熊虫等对低温的耐受能力强，因而能够分布到高纬度和高海拔地带；而涡虫、白蚁、蜚蠊、尾蝎、地中性两栖类及爬行类等对低温的耐受能力弱，在 -1.2～2℃ 下短时间暴露即可死亡。土壤动物对高温的耐受能力较弱，尤其当土壤干燥时高温有致命的危险。

3. 土壤化学性质对生物的作用

（1）土壤酸碱度与生物：土壤酸碱度对肥力、微生物活动、有机质合成与分解、营养元素转化和释放、微量元素有效性及动物分布等均有重要作用，是土壤各种化学性质的综合反映。土壤酸碱度常用 pH 表示。我国土壤酸碱度一般分为 5 级：pH<5.0 为强酸性，pH 5.0～6.5 为酸性，pH 6.5～7.5 为中性，pH 7.5～8.5 为碱性，pH>8.5 为强碱性。

土壤酸碱度通过影响矿质盐分的溶解而影响养分的有效性。在 pH 6～7 的条件下，土壤养分的有效性最高，对于植物生长最适宜。酸性土壤容易发生 K、Ca、Mg、P 等元素的短缺，而强碱性土壤容易发生 Fe、B、Cu、Mn 和 Zn 等元素的短缺。土壤酸碱度还通过影响微生物的活动来影响植物的生长。酸性土壤一般不利于细菌活动，根瘤菌、褐色固氮菌、氨化细菌和硝化细菌大多生长在中性土壤中，在酸性土壤中难以生存，很多豆科植物的根瘤菌常因土壤酸度增加而死亡。真菌比较耐酸碱，所以植物的一些真菌病常在酸性或碱性土壤中发生。在最适宜的土壤 pH 范围，植物生长最好，过酸或过碱都会引起蛋白质的变性和酶的钝化，使植物根部细胞的原生质严重受损，从而使植物生长不良，甚至死亡。pH 3.5～8.5 是大多数维管束植物的耐受范围，pH<3 或 pH>9 时，大多数维管束植物不能生存。

　　土壤酸碱度显著影响动物群落的组成及分布，依照适应范围可将土壤动物分为嗜酸性类群和嗜碱性类群。例如，金针虫在 pH 为 4.0～5.2 的土壤中数量最多，在 pH 低至 2.7 的强酸性土壤中尚能生存；相反，麦红吸浆虫（*Sitodiplosis mosellana*）幼虫适宜在 pH 为 7～11 的碱性土壤中生活，当 pH<6 时便难以生存。蚯蚓和大多数土壤昆虫喜栖于微碱性土壤中，数量通常在 pH 为 8 时最多。在呈酸性反应的森林灰化土和苔原沼泽土中，土壤动物种类非常贫乏；在半沙漠的灰钙土、盐碱土和沙土中，往往由于过酸过碱或盐度过高，土壤动物种类均较贫乏。

　　（2）土壤有机质与生物：有机质是土壤的重要组成部分，土壤的许多属性均直接或间接与有机质有关。土壤有机质包括非腐殖质和腐殖质两大类。其中，非腐殖质是动植物残体及其部分分解的组织；腐殖质是土壤微生物在分解有机质的同时重新合成的具有相对稳定性的多聚体化合物，主要成分为胡敏酸和富里酸，占土壤有机质的 85%～90%，是植物所需碳、氮及各种矿物营养的重要来源，并能与各种微量元素形成络合物，增加微量元素的有效性。有机质能改善土壤的物理性质和化学性质，有利于土壤团粒结构的形成；能促进植物的呼吸作用和新陈代谢活动，提高土壤酶的活性，有利于植物的生长及养分吸收。一般来说，土壤有机质含量越多，土壤动物种类和数量也就越多。例如，在腐殖质丰富且呈弱酸性的草原黑钙土中，土壤动物种类特别丰富，数量也多；在有机质含量很少并呈碱性的半荒漠和荒漠地带，土壤动物种类非常贫乏。

　　（3）土壤无机元素与生物：生物在生长发育过程中，需要不断地从土壤中吸取大量的无机元素。土壤中的无机矿物质主要来自矿物质和有机质的分解。腐殖质是无机元素的储备源，通过矿质化过程缓慢地释放可供植物利用的养分。植物从土壤中所摄取的无机元素有 13 种对任何植物的正常发育都是不可缺少的，其中大量元素 7 种（氮、磷、钾、硫、钙、镁和铁）和微量元素 6 种（锰、锌、铜、钼、硼和氯）。不同种类生物对矿质元素种类与数量的需求存在较大差异，矿质元素在其体内的积累也有所不同。土壤中无机元素对动物的分布和数量也有一定的影响。例如，由于石灰质土壤对蜗牛壳的形成很重要，因此石灰岩地区的蜗牛数量往往比其他地区多；许多哺乳动物种类喜欢在母岩为石灰质的土壤地区活动，因为其骨骼尤其是角的发育需要大量钙；而氯化钠丰富的土壤地区往往能够吸引大量的草食有蹄类动物，其出于生理需要必须摄入大量的盐。此外，在非黑土地带的畜牧区，饲料植物常缺乏 Cu，致使动物生长缓慢，体毛变粗而凌乱，骨骼变轻而质脆，成体繁殖力降低，母畜产乳量减少。

（二）生物对土壤环境的适应

1. 植物对极端土壤环境的适应

　　植物针对其长期生活的土壤会产生一定的适应性特性，因此形成各种以土壤为主导因素的植物生态类型。例如，根据植物对土壤酸碱度的反应，可以将其划分为酸性土、中性土、碱性土植物生态类型；根据植物对土壤矿质盐类（如钙盐）的反应，可以将其划分为钙质土植物和嫌钙植物；根据植物对土壤含盐量的反应，可以将其划分为盐土和碱土植物；根据植物与风沙的关系，可将沙生植物划分为抗风蚀沙埋、耐沙割、抗日灼、耐干旱、耐贫瘠等一系列生态类型。下面着重以盐碱土植物为例来分析其对不同土壤的生态适应性特性。

盐碱土是盐土和碱土以及各种盐化、碱化土的统称。在我国内陆干旱和半干旱地区，由于气候干旱，地面蒸发强烈，在地势低平、排水不畅或地表径流滞缓、汇集的地区，或地下水位过高的地区，广泛分布着盐碱化土壤。在滨海地区，受海水浸渍，盐分上升到土表而发生次生盐碱化。

盐碱土所含的盐类，通常最多的是 $NaCl$、Na_2SO_4、Na_2CO_3，以及可溶性的钙盐和镁盐。其中，盐土所含的盐类最主要的是 $NaCl$ 和 Na_2SO_4，两类都是中性盐，所以一般盐土呈中性，土壤结构尚未破坏。碱土的土壤胶体吸附有相当数量的交换性钠，一般占交换性阳离子总量的 20%以上。碱土含 Na_2CO_3 较多，也有含 $NaHCO_3$ 或 K_2CO_3 较多的，因此呈强碱性，pH 一般在 8.5 以上。碱土上层的土壤结构被破坏，下层常为坚实的柱状结构，通透性和耕作性能极差。

盐分种类不同，对植物的危害也不相同。各种盐类对多数植物的危害程度大体为：$MgCl_2>Na_2CO_3>NaHCO_3>NaCl>MgSO_4>Na_2SO_4$。

钠盐的毒害作用大于钙盐，以 Na_2CO_3 和 $NaHCO_3$ 对植物的毒害作用最强，而 $NaHCO_3$ 的毒害作用大于 $NaCl$，$NaCl$ 的毒害作用大于 Na_2SO_4。

阴离子的毒害作用大小为：$CO_3^{2-}>HCO_3^->Cl^->SO_4^{2-}$。

当土壤表层含盐量超过 6‰时，对一般农作物的生长开始有害，大多数植物已不能生长，只有一些耐盐性强的植物尚可生长。当土壤中可溶性盐含量达到 10‰以上时，则只有一些特殊的能适应盐土的植物才能生长。盐碱土对植物生长发育的不利影响，主要表现在以下几个方面。

（1）引起植物生理干旱：盐土含有过多的可溶性盐，降低了土壤溶液的渗透势，从而引起植物的生理干旱，使植物在根系生长及种子萌发过程中不能从土壤中吸收足够的水分，甚至导致水分从根细胞外渗，使植物在整个生长发育过程中受到生理干旱危害，造成植物枯萎，严重时甚至死亡。

（2）伤害植物组织：土壤含盐量太高时，会伤害植物组织，尤其是干旱季节盐分积聚在表土时常伤害根、茎交界处的组织。伤害能力以 Na_2CO_3、K_2CO_3 为最大。在高 pH 下，还会导致 OH^- 对植物产生直接伤害。

（3）引起细胞中毒：由于土壤含盐量过高，植物体内常积聚大量的盐分，往往使原生质受害，蛋白质合成严重受阻，从而导致含氮的中间代谢产物积累，造成细胞中毒。例如，当叶绿蛋白的合成受阻时，叶绿体趋于分解。过多的盐分积累也可以影响糖类的代谢，如过量的 Cl^- 进入植物体内会降低一些水解酶（如 β-淀粉酶、果胶酶、蔗糖酶等）的活性，扰乱植物的糖类代谢过程。过多的盐分积累还会导致植物细胞发生质壁分离现象。另外，重金属盐类会破坏原生质的酶系。

（4）影响植物正常营养：如由于 N 的竞争，植物对 K、P 和其他元素的吸收减少，P 的转移也会受到抑制，从而影响植物的营养状况。

（5）在高含盐量作用下，植物气孔保卫细胞中淀粉形成过程受到妨碍，气孔不能关闭，即使在干旱期也是如此，因此植物容易干旱枯萎。

此外，碱土对植物生长的不利影响还表现在土壤的强碱性毒害植物根系。

一般植物不能在盐碱土上生长，但也有一类植物能在含盐量很高的盐土或碱土上生长，其具有一系列适应盐、碱生境的形态和生理特性，统称为盐碱土植物，包括盐土植物和碱土植物两类，因为我国盐土面积很大，碱土不多，所以下面着重介绍盐土植物。

盐土植物包括生长在内陆和海滨的两类，长在内陆的为旱生盐土植物（xerohalophyte），如盐角草、细枝盐爪爪、海韭菜、蒙古鸦葱、獐毛等，分布于我国温带、寒温带气候区；长在海滨的盐土植物为湿生盐土植物（hygrohalophyte），如盐蓬、厚藤、秋茄树、木榄、桐花树、海榄雌、老鼠簕等。

盐土植物在形态上常表现为植物体干而硬，叶片不发达，蒸腾表面强烈缩小，气孔下陷，表皮具有厚的外壁，常具灰白色茸毛；在内部结构上，细胞间隙强烈缩小，栅栏组织发达。有一些盐土植物枝叶具有肉质性，叶肉中有特殊的贮水细胞，使同化细胞不致受到高温伤害，贮水细胞能随叶龄和植物体内绝对含盐量的增加而增大。

在生理上，盐土植物具有一系列的抗盐特性，根据其对过量盐分的适应特点，其又可分为 3 类。

（1）聚盐性植物：能适应在强盐渍化土壤上生长，能从土壤里吸收大量的可溶性盐，并把这些盐分积聚在体内而不受伤害。这类植物的原生质对盐分的抗性特别强，能容忍 60‰的含盐量甚至更高浓度的 NaCl 溶液，所以也称真盐生植物。聚盐性植物的细胞液浓度特别高，并有极低的渗透势，特别是根部渗透势远远低于盐土溶液渗透势，所以能吸收高浓度土壤溶液中的水分。

不同聚盐性植物种类积累的盐分种类不一样。例如，盐角草、南方碱蓬能吸收并积累较多的 NaCl 或 Na_2SO_4，滨藜能吸收并积累较多的硝酸盐。属于聚盐性植物的还有海蓬子、盐节木、盐穗木、梭梭、西伯利亚白刺及黑果枸杞等。

（2）泌盐性植物：根细胞对盐类的透过性与聚盐性植物一样是很大的，但其吸收的盐分并不积累在体内，而是通过茎、叶表面上密布的分泌腺（盐腺）把多余的盐分排出体外，这种作用称为泌盐作用。排出到叶、茎表面上的 NaCl 和 Na_2SO_4 等的结晶和硬壳，逐渐被风吹或雨露淋洗掉。

泌盐性植物虽能在含盐量高的土壤上生长，但在非盐渍化土壤上生长得更好，所以常将其看作耐盐植物。柽柳、瓣鳞花、红砂、生于海边盐碱滩上的大米草、滨海的一些红树植物如海榄雌和桐花树以及常生于草原盐碱滩上的药用植物补血草等，都属于泌盐性植物。

（3）不透盐性植物：根细胞对盐类的透过性非常小，所以虽然生长在盐碱土上，但在一定含盐量的土壤上几乎不吸收或很少吸收盐分。这类植物细胞的渗透势也很低，同样提高了其根系从盐碱土中吸收水分的能力，但不同于聚盐性植物，其细胞的高渗透势不是由体内的高含盐量所引起的，而是由体内较多的可溶性有机物质（如有机酸、糖类、氨基酸等）所引起的，所以常把这类植物看作抗盐植物。蒿属、盐地紫菀、碱菀、盐地风毛菊、碱地风毛菊等都属于这一类。

2. 动物对土壤的适应

土壤环境较为稳定，是动物如数量庞大的昆虫、蚯蚓、鼠类及原生动物等较为理想的栖息地。在 $0.01km^2$ 土壤中，动物种类有几十种，甚至几百种，其个体数量是数以万计的。由于土壤类型多，成分极其复杂，每种类型的土壤都有其特定的生物区系。

3. 土壤生物对土壤环境的适应规律

土壤生物适应土壤环境的基本规律包括以下几个方面。

（1）生物多样性：土壤中存在大量的动物、真菌、细菌等生物群落，其通过不同的适应机制共同构成了复杂的土壤生物区系。这种生物多样性有助于土壤中的生物相互协作、竞争和共生，从而维持土壤生态系统的稳定性。

（2）营养利用：土壤生物通过不同的代谢途径和营养循环机制来适应有机质、矿物质及微量元素等营养物质的变动。例如，一些微生物在营养缺乏时能够分泌一些生物酶并分解有机物质，从而释放出养分供自己和其他生物利用。

（3）抗逆性：土壤中的生物面临着来自环境的各种压力，如干旱、高温、酸碱度等，为了适应这些压力，其会产生一系列的抗逆性适应机制，如合成特定的蛋白质、酶和代谢产物来应对环境的变化。

（4）互惠共生：土壤中的生物往往通过共生关系来适应土壤环境。例如，一些植物根系能够与土壤中的固氮细菌共生，以获取氮素养分；而一些真菌能够与植物根系形成菌根，帮助植物吸收土壤中的水分和养分。

（三）生物在退化土壤修复中的作用

随着人口-资源-环境之间的矛盾尖锐化，人类赖以生存和发展的土壤及土地资源的退化日趋严重。据统计，我国因水土流失、沙（漠）化、盐渍化、沼泽化、肥力衰减、污染及酸化等造成的土壤退化面积约 $4.6×10^6km^2$，占全国土地总面积的40%，是全球土壤退化总面积的1/4。因此，充分认识土壤退化的类型、发展规律和后果，对土壤退化做出全面评价，以寻求控制或防治土壤退化、提高土壤质量的对策，对促进农业及国民经济可持续发展具有十分重要意义。

1. 土壤退化及其类型

土壤退化（soil degradation）是指在各种自然和人为因素的影响下，土壤生产力、环境调控潜力和可持续发展能力下降甚至完全丧失的过程。简言之，土壤退化是指土壤数量减少和质量降低。其中，数量减少表现为表土丧失，或整个土体毁坏，或被非农业占用；质量降低表现为土壤物理、化学、生物方面的质量下降。

土壤退化是多种因素与过程综合作用的结果，涉及物理过程、化学过程以及生物学过程。一种或者两种退化因素可能在某种土壤退化类型中占主导地位，但多种退化现象可同时在土壤退化过程中表现出来。例如，土壤侵蚀是一种最为普遍的退化类型，导致富含有机质和各种营养元素的表层土壤消失或者变薄，因此也表现为土壤养分衰竭与土壤物理、化学性状恶化。土壤污染影响各种化学及电化学过程，进而影响生物学过程，因此可能会表现出土壤生物活动退化的特点。

埃瑟（Esser）认为，所有的土壤退化形式可以归结为4个方面：①土壤侵蚀，即土壤结构物质损失；②土壤衰竭，即土壤中营养元素消耗；③外来物质积聚，即各种外来有害成分在土壤中积累与固定；④土壤板结，即土壤物理结构破坏，容重增加。1991年，荷兰国际土壤参比与信息中心将土壤退化分为五大类型，即土壤水蚀、土壤风蚀、土壤化学性质恶化、土壤物理性质恶化及土壤生物活动退化。土壤退化可对生态环境和国民经济造成巨大影响。

2. 生物在土壤退化中的作用

生物在土壤中的作用是多方面的，可以影响土壤的结构、肥力和质量，同时可以通过自身的活动和繁殖影响土壤生态系统及其生物多样性。土壤退化过程中，土壤生物包括动物、植物和微生物可能会受到负面影响。例如，动物如蚯蚓、线虫等可能会减少或消失，植物生长和繁殖可能会受到限制，而微生物多样性和活性也可能会降低。生物的变化会进一步影响土壤退化，如植物减少或消失会导致水土流失，加剧土壤质量下降。另外，生物在保护和修复土壤健康的过程中也发挥着重要作用。例如，植物可以通过吸收和积累重金属、有机污染物等，降低土壤污染物的含量；微生物可以参与土壤营养元素的循环，增加其有效性，从而减轻土壤退化程度。因此，在土壤修复中，需要重视和加强生物多样性的保护与利用，推广和应用生物修复技术。

生物修复是利用生物体催化降解有机污染物，从而修复污染环境或消除环境污染物的受控或自发过程。植物和微生物修复技术在土壤修复中发挥着重要作用。

植物修复是一种重要的生物修复手段。植物有吸收和富集污染物的能力，可以通过根系吸收土壤中的污染物，并将其转运至地上部分进行积累和转化。对于一些重金属污染土壤，人们可以选择适宜的植物如黑麦草、拟南芥等进行修复，其对铍、汞、镉等重金属有较强的吸收和转化能力。还可以通过遗传工程手段改良植物，增强其修复土壤的能力和持久性。

微生物修复也是生物修复中的一种重要方法。微生物可以通过生物降解、生物固定和生物转化等过程来修复污染土壤。例如，一些细菌和真菌可以通过分解有机物来降解与清除土壤中的有机污染物，如石油烃、农药等；通过改变微生物菌群的结构和功能，可以增强其降解土壤中有机质的能力，促进土壤肥力恢复；微生物还可以通过固氮、为植物提供营养物质等方式，促进土壤生态系统的恢复和重建。

生物修复技术是一种环境友好、高效且可持续的方法。通过植物修复、微生物修复等手段，可以有效地修复和改善污染土壤，恢复土壤的生态功能，实现可持续的土壤资源利用。

三、大气环境

大气层（atmosphere）又称大气圈，是指围绕着地球的空气层。大气层的厚度在1000km以上，但没有明显的分界线。大气层中的空气分布极不均匀，越往高空，空气越稀薄；而气温随高度的增加而降低，大约每升高 1km，温度下降 5～6℃。整个大气层随高度不同表现出不同的特点，分为对流层、平流层、中间层、暖层和散逸层。对流层在大气层的最底层，集中了大约 75%的大气质量和 90%以上的水汽质量；其下界与地面相接，上界高度随地理纬度和季节而变化，低纬度地区平均高度为 17～18km，中纬度地区平均为 10～12km，极地平均为 8～9km，并且夏季高于冬季。地球表面的大气层对生物有影响的仅仅是下方的对流层部分，这里空气密度较大，温度上冷下热产生活跃的空气对流，形成风、云、雨、雪、雾、霜等各种天气现象，对生物的生长、发育、繁殖和分布等产生深刻影响。

大气的成分非常复杂，在标准状态下依体积计，主要有氮气，占 78.1%；氧气，占 20.9%，氢、氨、臭氧等，占 0.094%，二氧化碳，占 0.036%；其他还有水蒸气和污染物质等，大气通过这些成分与生物发生生态关系，上述比例在任何高度的大气中基本相似。但在地下洞穴或通气不良的环境中，大气中的氧和二氧化碳含量则有所不同。在大气组成成分中，对生物影响最大的是氧和二氧化碳，二者平衡与否是生态系统中物质能否正常运转的重要影响因素。植物是环境中氧和二氧化碳的主要调节器，能使二者在一定范围内保持平衡。

（一）氧的作用与生物的适应

1. 植物与氧

氧是空气的重要组分，对地球生命系统的维持具有重要作用。氧参与植物的呼吸作用，促进植物体内的物质和能量代谢，是植物生命的存活条件。只有在水、土壤或其他一些小环境中才会造成缺氧状态，因此许多沼泽植物常因氧的不足而形成呼吸根并伸出地面进行呼吸。植物地下部分——根的呼吸依赖土壤的氧含量。

植物是大气中氧的主要生产者，与此同时，植物的呼吸作用也消耗氧。在光合作用中，植物呼吸每放出 44g 二氧化碳，能产生 32g 氧，但白天植物进行光合作用释放的氧比呼吸作用消耗的氧高 20 倍。大气中氧主要源于植物的光合作用，还有少部分源于大气层臭氧的光解作用，即紫外光分解平流层的臭氧而分离出氧。

臭氧（O_3）层主要是指大气平流层中臭氧高度集中的区域。O_3 的形成和消耗是一个动态平衡的过程，如果平衡被打破，臭氧层的 O_3 浓度降低，则出现臭氧层空洞现象，使得太阳对地球表面的紫外辐射增加，从而对生态环境产生破坏作用，影响生物有机体的正常生存。O_3 的消耗和形成过程分别为：臭氧（O_3）经光分解形成一个氧分子（O_2）和一个处于激发态的氧原子 O^*；高层大气中 O_2 在紫外光的作用下，与高度活性的 O 结合生成非活性的臭氧（O_3），从而保护地面生物免遭短波光的伤害。即

$$O_2 + h\nu（<240nm）\longrightarrow O_2^* \longrightarrow O+O, \ O+O_2 \longrightarrow O_3$$
$$O_3 + h\nu（<290nm）\longrightarrow O_3^* \longrightarrow O_2+O$$

2. 动物与氧

动物在新陈代谢过程中必须不断消耗氧并产生二氧化碳，氧从外界环境获得，而二氧化碳排出体外。因此，动物需要不断地与外界环境进行气体交换，依靠血液含有血红素的细胞，把摄入的氧输送到体内各组织细胞。大多数动物具有含铁的血红蛋白，而节肢动物和软体动物则具有含铜的血蓝蛋白，这些血红素都含有重金属，具有不同的氧合能力，说明不同动物能在含氧量不同的地方生存。

缺氧时，动物代谢水平下降，生长发育和繁殖受阻，活动能力降低，中枢神经系统机能受到破坏，容易进入昏睡休眠状态，重者死亡。动物对环境含氧量降低的适应方法通常是加快呼吸频率和血液循环，以便从大气中吸取更多的氧，但这种方法是最初和暂时的反应，比较持久和稳定的方法是提高血液中的血红蛋白含量与红细胞数量。

自然状态下氧在水体中的溶解度较低，成为水生动物存活的限制因子，一些鱼类耗氧依赖于水中的溶解氧。而空气中的氧比水中容易获得，所以陆地动物能得到足够多的氧，以保证高代谢率，从而进化成恒温动物。

空气的氧含量在不同的海拔也不相同。海拔增高，大气压降低，因此氧分压随之降低，这会威胁动物的生存。动物从低海拔进入高海拔地区后，最明显的适应性反应表现在呼吸与血液组成方面。例如，受低氧刺激，动物发生过度通气（呼吸深度增加）；哺乳动物从平原进入高海拔地区后，血液中的红细胞数量、血红蛋白浓度及血细胞比容升高。高海拔土著动物或是驯化后进入高海拔（3100～5500m）地区的大白鼠和豚鼠，其骨骼肌中的肌红蛋白浓度均增加（肌红蛋白的携氧能力远大于血红蛋白），以便为低氧状态下的组织提供更多的氧。

（二）二氧化碳的作用与生物的适应

1. 二氧化碳对生物的影响

二氧化碳（CO_2）是光合作用的主要原料，植物对二氧化碳的需求相当大，其所需的 CO_2 大多只能来自空气。而 1L 空气只含 6mg 的 CO_2，所以在强光下 CO_2 不足是光合作用的限制因子，而增加 CO_2 浓度就能直接增加光合作用的强度。因此，CO_2 对植物的生长发育有着极其重要的作用。

大气中 CO_2 浓度变化也会影响动物的呼吸作用，当环境中 CO_2 浓度过高时，就会影响动物的呼吸代谢，脊椎动物呼吸次数明显增加并昏迷，很容易进入休眠状态，如果超过耐受极限，呼吸代谢受阻，动物就会窒息而死。

CO_2 含量还与气候变化关系密切。Manabe 和 Strekier 研究认为，大气中 CO_2 每增加10%，地表平均温度就会升高 0.3℃，这是因为 CO_2 能吸收地面辐射的热量，即所谓的"温室效应"。也有人发现，大气中 CO_2 的增加并不与气温增加相平行，说明气温的升高和降低可能还受其他因素影响。森林在生长过程中可通过光合作用吸收并固定大量的 CO_2，成为 CO_2 的吸收器、储存库和缓冲器，从而减缓温室效应，这就是通常所说的森林的碳汇作用。由于森林生态系统可通过树木、土壤和林下植被汇集 CO_2，因此我国通过植树造林创造碳汇的潜力很大，是控制 CO_2 排放最切实可行的途径之一。据测定，每公顷森林和公园绿地，每天可分别吸收固定 1050kg CO_2 和 900kg CO_2（绿色植物也进行呼吸作用放出 CO_2，但白天光合固定比呼吸消耗放出的要多 20 倍以上）。

2. 生物对 CO_2 升高的适应

CO_2 是植物生长的主要原料，植物可以通过光合作用利用 CO_2 生产有机物质，进而用于构建植物组织，因而 CO_2 浓度升高能够促进植物生长。在过去的几十年里，这样的研究结果得到了不同程度的证实。

随着空气中 CO_2 的浓度升高，几乎所有作物的生产力都增加，植物能够有更多的分枝和分蘖、更多的叶片且其厚度增加，根系也越来越多，因而能够产生更多的花和果实。总体来讲，在比大气 CO_2 浓度高 0.03% 的条件下，景天酸代谢（crassulacean acid metabolism，CAM）作物的收成能提高 15%，C_3 谷物能提高 49%，C_4 谷物能提高 20%，豆科植物能提高 44%，根和块茎植物能提高 48%，蔬菜能提高 37%。大气 CO_2 浓度升高对植物的有益影响还包括：提高氮的利用效率，增加营养物质的获取，提高抵抗病原体和寄生植物的能力，促进根的发育，提高种子的产量和单宁酸的含量，改善转基因作物的特性。

在高 CO_2 浓度条件下生长时，植物通常表现出一定程度的光合适应。长期 CO_2 浓度升高条件下的光合速率稍低于短期 CO_2 浓度升高条件下的光合速率，这是因为长期高 CO_2 浓度下核酮糖-1,5-二磷酸羧化酶/加氧酶的活性或者数量表现出先升后降的特点。

四、生物与营养的关系

营养是生物体生长发育的基石，为生物体提供其所需的能量、结构物质和调节因子，从而维持其生命活动、促进其生长发育。营养的摄取和利用效率直接影响生物体的健康、生长速度、繁殖能力与适应环境变化的能力。

不同营养对生物体的作用并不相同。例如，碳水化合物：提供能量，是生物体首选的能源物质。脂肪：高效的能源物质，同时是细胞膜的重要组成成分。蛋白质：构成细胞和组织的主要物质，参与酶的催化、激素的调节等生理功能。维生素与矿物质：参与多种生化反应，是酶的辅助因子，对维持正常的生理功能至关重要。水：占生物体大部分，是细胞内各种化学反应的介质，可维持细胞形态、参与营养运输。

营养不仅为生物体提供物质和能量，还能作为信号分子影响基因的表达，从而调控生物体的生长、发育和代谢。例如，某些维生素的缺乏可以导致基因表达发生变化，从而影响生物体的表型。生物体的生存不单依赖于单一的营养，更依赖于各种营养的平衡。这种平衡不仅受到遗传因素的调控，还受到环境和生活方式的影响。缺乏任何一种必需的营养，都会对生物体产生负面影响。例如，维生素 C 缺乏会导致坏血病，而钠摄入过多会增加高血压发生风险。

（一）植物

1. 植物需要的营养

植物为了生长和繁衍，需要从环境中吸收并利用各种营养，包括水分、矿物质、二氧化碳等。这些营养在植物体内经过一系列复杂的生化反应，最终转化为植物体的组成成分或能量来源。

水分是植物生长的基础。植物对水分的吸收主要通过根部完成，并经由茎干输送至整个植物体。水分不仅参与细胞的构成，而且是光合作用、物质合成和运输过程中的重要反应物。

矿物质也是植物生长必需的营养。例如，氮、磷、钾是植物需求较大的矿物质，称为大量元素；而铁、锌、铜等则是微量矿物质，同样对植物生长具有重要作用。这些矿物质在土壤中被植物根系吸收，参与细胞构成和生化反应，以维持植物的正常生理功能。

二氧化碳是植物进行光合作用的主要原料。光合作用是植物利用光能将二氧化碳和水转化为葡萄糖与氧气的过程，同时释放能量供植物自身呼吸和动物呼吸。

2. 植物与营养的作用方式

植物与营养的关系非常重要，因为营养是植物生长和发育的基础。植物通过光合作用从阳光、水和二氧化碳中获取能量及碳源，同时从土壤中吸收矿物质和其他的必需营养。植物营养过程主要包括以下几个方面。

（1）光合作用：是植物获取能量和合成有机物质的过程，是植物生存和生长的基础。通过光合作用，植物能够将光能转化为化学能，并合成碳水化合物等有机物质。

（2）矿物质吸收：植物从土壤中吸收水分和矿物质如氮、磷、钾等，其是植物生长和代谢的重要基础，影响植物的生长速度和健康状态。例如，氮元素是植物蛋白质的重要组成部分，磷元素参与调节能量代谢和细胞分裂，钾元素有助于植物水分平衡和渗透压调节等。

植物与营养的关系是相辅相成的，充足的养分和合适的环境条件对植物的生长发育至关重要，而植物的生长和代谢也会影响土壤生态系统的养分循环与平衡。

（二）动物

动物为了维持生命活动和正常的生理功能，需要通过摄取食物来获取所需的营养，包括能量、蛋白质、脂肪、碳水化合物、维生素和矿物质等。这些营养在动物体内发挥着各自的作用，从而帮助动物维持健康、生长、繁殖以及完成各种生理功能。

动物的生长和繁殖需要消耗能量。一般来说，动物所需能量的主要来源是碳水化合物，而获取的能量以脂肪的形式储存。此外，当食物供应的能量充足时，多余的能量也可以转化为脂肪而储存。

（1）蛋白质：是构成动物组织和器官的基本成分，对动物的生长发育至关重要。幼龄动物需要更多的蛋白质来支持生长发育，而成年动物需要更多的蛋白质来维持健康和生产性能。

（2）脂肪：对于动物来说也是重要的营养，不仅是能量的重要来源，还有助于维持动物健康。不同动物对脂肪的需求不同，但一般来说，幼龄动物需要较少的脂肪，而成年动物需要更多的脂肪来支持繁殖和生产。

（3）维生素和矿物质：对动物的生长、免疫功能和各种生理活动都至关重要，在代谢调节、细胞功能和骨骼健康等方面发挥着重要作用。

（4）水和纤维素：水是动物体内所有生理活动的基础，而纤维素是一种对于草食动物来说非常重要的营养物质，有助于消化和排泄。

总之，营养是动物维持正常生活的物质基础。动物与营养的关系直接影响动物的生长发育、免疫功能、疾病抵抗力和生存状况。为了保证动物健康生长和繁殖，必须提供充足、均衡的营养。合理的饮食结构和充足的营养摄入对动物健康与生存都至关重要。

（三）微生物

微生物从外界环境摄取营养用于自身的生长和繁殖，包括碳源、氮源、能源、生长因子、无机盐和水等。不同的微生物对营养的需求不同，但都需要从外界环境获取必需的营养来维持生命活动。

微生物需要获取碳源作为构建细胞物质的原料。碳是构成细胞的重要元素之一，对于所有生物来说都是必不可少的。不同种类的微生物对碳源的需求不同，一些自养微生物能够利用二氧化碳作为碳源，而异养微生物则需要从有机物中获取碳源。

微生物需要获取氮源来合成细胞中的含氮物质，如蛋白质、核酸等。不同种类的微生物对氮源的需求也不同，一些自养微生物能够利用氨或硝酸盐作为氮源，而异养微生物则需要从有机物中获取氮源。

微生物还需要获取能源来支持生命活动。对于异养微生物来说，有机物是其能源，通过氧化或还原反应来获取能量。而对于自养微生物来说，光能或化学能是其能源，如光合作用或化能合成作用等。

微生物营养主要包括以下 3 个方面。

（1）能源：微生物需要能量来维持生存和代谢活动，不同类型的微生物可以利用不同的能源，包括光合作用、有机物的氧化还原反应、化学能等。

（2）碳源和氮源：微生物通过摄取有机物质或者利用无机碳和氮源来合成细胞组分与维持生长。碳源和氮源的供应对微生物的生长与代谢活动至关重要。

（3）微量元素和维生素：微生物需要微量元素和维生素来维持生理活动，如铁、锰、镁等微量元素对微生物的生长和代谢都非常重要，而维生素则在代谢调节和酶活性方面发挥作用。

微生物与营养的关系对生态系统的物质循环和能量流动具有重要意义。微生物在土壤、水体、肠道等环境中的生长和代谢活动，对有机物的降解、矿物质的转化和其他生物的生态功能都具有重要影响。同时，微生物的营养需求受到环境条件的影响，如温度、pH、氧气浓度等因素会影响微生物的营养获取和代谢活动。因此，微生物与营养的关系不仅对自身的生存和代谢具有重要意义，也对整个生态系统的稳定和功能具有重要意义。

五、主要污染物对生物的影响

（一）污染物的概念及类型

污染物是进入环境后使其正常组成发生变化，直接或者间接有害于生物生长、发育和繁殖的物质。污染物的作用对象是包括人在内的所有生物。环境污染物是指随人类活动进入环境，使其正常组成和性质发生改变，直接或间接有害于生物和人类的物质。

污染物有多种分类方法，按来源可分为自然来源的污染物和人为来源的污染物，有些污染物（如二氧化硫）既有自然来源又有人为来源；按受影响的环境要素可分为大气污染物、水体污染物、土壤污染物等；按形态可分为气体污染物、液体污染物和固体废物；按性质可分为化学污染物、物理污染物和生物污染物；按在环境中的物理、化学性状变化可分为一次污染物和二次污染物。

1. 空气主要污染物

空气的主要污染物有二氧化硫、氮氧化物、粒子状污染物、氟化物等。

（1）二氧化硫（SO_2）：SO_2 主要由燃煤及燃料油等含硫物质燃烧产生，其次来自自然界，如火山爆发、森林起火等。SO_2 对人体结膜和上呼吸道黏膜有强烈的刺激性，可损伤呼吸器官，可致支气管炎、肺炎，甚至肺水肿、呼吸麻痹。短期接触 SO_2 浓度为 $0.5mg/m^3$ 空气的老年或慢性病患者死亡率增高，浓度高于 $0.25mg/m^3$ 可使呼吸道疾病患者病情恶化；长期接触 SO_2 浓度为 $0.1mg/m^3$ 空气的人群呼吸系统病症增加。另外，SO_2 容易导致金属材料、房屋建筑、棉纺化纤制品、皮革纸张等因腐蚀、剥落、褪色而损坏，还可使植物叶片变黄甚至枯死。

（2）氮氧化物（NO_x）：空气中含氮的氧化物有一氧化二氮（N_2O）、一氧化氮（NO）、二氧化氮（NO_2）、三氧化二氮（N_2O_3）等，主要成分是 NO 和 NO_2，以 NO_x（氮氧化物）表示。NO_x 污染主要来源于生产、生活中煤和石油等燃料的燃烧产物（包括汽车及一切内燃机燃烧排放的 NO_x）；其次来自生产或使用硝酸的工厂排放的尾气。当 NO_x 与碳氢化合物共存于空气中时，经紫外光照射，发生光化学反应，产生一种光化学烟雾，其是一种有毒的二次污染物。NO_2 比 NO 的毒性高 4 倍，可引起肺损害，甚至肺水肿、慢性中毒，可致气管、肺病变。吸入 NO，可引起变性血红蛋白的形成并对中枢神经系统产生影响。NO_x 对动物的影响浓度大致为 $1.0mg/m^3$，对患者的影响浓度大致为 $0.2mg/m^3$。国家环境质量标准规定，居住区 NO_x 的平均浓度应低于 $0.10mg/m^3$，年平均浓度低于 $0.05mg/m^3$。

2. 地表水主要污染物

地表水的主要污染物有氨氮、石油类、挥发酚、汞、氰化物和好氧污染物等。

（1）氨氮：氨氮是指以氨或铵离子形式存在的化合氨，主要来源于人和动物的排泄物，每人每年产生的生活污水平均含氮量可达 $2.5 \sim 4.5kg$。雨水径流以及农用化肥流失也是氨氮的重要来源。另外，氨氮还来自化工、冶金、石油、油漆颜料、煤气、炼焦、鞣革、化肥等工业废水。当氨溶于水时，其中一部分与水反应生成铵离子，一部分形成水合氨，也称非离子氨。非离子氨是引起水生生物毒害的主要因子，而铵离子相对基本无毒。国家标准规定，Ⅰ类地表水非离子氨浓度≤0.02mg/L。氨氮是水体中的营养，可导致水体富营养化现象，是水体中的主要耗氧污染物，对鱼类及某些水生生物有毒害作用。

（2）石油类：石油类污染物主要来源于石油的开采、炼制、储运、使用和加工过程，对水质和水生生物有相当大的危害。漂浮在水面上的油类可迅速扩散，形成油膜，阻碍水面与空气接触，使水中溶解氧减少。化学需氧量（COD）与生化需氧量（BOD）都是评价水质有机污染程度的综合指标。COD 是指化学氧化剂氧化水中有机污染物时所需氧量。BOD 是指在一定温度（20℃）下微生物氧化分解水中有机污染物时所需氧量。水体中有机物含量过高可降低溶解氧的含量，当溶解氧消耗殆尽时，水质腐败变臭，导致水生生物缺氧，以致死亡。

（3）挥发酚：水体中的酚类化合物主要来源于含酚废水，如焦化厂、煤气厂、煤气发生站、石油炼厂产生的废水，以及木材干馏、合成树脂、合成纤维、染料、医药、香料、农药、玻璃纤维、油漆、消毒剂、化学试剂等工业废水。酚类属有毒污染物，但毒性较低，对鱼类有毒害作用，鱼肉带有煤油味就是受酚污染的结果。

（4）汞：汞（Hg）及其化合物属于剧毒物质，可在体内蓄积。水体中的汞主要来源于贵金属冶炼、仪器仪表制造、食盐电解、化工、农药、塑料等工业废水，其次是空气、土壤中的汞经雨水淋溶冲刷而迁入水体。汞对人体的危害主要表现为头痛、头晕、肢体麻木和疼痛等。总汞中的甲基汞极易被人体的肝和肾吸收，其中只有15%被脑吸收，但首先受损的是脑组织，并且难以治疗，往往致死或遗患终生。

（二）污染物对植物的影响

（1）生长和发育：空气污染物如二氧化硫和氮氧化物，可以通过气孔进入植物体内，影响植物的生长和发育。这些污染物会对叶片产生氧化作用，使叶片变得黄化、脆弱，同时会影响植物的根系和种子发芽。此外，污染物也会对植物的代谢过程产生影响，导致植物的生长和发育受阻。

（2）光合作用和呼吸作用：臭氧是一种强氧化剂，会影响植物的光合作用和呼吸作用。臭氧还会破坏叶绿素分子，从而降低植物的光合速率，对作物产量产生非常大的影响。另外，颗粒物会附着在叶片表面，阻挡阳光的照射，影响光合速率。

（3）群落组成：在污染物的长期作用下，植物群落组成会发生变化，一些敏感种类可能会减少或消失，而抗性强的种类可能会保存下来甚至得到一定的发展。

（4）生理反应：在发生急性伤害的情况下，叶面部分坏死或脱落，光合面积减少，影响植株生长，因而产量下降。在发生慢性伤害的情况下，植物代谢失调，生理过程如光合作用、呼吸机能等不能正常进行，导致生长发育受阻。

（三）污染物对动物的影响

（1）直接危害：污染物一般经动物的呼吸系统、皮肤或其他器官进入体内，引起中毒、疾病甚至死亡。例如，空气中的二氧化硫可以引起动物的呼吸道炎症，过量的铅、汞等重金属可以导致动物的肝、肾等器官损伤。

（2）食物链传递：动物通过食物链摄入污染物，特别是食物链顶端的动物可能会积累大量的污染物而造成严重危害。例如，某些有机氯化物、重金属等会在动物体内富集，进而对人类产生危害。

（3）繁殖与发育：一些污染物可能会对动物的生殖和发育产生影响，如某些化学物质可能导致动物的生殖器官异常、流产或胎儿畸形。

（4）免疫系统：长期接触污染物可能会导致动物的免疫系统受损，使其对疾病和感染的抵抗力下降。

（5）行为变化：一些污染物可能会导致动物的行为发生异常，如水体中的有机氯化物可能导致鱼类行为异常，使其更容易被捕食或陷入困境。

（四）污染物对微生物的影响

（1）直接或间接影响微生物的数量和多样性：如工业废水中的有机物质和重金属离子可能会进入水体，从而破坏微生物区系，导致微生物种群数量减少、细胞生长速度降低，进而降低微生物群落的多样性。

（2）毒性作用：某些污染物对微生物具有毒性作用，能够破坏其细胞膜、酶系统等机制，导致微生物死亡或者降低微生物的生长速率。

（3）生态位竞争：污染物的存在会改变微生物的生存环境，如水源中高浓度的氨氮会使得原本适于在低浓度氨氮下生长的微生物失去生存优势，而另一些适于在高浓度氨氮下生长的微生物则会受益。

（4）抑制生长：某些化合物虽然不具有毒性，但可以抑制微生物的生长，导致其数量减少，影响其功能发挥。

（5）诱导耐药性：部分污染物的存在会诱导微生物产生耐药性，并可能通过基因重组和水平基因转移等方式扩散到其他微生物中。

参 考 文 献

《环境科学大辞典》编委会. 2008. 环境科学大辞典 (修订版). 北京: 中国环境科学出版社.

包维凯, 陈庆恒. 1999. 生态系统退化的过程及其特点. 生态学杂志, 18: 36-42.

曹治平. 2007. 土壤生态学. 北京: 化学工业出版社.

崔爽, 周其星. 2008. 生态修复研究评述. 草业科学, 25: 87-90.

崔振东. 1985. 土壤动物的作用. 动物学杂志, (2): 48-52.

董世魁, 刘世梁, 邵新庆, 等. 2009. 恢复生态学. 北京: 高等教育出版社.

段昌群. 1995. 植物对环境污染的适应与植物的微进化. 生态学杂志, 14(5): 43-50.

方海东, 段昌群, 何璐, 等. 2009. 环境污染对生态系统多样性和复杂性的影响. 三峡环境与生态, 2: 1-4.

黄福贞. 1996. 分解者在生态系统物质循环中的作用. 生物学通报, 31: 15-16.

黄铭洪, 束文圣, 周海云. 2003. 环境污染与生态恢复. 北京: 科学出版社.

金岚, 王振堂, 朱秀丽, 等. 1992. 环境生态学. 北京: 高等教育出版社.

孔繁德. 2001. 生态保护概论. 北京: 中国环境科学出版社.

梁士楚, 李铭红. 2014. 生态学. 武汉: 华中科技大学出版社.

林育真, 付荣恕. 2011. 生态学. 2 版. 北京: 科学出版社.

刘国华, 傅伯杰, 陈利顶, 等. 2000. 中国生态退化的主要类型、特征及分布. 生态学报, 20: 13-19.

刘育, 夏北成. 2003. 生物入侵的危害与管理对策. 广州环境科学, 18: 29-33.

柳劲松, 王丽华, 宁秀娟. 2003. 环境生态学基础. 北京: 化学工业出版社.

卢升高, 吕军. 2004. 环境生态学. 杭州: 浙江大学出版社.

聂荣, 翟建平, 王传瑜, 等. 2006. 水生生态系统在污水处理中的应用. 环境污染治理技术与设备, 7: 1-7.

牛翠娟, 娄安如, 孙儒泳, 等. 2007. 基础生态学. 2 版. 北京: 高等教育出版社.

曲波, 薛晨阳, 许玉凤, 等. 2019. 三裂叶豚草入侵对撂荒农田早春植物群落的影响. 沈阳农业大学学报,

50: 358-364.

任海, 彭少麟. 2001. 恢复生态学导论. 北京: 科学出版社.

单孝全. 2004. 土壤的植物修复与超积累植物研究. 分析科学学报, 20: 430-433.

沈善敏. 1990. 应用生态学的现状与发展. 应用生态学报, 1: 2-9.

税伟, 孙祥, 李慧, 等. 2022. 植物功能性状对喀斯特退化天坑内外生境的响应. 山地学报, 40: 516-530.

孙儒泳, 彭少麟, 王安利. 2008. 生态学进展. 北京: 高等教育出版社.

阎传海, 张海荣. 2003. 宏观生态学. 北京: 科学出版社.

杨持. 2008. 生态学. 2 版. 北京: 高等教育出版社.

周启星, 孙铁珩. 2004. 土壤植物系统污染生态学研究与展望. 应用生态学报, 15: 1698-1702.

Lal R. 1999. Soil management and restoration for C sequestration to mitigate the accelerated greenhouse effect. Progress in Environmental Science, 1: 307-326.

Mackenzie A, Ball A S, Virdee S. 1999. Instant Notes in Ecology. New York: Bios Scientific Publishers.

Molles M C. 2007. Ecology: Concepts & Applications. 4th ed. Beijing: Higher Education Press.

Odum E P. 1971. Fundamentals of Ecology. Philadelphia: W. B. Saunders.

Odum E P. 1983. Basic Ecology Philadelphia. Saunders: Saunders College Publishing.

第三章
种群生态学

本章数字资源

◆ 第一节　种群的概念与基本特征

一、种群的概念

　　种群概念的来源可以追溯到 18 世纪末和 19 世纪初，恩斯特·迈尔（Ernst Mayr）在其 1942 年出版的著作《物种、种群和进化》中，对种群概念进行了详尽的阐述和强调，极大推动了种群生态学和进化生物学的发展。种群的英文"population"来自拉丁语词根"*populus*"，原意为"人民"或"居民"。在生物学和生态学领域，"population"这个词被用来描述特定地区内同一物种的整体个体数量。

　　在生态学中，我们使用"种群"这个概念来描述一组在特定时间和空间内的相同物种个体的集合。这个定义是相对宽泛的，因为在不同的研究中，种群的界限可以根据研究的需要而灵活划分。例如，如果我们研究的是全球人口分布，那么全世界的人类可以被视作一个大的种群；如果我们的关注点是某个小生态环境，如一个公园里的水体，那么水中的睡莲就可以构成一个小的种群。因此，种群（population）是指在一定时间内，分布在同一地域或生态环境中的同种生物个体的集合。种群具有时间和空间的特征，在特定时间点或一段时间内，由同一物种的个体组成，它们共同占据着特定的生态位，并通过繁殖来维持其数量和生存。

　　种群内的个体相互依存，彼此存在协同作用和竞争关系。例如，个体之间可能会竞争有限的资源，如食物、栖息地等；同时也可能会合作共享资源或进行群体行为，以增加整体的生存成功率。种群内的个体之间还会通过繁殖来传递遗传信息，在种群水平上影响遗传多样性和适应性。所以种群不仅仅是一群相同物种个体的简单堆积而成的，而是在一定的种内关系下形成的有机整体，个体之间相互联系、相互影响，共同构成了一个生态系统中不可或缺的组成部分。

　　从生态学的角度来看，种群不仅是单一物种存在的基本单位，也是生物群落的基本组成单位，还是生态系统研究的基础。种群是物种存在的基本单位：种群由同一物种的个体组成，它们共同占据着特定的生境，并通过繁殖等方式维持其数量和结构。种群对于了解物种的生态习性、种群动态和遗传结构等至关重要。种群是生物群落的基本组成单位：种群作为组成生物群落的基本单位，与其他种群之间通过捕食、竞争、共生等关系相互作用，共同维持着生物群落的结构和功能。种群是生态系统研究的基础：生态系统是由生物群落及其非生物环境共同组成的生态单位。种群作为构成生物群落的基本单位，对于研究生态系统内部的能量流动、物质循环、生物多样性维持等至关重要，是研究生态系统的基础。

种群生态学（population ecology）研究种群的数量分布以及种群与其栖息环境中的非生物因素和其他生物种群的相互作用。种群生态学是生态学中一个重要的分支，它不仅可以深入研究同一物种的行为和适应能力，而且对于理解生态系统的结构、功能及其稳定性也具有重要意义。

二、种群的基本特征

种群由一定数量的同种个体组成，从而形成了生命组织层次的一个新水平，在整体上呈现出一种有组织、有结构的特性。种群的基本特征表现在种群的丰度（密度和数量）、分布和遗传特征三个方面。

1. 种群丰度

种群丰度（abundance）指在特定时间和空间范围内某一物种个体的数量。种群丰度是衡量生态系统中物种多样性和生物量的重要指标之一。种群丰度受到多种生态和非生态因素的影响，这些因素可以直接或间接地改变种群的生存率、繁殖率和死亡率，进而影响其种群丰度。这是所有种群最基本的特征。种群丰度受到多个参数的影响，如出生率、死亡率、移入率和移出率，这些参数还会受到环境因素、年龄结构、性别比例、疾病和遗传的影响。

2. 种群分布

种群内个体在空间上的分布规律可能呈现均匀分布、随机分布、聚集分布三种不同的分布格局。

均匀分布：种群内的个体被均匀地分散在环境中，每个个体之间的距离大致相等。这种分布通常发生在资源分布均匀且个体之间存在相互排斥的情况下，如竞争激烈或领土性行为导致的排斥，最常见的是人为种植的农作物，如固定间距的水稻（图 3-1a）、玉米等。

随机分布：种群内的个体位置是完全随机的，没有明显的规律或结构。每个个体的位置独立于其他个体的位置，且没有特定的环境偏好或排斥。例如，一些昆虫在森林中的分布；海洋中的浮游植物；在野生环境中的凸孔阔蕊兰（*Peristylus coeloceras*）（图 3-1b）。

聚集分布：种群内的个体聚集在一起形成群体或集群，而在其他地方个体密度较低。这种分布模式通常与资源的不均匀分布或社会行为有关。种群内个体更倾向于聚集在一起，形成集群。例如，合轴分枝的竹类或者灌木类植物，通常展现出聚集分布的特征。很多动物都是聚集分布，如在非洲大草原上，狮子群体展现出聚集分布的特征。此外，社会性昆虫如蜜蜂也是典型的聚集分布（图 3-1c）。

同一种群有可能具有多种分布格局，如神农架小叶青冈（*Quercus myrsinifolia*）同一种群不同径级的个体随着径级增加（即幼年）空间格局聚集程度逐渐减弱，呈现由聚集

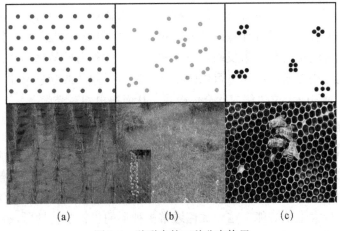

图 3-1　种群内的三种分布格局

（a）均匀分布；（b）随机分布；（c）聚集分布

分布向随机分布的转变（刘明伟等，2024）。对高黎贡山样地 10 个物种的研究表明，小尺度为聚集分布，大尺度为随机分布和均匀分布（王丽萍等，2024）。

3. 种群遗传特征

种群的遗传特征是指在一个特定群体中存在的基因型和表型的特征，反映了种群内部遗传多样性和遗传结构。这种遗传变异来源于个体间的遗传差异，可能是由基因型、表型或行为等因素引起的。这些遗传变异对种群的生存、繁殖、适应性和进化具有重要影响。

◆ 第二节　种群增长模型与应用

一、种群的群体特征

种群的群体特征是指在一定时间段和空间范围内，同一物种个体集合所表现出来的共同特征和规律。这些特征包括种群的数量、结构、分布、增长率、遗传结构等方面的属性，可分为种群密度、初级种群参数和次级种群参数三类。

1. 种群密度

种群密度是种群生态学中的一个重要参数，用于描述单位面积或单位体积内个体的数量（个体数目），也有用叶片密度和宿主密度来表示的。叶片密度（leaf density）主要针对植物群落的研究，表示单位面积上植物叶片的数量。这种密度表示方法常用于评估森林或草地植被的状况和结构。宿主密度（host density）常常用于研究寄生生物或共生生物，以宿主数量作为单位来表示密度，以反映宿主与寄生生物或共生生物之间的数量关系。具体的数量统计方法因生物种类或栖息地条件而异。

密度统计可分为绝对密度（absolute density）和相对密度（relative density）两类。绝对密度是指特定面积或体积内的个体数量。例如，在一片森林中每平方公里的某乔木物种的树木数量、一片湖泊中每立方米的某种浮游生物数量等。绝对密度的测量需要对特定区域内某物种所有个体进行计数或估算。相对密度则是指通过某种直接或者间接指标如动物的粪堆、鸣叫次数等，来反映单位面积或单位体积内的某物种个体数量，常用于野外调查和研究。相对密度的测量可以采用样线法、样方法或标志重捕法等，这些方法能够估算出单位面积或单位体积内的个体数量，从而得出相对密度。

2. 初级种群参数

1）出生率和死亡率　　出生率（natality），即单位时间内种群中新出生个体数与种群个体总数的比值，是衡量种群繁殖能力的重要指标，也是推动种群数量增长的核心动力。它可细分为最大出生率和实际出生率两类。最大出生率又称生理出生率，代表种群在理想环境下的最大生殖潜能，这一数值通常由种群的生物学特性所决定且相对恒定。然而，在实际环境中种群所展现的出生率为实际出生率，又称生态出生率，会随着种群结构、密度以及自然环境条件的变化而波动。因此实际出生率常低于理想出生率。

与出生率相对应，死亡率（mortality）则反映种群中个体死亡的比率或速度。死亡率同样可分为最低死亡率和实际死亡率两种。最低死亡率又称生理死亡率，是种群在最适环境条件下所表现出的死亡率，此时生物个体均能存活至其生理寿命，即种群个体的平均寿命，随后因年老而自然死亡。然而，在实际环境中，种群所展现的死亡率则为实际死亡率，这一数值会受到疾病、捕食、环境恶化等多种因素的共同影响，并随时间推移和环境条件的变化而发生变化。因此实际死亡率常高于最低死亡率。例如，在哺乳动物种群中，疾病、捕食者的威胁或环境恶化等因素可能导致高死亡率；而在昆虫种群中，季节更替导致的生存条件恶化或农药的过度使用，也可能导致大量个体死亡。

出生率与死亡率共同决定了种群数量的动态变化。当出生率高于死亡率时，种群数量将呈现增长趋势；而当死亡率高于出生率时，种群数量则将呈现下降趋势。

2）迁入率和迁出率　　迁入率（immigration rate）指单位时间内迁入某一群落或种群的个体数目占该种群个体总数的比率。它反映了其他区域的个体因寻找食物、繁殖机会、逃避天敌或环境压力等原因而进入新领地的现象。例如，随着季节的变化，一些鸟类会从寒冷的北方迁移到温暖的南方，以寻找更适宜的生存条件。

迁出率（emigration rate）指单位时间内迁出某一群落或种群的个体数目占该种群个体总数的比率。它描述了种群内个体因资源枯竭、环境恶化、天敌威胁或繁殖需求等而离开原有领地的现象。例如，当生境中的食物资源变得匮乏时，一些动物会迁移到食物更丰富的地区。

迁入率和迁出率的变化对种群的大小和密度有直接影响，当迁入率高于迁出率时，种群数量通常会增加，反之种群数量就会减少。

3. 次级种群参数

1）种群的年龄结构　　种群的年龄结构是指该种群中各个年龄段的个体数量和比例分布。这种结构通常以某一时间点上不同年龄组的个体数量或者比例来描述。通过观察和统计同一时期内不同年龄段的个体数量，我们可以了解种群的生命周期特征、繁殖能力、存活率以及可能的变化趋势。种群的年龄结构通常用年龄金字塔（也称为年龄结构金字塔或年龄锥体）来表示。年龄金字塔是一种图表形式，通过不同年龄组的横向条形图或者金字塔形状来展示种群中各个年龄段的人口数量或者比例，其中横柱的高低位置表示不同年龄组，宽度表示各年龄组的个体数或百分数。按金字塔形状，中国人口的年龄金字塔可划分为以下三个基本类型（图 3-2）。

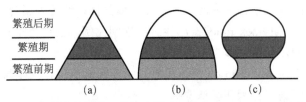

图 3-2　年龄金字塔的 3 种基本类型（改自 Kormondy，1976）

（1）增长型种群：年龄金字塔呈典型金字塔形，即基部宽，顶部窄。这种形态表示种群中有大量幼体，而老年个体较少，出生率大于死亡率，导致种群快速增长。例如，某些快速繁殖的昆虫，如蚊子（图 3-2a）。

（2）稳定型种群：稳定型种群的年龄金字塔形状介于增长型种群和下降型种群之间。在这种情况下，幼年、中年和老年个体的比例相对平衡。出生率与死亡率大致相等，使得种群总体上保持相对稳定的状态。一些常见的野生哺乳动物种群，如麋鹿种群或狼种群，通常表现出稳定的年龄结构。它们的年龄金字塔可能比较均衡，幼年个体、中年个体和老年个体之间的比例相对平稳，反映了出生率与死亡率的相对平衡（图 3-2b）。

（3）下降型种群：下降型种群的年龄金字塔形状基部较窄，顶部较宽。这表明种群中幼体比例减少，而老年个体比例增加，死亡率大于出生率，导致种群逐渐衰退。一些濒临灭绝的大型哺乳动物，如非洲象或北极熊，由于猎捕、栖息地丧失等，它们的种群数量急剧减少（图 3-2c）。

我国人口在 1950 年时少年儿童人口比例高，而老年人口比例低，出生率大于死亡率，人口种群快速增长。在 2000 年时各年龄人口比例相对均衡，出生率和死亡率大致相等，人口种群相对比较稳定。但是如果之后的出生率下降，预测 2050 年时少年儿童的比例就会减小，老年人口比例增大，人口种群将会衰退（图 3-3）。

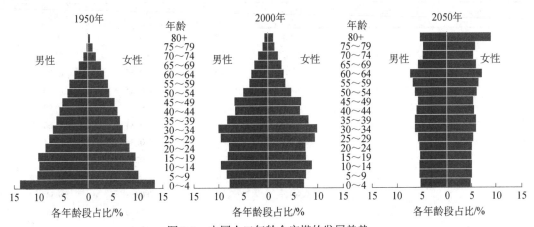

图 3-3　中国人口年龄金字塔的发展趋势

资料来源：World Population Prospect: The 2004 Revision（2005）

2）种群的性比　　性比是种群中雄性个体和雌性个体的数量比例，它在种群的不同生命周期阶段会发生变化。从受精、诞生、幼体到性成熟阶段，雌雄两性个体对种群数量变动的贡献大小不一。

第一性比（primary sex ratio）：怀孕时的性别比例，即在受精阶段。在这个阶段，雄性与雌性的比例可能受到多种因素的影响，如环境条件、遗传因素等。

第二性比（secondary sex ratio）：出生时的性别比例。在这个阶段，性别比例通常是由生物学因素决定的，如染色体组合。

第三性比（tertiary sex ratio）：个体成熟时的性别比例。在这个阶段，种群中雄性和雌性的比例会影响到繁殖行为和配偶选择。

第四性比（quaternary sex ratio）：繁殖后期的性别比例。在这个阶段，性别比例的变化可能会影响到后代的数量和种群的繁殖潜力。

性别比例的变化会对种群的配偶关系、繁殖潜力和种群结构产生影响，从而影响到种群的生存和发展。对于一雄一雌制的动物来说，性比 1∶1 对种群的增长最有利，偏离此比例则意味着必然有一部分成熟个体找不到配偶，从而降低种群的繁殖力。

3）生命表　　生命表（life table）是一种统计工具，用于描述在不同年龄或发育阶段的个体中，各年龄段之间存活和死亡的概率。生命表通常按照个体的年龄或发育阶段将种群分成不同的组，由许多行和列组成，从低龄到高龄自上而下排列，记录每个组中个体的存活率和死亡率。

赵素芬等（2017）对大熊猫国际谱系内 990 只圈养大熊猫的基本信息进行分析，并编制了圈养大熊猫的生命表。在表 3-1 中，x 为研究个体的年龄；n_x 为各年龄开始时的存活数；l_x 为各年龄开始时的存活率，$l_x = \dfrac{n_x}{n_0}$（n_0 为 0 岁或初生时的存活个体数）；d_x 为各年龄个体死亡数；q_x 为各年龄死亡率，$q_x = \dfrac{d_x}{n_x}$；e_x 为生命期望，$e_x = \dfrac{T_x}{n_x}$（T_x 表示种群全部个体的平均寿命和，其值等于将生命表中的各个 l_x 值自下而上累加所得）。

表 3-1　圈养大熊猫的生命表（引自赵素芬等，2017）

年龄 x	存活数 n_x	存活率 l_x	死亡数 d_x	死亡率 q_x	生命期望 e_x
0	931	1.0000	87	0.0934	10.05
1	844	0.9066	110	0.1303	10.03
2	696	0.7476	25	0.0359	11.06
3	639	0.6864	15	0.0235	11.00
4	584	0.6273	15	0.0257	10.99
5	552	0.5929	10	0.0181	10.60
6	524	0.5628	15	0.0286	10.14
7	480	0.5156	11	0.0229	10.03
8	445	0.4780	9	0.0202	9.77
9	411	0.4415	11	0.0268	9.54
10	376	0.4039	6	0.0160	9.38
11	341	0.3663	9	0.0264	9.29
12	314	0.3373	7	0.0223	9.05

续表

年龄 x	存活数 n_x	存活率 l_x	死亡数 d_x	死亡率 q_x	生命期望 e_x
13	294	0.3158	8	0.0272	8.63
14	269	0.2889	7	0.0260	8.39
15	254	0.2728	7	0.0276	7.85
16	238	0.2556	9	0.0378	7.35
17	209	0.2245	10	0.0478	7.30
18	186	0.1998	12	0.0645	7.14
19	168	0.1805	8	0.0476	6.85
20	153	0.1643	10	0.0654	6.47
21	142	0.1525	9	0.0634	5.94
22	127	0.1364	9	0.0709	5.58
23	115	0.1235	12	0.1043	5.11
24	98	0.1053	8	0.0816	4.91
25	84	0.0902	7	0.0833	4.64
26	75	0.0806	10	0.1333	4.14
27	63	0.0677	9	0.1429	3.83
28	53	0.0569	9	0.1698	3.46
29	43	0.0462	8	0.1860	3.15
30	32	0.0344	6	0.1875	3.06
31	23	0.0247	5	0.2174	3.07
32	16	0.0172	2	0.1250	3.19
33	13	0.0140	1	0.0769	2.81
34	11	0.0118	1	0.0909	2.23
35	9	0.0097	2	0.2222	1.61
36	7	0.0075	3	0.4286	0.93
37	3	0.0032	3	1.0000	0.50

注：由于 59 只个体无法统计年龄信息，故剔除后剩余 931 只个体；d_x 的数值从大熊猫谱系中进行统计

根据生命表，可以获得以下三方面信息。

（1）存活曲线：存活曲线（survivorship curve）能直观地表达同一出生群体的存活过程。根据 Deevey（1947）的分类，存活曲线可以分为三种类型（图 3-4）。

Ⅰ型存活曲线：曲线呈凸形，即向上凸出。表示在接近生理寿命之前，只有少数个体死亡，大部分个体能够存活较长时间。

Ⅱ型存活曲线：曲线呈对角线形，即基本呈水平状。各年龄段个体的死亡率基本相等，意味着个体在任何年龄都有相同的死亡风险。

Ⅲ型存活曲线：曲线呈凹形，即向下凸出。表示幼年期的死亡率很高，随着年龄增长，死亡率逐渐下降，成年个体的存活率较高。

圈养大熊猫成体的存活曲线属于Ⅰ型（凸形），绝大多数圈养个体都能活到生理年龄，在接近生理寿命前只有少数个体死亡。

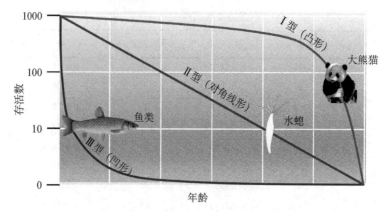

图 3-4　Deevey 存活曲线类型

（2）死亡率曲线：以大熊猫年龄段（x）为横坐标，各年龄死亡率（q_x）为纵坐标绘制死亡率曲线（mortality curve）。如圈养大熊猫在 0 岁和 1 岁的死亡率较高，以后逐渐降低，接近老龄时（35 岁之后）死亡率迅速上升。

（3）生命期望：e_x 表示该年龄期开始时的平均存活年限；e_0 为种群的平均寿命。

圈养大熊猫生命表是根据对同年出生的所有个体进行存活数动态监测的资料编制而成的。这类生命表称为动态生命表（dynamic life table）或水平生命表、同生群生命表。另一类为静态生命表（static life table），是根据某一特定时间，对种群作一个年龄结构的调查，并根据其结构而编制成的生命表，也称为垂直生命表。动态生命表中的个体经历了同样的环境条件，而静态生命表中的个体出生于不同年份（或其他时间单位），经历了不同的环境条件。因此，编制静态生命表等于假定种群所经历的环境是没有变化的。

除此之外，还有综合生命表。综合生命表与简单生命表的不同之处在于，除 l_x 外，增加了每雌产雌率。内禀增长能力各参数含义及计算方法如下。

x：研究个体的年龄。

N_x：各年龄开始的雌性个体存活数。

l_x：各年龄开始的雌性个体存活率，$l_x = \dfrac{N_{x+1}}{N_x}$。

m_x：每雌产雌率，$m_x = \dfrac{x期个体数 \times 性比}{(N_x + N_{x+1})/2}$。

R_0：净增殖率，$R_0 = \sum l_x m_x$；假设 $R_0 = 1$，那么种群的出生率与死亡率相等，经过一个世代以后，正好更新其自身，不增也不减；假设 $R_0 > 1$，则出生率大于死亡率，种群数量增加，R_0 越大，数量增加越多。

T：平均世代长度，$T = \dfrac{\sum x l_x m_x}{R_0}$，衡量母世代到子世代生殖的平均时间。

r_m：内禀增长率，$r_m = \dfrac{\ln R_0}{T}$。

λ：周限增长率，$\lambda = e^{r_m}$；若 $\lambda > 0$，则种群增长；若 $\lambda = 1$，则种群稳定；若 $0 < \lambda < 1$，则种群下降。

从上式看，r 值随 R_0 的增大而增大，随 T 值增大而减小。

由表 3-2 可计算出圈养大熊猫种群的净增殖率 $R_0=2.2484$，平均世代长度 $T=13.0098$；可见圈养大熊猫经过一个世代（13.0098 年）后，平均每只雌性大熊猫约生产 2.25 个雌性个体。

表 3-2　圈养大熊猫种群的内禀增长能力

年龄 x	存活数 N_x	雌性存活率 l_x	每雌产雌率 m_x	$l_x m_x$	$x l_x m_x$
0	435	1.0000	0	0	0
1	428	0.9839	0	0	0
2	381	0.8902	0	0	0
3	357	0.9370	0	0	0
4	326	0.9132	0	0	0
5	312	0.9571	0.0371	0.0355	0.1775
6	292	0.9359	0.1196	0.1120	0.6718
7	267	0.9144	0.1354	0.1238	0.8666
8	250	0.9363	0.1256	0.1176	0.9405
9	232	0.9280	0.0825	0.0766	0.6894
10	209	0.9009	0.1093	0.0985	0.9848
11	188	0.8995	0.2508	0.2256	2.4818
12	178	0.9468	0.4545	0.4304	5.1644
13	174	0.9775	0.0591	0.0578	0.7509
14	156	0.8966	0.0663	0.0595	0.8326
15	147	0.9423	0.1438	0.1355	2.0330
16	140	0.9524	0.3073	0.2927	4.6829
17	128	0.9143	0.1458	0.1333	2.2655
18	115	0.8984	0.1052	0.0945	1.7014
19	104	0.9043	0.1701	0.1539	2.9236
20	97	0.9327	0.0449	0.0419	0.8384
21	89	0.9175	0.0647	0.0593	1.2461
Σ			$R_0 = \sum l_x m_x = 2.2484$		29.2512

根据 T 及 R_0 结果，计算圈养条件下种群的内禀增长率（r_m），$r_m=0.0623$，即圈养大熊猫种群以平均每年每雌生产 0.0623 个雌性后代的速度增长；周限增长率 $\lambda=1.0643$，$\lambda>1$，根据 λ 判断标准，可知圈养大熊猫种群数量具有上升的潜力（表 3-2）。

（4）K-因子分析：K-因子分析是判定影响种群总死亡率关键因子的一种方法（表 3-3）。根据观察的某一种群连续几年的生命表数据，包括不同年龄段的存活率和死亡率。通过对这些数据进行分析，可以看出在哪一时期的死亡率对种群数量的影响最大，这样就可以找出哪个关键因子（key factor）对总死亡率（K_{total}）的影响最大，该方法称为 K-因子分析（K-factor analysis）。

表 3-3　某种鸟类不同年龄段的存活率和死亡率　　　　　　（单位：%）

时间	幼年期		成年期		老年期	
	存活率	死亡率	存活率	死亡率	存活率	死亡率
第一年	80	20	90	10	70	30

续表

时间	幼年期		成年期		老年期	
	存活率	死亡率	存活率	死亡率	存活率	死亡率
第二年	75	25	85	15	65	35
第三年	70	30	80	20	60	40

通过 K-因子分析，我们可以计算出每个年龄段对总死亡率的影响：第一年，老年期的死亡率对总死亡率（K_{total}）的最大影响为 30%；第二年，这一最大影响上升至 35%；到了第三年，老年期死亡率对总死亡率的影响进一步扩大，K_{total} 达到最高的 40%。通过对比这三年的数据，我们可以清晰地看到，老年期死亡率对总死亡率的影响逐年增大，尤其是在第三年，其影响最为显著。

因此，老年期的死亡率是影响该鸟类种群总死亡率的关键因子。在制定保护和管理策略时，应当重点关注老年期的死亡率，以减少总死亡率并维持种群的健康状况。这就是 K-因子分析在确定关键因子对种群总死亡率影响的过程和应用。

二、种群增长模型

1. 资源无限条件下的种群增长模型

资源无限是指假设环境中的关键资源，如食物、水、空间等是无限的，种群可以获取足够的营养物质、空间和其他必需资源，这些资源不会受到限制或枯竭。在这种情况下，种群可以继续增长，而不会受到资源匮乏的限制。这种假设下的种群增长模型被称为无限资源模型或开放增长模型。根据种群世代是否重叠，又可分为以下两类。

（1）世代不重叠种群的离散增长模型（指数增长模型）：世代不重叠（non-overlapping of generation），是指生物的生命只有一年，一年只有一次繁殖，其世代不重叠，如一年生植物和许多水生昆虫。这种种群增长是不连续的、离散的，在假定资源无限、世代不重叠、无迁入和迁出，不具年龄结构等条件下，其数学模型通常是把世代 $t+1$ 的种群 N_{t+1} 与世代 t 的种群 N_t 联系起来的差分方程，即

$$N_{t+1} = \lambda N_t$$

式中，t 为世代时间；λ 为种群周限增长率；N_t 为种群大小。λ 是种群离散增长模型中的参数，可根据 λ 值判断种群动态：$\lambda > 1$，种群增长；$\lambda = 1$，种群稳定；$0 < \lambda < 1$，种群下降；当 $\lambda = 0$ 时，种群无繁殖现象，且在下一代灭亡。

假设某种细菌的初始数量为 10 个，培养 1h 后有 100 个，则其周限增长率 $\lambda = \dfrac{100}{10} = 10$，即一个世代增长 10 倍，若种群在资源无限的环境中继续增长，则有

$$N_0 = 10$$
$$N_1 = N_0\lambda = 10 \times 10 = 100$$
$$N_2 = N_1\lambda = N_0\lambda \times \lambda = N_0\lambda^2 = 10 \times 10^2 = 1000$$
$$N_3 = N_2\lambda = N_0\lambda^2 \times \lambda = N_0\lambda^3 = 10 \times 10^3 = 10\,000$$
$$\cdots$$
$$N_t = N_0\lambda^t$$

　　这展示了在资源无限条件下，种群可以呈指数增长的趋势。

　　（2）世代重叠种群的连续增长模型：世代重叠（overlapping of generation）指一个种群中不同个体生命周期存在重叠的情况，即在同一时间内种群中同时存在多个不同年龄的个体。这种种群增长是连续的，如人类具有持续的繁殖和生命周期，种群数量的变化是连续的，种群内有迁入、迁出、出生和死亡。假设在不受任何限制的环境中生长的种群，如培养皿的细菌或没有天敌的海洋岛屿上能繁殖的老鼠，用 N_t 表示在时间 t 时种群中的个体数量，那 $t+1$ 时的种群大小 N_{t+1} 将取决于该时间段内出生的个体数量（B）、死亡的个体数量（D）、迁入种群的个体数量（I）和迁出种群的个体数量（E）（图 3-5）。

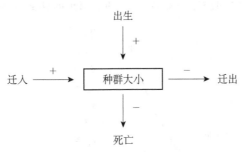

图 3-5　影响种群大小的因素

$$N_{t+1} = N_t + B + I - D - E$$
$$N_{t+1} - N_t = B + I - D - E$$

　　为了简化算式，假设短时间内没有迁入和迁出，则算式为

$$N_{t+1} - N_t = B - D$$

　　如果种群增长是连续的，在时间间隔（Δt）内种群数量的变化量（ΔN）等于 $\Delta N/\Delta t$，那么种群增长率可以写成 $\dfrac{\mathrm{d}N}{\mathrm{d}t}$（图 3-6），即 $\dfrac{\mathrm{d}N}{\mathrm{d}t} = B - D$，如果用 b 表示出生率，用 d 表示死亡率，那么算式变为

$$\frac{\mathrm{d}N}{\mathrm{d}t} = bN - dN = (b-d)N$$

　　设 r 为瞬时增长率（instantaneous rate of increase），为 $b-d$，算式变为

$$\frac{\mathrm{d}N}{\mathrm{d}t} = rN$$

　　其积分式为

$$N_t = N_0 \mathrm{e}^{rt}$$

式中，N 为种群个体数；底数 e 为自然常数；r 为瞬时增长率，又叫内禀增长率，通常为年化增长率；t 为种群的增长时间，通常为年。根据 r 值可判断种群动态：$r>0$ 时，种群增长；$r=0$ 时，种群稳定；$r<0$ 时，种群下降；$r \to -\infty$ 时，种群无繁殖现象，趋于灭亡。

　　例如，初始种群 $N_0 = 100$，$r = 0.5$，以 $\lg N_t$ 对时间作图，则呈直线，以种群数量 N_t 对时间 t 作图，种群增长曲线呈"J"形，因此种群的指数增长又称"J"形增长（图 3-7）。

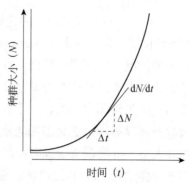

图 3-6　种群大小随时间呈指数增长（引自 Mittelbach and McGill，2019）

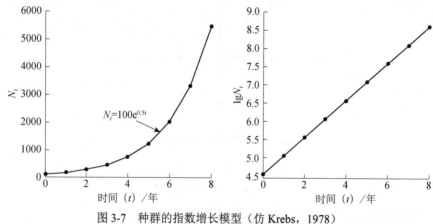

图 3-7　种群的指数增长模型（仿 Krebs，1978）

在自然界中，资源通常是有限的，这意味着指数增长模型很少能完全描述真实的生态系统。尽管如此，但是指数增长模型仍然为我们理解种群在理想化条件下的增长趋势提供了重要的参考。

2. 资源有限条件下的种群增长模型

在资源有限的情况下，种群数量会受到环境资源的影响而不能无限制地增长。这些资源包括但不限于食物、水、栖息地空间、氧气等生物所需的各种必需资源，在有限资源条件下，种群增长通常采用逻辑斯谛增长模型（Logistic growth model）来描述。在这个模型中，种群数量随时间的变化受到两个因素的影响：内禀增长率（r）和环境容纳量（K）。

受环境资源的制约，大多数种群的"J"形生长都是暂时的，一般仅发生在早期种群密度低、资源丰富的情况下。随着种群密度增大、资源趋紧、代谢产物积累等，环境压力势必会影响到种群的 r，使 r 降低。

对数增长模型比资源无限条件下的种群增长模型增加了两点假设：①存在环境容纳量（通常以 K 表示），当 $N_t = K$ 时，种群为零增长，即 $\dfrac{\mathrm{d}N}{\mathrm{d}t} = 0$；②增长率随种群密度上升而降低的变化是按比例的，最简单的是每增加一个个体，就产生 $\dfrac{1}{K}$ 的抑制影响，例如，$K = 100$，每增加一个个体，产生 0.01 的影响，或者说，每一个个体利用了 $\dfrac{1}{K}$ 的

"空间", N 个个体利用了 $\dfrac{N}{K}$ 的"空间", 而可供种群继续增长的"剩余空间"只有 $\left(1-\dfrac{N}{K}\right)$。按此两点假设, 种群增长将不再是"J"形而是"S"形。"S"形曲线有两个特点: ①曲线渐近于 K 值, 即平衡密度; ②曲线上升是平滑的 (图 3-8 和图 3-9)。

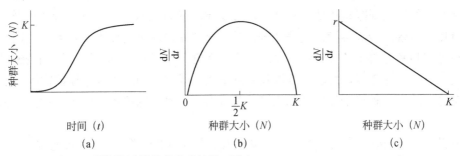

图 3-8 逻辑斯谛增长的种群特性 (引自 Mittelbach and McGill, 2019)

(a) 种群大小随时间的变化; (b) 种群增长率 $\dfrac{\mathrm{d}N}{\mathrm{d}t}$ 在环境承载能力一半 $\left(\dfrac{1}{2}K\right)$ 的时候达到峰值; (c) 种群增长率 $\dfrac{\mathrm{d}N}{\mathrm{d}t}$ 随种群

个体数量的增加呈线性下降, 从种群的最大增长率 r 开始下降, 直到环境承载能力 K 时为 0

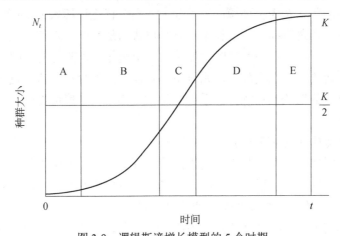

图 3-9 逻辑斯谛增长模型的 5 个时期

A 为开始期 (潜伏期); B 为加速期; C 为转折期; D 为减速期; E 为饱和期

产生"S"形曲线的最简单的数学模型是在前述指数增长方程 $\left(\dfrac{\mathrm{d}N}{\mathrm{d}t}=rN\right)$ 上增加一个新的项 $\left(1-\dfrac{N}{K}\right)$, 得

$$\frac{\mathrm{d}N}{\mathrm{d}t}=rN\left(1-\frac{N}{K}\right)=rN\left(\frac{K-N}{K}\right)$$

此即生态学发展史中著名的逻辑斯谛方程 (Logistic equation, 或译阻滞方程)。其积分式为

$$N_t=\frac{K}{1+\mathrm{e}^{a-rt}}$$

式中，a 为参数，其值取决于 N_0，表示曲线对原点的相对位置。

逻辑斯谛曲线可划分为 5 个时期（图 3-8 和图 3-9）。①开始期（潜伏期）：在这个阶段，个体数很少，种群密度增长缓慢。因为个体数较少，资源充裕，种群增长速度受到限制。②加速期：随着个体数的增加，种群密度开始加快增长。这是因为种群中的个体数量增加，导致资源利用率增加，从而促使种群密度增长加速。③转折期：在这个阶段，种群个体数达到饱和密度的一半（$K/2$）时，密度增长最快。这是因为种群中的个体数量接近资源的最大容量，竞争加剧，导致种群密度增长速度最快。④减速期：在个体数超过饱和密度的一半（$K/2$）以后，种群密度增长逐渐变慢。这是因为资源已经相对稀缺，竞争更加激烈，种群密度增长受到限制。⑤饱和期：种群个体数达到 K 值而饱和。在这个阶段，种群个体数达到资源的最大容量，种群密度不再增长，达到动态平衡状态。

逻辑斯谛增长模型中的两个参数 r 和 K 在生态学和生物学中具有重要意义。

r（内禀增长率）：r 表示种群的潜在增殖能力或者繁殖速度，即种群在理想条件下每个个体能够产生的后代数量。这个参数反映了物种自身的生殖力和生长速度。r 值越大，种群增长的速度就越快，而且在环境条件允许的情况下，种群会以指数增长。

K（环境容纳量）：K 表示环境的容纳能力，即在特定环境条件下可以支持的种群的最大数量或密度。在逻辑斯谛增长模型中，K 被认为是一个固定值，代表了环境资源的极限容量。然而，在实际生态系统中，环境的资源量是可以变化的，因此 K 也可能随着环境条件的变化而改变。在实际生态系统中，环境因素如食物供应、栖息地质量、气候变化等都会对种群的增长和环境容纳量产生影响。因此，K 值可能会随着时间和环境的变化而发生变化。

逻辑斯谛方程具有以下三方面的重要意义。

（1）其是种群增长模型的基础：逻辑斯谛方程提供了一种基本框架，用于描述种群在特定环境条件下的增长过程。通过考虑种群密度对增长率的影响，它可以帮助我们理解种群动态中的相互作用，如竞争、捕食和共生等。

（2）其是确定最大持续产量的主要模型：在渔业、林业和农业等实践领域，逻辑斯谛方程被广泛用于确定资源的最大持续产量。通过调整资源的利用率和管理措施，可以使种群的产量接近其环境容纳量，从而实现最大的可持续利用。

（3）其是生物进化对策理论中的重要概念：逻辑斯谛方程中的参数 r 和 K 也在生物进化对策理论中扮演着重要角色。r 反映了物种的生长速率和生殖力，而 K 则代表了环境的容纳能力。这些概念可以帮助我们理解物种的生存策略，以及它们如何适应和响应不断变化的环境条件。

三、种群动态及种群调节机制

种群动态指的是一个生物种群在时间和空间上的数量和结构的变化。种群动态受到许多因素的影响，包括生物学、环境和人为因素。种群数量的变化可以通过各种调节机制来实现（盛连喜，2020）。

1. 种群动态

大多数真实种群并不会长时间保持在平衡状态，而是动态地不断变化着。这种变化可能由以下几个原因导致，使得种群数量在环境容纳量附近波动。①环境的随机变化，例如，天气等环境条件的变化会影响环境容纳量。②时滞或延缓的密度制约，这意味着在种群密度变化与种群密度对出生率和死亡率影响之间存在一种延迟，这种延迟在理论种群中很容易引发波动。种群可能会超过环境容纳量，然后表现出缓慢的减幅振荡，直到最终稳定在平衡密度。③过度补偿性密度制约，当种群数量和密度升高到一定程度时，成活个体数量将会下降。一般来说，寿命短且出生率高的种群和寿命长且出生率高的种群是不稳定的种群，寿命短且出生率低的种群可能面临绝迹，寿命长且出生率低的种群则相对较为稳定。

种群的波动可以根据其呈现的规律性或周期性分为不规则波动和周期性波动。

1）不规则波动　　环境的随机变化会导致种群出现无法预测的波动。许多真实种群的数量会与环境的好年（适宜种群生存）和差年（不适宜种群生存）对应，发生不可预测的数量波动。相较于对环境变化较为耐受的大型、长寿命生物，小型、短寿命生物的数量变化更为剧烈。以藻类为例，它们具有快速繁殖、体型小和寿命短的特点，因此对环境变化非常敏感。这种敏感性使得它们更容易受到环境因素的影响，从而导致种群数量剧烈波动（图 3-10）。

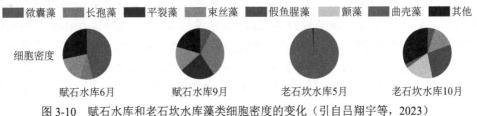

图 3-10　赋石水库和老石坎水库藻类细胞密度的变化（引自吕翔宇等，2023）

（1）种群暴发：具不规则波动和周期性波动的生物都可能出现种群的暴发，如蝗灾、鼠害、赤潮、水华等。种群暴发的例子如下。

索马里的蝗灾（1957 年）：这一灾难性的事件是由蝗虫数量激增而引发的，可能是由于季节性降水或其他环境因素导致蝗虫的繁殖率增加。蝗灾对农业产生了毁灭性影响，导致大片农田被啃食，农作物严重受损，给当地人民的生计带来了极大困扰。

澳大利亚的槐叶萍灾难（1978 年）：槐叶萍是一种水生植物，其种群数量激增可能是由于环境因素的改变，如水体富营养化或温度变化等。这些植物迅速繁殖并密集覆盖水面，阻碍了水域的正常功能，对渔业和水产养殖业造成了重大损失。

（2）种群衰落和灭亡：当种群长期处于不利环境条件（如人类过度捕猎或栖息地被破坏）时，其数量会持续下降。特别是对于体型大、出生率低、生长慢、成熟晚的生物而言，最易出现这种情况。例如，鲸类种群由于过度捕捞而下降。近几个世纪以来，野生生物种群的衰落乃至灭绝速度明显加快，而人类活动，特别是过度捕杀和对栖息地的破坏，被认为是这一趋势加剧的主要原因。

近代以来，野生生物种群衰落和灭亡的速度明显加快，主要原因是人类的过度捕杀或对其栖息地的破坏。种群数量的持续减少，即种群的衰落，乃至最终的灭绝，这被称为达到了最小可生存种群（minimum viable population，MVP）的临界状态。一旦种群数量降至这一阈值以下，近亲交配的风险将显著增加，进而导致种群的生殖力和整体生存能力下降。研究物种灭绝风险与种群数量之间的关系通常采用种群生存力分析（population viability analysis，PVA）的方法。在环境生态学中，种群数量与物种保护之间的关系是生态系统管理的重要内容之一。科学家根据遗传学和种群统计学在不同的物种间做了大量的运算，发现在野生环境下，大熊猫种群能延续的阈值为50只。

引起种群衰亡的原因包括种群长期处于不利的自然条件下、人类或天敌过度捕杀、栖息地的破坏等。过度近亲繁殖也会导致后代抵抗不良环境能力下降，增加死亡率。与其他种群竞争时处于下风、缺乏应变能力等也可能引起种群衰亡。

2）周期性波动　　周期性波动是指种群数量随时间呈现有规律的、周而复始的波动现象。

（1）季节波动：季节波动（消长）是指种群数量在一年四季中的变化规律。在中、高纬度地区生活的许多动物，夏季和冬季之间的数量变化相当大。这种现象与它们的繁殖季节、生活史、季节性迁移等因素有关。一般来说，具有季节性生殖特点的动物种类，其种群的最大数量是在一年中最后一次繁殖之末。低纬度热带地区的一些动物种群数量也有季节性波动，这可能与降雨或食物供给有关。在温带地区，苍蝇和蚊子等春季开始增多，随着冬季的来临、天气变冷而销声匿迹。因此，许多由蚊蝇传播的疾病具有季节性。了解动物种群的季节性波动规律可以控制其危害。植物也存在季节消长的现象。例如，在春季到来时，很多植物开始发芽生长，随着夏季的到来，它们茂盛的生长期达到高峰；而到了秋季，植物开始凋零，进入休眠期，直至冬季结束，春天再次到来时，植物重新开始生长，循环往复。这种季节性的消长规律对于生态系统的平衡和生物多样性的维持具有重要意义。

（2）跨年度变化：在一些结构比较简单的生态系统，如荒漠、苔原和针叶林等中，一些种群的个体数量呈现出跨年度的周期性变化，这种现象称为跨年度变化，也称为周期性波动。有些物种的数量并非每年都呈现显著的增减，而是在跨越数年后才会出现明显的周期性波动。比较典型的是雪兔（*Lepus americanus*）和加拿大猞猁（*Lynx canadensis*）的种群数量变化，其显示出以每9~10年为一个周期变动的特征（图3-11）。

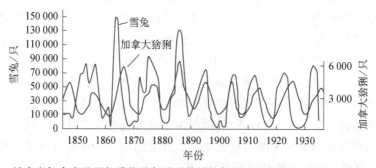

图3-11　捕食者加拿大猞猁与猎物雪兔种群数量的年际动态耦合（仿MacLulich，1937）

这种跨年度变化的现象通常受到多种因素的影响，包括食物供给、气候变化、捕食压力和种群内部相互作用等。例如，某一年食物丰富，则种群数量增加；随着时间的推移，由于种群密度增加和资源竞争加剧，种群数量开始下降；随后，种群数量的减少可能减轻资源竞争压力，使得种群得以恢复增长。

2. 种群调节机制

种群的数量变动反映了多种因素的综合作用。生态学家通过研究影响种群数量变动的参数（如出生率、死亡率和迁移率等）来理解种群动态的机制，提出了多种种群调节理论，可以分为外源性种群调节和内源性种群调节两大类。

1）外源性种群调节　　外源性种群调节理论关注种群调节的外部因素，忽略个体差异对种群调节的影响，包括气候学派、生物学派和折中学派。

（1）气候学派：认为种群密度受天气条件的影响很大，特别是昆虫种群。强调种群数量的变动性，否定种群的稳定性。基于野外或实验室观察，研究不稳定环境中的小型昆虫种群，着重分析种群的数量波动。

（2）生物学派：认为种群密度主要受生物因素的调节。强调种群存在平衡密度，其动态受到生物因素的影响。研究稳定环境中的大型动物种群，多以逻辑斯谛增长模型为基础，着重于种群平衡调节的分析。

气候学派和生物学派的争论焦点主要集中在种群是否存在平衡密度以及种群动态是由生物因子还是非生物因子决定：生物学派认为种群存在平衡密度，动态受生物因子影响；而气候学派认为种群不存在平衡密度，主要受气象因素影响。

（3）折中学派：认为用单一因素解释种群动态过于简化，试图综合考虑生物因素和非生物因素的作用。研究不稳定环境中的小型昆虫种群，分析种群的数量波动。

这三个学派各自强调了种群动态研究中不同的因素和视角，对生态学的发展都起到了积极的作用。

2）内源性种群调节　　内源性种群调节理论又称为自动调节学说，是一种关于动物种群数量调节的理论。该理论强调种群内部因素对种群数量的调节作用，认为种群具有平衡密度，种群内部的因素对调节起着决定性作用。内源性种群调节理论包括行为调节、内分泌调节和遗传调节等方面。

（1）行为调节：认为动物社群中的行为结构，如社会等级和领域性，是种群数量调节的重要机制。社会等级可以通过格斗、威胁等方式固定下来，领域性则通过划分领地来分配资源，从而使种群内部的资源分配优化，限制过度增长，减少竞争和争斗。这种调节方式会导致部分个体处于较差的生存条件下，易受捕食者、疾病等威胁。

（2）内分泌调节：认为种群数量的增长会导致社会压力增加，进而影响动物个体的内分泌系统。当种群数量增加时，社会压力会刺激中枢神经系统，导致生殖激素分泌减少、肾上腺皮质激素增加等生理反应，从而抑制生殖，减少出生率，增加胚胎死亡率，达到种群数量调节的目的。

（3）遗传调节：认为种群中的遗传多态性或双态性对种群数量调节具有重要意义。例如，在某些啮齿动物中，存在一组基因型适应低密度条件，而另一组适应高密度条件。随着种群数量的增加，自然选择会促使适应高密度条件的基因型逐渐取代适应低密度条件的基因型，从而实现种群数量的调节。

综合而言，内源性种群调节理论强调种群内部因素对种群数量的调节作用，包括行为、内分泌和遗传等方面，通过这些调节机制，种群可以实现自我调节，维持相对稳定的种群数量。

◆ 第三节　生活史对策

一、生活史及其内涵

生活史是指一个世代的合子形成到下一个世代合子形成所经历的时间中个体的生长、发育、生殖的过程。不同的物种、不同的种群具有不同的生活史特征，拥有从出生、生长、繁殖到死亡的独特生活史。生活史特征是生活史过程中与适合度相关的一系列事件和过程，包括生存和繁殖的格局，以及直接影响生存、繁殖时间或数量的性状。生活史特征包括个体大小、生长率、性成熟时的年龄和大小、后代性比、数量、繁殖投资（大小和年龄）、死亡时间分布、寿命等。

生活史对策的核心内容和最基本的假设是生活史性状间的权衡（trade-off）关系，即有机体在一定时间内所获得的能量和资源有限，某一生活史性状投入的增加会以其他生活史性状的降低为代价，使得物种的适合度达到最优。比较各个物种的生活史性状，揭示其相似性和分异性，进而可联系其栖息地环境条件探讨其适应性，联系物种的分类地位探讨各物种的类型和亚类型生活史在生存竞争中的意义。以红杉（*Larix potaninii*）和向日葵（*Helianthus annuus*）为例，这两种植物在生活史特征上存在显著差异。尽管红杉幼苗的死亡率很高，但在种群层面上，红杉个体有可能存活数千年，而向日葵只能存活一年。这种差异使得红杉和向日葵在生态学和进化生物学上呈现出不同的生存策略和适应性。

1. 物种间生活史的差异

不同物种间的生活史存在差异，如红杉的寿命约为向日葵的 3000 倍（图 3-12）。同样，即使在同一个物种内部，不同个体之间的生活史特征也存在差异。生态学和进化生物学研究生活史的一个基本问题是为什么物种之间和物种内部的生活史特征存在如此显著的差异。

为了解答这个问题，我们首先要认识到生活史特征与其他特征（如动物特征：颜色、喙的形状、耐寒性、体型等；植物特征：花色、叶片形态、生长习性、种子大小等）一样，都受到自然选择的影响。此外，种群中个体间生活史特征的变异往往具有遗传基础，因此自然选择偏好的基因型可能会从一代传到下一代，其频率逐渐增加。如果生活史特征是由遗传决定的，并受到自然选择的持续影响，那么生活史的进化可能会趋向于一种理想化的生物体，这种生物体从出生开始便具备快速繁殖的能力，在相对长的寿命内通过连续不断的生殖活动产生大量健康后代，称为"达尔文怪兽"或"达尔文魔鬼"。这种理想生物迅速成长至成年体型、大量生产健康后代，并拥有长寿命。

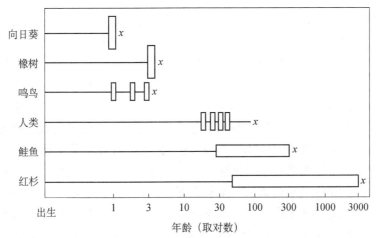

图 3-12　6 个代表性物种[包括 3 种植物（向日葵、橡树和红杉）和 3 种动物
（鲑鱼、鸣鸟和人类）]的生活史多样性

矩形表示繁殖事件；每个矩形的高度表示繁殖能力的误差大小（其中橡树和红杉的单独繁殖事件被合并）；

x 表示一个成年个体的死亡年龄

2. 权衡

　　然而，我们并未观察到所谓的"达尔文怪兽"存在。这主要是因为自然选择并非仅针对单一特征发挥作用，而是同时影响生物体的多个特征。生活史特征的进化与其他特征紧密相关，自然界中的生物体生存需要权衡多种生存和繁殖压力，如资源获取、天敌压力、环境变化等。如生物体选择早期繁殖，可能会减少对生长和能量储备的投入，进而影响其后代的质量或数量。同样，追求长寿可能要求更多的时间和资源用于生长与繁殖，这有可能降低繁殖频率或减少后代数量。这些权衡（trade-off）关系使得生物体在进化的过程中需要寻求各方面的平衡，而非单一特征的极致优化。

　　由于生物体可用于维护生存、生长和繁殖的资源总是有限的，生活史的进化因此受到权衡的制约：在某一生活史特征上投入更多资源，就必然意味着在其他一个或多个生活史特征上的投入会减少。在认识到这种权衡关系后，我们不再期望进化会导向"达尔文怪兽"这种理想化的生物，而是预期自然选择会在各个生活史特征之间找到一种平衡，如提高繁殖能力的同时可能会降低生存能力。一方面，这种平衡可能取决于生物体所处的环境特征；另一方面，多种生活史特征的不同组合可能会产生同样适应环境的生物体。这两点都为地球上生物生活史的多样性提供了合理的解释。

3. 关键生活史特征

　　（1）生殖成熟时的年龄：在所有其他条件相等的情况下，生物倾向于尽早开始繁殖。因为捕食者、疾病、恶劣天气或遗传缺陷等因素，生物的生命可能随时面临威胁，因此延迟繁殖会增加在繁殖前死亡的风险。这一优势可通过不同生物生殖成熟时的年龄对比得到：更早开始繁殖的个体通常具有更高的净繁殖率，因为更有可能存活到繁殖的年龄。

　　（2）体型：繁殖后代需要父母投入资源，这些资源原本可用于生长等其他目的。早期繁殖的个体可能生长速度较慢，形成了早期繁殖与生长之间的权衡，可能导致其无法达到较大体型。然而，体型较大的个体通常生存概率更高，繁殖潜力更大，因此早期繁殖可能与晚期生存和繁殖产生权衡。尽管早期繁殖在某些情况下具有优势，但若繁殖能力随体型增大而显著提升，则个体可通过推迟繁殖而实现更大体型，在其生命周期内可能产生更多后代。

（3）性别：在领地繁殖制度的物种中，为了更快速地生长而推迟繁殖对雄性尤为重要。例如，雄性象海豹之间的争斗胜利者几乎能独享与一群雌性的繁殖机会。由于小个子的雄性在争斗中胜出的机会渺茫，年轻雄性会将精力投入于生长而非徒劳地尝试繁殖。相比之下，雌性无须通过争斗来繁殖，它们开始繁殖的时间比雄性早数年。因此，同一物种的雄性和雌性在早期繁殖与生长之间可能面临不同的权衡。有趣的是，一种雄性推迟繁殖以长到足够大来赢得雄性间争斗的繁殖制度，可能为较小或较年轻的雄性打开了采用其他交配策略的大门。在许多鱼类中，被称为卫星雄性的小鱼可能会模仿雌性，或使用其他方法偷偷进入交配对的领地，以便在雌性将卵释放到水中时与其中一些卵受精。

除此之外，稳定和不稳定的环境因素、个体寿命和子代数量及大小之间的权衡是生物体生活史进化的重要驱动力。生物体在进化的过程中需要根据自身所处的环境和资源条件，在多个生活史特征之间做出权衡，以实现最佳的生存和繁殖策略。

二、生活史对策分类

生物的生活史详细描绘了其从生长至繁殖的整个生命周期过程，涵盖了体形特征、生长速度、繁殖习性、取食方式以及寿命长度等多个维度。不同物种之间的生活史展现出了显著的多样性：个体大小可从微小至极庞大，生命周期则可能短至数月或长至数百年。这些生活史特征并非随机形成，而是生物种类在漫长的进化过程中，针对各自特定的生态环境逐步演化出的生物学特性。这些适应性特征被统称为生态对策或生活史对策，它们作为自然选择和生物进化机制的直接结果，体现了生物为应对环境挑战而在进化历程中发展出的生存智慧。

1. r/K 选择理论

Lack（1954）的研究提出了一个关于鸟类生殖率进化的重要概念，即鸟类的产卵数是为了最大化幼鸟的存活率而进化的。这一理论指出，鸟类（以及其他动物）在进化过程中面临一个权衡：生产较小的卵以提高生育力，但这会导致较高的能量消耗，从而减少对幼鸟的保护和照顾；或者选择生产较少的卵，但提供更多的亲体投资以提高幼鸟的存活概率。简而言之，这种权衡揭示了两种进化对策：一种是注重数量但减少对后代的投资（类似于 r 选择策略），另一种是注重质量，通过减少生育数但增加对每个后代的投资来提高存活率（类似于 K 选择策略）。这种权衡体现了自然选择对繁殖策略的影响，说明物种的繁殖策略是如何根据其生存环境来进行优化的。

MacArthur 和 Wilson 在 1967 年的工作进一步发展了 Lack 的思想，他们将生物根据它们的生活环境和进化对策分为 r-对策者和 K-对策者两大类：r-对策者种群繁殖力强，繁殖速度快，但每个后代的体积较小，存活率低；*K*-对策者种群繁殖速度慢，但每个后代的体积大，存活率高（Pianka，1970；Wilbur et al.，1974）（表 3-4）。

表 3-4　*r*-对策者和 *K*-对策者的主要特征比较

特征	*r*-对策者	*K*-对策者
环境条件	不稳定，资源丰富	稳定，资源有限
死亡率	较高	较低
后代数量	多	少
个体大小	小	大
生命周期	短	长
性成熟时间	早	晚
后代生存投资	低	高
种群大小变化	快速波动	相对稳定
竞争能力	低	高
适应策略	数量优先	质量优先
举例	细菌、昆虫和一年生植物	人类、大象和橡树

2. 与生境分类有关的生活史对策

稳定和不稳定的环境因素在生物体的生活史进化中扮演着至关重要的角色。在稳定的环境中，生物体可以预测资源的可用性和环境条件的长期趋势，因此它们可能会倾向于采用一种更为"安全"的繁殖策略。在不稳定的环境中，生物体必须面对资源短缺、环境突变和天敌压力等不确定因素。在这种情况下，生物体可能会采取一种更为"谨慎"的繁殖策略，以应对不确定的未来。

1）两头下注策略　　两头下注策略（bet-hedging strategy）是指生物通过牺牲正常环境下的部分适应力以换取其在不利环境（如干旱、荒漠和盐渍等）下适应力的提高的策略，又称两头打赌策略。

该理论基于对生活史不同参数（如出生率、幼体死亡率、成体死亡率等）的影响，采取两头下注策略以适应时空异质性环境，并决定种群的生存和繁衍策略。例如，当物种个体中幼体和成体的死亡率相当时，预期成体会"保护其赌注"，多次生殖。而当物种个体中幼体的死亡率小于成体的死亡率时，预期繁殖能量高，后代一次产出（单次生殖）。两头下注策略是生物适应环境波动的结果，个体为了在波动的环境中生存而产生出有代价的适应。尽管这可能降低个体在正常环境中的适应力，但在进化上却是一种长期的优势，因为环境是不断变化的。因此，许多物种都进化出了两头下注策略，以更容易地在波动的环境中生存下来。

生态学上的两头下注策略最初是在对土壤种子库的观察中发现的。例如，美国生物学家对美国南部索诺拉沙漠中的 12 种早春短命植物进行了长达 30 年的跟踪调查。这些植物在秋冬季节萌发生长，在春天开花，在酷暑来临时死亡。研究结果显示，一些植物倾向于多生产需要休眠的种子，而另一些植物则更倾向于"投资"迅速萌发的种子。在不利环境下，留有剩余未萌发的种子的个体将具有更高的适应力。因此，植物会产生两部分种子，一部分立即萌发，另一部分保持休眠状态。其他两头下注策略的例子包括爬行动物卵大小的变异、微生物对抗生素的耐药性等。

植物种子异型也是很典型的两头下注策略。种子异型是指同一植株上产生的种子在结构特征（如形态、大小、颜色和外部附属物）或生态行为（如散布距离、休眠特性、萌发速率和幼苗建立能力）上存在明显差异的现象。例如，小疮菊（*Garhadiolus papposus*）有外围果、过渡果和中央果 3 种不同形态的果实（图 3-13），不同果实的扩散能力和萌发率不同，中央果扩散能力和萌发率最强，外围果扩散能力最弱、萌发率最低。

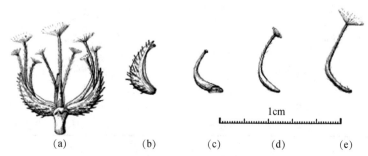

图 3-13　小疮菊 3 种瘦果的形态特征（引自孙华之等，2008）

（a）果序（纵剖面），3 种瘦果在果序上的排列；（b）被宿存苞片包被的外围果；（c）去除苞片后的外围果；
（d）过渡果；（e）中央果

种子异型代表了一种混合策略，以适应不可预测的生境。Imbert（2002）报道有 18 科 218 种植物存在异型性种子，在 2010 年的报道中种子异型物种总数增加到了 292 种。Scholl 等（2020）把 101 种被子植物中种子异型性进化与赌注分散策略影响因素联系起来，这些因素包括干旱性、降水的变异系数、生命周期（一年生/多年生）等。研究发现种子异型与干旱性之间存在显著相关性，与一年生生命周期的相关性不显著。

在异型种子的繁殖策略中，异型种子传播、休眠、萌发等都具有不同的策略。例如，紫翅猪毛菜（*Salsola affinis*）根据异型种子的传播距离分为逃避型传播策略（距离较远）和保护型传播策略（距离较近）。又如，根据资源情况，异子蓬（*Suaeda aralocaspica*）首先形成黑色种子的果实，散布在母株周围，萌发慢，为谨慎主义者策略；在资源充足时再形成棕色种子的果实，传播远，拓展新生境，萌发快，为机会主义者策略。

种子异型性在避免密集负效应、减弱同胞子代间的竞争、采取两头下注策略以适应时空异质性环境等方面具有重要的进化生态意义。它增大了荒漠植物种群的繁衍概率，是植物适应干旱等恶劣环境采取风险分担、两头下注等对策的主要原因。

2）Grime 的 CSR 理论　　Grime（1979）基于生境的干扰强度和胁迫程度将植物生境分为 4 种类型。根据生境类型的划分，Grime 提出了植物生活史对策的三分法（CSR 三角形）（表 3-5）。

表 3-5　Grime 的植物生活史对策

生境类型			对策
干扰	胁迫	环境资源	
多	高	资源匮乏，极端环境	—

续表

生境类型			对策
干扰	胁迫	环境资源	
多	低	资源丰富，环境不稳定	杂草对策
少	低	资源丰富，环境稳定	竞争对策
少	高	资源匮乏，环境稳定	胁迫忍耐对策

（1）杂草对策（ruderal strategy）：杂草对策的植物适应于资源丰富但干扰频繁（如火灾、土地扰动或人类活动）的环境，能够快速生长和繁殖以占领新的生存空间。它们能在扰动后的环境中迅速占领空地，生产大量的种子，以确保至少一部分能在下一次扰动来临前成熟并繁殖。许多一年生植物和草本植物，如某些杂草，它们在耕地或被扰动的土地上快速生长和繁殖。例如，蓝蓟（*Echium vulgare*）、蒲公英（*Taraxacum mongolicum*）可在农田、草地等经常受到干扰的地方生长，具有非常短的生命周期，从种子发芽到开花结果只需要几个月，繁殖能力极强，每株蒲公英可以产生数百颗种子，种子随风飘散迅速占领新的生存空间。

（2）竞争对策（competitive strategy）：这类植物通常生长在资源丰富、干扰稀少的环境中，具有强大的竞争能力和较长的生命周期。许多森林里的大树种，如沼生栎（*Quercus palustris*）和枫树（*Acer* spp.）都是典型的竞争者，它们能在森林生态系统中有效竞争光照和土壤资源，具有强大的根系和枝干，能够在竞争中占据优势，生命周期长，繁殖率相对较低，但每次繁殖都能产生大量的种子，以确保后代的存活。

（3）胁迫忍耐对策（stress-tolerant strategy）：这类植物能在资源稀少、条件严酷的环境（如干旱、低温、高盐或低肥力等应激环境）中生存，具有强大的耐受能力和较长的生命周期。这类物种通常生长缓慢，具有较小的体型和较长的生命周期。它们能够存储资源，并在不利条件下维持生存。胁迫忍耐者往往具有一些特殊适应性，如叶片的厚皮质化、有效的水分管理机制或低光合速率。例如，仙人掌科（Cactaceae）植物、肉质草本植物和一些高山植物能够在水分稀缺或土壤贫瘠的环境中生存，生命周期长，可以存活数十年甚至上百年，繁殖率相对较低，但每次繁殖都能产生健壮的后代，以适应严酷的环境。

3. 繁殖周期分类

生活史也可以按照繁殖周期分类，如植物的繁殖策略可分为单次生殖和多次生殖。单次生殖（semelparity）是指植物在生命周期中只繁殖一次，产生大量种子，然后死亡。这种策略通常见于一些生命周期短的植物，如大多数一年生植物[番茄（*Solanum lycopersicum*）、向日葵（*Helianthus annuus*）等]，以及一些多年生植物，如毛竹（*Phyllostachys edulis*），它们可能生长多年后才一次性开花结实然后死亡。多次生殖（iteroparity）是指植物在其生命周期中可以多次繁殖。这种策略通常见于多年生植物，其每年或每隔几年繁殖一次，如苹果（*Malus domestica*）和橡树等。

按照生命周期，植物可以划分为一年生植物、二年生植物和多年生植物。一年生植物是指在一个生长季节内完成其生命周期，从种子发芽到成熟、开花、结实，最后死亡，如小麦（*Triticum* spp.）、豌豆（*Pisum sativum*）、番茄（*Solanum lycopersicum*）等。

二年生植物是指需要两个生长季节来完成其生命周期，第一年主要生长叶和根，第二年开花、结实然后死亡，如野胡萝卜（*Daucus carota*）、甘蓝（*Brassica oleracea*）、牛膝菊（*Centaurium erythraea*）。多年生植物是指生命周期超过两年，每年可能多次繁殖，生命期可以很长，如苹果、薰衣草（*Lavandula* spp.）、蔷薇（*Rosa* spp.）等。

三、生活史对策的应用

生活史对策，包括 r/K 选择理论、两头下注策略、Grime 的 CSR 理论等，提供了一套理论框架，帮助我们理解不同生物如何通过其繁殖、生长和存活策略来适应各自的生态环境。这些对策不仅反映了生物个体和种群如何在生态系统中存活和繁衍，而且对生态保护与恢复、城市规划和疾病管理等多个领域具有重要应用价值。

（1）生态保护与恢复：恢复热带雨林生态系统，引入生命周期长、成熟时间晚的 K-对策树种（如某些原生大树种）能够为生态系统恢复提供稳定的林冠结构和生物多样性基础。这些树种为其他物种提供了必要的栖息地，促进了生态系统功能的恢复。

在干旱地区的农业生产中，选择耐旱的作物品种和适应应激环境的耕作技术显著提高了作物产量。研究作物生活史对策，发现某些耐旱作物（如小米和藜麦）采用了胁迫忍耐者的生存策略，表现出优越的干旱适应性。

（2）城市规划：城市绿化中的树种选择对于提高城市生态系统的适应力至关重要。采用胁迫忍耐者和竞争者策略的本地树种能够更好地适应城市环境压力，如空气污染和热岛效应，同时提供生态服务和美化城市环境。

（3）疾病管理：在控制传染病传播方面，了解病原体的生活史策略对于制定有效的预防和控制措施至关重要。例如，针对 r-对策特征的流感病毒，采取广泛的疫苗接种和快速反应措施，以减少病毒的传播和影响。

◆ 第四节　集合种群与极小种群

一、集合种群

集合种群（metapopulation）是由一系列相互关联但并非直接相互交流的局域种群所组成的整体。这些局域种群之间可能通过移动个体或者基因流动而相互联系，但每个局域种群都有自己的生态环境和生存条件。理论上，只要有合适的栖息地，物种就应该存在；物种很少或几乎不会出现在不合适的栖息地中；物种在其偏好的栖息地中将最为丰富；只要为它们保留一大块合适的栖息地，物种就能得到保护；而破坏物种的栖息地总是对其数量产生不利影响。但是合适的栖息地往往还会受到物种自身因素（个体大小、繁殖能力等）和环境因子（温度、湿度和风等）的共同作用。

Levins（1970）认为随着时间的推移，适合某一物种的栖息地生境中存在一个动态的迁入和灭绝过程，即被占据的栖息地生境中个体数量增多后，由于资源限制，个体会通过迁入而进入另一个空的栖息地，并且占据的生境中局域种群会灭绝（图3-14），这种灭绝可能由多种原因造成。小种群容易因环境、繁殖和死亡的偶然变化而灭绝。尽管灭绝是任何局域种群的最终命运，但该物种仍然可以作为集合种群持续存在。

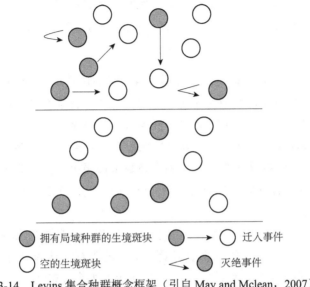

拥有局域种群的生境斑块　　⚫ ⟶ ○ 迁入事件

○ 空的生境斑块　　　　　　⟵ ⚫ 灭绝事件

图3-14　Levins集合种群概念框架（引自May and Mclean，2007）

Levins集合种群动态的基础模型表明，当迁入率和灭绝率相等时，集合种群达到平衡点，y^*相当于一个平衡阈值，当低于这个阈值时，集合种群迁入率曲线斜率就低于灭绝率斜率，此时灭绝将不可避免。如果原生境中种群的栖息地生境斑块受到破坏就会使迁入率抛物线下移，降低斑块占用的平衡水平（y^*），并增加集合种群灭绝的风险。因此y^*是一个阈值，表示在生态系统中，为了维持某个物种或集合种群的存续，必须保持的最小的栖息地生境斑块占比。当某种原因（如环境破坏、资源枯竭等）导致栖息地生境斑块占比下降到y^*以下时，系统可能无法再支持该物种或集合种群的存续，从而导致其灭绝（图3-15）。

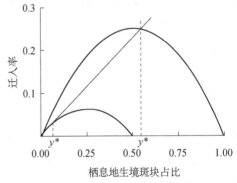

图3-15　Levins集合种群动态的基础模型
（引自May and Mclean，2007）

二、极小种群

中国生物多样性极为丰富，拥有30 000多种维管植物，其中包括许多特有属、起源古老的物种和栽培植物。由于经济的快速发展、人口增长、环境污染及资源持续开发，中国的植物多样性正面临着严重威胁。在过去50年里，中国约有200个物种已经灭绝，目前有4000～5000种维管植物濒临灭绝。《濒危野生动植物种国际贸易公约》（CITES）

附录上的 640 个物种中，中国有 156 个。《中国植物红皮书：稀有濒危植物　第一册》确定了 388 种珍稀濒危物种，其中包括 121 种濒危物种、110 种珍稀物种和 157 种脆弱物种。1999 年，《国家重点保护野生植物名录》确定了约 1700 种珍稀濒危植物物种（Ren et al.，2012）。2012 年，国家林业局（现国家林业和草原局）制定了《全国极小种群野生植物拯救保护工程规划（2011-2015 年)》（Ren et al.，2012；臧润国，2020）。

1. 极小种群的定义

Reed 和 McCoy（2014）提出最小存活种群（极小种群）（minimum viable population，MVP）是指一个物种为了能在特定条件下，以一定概率持续存活一段时间所必需的最少个体数量。目前对极小种群野生植物（plant species with extremely small population，PSESP）的研究相对较多，具体是指分布地域狭窄，长期受到外界因素胁迫干扰，呈现出种群退化和个体数量持续减少，种群和个体数量都极少，已经低于稳定存活界限的最小可存活种群，而随时濒临灭绝的野生植物（Ren et al.，2012）。由概念可知极小种群有以下几个主要特征。

（1）分布特点：分布区域狭窄，或者呈间断分布，表明这些物种的生存空间有限，一旦受到破坏或影响，其生存和繁衍将受到极大的限制。国家林业和草原局密切监测发现我国的 120 种极小野生植物种群中，有 54 种仅有 1 个分布区/点，22 种有 2 个分布区/点，23 种有 3～4 个分布区/点，14 种有 5～9 个分布区/点，7 种有超过 10 个分布区/点。

（2）种群数量与生存风险：种群数量急剧下降，已经低于稳定存活的界限，这意味着这些物种的自然繁衍能力已经不足以维持其种群的稳定，面临着极高的灭绝风险。例如，光叶蕨（*Cystopteris chinensis*）的数量极少，是第二次全国重点保护野生植物资源调查和《全国极小种群野生植物拯救保护工程规划（2011-2015 年)》的头号物种。2013 年和 2020 年分别在二郎山和峨眉山找到其分布种群，其中在二郎山全部种群只有 103 个片叶；在峨眉山后山仅发现几株光叶蕨。由于其特殊的生存环境，人工繁育一直是一个难题。野生光叶蕨种群总面积不到 20m²，总数量不足 100 株。

（3）外界因素胁迫与保护紧迫性：这些物种长期受到外界因素的胁迫干扰，如环境破坏、气候变化、生物入侵等，导致种群呈现衰退趋势。鉴于其极高的灭绝风险，急需开展优先抢救性保护工作，以遏制其种群数量的进一步下降，保护其生态位和生物多样性。为了保护野生植物，中国从 1956 年开始建立自然保护区，这些自然保护区和植物园在保护野生植物方面发挥了重要作用。它们为野生植物提供了安全的生存环境，有助于保护生物多样性，维护生态平衡。

2. 极小种群的保护策略

目前我国针对极小种群植物的保护策略主要包括以下几个方面（Ren et al.，2012）。

（1）启动国家重点保护野生植物资源调查，并建立资源信息系统。这是了解这些物种分布、数量和生态需求的基础，可为后续的保护措施提供科学依据。

（2）完善自然保护区网络，并专注于就地保护。设立和扩大自然保护区，可为极小种群植物提供安全的生存空间，减少人类活动对它们的影响。

（3）建立国家植物园网络，并加强近地保护和异地保护。通过植物园的合作，可以引进、繁殖和保存这些珍稀植物，为它们的保护提供技术和资源支持。

（4）加强繁育中心的建设，结合就地保护和异地保护。繁育中心可以模拟植物的自然生长环境，为它们提供繁殖和生长的条件，同时也有助于研究和了解这些植物的生态特性。

（5）结合栖息地保护和栖息地恢复。保护植物的栖息地是保护它们生存的关键，同时，对于受损的栖息地，需要采取措施进行恢复，提高植物的生存环境质量。

（6）改善和扩大物种的生活空间。通过土地规划、生态恢复等手段，为极小种群植物创造更多的生存空间，提高它们的种群数量和生存能力。

（7）合理结合保护、种质保存和可持续利用。在保护这些珍稀植物的同时，也需要考虑其种质资源的保存和可持续利用，为人类的科学研究、经济发展等提供资源支持。

（8）制定整体保护规划，加强政府指导，以及科学家、政府和公众的参与和合作，制定切实可行的政策和法规，并强调国际合作和公众教育。通过全社会的共同努力，提高公众对极小种群植物保护的认识和意识，形成全社会共同参与的保护氛围。

尽管中国在极小种群植物保护方面已经取得了显著的进展，但野生植物保护仍然面临着许多挑战。例如，一些野生植物种群数量仍然非常稀少，分布范围狭窄，容易受到人类活动和环境变化的影响。因此，我们需要继续加强野生植物保护工作，采取更加有效的措施来保护这些珍贵的自然资源。

◆ 第五节　种内与种间关系

有些典故，如"一山不容二虎""鸠占鹊巢""螳螂捕蝉，黄雀在后""蓬生麻中不扶自直"，生动地展现了自然界中物种间错综复杂的关系。生物之间的相互关系，既包括种内个体之间的互动，也包括种间的相互作用（表3-6）。种内与种间的相互影响可分为三类：正向、负向和中性。负向影响，意味着能量消耗或身体伤害。严重的负向影响可表现为直接的捕食行为，如蛇捕食鼠类；稍弱的负向影响可表现为间接的资源竞争，如一只鼠消耗了大量资源，迫使另一只鼠必须拓展觅食范围。

表 3-6　种内个体间与种间相互关系的分类

资源利用方式	种间相互作用	同种个体间相互作用
利用同样有限资源，导致适合度降低	竞争	竞争
捕食另一个体的全部或部分	捕食	自相残杀
个体间密切关联，具有互惠利益	互利共生	利他主义或互利共生
个体间密切关联，宿主付出代价	寄生	寄生

依据产生的正向（+）、负向（−）或中性（0）效应，可将生物间的相互作用分为7类（表3-7）。其中，竞争、捕食及寄生这三者，因其显著的生态影响而为人所熟知。然而，自然界的复杂性远不止于此，偏利共生（commensalism）与偏害共生（amensalism）

揭示了更微妙的种间关系。在偏利共生中，一方生物在与另一方的互动中获益，而对方则不受到影响。相反，在偏害共生中，一方生物的活动虽对自身无明显益处或害处，却可能对另一方产生负向影响。

表 3-7　根据影响结果对种间相互作用进行的分类

相互作用的类型	物种 A 的反应	物种 B 的反应
竞争	−	−
捕食	+	−
寄生	+	−
中性	0	0
偏害共生	0	−
偏利共生	0	+
互利共生	+	+

一、种内关系

在生态学领域，种内关系（intraspecific relationship）指的是同一物种内部个体间的相互作用，这些作用涵盖了互助与竞争等多种形式。种内互助表现为同种个体间的协调合作、互惠互利的行为特征，如社会性昆虫的群居生活、鱼类的守卵护幼等，这些行为有助于提高取食效率、增强防御能力以及提高整体生存率。相反，种内竞争则涉及同种个体间因争夺有限资源如食物、栖息地、配偶等而产生的竞争现象。例如，在高密度的蝌蚪中，较大个体可能通过释放毒素来抑制其他个体的生长，这种自相残杀行为也是种内竞争的一种表现形式。种内竞争的存在，反映了资源利用的重叠性，是生态系统中一个关键的影响因素，对物种的分布、数量以及生态系统的结构和功能有着深远的影响。

种内竞争的重要性在于，尽管它可能对竞争中的失败者产生不利影响，甚至导致其死亡，但从种群整体的角度来看，这种竞争机制却具有积极的作用。种内竞争有助于维持种群数量的稳定，防止因种群过度增长而导致的资源枯竭。此外，通过自然选择的过程，种内竞争还有助于筛选和保留适应性强的个体，从而促进种群的遗传多样性和适应性，这对于种群的长期生存和繁衍至关重要。因此，对种内关系的研究不仅关注个体层面的相互作用，也深入探讨种群层面的动态变化，以揭示种群结构、稳定性和进化潜力。

尽管动物种群和植物种群的种内关系存在着显著差异，动物种群的种内关系比植物种群更为丰富多样，但无论是对于种群的繁衍还是个体的生存，生殖关系和种内竞争关系都是它们基本的种内关系。除此之外，植物种群的种内关系还主要表现为集群生长、密度效应等特征；而动物种群的种内关系则主要体现在空间行为、社会行为、通信行为和利他行为等方面。

1. 排斥性关系：竞争的概念与类型

为了维持生物体的生存、生长和繁殖，同一物种的不同个体通常具有相似的资源需求。然而，资源供应往往无法完全满足它们的需求，因此导致不同个体之间相互竞争资源，可能会导致某些个体面临资源短缺的风险。本节主要探讨种内竞争（intraspecific competition）的本质以及种内竞争对竞争个体和种群的影响。在这里，竞争指的是在获取相同资源时，不同个体之间相互作用，导致至少部分竞争个体的生存、生长和（或）繁殖能力下降。生物的资源包括栖息地、食物、配偶，以及光、温度、水等各种生态因子。不同生物种类对资源的需求各不相同，竞争通常发生在生物所共享的有限资源上。例如，大多数生物需要氧气才能生存，但自然界中氧气资源通常并不受限制，因此生物之间并不会因为氧气而发生竞争。根据种群内个体对资源的竞争方式，竞争可以分为两大类：一类是资源利用性竞争，也称为分摊式竞争或间接竞争；另一类是相互干涉性竞争，也称为争夺式竞争或直接竞争。

（1）直接竞争：在这种竞争方式中，生物为了生存和繁殖的需要，竭尽所能地争夺资源，竞争者直接相互作用。例如，动物之间为争夺食物、配偶、栖息地而展开激烈斗争。在竞争中，胜利者通常能获得足够的资源，而失败者可能因资源不足而面临死亡。

竞争者也可以通过分泌有毒物质来干扰对方。例如，茧蜂产卵寄生在蚜虫卵内，当茧蜂幼虫孵化时，会分泌有毒物质以消灭其他茧蜂寄生卵。捕食动物之间也可能通过干扰猎物来影响竞争对手，使其难以捕获猎物。例如，涉禽类在河口湿地上捕食食物时，经常通过干扰猎物来迫使竞争对手离开富有食物的地方，飞往其他地区。直接竞争导致竞争者中的一方因死亡或资源匮乏而失败。

（2）间接竞争：在资源利用性竞争中生物之间并没有直接的行为干涉，而是双方各自消耗利用共同资源，由于共同资源可获得量减少从而间接影响竞争对手的存活、生长和生殖，因此资源利用性竞争也称为间接竞争。例如，水产养殖时，随着鱼类等养殖密度的增高，每个个体的食物可获得量减少，从而导致其生长速度缓慢。资源利用性竞争的胜利方，往往是较早进入某一地区的竞争者，或者虽然与竞争者同时进入，但它具有较高的繁殖率、生长率或较长寿命，从而使它能够以最大的可能性来利用栖息地资源。

自然界中物种内个体间的竞争极其普遍。种内竞争明显受密度制约，在有限的生境中，种群数量越多，对资源的竞争就越激烈，对每个个体的影响也就越严重，可能会引起种群的出生率下降、死亡率升高。种内竞争与种群密度密切相关，无论何时产生竞争，它都既来源于种群密度又作用于种群密度。因此，种内竞争具有调节种群数量动态的作用。

2. 种内竞争的基本特征及应用

不同物种的种内竞争形式各异。如植物种群内个体间的竞争，主要表现为个体间的密度效应，反映在个体产量和死亡率上。因为植物不能像动物那样逃避密集和环境不良的情况，其表现只是在良好情况下可能枝繁叶茂，而高密度下可能枝叶少，构件数少。已发现植物的密度效应有两个特别的规律：最终产量恒定法则和-3/2自疏法则。

（1）最终产量恒定法则：最终产量恒定法则（law of constant final yield）描述的是在相同的生境条件下，不论最初的密度大小，经过充分时间的生长，单位面积的同龄植物种群的生物量是恒定的。其原因是在高密度情况下，植株之间对光、水、营养物质等资源的竞争十分激烈。在资源有限时，植株的生长率降低，且个体变小。Kays 和 Harper（1974）对黑麦草（*Lolium perenne*）产量（收获的生物量）、初始播种密度以及存活基株之间的关系进行了一系列研究后发现，当分别在第 20 天和第 60 天收获时，生物量随初始播种密度增加而增加；但第 120 天和 180 天收获时，只有在初始播种密度很低的情况下，生物量才随初始播种密度的增加而增加，当初始播种密度达到一定数值时，生物量不再随初始播种密度而变化；进一步分析发现，虽然存活基株密度总是随着初始播种密度的增加而增加，但收获时间越晚，存活基株密度越低，也就是说最终的生物量在很大程度上取决于单个存活基株的生物量（图 3-16）。

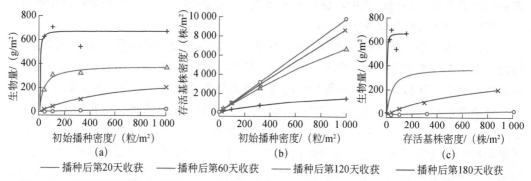

图 3-16　不同密度播种以及不同时间收获的黑麦草种植实验（引自 Weiner and Freckleton，2010）

————播种后第20天收获　　————播种后第60天收获　　————播种后第120天收获　　————播种后第180天收获

最终产量恒定法则可用下式表示：

$$Y = \bar{W} \times d = K_i$$

式中，$\bar{W}$ 为植物个体平均质量；d 为密度；Y 为单位面积产量；K_i 为常数。

（2）−3/2 自疏法则：随着播种密度的增加，种内竞争不仅影响植物生长发育的速度，还会影响植物的存活率。在年龄相等的固着性动物种群中，个体无法逃避竞争，通常会导致较少数量但较大个体的存活。这个过程被称为自疏（self-thinning），也就是同一种群内个体因对限制性资源的激烈竞争，导致个体的生长受到抑制，进而部分个体死亡，使得种群密度下降的现象。自疏导致了生物密度与生物个体大小之间的关系在双对数图上呈现出典型的−3/2 斜率，即−3/2 自疏法则。这一规律已经在许多植物和固着性动物（如藤壶和贻贝）中得到验证（图 3-17）。

该法则可用下式表示：

$$\bar{W} = C \times d^{-3/2}$$

两边取对数，得

$$\lg \bar{W} = \lg C - \frac{3}{2}\lg d$$

式中，$\bar{W}$ 为植物个体平均质量；d 为植物密度；C 为常数。

该法则表明，在一个生长的自疏种群中，质量增加比密度减少得更快。然而，斜率的确切数值可能会因种类而存在一些变化。

最终产量恒定法则和−3/2 自疏法则都是经验法则，在许多种植物密度实验中都得到了验证。然而，对于−3/2 自疏法则尚未有完全的机理性解释。

已有研究表明，对于非固着生活的动物，代谢率与个体大小之间的关系可能呈现出斜率为−4/3 的自疏线。考虑到资源供应的变化、潜在关系的变化，以及动物的自疏作用

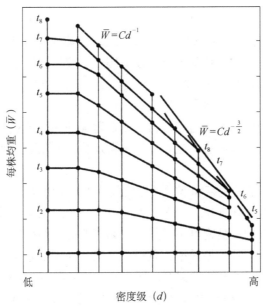

图 3-17 植物密度与平均个体大小之间的关系（引自李博等，2000）

可能依赖于领域行为而不仅仅是食物的可利用性，动物的自疏作用很可能不同于植物，不完全符合常规的自疏定律（Begon et al.，2006）。密度效应作为种内竞争的基本规律，对于优化农业生产、养殖业中的投入产出比例，以及提高生态修复过程中的固碳效率等都具有重要的指导意义。

3. 互惠性关系：集群行为

（1）集群：集群（aggregation 或 colony）现象普遍存在于自然种群中。同一种生物的不同个体或多或少都会在一定的时期内生活在一起，从而保证种群的生存和正常繁殖，因此集群是一种重要的适应性特征。在一个种群当中，一些个体可能生活在一起而形成群体，而另一部分个体可能孤独生活。例如，尽管大部分狮子以家族方式进行集群生活，但是另一些个体则孤独地生活着。按照集群的形式及动物群的时间性和稳定性，可以将其分为三类。①临时性集群：这类集群是不稳定的，个体之间一般没有特别的联系和一定的群体结构，有的个体经常从集群中分离出去，而另一些新个体又不时地加入进来，集群的成员是不断交换的。②季节性集群：在一些季节里，营集群生活，而在另一些季节里，则营单体或家族生活。一般说来，繁殖季节的鸟类分散营巢、产卵、育雏，为家族生活方式，在其他季节则营集群生活。某些两栖动物具有在冬季休眠期前集中在一起的习性。③稳定性集群：在这类集群中，个体与个体之间相互依赖，有的还具有一定的组织，如许多有蹄类会集结成游牧群，不断地在分布区中移动，过着游牧生活。灵长类的集群也是稳定性的，且群体内还有严格的等级制。

虽然临时性集群也有一定的生态学意义，但研究重点仍然是相对稳定的季节性集群和稳定性集群。

动物界有许多种类都是营集群生活的，目前已经知道许多种昆虫和脊椎动物的集群能够产生有利的作用。同一种动物在一起生活所产生的有利作用，称为集群效应

（grouping effect）。集群的生态学意义主要表现在以下几个方面。①有利于改善小气候条件，如帝企鹅（*Aptenodytes forsteri*）在冰天雪地繁殖基地的集群，能改变群内的温度，并减小风速；社会性昆虫的群体甚至可以使周围的温度、湿度条件相对稳定。②合作捕食，如狼群、狮群都能分工合作，围捕有蹄类；甚至不同种的个体也会"联合行动"，共同捕食。③共同防御天敌，如斑马、鹿类的集群。④有利于动物的繁殖和幼体发育，如洄游鱼类的产卵洄游是对繁殖的适应；再如集群营巢的鸟类数量减少时，可以使雌鸟的产卵期延长，对幼鸟的哺育期也会延长。⑤集群迁移，如旅鸟、河游鱼类及群居型的飞蝗等。

动物的集群行为对于其生存和繁衍具有至关重要的作用（图 3-18）。随着种群密度的增加，个体间的竞争和空间拥挤可能对种群的持续增长产生抑制效应，从而对整个种群产生负面影响。在适宜的种群密度下，集群行为能够促进种群的增长，但如果种群密度过低，低于阿利阈值，则种群增长率为负值，可能增加灭绝的风险。这种现象揭示了种群密度与个体适应性之间的非线性关系，即阿利定律（Allee's law），其由美国生态学家沃德·克莱德·阿利（Warder Clyde Allee）首次描述。根据这一定律，当种群密度降至某一临界水平以下时，个体的繁殖成功率将显著下降，即种群增长率在低种群密度下有逆密度依赖性，这种现象称为阿利效应（Allee's effect）。

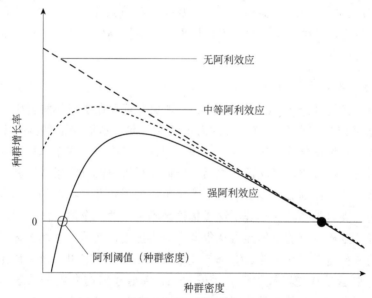

图 3-18 种群增长率与种群密度的相互关系

无阿利效应：某些物种的种群密度较小时，种群增长率最高。强阿利效应：另一些物种，存活率在中等密度大小时种群增长率最高。中等阿利效应：介于两者之间

阿利效应可通过多种机制产生，包括但不限于寻找配偶的限制、捕食防御、社会功能障碍、近亲繁殖及生物与环境之间的正反馈等。这些机制导致在低密度时种群的单位个体增长率与种群密度呈正相关，即种群密度越低，个体的繁殖成功率越低。

（2）领域行为：领域（territory）是由个体、家庭或其他社群单位所占据的、积极保卫、不让同种其他成员入侵的空间。分散利用领域的动物营单体（solitary）或家族

（family）生活方式，即种群内的个体、雌雄个体或家族占有一小块空间（领域），该空间内通常没有同种的其他个体同时生活。资源分布类型在决定动物领域性上有重要作用。

根据动物对这个空间的保护和防御程度不同，通常可分为下列三种情况：①有些动物积极保护个体或家族的领域，不允许同种的其他个体入侵，因此有时就会出现种内个体之间争夺领域的直接冲突；②有些动物仅积极保护整个活动领域的核心部分，即其巢穴的邻近部分，这时可以将其整个活动领域称作家域，不允许同种其他个体入侵的核心部分则称为领域；③有些动物只是分别生活，没有固定的受保护的个体领域。

动物保护领域的行为称为领域行为（territorial behavior）。领域行为是动物的一种空间行为，同时也是一种社会行为，它主要指向于种群内其他个体。保护领域的方式很多，如以鸣叫、气味标志或特异的姿势向入侵者宣告其领域的范围；以威胁或直接进攻驱赶入侵者。具有领域行为的种类在脊椎动物中最多，尤其是鸟、兽，某些节肢动物，特别是昆虫也具有领域行为。保护领域的意义主要是保证食物资源、营巢地，从而获得配偶和养育后代。

分散利用领域生活方式的生态学意义如下。①保证食物的需要：领域的划分保证了单体或家族有充足的食物，这不但对成体有利，而且对幼体的抚育更重要。领域隔离现象在繁殖季节最明显，说明动物的领域行为主要是为了保护幼体，使其免受天敌之害，而保证食物资源则是第二位。②保证有营巢地和隐蔽所：隐蔽所的作用不仅仅在于防御天敌，也可用于抚育和保护后代。③调节种群密度：领域的存在和对领域的保卫行为，限制了一定地区的种群密度，促使种群分散，不至于因为过分拥挤而产生有害的影响。

（3）社会等级：社会行为是指许多同种动物个体生活在一起，这些个体在觅食、繁殖、防御天敌、保护领域等方面表现出集体行为，是一种利他与互利的行为。社会行为涉及的内容很多，如空间行为中的占区和结群，生殖行为中的求偶、交配和亲代抚育，同种个体间的通讯行为，以及利他行为均属于社会行为的重要组成部分。上述社会行为均在有关章节专门介绍，在此仅重点介绍社会行为中的另一重要内容——社会等级。

社会等级（social hierarchy）是指动物种群中各个体的地位具有一定顺序等级的现象。社会等级形成的基础是支配行为，或称支配-从属（dominant-submissive）关系。支配-从属关系有三种基本形式：①独霸式（despotic），种群内只有一个个体支配全群，其他个体都处于相同的从属地位，不再分等级；②单线式（linear），种群内个体呈单线支配关系，甲支配乙，乙支配丙；③循环式（cyclic），种群内个体甲支配乙，乙支配丙，而丙又支配甲。

在动物界，特别是在结群生活的物种中，社会等级是一种普遍现象。在许多自然种群中，支配-从属关系并不简单，往往是两种或三种形式的组合。一群新形成的鸡种群开始时可能形成循环式关系，但随着时间的推移，逐渐形成稳定的单线式关系。社会等级的稳定并不是永恒不变的，低等级个体如果不服从，可能会引发新的争斗，胜者将占据优先位置。社会等级的高低可能与雄性激素水平、体力、体型、体重、成熟程度、打斗经验、是否受伤或疲劳等因素有关。通常来说，高等级的优势个体通常比低等级的从属个体更强壮、体重更大、成熟程度更高，并具有更丰富的打斗经验。在社会等级稳定的群体中，个体往往生长速度更快，产卵数量更多，这是因为在社会等级不稳定的群体中，个体之间的争斗会消耗大量能量。

社会等级的形成在生物学上具有重要意义。首先，社会等级的形成有助于减少种群内资源的争夺和格斗，使得环境更加稳定和具有非争斗性。这种稳定性有助于减少个体之间因为争斗而消耗能量。其次，社会等级的形成使得优势个体在食物、栖息地、配偶选择等方面拥有优先权，确保了种内强者能够首先获得繁殖和生育后代的机会，有利于物种的生存、延续和种群数量的调节。当资源短缺时，优势个体由于能够优先获取食物等资源而生存下来，而从属个体可能会饥饿甚至死亡。优势个体在竞争中能够获得领地和配偶，有助于物种的生存和延续，而从属个体则可能无法获得正常的繁殖机会，从而在控制种群增长和调节种群数量方面发挥作用。

社会性群体形成的害处主要表现在以下三个方面：增加了对食物、配偶的竞争；增加了感染传染病和寄生虫的概率；增加了骗取育幼和干扰育幼的概率。

二、种间关系

（一）排斥性关系：种间竞争

竞争现象普遍存在于各种生态系统当中，是调节种群增长的重要因素之一。竞争可以发生在同一物种的不同个体之间，也可以存在于不同物种的个体之间。种间竞争就是指几种生物利用同一种有限资源所产生的相互抑制作用。种间竞争的结果常是不对称的，即一方取得优势，而另一方被抑制甚至被消灭。竞争的能力取决于物种的生态习性、生活型和生态幅等。

1. 竞争排斥原理

1934～1935 年，俄罗斯生物学家高斯（Gause）以原生动物双小核草履虫（*Paramecium aurelia*）和大草履虫（*P. caudatum*）为竞争对手，观察在分类和生态习性上都很接近的这两个物种的竞争结果。当将两个物种分别在酵母介质中培养时，双小核草履虫比大草履虫生长快。当把两个物种加入同一培养器中时，双小核草履虫在混合物中占优势，最后大草履虫死亡消失（图 3-19）。高斯以草履虫竞争实验为基础提出了高斯假说，后人将其发展为竞争排斥原理（principle of competitive exclusion），其主要内容可以概括为：在一个稳定的有限资源的环境内，两个具有相同资源利用方式的物种不能长期共存在一起，即完全的竞争者不能共存。Park 和 Burrows（1942）、Park（1954）将赤拟谷盗（*Tribolium castaneum*）及杂拟谷盗（*T. confusum*）混养的实验，以及 Tilman 等（1981）用两种淡水硅藻和针杆藻所做的实验都得到了相同的结果。

对于自然种群，符合竞争排斥原理的例子也很多。例如，太平洋的许多岛屿上都曾分布有缅鼠（*Rattus exulans*），后来，随着交通运输事业的发展，黑家鼠（*R. rattus*）和褐家鼠（*R. norvegicus*）也常随船只来到这些岛屿。由于"外来客"与"老住户"食性相近，彼此便出现剧烈的竞争，结果，竞争能力较差的缅鼠被排挤而灭绝。还有一个著名的例子：当东美灰松鼠（*Sciurus carolinensis*）进入英国后，原产大不列颠岛及其周围大部分地区的栗松鼠（*Sciurus vulgaris*）由于竞争而灭绝。这些例子说明外来种进入某地

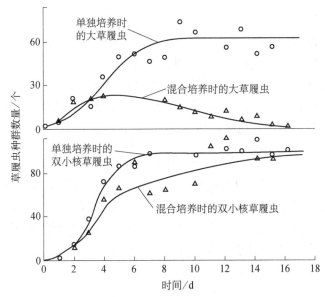

图 3-19　两种草履虫单独和混合培养时的种群数量变化

时，可能与当地生态位相似的物种发生竞争，这是引种工作所应重视的问题。

2. 种间竞争模型

在种群增长特征中，我们曾经介绍了种群在有限环境中的增长模型：

$$\mathrm{d}N/\mathrm{d}t = rN(1-N/K)$$

这是单一种群的增长情况，它只考虑到种内竞争，即种群内部每增加一个个体，对种群本身增长的抑制作用为 $1/K$。

如果有两个相互竞争的物种——物种 1 和物种 2，它们都利用同一资源，那么上述的方程应当改写如下。

对于物种 1：$\qquad\qquad \mathrm{d}N_1/\mathrm{d}t = r_1 N_1(1-N_1/K_1-\alpha_{12}N_2/K_1)$

对于物种 2：$\qquad\qquad \mathrm{d}N_2/\mathrm{d}t = r_2 N_2(1-N_2/K_2-\alpha_{21}N_1/K_2)$

上述方程的唯一改变只是分别增加了 $\alpha_{12}N_2$ 或 $\alpha_{21}N_1$，改变后的方程表明：物种 1 的增长，除了受种内竞争的影响，即物种 1 同种每增加一个个体的抑制作用（$1/K_1$），也受种间竞争的抑制作用，物种 2 每增加一个个体，也对物种 1 的增长起着 α_{12}/K_1 的抑制作用；同样，物种 2 的增长，也是既受同种个体的抑制作用（$1/K_2$），又受物种 1 个体 α_{21}/K_2 的抑制作用。这里 α_{12} 和 α_{21} 称为竞争系数，α_{12} 表示物种 2 每增加一个个体对物种 1 增长所产生的抑制作用系数，α_{21} 则表示物种 1 每增加一个个体对物种 2 增长所产生的抑制作用系数。例如，两个物种在争夺同样的食物时，物种 2 所吃的量是物种 1 的 3 倍，那么，α_{12} 就等于 3，换句话说，物种 1 对自身的抑制效应是 $1/K$，而物种 2 对物种 1 的抑制效应便是 $3/K_1$（α/K_1）。

这个微分方程组表示什么意义？它们的解是什么？简单起见，可以用图解来说明。首先只考虑单个物种在种间竞争时的增长情况。先看看什么情况下物种 1 不再增长：

$$\mathrm{d}N_1/\mathrm{d}t = r_1 N_1(1-N_1/K_1-\alpha_{12}N_2/K_1)=0$$

即 r_1N_1 和（$1-N_1/K_1-\alpha_{12}N_2/K_1$）两式相乘要等于 0；因为物种 1 存在时，$r_1N_1$ 不可能等于 0，因此只能是 $1-N_1/K_1-\alpha_{12}N_2/K_1=0$；上述各项乘以 K_1，后移项得直线方程：$N_1+\alpha_{12}N_2=K_1$；当 $N_1=0$ 时，则 $N_2=K_1/\alpha_{12}$；当 $N_2=0$ 时，则 $N_1=K_1$。

由此可得物种 1 的增长平衡线，如图 3-20 所示；同理可得物种 2 的增长平衡线。在图 3-20 中，直线（增长平衡线）上的任意一点表示环境容纳量（K_1）所允许的物种 1 和物种 2 的最大个体数的总和，这时，种群停止增长：

$$N_1 + \alpha_{12}N_2 = K_1, \frac{\mathrm{d}N_1}{\mathrm{d}t} = 0$$

当 $N_2=0$ 时，$N_1=K_1$；当 $N_1=0$ 时，则 $N_2=K_1/\alpha_{12}$；当两个物种的数量总和位于直线外侧的任意一点上时，假定物种 2 的数量不变，那么，由于 $N_1+\alpha_{12}N_2>K_1$，因此，N_1 的数量一定会下降，向平衡线方向水平移动；相反，当两个物种的数量总和位于直线内侧的任意一点上时，假定物种 2 的数量不变，那么，由于 $N_1+\alpha_{12}N_2<K_1$，因此，N_1 的数量一定会上升，也是向平衡线方向移动。

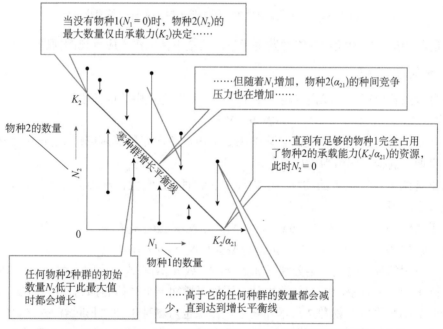

图 3-20　Lotka-Volterra 模型预测了种群如何因种内和种间资源竞争而变化
（引自 Sher and Molles，2022）

横轴表示物种 1 的数量（N_1），纵轴表示物种 2 的数量（N_2）。物种 2 的零种群增长平衡线（蓝色）表示可以维持的最大种群数量，即当 dN_2/dt=0 时。该直线的斜率由携带容量（K_2，种内竞争的函数）和种间竞争对另一物种的影响（α）决定。物种 2 的点 K_2/α_{21} 表示该物种的个体不存在，但容量已被物种 1 全部占据。黑色箭头显示了物种 2 的任何给定数量如何根据其是否在零种群增长平衡线上方或下方而变化（增加或减少）

在图 3-20 中，假定物种 1 的数量不变，同样地，物种 2 的数量无论是在平衡线的外侧或在内侧，也都是向平衡线方向移动。上面的数量变动分析都是只考虑单一物种的环境容纳量，而且假定另一竞争物种的数量不变。如果把两个竞争物种的平衡线放在同一图上，就能得到两个物种在一起竞争时可能产生的 4 种结局（图 3-21）。

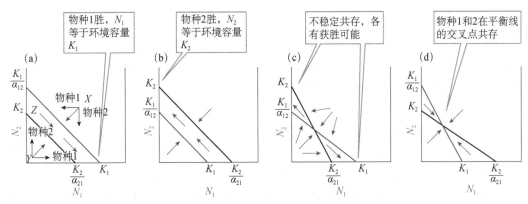

图 3-21　Lotka-Volterra 模型预测的竞争结果的可能性由物种 1（绿色）和物种 2（蓝色）的
种群零种群增长平衡线确定（引自 Sher and Molles，2022）

在图 3-21（a）中，当两个物种的数量总和位于 X 点时，和图 3-20 所说明的一样，N_1 和 N_2 都下降，其结果矢量是向平衡线移动；当两个物种的数量总和位于 Y 点时，则 N_1 和 N_2 都上升，其结果矢量也是向平衡线移动；但是，当两个物种的数量总和位于 Z 点时，两条直线之间或两条直线上，则 N_1 上升，而 N_2 下降，其结果矢量向 $N_1=K_1$、$N_2=0$ 的方向移动，也就是说，种间竞争的结果是物种 1 获胜，物种 2 灭亡。图 3-21（b）、（c）、（d）也是用系统的方法导出的。从图 3-20 可以发现，种间竞争的结果主要取决于双方的竞争抑制作用（α_{12} 和 α_{21} 的大小）及其 K 值的相对大小。α_{12}、α_{21}、K 与种间竞争结果的关系总结在表 3-8 当中。

表 3-8　种间竞争的 4 种结局与 α_{12}、α_{21} 和 K 的关系

物种 1	物种 2	竞争结局
$K_1 > K_2/\alpha_{21}$	$K_2 < K_1/\alpha_{12}$	图 3-21（a）物种 1 胜，物种 2 灭亡
$K_1 < K_2/\alpha_{21}$	$K_2 > K_1/\alpha_{12}$	图 3-21（b）物种 2 胜，物种 1 灭亡
$K_1 > K_2/\alpha_{21}$	$K_2 > K_1/\alpha_{12}$	图 3-21（c）不稳定平衡，两种各有胜负可能
$K_1 < K_2/\alpha_{21}$	$K_2 < K_1/\alpha_{12}$	图 3-21（d）稳定平衡，两种共存

给定每个物种（N_1 和 N_2）的初始丰度，这些图表展示了种群如何响应竞争而变化，直到达到稳定点。图 3-21 中，红色箭头显示了预测的物种 1 和物种 2 的种群变化的综合轨迹。图 3-21（a）中，物种 1 的等斜线大于物种 2 的等斜线；图 3-21（b）中为相反的情况，即物种 2 将占主导地位；图 3-21（c）为两个物种（即 $K_1 > K_2/\alpha_{21}$ 和 $K_2 > K_1/\alpha_{12}$）的种间竞争大于种内竞争的结果；图 3-21（d）为两个物种（即 $K_1 < K_2/\alpha_{21}$ 和 $K_2 < K_1/\alpha_{12}$）的种内竞争大于种间竞争的情况。如何从生态学的角度来理解这些结局与 α_{12}、α_{21}、K 的关系呢？显然，环境容纳量 K 值越大，种内竞争强度就越小，因此 $1/K$ 值的大小与种内竞争强度呈正比关系，可以作为衡量种内竞争强度的指标。

α_{21}/K_2 等于 $\alpha_{21} \times (1/K_2)$，$\alpha_{21}$ 值反映了物种 1 对物种 2 的种间竞争强度，而 $1/K_2$ 反映了物种 2 的种内竞争强度。同理，K_1/α_{12} 既反映了物种 2 对物种 1 的种间竞争强度，又反映了物种 1 的种内竞争强度。因此，种间竞争的第一种结局为 $K_1 > K_2/\alpha_{21}$、$K_2 < K_1/\alpha_{12}$。取其倒数：$1/K_1 < \alpha_{21}/K_2$、$1/K_2 > \alpha_{12}/K_1$，它们表明，物种 1 的种内竞争强度小，种间竞争强度大；而物种 2 的种内竞争强度大，种间竞争强度小；这种情况下，就会产生物种 1

胜、物种 2 灭亡的竞争结局。

种间竞争的第二种结局正好相反，为 $1/K_1>\alpha_{21}/K_2$、$1/K_2<\alpha_{12}/K_1$，即物种 2 的种内竞争强度小，间竞争强度大；而物种 1 的种内竞争强度大，种间竞争强度小；这种情况下，就会产生物种 2 胜、物种 1 灭亡的竞争结局。

种间竞争的第三种结局是 $1/K_1>\alpha_{21}/K_2$、$1/K_2>\alpha_{12}/K_1$，即两个物种都是种内竞争强度大于种间竞争强度，这时候出现稳定共存的结局。

种间竞争的第四种结局是 $1/K_1<\alpha_{21}/K_2$、$1/K_2<\alpha_{12}/K_1$，即两个物种都是种内竞争强度小于种间竞争强度，这时候出现不稳定的平衡，双方各自都有获胜的可能。

总之，种间竞争方程的生态学含义是如果两个竞争物种的种内竞争比种间竞争激烈，就可能出现两个物种稳定的共存；否则，如果种间竞争比种内竞争激烈，就不可能有稳定的共存，结果将是一者胜，另一者亡。胜者的特征是其种间竞争强度大于种内竞争，败者的特征则相反。种间竞争方程说明了两个竞争物种在一起共同生活可能有两种结果：①一个竞争物种获胜而另一个竞争物种被排斥而灭亡，即图 3-21（a）、（b）、（c）；②两个竞争物种能够稳定共存，即图 3-21（d）。种间竞争方程的这两种结果能够完全代表自然界当中物种之间的竞争结局。

（二）利用性关系：捕食、植食与寄生

1. 捕食作用

捕食（predation）可定义为一种生物摄取其他种生物个体的全部或部分为食，前者称为捕食者（predator），后者称为猎物或被食者（prey）。这一广泛的定义包括：①典型的捕食，它们在袭击猎物后迅速杀死而食之；②食草，它们逐渐地杀死对象生物（或不杀死），且只消费对象个体的一部分；③寄生，它们与单一对象个体（寄主）有密切关系，通常生活在寄主的组织中。捕食者也可分为以植物组织为食的食草动物（herbivores）、以动物组织为食的食肉动物（carnivores）以及以动植物两者为食的杂食动物（omnivores）。

在捕食关系中，作为猎物的动植物往往都形成了保护自己的身体结构（如椰子和乌龟的厚壳）或对策。植物主要利用化学防御（chemical defences），如在体内贮存有毒次生性化合物来逃避捕食；而被捕食动物则形成了一系列行为对策（behavioral strategies）来防御捕食者。

一方面，不同的捕食者需要在不动的但是有化学防御性的猎物与能动的行为复杂的但是美味的猎物之间进行权衡，从而在草食者与肉食者之间形成了特定的进化趋异。上述现象特别在内温性哺乳动物中很突出，其 12 个主要目中只有 1 目（灵长目）是杂食者，1 目（食肉目）包含了几乎所有以其他哺乳动物为食的肉食者（猫类、犬类、熊类、鬣狗类等），1 目鳍足目（海狮、海豹和海象）为海洋肉食性哺乳动物，3 目是专性昆虫捕食者（蝙蝠、鼩鼱、食蚁兽），而剩余 6 目几乎全是草食者（象、海牛、马、反刍动物、兔和啮齿动物）。

另一方面，捕食者之间的食物种类变化很大。一些捕食者是食物选择性非常强的特化种（specialists），仅摄取一种类型的猎物，而另一些是泛化种（generalist），可吃多种类型的猎物。草食性动物一般比肉食性动物更加特化，或是吃一种类型食物的单食者

（monophagous），或是以少数几种食物为食的寡食者（oligophagous），它们集中摄食具有相似防御性化学物质的很少几种植物。而草食性动物中的泛化种（或广食者，polyphagous）可通过避免取食毒性更大的部分或个体，而以一定范围的植物种类为食。

动植物的寄生者（parasites）都是特化种。例如，大多数蚜虫（植物寄生者）的食物种类高度集中，约 550 种英国蚜虫中的 80%取食同一属寄主植物。与此类似，有蛲虫（Enterobius sp.）寄生的 13 种灵长目寄主（包括人）都是被一种特化了的蛲虫所感染。

相反，个体较大的肉食者和食草者一般食谱较广，因此大部分草食性哺乳动物相对而言是广食者。以上规律也有例外，既有单食性的哺乳动物（专性吃竹的大熊猫，专性以桉树叶为食的考拉熊），也有广食性的寄生者（如桃-土豆蚜虫，可寄生在 500 多种植物上）。下面首先介绍典型的捕食作用。

2. 捕食者与猎物

（1）捕食者与猎物的协同进化：捕食者与猎物之间的相互作用是通过长期的协同进化过程形成的。捕食者发展出一系列适应性特征，如锐利的牙齿、锋利的爪子、尖锐的喙和有毒的牙齿等，以及采用诱饵追击、集体围猎等策略，以提高捕食效率。与此同时，猎物也演化出一系列防御机制，包括保护色（cryptic coloration）、警戒色（warning coloration）、拟态（mimicry）、假死、快速逃跑、集体防御和报警鸣叫等，以提高逃避捕食的能力。自然选择促使捕食者提升捕食效率，促使猎物增强逃避捕食的能力，这两种选择方向是相互对立的。捕食者为了生存必须变得更精明和更擅长捕猎，而猎物为了生存也必须进化出更有效逃避捕食的特征，这种相互适应的过程类似于一场"军备竞赛"。Ehrlich 和 Raven（1964）首次将这种进化模式定义为协同进化。Jazen（1980）进一步将协同进化定义为：一个物种的特征作为对另一物种特征的反应而进化，而这一物种的特征又作为对前一物种特征的反应而进化。为了维持种群平衡并避免灭绝，猎物必须不断进化出新的防御策略来对抗捕食者，而捕食者也必须进化出新的捕食策略来应对猎物的防御，这种相互作用的进化过程体现了捕食者与猎物之间的协同进化关系。

在捕食者与猎物的协同进化中，捕食行为的"副作用"逐渐减少，捕食者常避免捕食繁殖期的猎物以维持猎物的繁殖力。捕食通常针对年老、体弱或遗传劣势的个体，这有助于猎物种群淘汰适应性差的个体，防止疾病和不利基因传播。人类在利用生物资源时，应模仿"明智的捕食者"，避免过度捕猎，以免造成猎物种群崩溃和生态系统退化。

（2）猎物-捕食者模型：一些例子表明，捕食者与猎物种群因为两者多度上的耦合波动而联系在一起（图 3-11），但在更多的例子中，捕食者与猎物种群的多度波动毫无关联。很明显，生态学家的一项主要任务就是深化对于各种捕食者-猎物多度模式的认识，并解释不同案例间的差异。

猎物-捕食者模型（基于 Lotka-Volterra 模型）是一个简单而有价值的模型。该模型做了以下简单化假设：①相互关系中仅有一种捕食者与一种猎物；②如果捕食者数量下降到某一阈值以下，猎物数量就上升，而捕食者数量如果增多，猎物数量就下降，反之，如果猎物数量上升到某一阈值，捕食者数量就增多，而如果猎物数量很少，则捕食者数量就下降；③猎物种群在没有捕食者存在的情况下按指数增长，捕食者种群在没有猎物的条件下按指数减少，即 $dN/dt=r_1N$，$dP/dt=-r_2P$，其中 N 和 P 分别为猎物和捕食者密度，r_1 为猎物种群增长率，$-r_2$ 为捕食者的死亡率，t 为时间。

当猎物和捕食者共存于一个有限空间时，猎物种群增长因捕食而降低，其降低程度取决于：①猎物和捕食者密度（N 和 P），因二者决定了捕食者与猎物的相遇频度；②捕食者发现和进攻猎物的效率 ε，即平均每一个捕食者捕杀猎物的常数。因此猎物方程为

$$dN/dt=r_1N-\varepsilon PN$$

同样，捕食者种群将依赖于猎物而增长，设 θ 为捕食者利用猎物而转变为更多捕食者的捕食常数，则捕食者方程为

$$dP/dt=-r_2P+\theta PN$$

上面两个方程即为捕食者-猎物模型。图 3-22（a）表示猎物种群的零生长等斜线，是捕食者的临界密度。猎物零增长，即 $dN/dt=0$ 时，$r_1N=\varepsilon PN$ 或 $P=r_1/\varepsilon$。因为 r_1 和 ε 均是常数，所以猎物零生长等斜线是一条直线。当捕食者种群超过该密度时，则猎物种群由被捕食导致的死亡率超过出生率，N 减少，反之 N 增加。图 3-22（b）表示捕食者种群的零生长等斜线，这时 $N=r_2/\theta$，是猎物的临界密度。当猎物种群低于该密度时，捕食者种群会因为饥饿而数量下降，反之，数量上升。将以上两条等斜线与猎物和捕食者的数量变化结合起来，就得到猎物和捕食者共同的瞬时数量变化［图 3-22（c）和（d）］。几乎不管捕食者和猎物的起始数量如何（只要两者数量大于零），就会出现一个循环模式：猎物数量上升，紧跟着捕食者数量也上升，而后者数量的上升会减少前者数量，最后导致后者数量也下降。这样，猎物数量又开始上升，循环再次开始。注意图 3-22 所示的循环模式代表单一结果，不同的起始数量会导致不同量级的循环。另外，模型预言的周期性振荡对外界干扰很敏感，外界环境改变会导致循环量级的改变。

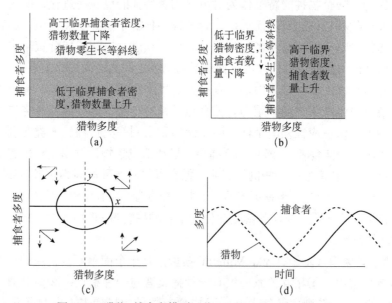

图 3-22　猎物-捕食者模型（仿 Mackenzie et al.，2001）

（a）猎物零生长等斜线；（b）捕食者零生长等斜线；（c）结合两等斜线得出捕食者与猎物共同的瞬时数量变化（实线箭头为猎物数量变化；虚线箭头为捕食者数量变化），最大猎物数量发生在 x 而最大捕食者数量发生在 y；（d）是对（c）中所示捕食者与猎物数量对时间作图的双循环

（3）自然界中捕食者对猎物种群大小的影响：自然界中捕食者和猎物种群的相互动态复杂多样，很多状况不能以猎物–捕食者模型所预测的一种结局来概括。在自然界中，一种捕食者与一种猎物的相互作用，很难满足猎物–捕食者模型所假定的那样，孤立于其他物种或环境之外。在同一个自然生态系统内，往往有多种捕食者捕食同一种猎物，同一种捕食者也能捕食多种猎物。如果捕食者是多食性的，可以选择不同的食物，当一种猎物种群数量下降时，就会转而捕食另一猎物种群，并因此对猎物种群起稳定作用。

在自然界中，关于捕食者是否能有效调节猎物种群大小的问题存在两种主要观点。①捕食者对猎物种群总死亡率的贡献相对较小，因此捕食者的移除对猎物种群的影响有限。例如，在田鼠的捕食者中，蛇只是其中之一，因此蛇的移除对田鼠种群数量的影响微乎其微。②捕食者主要捕食那些超出环境承载力的猎物个体，因此对猎物种群的最终大小没有显著影响。对斑尾林鸽（*Columba palumbus*）的人为猎取案例表明，猎取活动虽然降低了斑尾林鸽越冬期间的死亡率（可能减小了食物短缺时的竞争压力），但对斑尾林鸽的净数量没有显著影响。这些研究结果表明，捕食者在调节猎物种群大小方面的作用可能比预期的要有限。

然而，也有大量证据表明捕食者对猎物种群数量具有显著影响。一个典型的例子是将捕食者引入热带岛屿后导致的多次物种灭绝事件。例如，在太平洋的关岛引入林蛇后，导致了 10 种本地鸟类的消失或数量大幅减少。在这些案例中，猎物种群处于明显的劣势，因为它们缺乏应对捕食压力的进化历史和相应的反捕食策略。然而，当猎物种群长期面临捕食压力时，捕食者的影响同样显著；但在捕食者种群数量主要受巢址或领域可获得性等非猎物因素限制的情况下，捕食者对猎物种群数量的调节作用似乎较小。

（4）捕食者的捕食对策与食物选择：觅食行为（foraging behavior）是动物生存和繁衍的基础，涉及摄取食物以获取能量的过程。自然选择促使动物优化觅食策略（foraging strategy），以最大化净收益，即提高觅食效率。决定觅食收益的关键因素包括食物选择、摄食量及时空分布。最佳觅食策略（optimal foraging strategy）旨在捕食者以最低的能量和时间成本获取最大的能量收益，这涉及最佳捕食效率和食物选择。MacArthur 和 Pianka（1966）研究指出：①搜寻者（searcher）倾向于宽食谱，以缩短觅食时间；②处理者（handler）则倾向于特化食谱，以提高单位处理时间的能量回报；③在低生产力环境中，捕食者更可能拥有宽食谱；④捕食者会避免低利润食物，无论其环境丰富度如何。这些原则指导动物在不同生态条件下调整其觅食行为，以实现能量最大化。

野外实验的观察结果为理解动物在自然环境中的觅食行为提供了重要证据。Davies（1977）研究了白鹡鸰（*Motacilla alba*）捕食粪蝇的行为，发现这种鸟偏好捕食中等大小的猎物，其选择的猎物大小与它们处理猎物的效率密切相关（图 3-23）。白鹡鸰避免捕食过小的猎物，因为尽管这些猎物易于捕获，但其能量不足以满足需求；同时，它们也不捕食过大的猎物，因为这需要过多的时间和投入。

3. 植食作用

植食（herbivory）行为被视为一种特殊的捕食形式，其显著特征在于植物作为食物源无法进行逃避，而植食动物对植物的摄食行为仅限于对植物部分组织的损害，植物剩余部分通常具有再生能力。

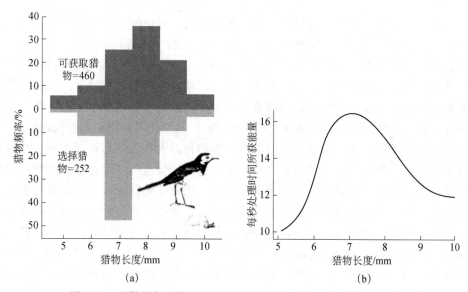

图 3-23　白鹡鸰在自然界的觅食情况（仿 Smith and Smith，2015）

（a）白鹡鸰明显倾向于捕食中等大小的猎物，选择猎物组成与可获取猎物组成相差明显；
（b）白鹡鸰选择最适大小的猎物使自己在单位处理时间所获得的能量最大

（1）食草对植物的危害及植物的补偿作用：植物遭受植食动物的损害程度会因损害部位和植物生长阶段的不同而有所差异。在生长季节的早期，栎树叶片的损害可能会显著减少木材的产量，而在生长季节晚期，叶片的损害对木材产量的影响可能较小。值得注意的是，植物并非完全被动地承受损害，而是通过一系列补偿机制来应对。例如，受损的枝叶可能会减少自然落叶，从而提高整株植物的光合效率。在繁殖期受损的植物，如大豆，能够通过增加种子的粒重来补偿豆荚的损失。此外，动物的啃食行为有时会刺激植物单位叶面积的光合效率提高。尽管植物不能主动逃避植食动物，但它们并未被完全消耗，这归因于植物与植食动物之间的协同进化。植食动物在进化过程中形成了自我调节机制，它们有节制地选择性取食，以避免对食物资源的过度消耗。

（2）植物的防卫反应：植物通过两种主要机制来防御捕食：化学防御和物理防御结构。有些植物体内含有大量有毒的次生化合物，如马利筋的强心苷、白车轴草的氰化物、烟草的尼古丁和卷心菜的芥末油，这些化合物可降低植物的可食性。此外，一些无毒化合物如单宁和蛋白酶抑制因子，也能降低植物的营养价值，使蛋白质难以被消化吸收。植物在遭受植食动物侵害后，会增加次生化合物的产生，这是一种资源分配的优化策略，仅在防御收益大于成本时才使用。例如，夏栎（*Quercus robur*）在 25% 的叶片被食后，剩余叶片上采叶蛾幼虫的死亡率显著上升。物理防御结构包括叶表面的微小茸毛、钩、倒钩和刺等，这些结构能有效阻止哺乳动物的取食。这些防御机制的大小和分布也会因植食压力而诱导产生。

（3）植物与植食动物种群的相互动态：植物-植食动物系统也称为放牧系统（grazing system），在放牧系统中，植食动物与植物之间具有复杂的相互关系，简单认为植食动物的牧食会降低草场生产力是错误的。例如，在乌克兰草原上曾保存着 500hm² 原始的针茅草原，禁止人们放牧。若干年后，那里长满杂草，变成不能放牧的地方。其原因是针茅的繁茂生长阻碍了其嫩枝发芽并大量死亡，使草原演变成了杂草草地。放牧活动能调节植物的种间关系，使牧场植被保持一定的稳定性。但是，过度放牧也会破坏草原群落。McNaughton 曾提出一个模型，用于说明有蹄类放牧与植被生产力之间的关系（图 3-24）。该模型描述了在放牧系统中，植食动物的采食行为在一定阈值内可促进植物净生产力的增加，但当放牧强度超出此阈值时，净生产力将开始下降。说明随着放牧强度的增加，系统将面临严重过度放牧的风险，这一模型对于牧场管理具有重要的指导意义。

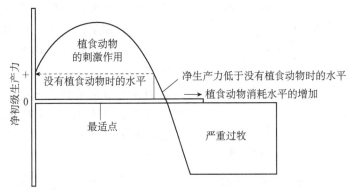

图 3-24　植食动物对植物净初级生产力影响的模型（仿孙儒泳等，1993）

4. 寄生作用

寄生是指一个物种（寄生物）在另一个物种（寄主）体内或体表寄居，同时依赖寄主的体液、组织或消化产物来获取营养而生存。寄生物主要分为两大类：微寄生物（microparasite）和大寄生物（macroparasite）。微寄生物，如病毒、细菌、真菌和原生动物，在寄主体内或表面繁殖；大寄生物，如无脊椎动物，寄生在寄主体内或表面但不繁殖。在动物界中，寄生蠕虫尤其重要，昆虫是植物界的主要大寄生物，特别是蝴蝶和蛾的幼虫以及甲虫成虫。拟寄生物（parasitoid）包括寄生蜂和蝇等昆虫大寄生物，它们在昆虫寄主体内或体表产卵，通常导致寄主死亡。大多数寄生物是活养寄生物（biotrophic parasite），即仅在活组织上生存；但也有如铜绿蝇（*Lucilia cuprina*）和某些植物真菌等尸养寄生物（necrotrophic parasite），能在寄主死亡后继续存活。

（1）寄生物与寄主的相互适应与协同进化：一方面，由于寄主组织环境相对稳定，许多寄生物的神经系统和感官系统退化。然而，为了维持物种的持续性，寄生物必须具备强大的繁殖力和发达的生殖器官，以确保对寄主的入侵和感染。寄生物通常拥有复杂的生活史，许多种类在不同阶段需要转换 2~3 种寄主，并且在不同寄主间可能展现不同的形态。在大多数情况下，有性繁殖仅发生在初级寄主上，若繁殖发生在其他寄主上，则为无性繁殖。

另一方面，寄主在被寄生物感染后会引发强烈的免疫反应。脊椎动物对微寄生物的感染会触发包括细胞免疫反应和体液免疫反应的免疫应答。细胞免疫反应涉及吞噬细胞如白细胞和 T 淋巴细胞的攻击和吞噬病原体。体液免疫反应则基于特定蛋白（抗体）的产生，由 B 淋巴细胞结合到病原体表面。若再次遭遇相同病原体，免疫记忆会迅速产生特异性抗体，增强免疫力。行为对策也对降低寄生程度至关重要。许多脊椎动物通过整理毛或羽来去除外寄生物。例如，北美驯鹿在夏季迁移到高处以躲避蚊子的攻击。植物和低等动物在受到寄生感染后也能提高免疫力，但其机制不如脊椎动物复杂。烟草被病毒感染后，会提高整个植物体的防御性化学物质水平，增强对多种病原体的抵抗力。植物对病原体的另一种反应是局部细胞死亡，如烟草叶片被病毒感染后，植物会杀死感染部位的细胞，剥夺寄生物的食物资源。

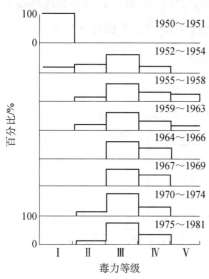

图 3-25   1951～1981 年不同时期在澳大利亚野兔种群中发现不同等级黏液瘤病毒的百分比的变化（仿 Begon et al.，2006）

每段纵坐标都是 0～100，横坐标 I 为毒力最弱

寄生物与寄主之间的相互作用经常导致协同进化，这可以减轻有害影响，甚至可能发展为互利共生的关系。例如，澳大利亚穴兔引入黏液瘤病毒的案例展示了寄主与病原体之间的协同进化。1950～1981 年，黏液瘤病毒的毒力逐渐从高降低至中等水平，并在此后维持了相对稳定的状态（图 3-25）。这种病原体毒力的减弱与宿主抗性的增强是同步进行的。

（2）寄生物与寄主种群的相互动态：寄生物与寄主种群的相互动态在某种程度上与捕食者和猎物的相互作用相似。寄主密度的增加加剧了寄主间的接触，为寄生物的广泛扩散和传播创造了有利条件，使寄主种群发生流行病并大量死亡。另外，脊椎动物寄主中许多微寄生物疾病会提高寄主的免疫力，使易感种群数量减小，疾病的传染力降低。然而，随着新的易感寄主加入种群（如新个体出生），传染病的感染力会再次增加。因此，这种传染病有循环的趋势，新的易感个体增加时上升，种群免疫水平上升时下降。与典型捕食者类似，寄生物可能会使寄主种群产生循环（周期性波动）现象。如实验室绿豆象（*Callosobruchus chinensis*）种群被拟寄生蜂（*Heterospilus proaopidus*）感染时就会发生循环。在被线虫寄生的苏格兰柳雷鸟（*Lagopus lagopus*）种群中可观察到循环，但未被线虫寄生的种群则没有该循环。

（3）社会性寄生物：在生态学中，社会性寄生物与真寄生物不同，它们不直接摄取寄主组织，而是通过操纵寄主动物来获取食物或其他利益。例如，杜鹃等鸟类的巢寄生行为，即"鸠占鹊巢"，就是一种社会性寄生现象。巢寄生行为在不同物种间存在，如在鸭类中较为普遍的种内巢寄生，寄生雌鸟会在其他个体的巢中产卵，导致寄主雌鸟减少自身的产卵量。而在种间巢寄生中，如欧洲的大杜鹃（*Cuculus canorus*）和北美的褐头牛鹂（*Molothrus ater*），它们将卵产在其他种鸟的巢中，并通常移除寄主巢中的一枚卵以保持巢中卵的数量不变。社会性寄生现象在蚂蚁和寄生蜂中也十分常见。例如，某些蚂蚁种类如毛蚁（*Lasius regina*）拥有工蚁，能够养育自己的幼体，但它们也可能迫使其他物种的工蚁来完成这一任务。专性寄生蜂则完全依赖其他物种养育其幼体，通常通过入侵其他蜂巢并控制或杀死原生蜂王来实现。在这种情况下，原生工蚁继续为巢中的幼体提供食物和服务，而寄生蜂王则在巢中产下自己的卵。这些行为展示了社会性寄生在生态系统中的复杂性和多样性。

（三）互惠性关系：共生

共生（symbiosis）是指两种生物之间的一种高度发展的缺一不可的相互依存状态。共生生物在生理上进行分工合作，相互交换生命活动的产物，并在组织结构上形成新的联合体。根据物种间利益关系的不同，共生可以分为互利共生和偏利共生两种类型。互利共生（mutualism）则指两个不同物种的个体之间形成互惠互利的关系，能够增强双方的适应性和生存能力。偏利共生（commensalism）是指两个不同物种的其中一方从另一方那里获得利益，而另一方既无明显益处也无损害。

共生关系在生物界中广泛存在。地衣是真菌与藻类共生的典型例子。等翅目昆虫与肠道微生物形成共生，微生物帮助昆虫消化纤维素，昆虫为微生物提供栖息地和营养。在豆科植物与根瘤菌的共生关系中，根瘤菌固定大气中的氮气，植物提供碳水化合物。反刍动物如牛、羊与瘤胃微生物的共生，以及人体与肠道菌群的共生，都展示了共生在生物健康中的重要性。共生现象在海洋生物中也十分常见，如小丑鱼与海葵、珊瑚与清洁鱼的共生关系。共生不仅对生物个体的生存至关重要，还对生态系统的氮循环和土壤肥力有显著影响，如根瘤菌固定的氮对生物固氮贡献巨大，有助于植物在贫瘠土壤中的生长。

1. 互利共生

互利共生包括专性互利共生（obligate mutualism）和兼性互利共生（facultative mutualism）。专性互利共生指双方必须长期合作才能生存，如地衣中的藻类与真菌共生，以及植物根系与菌根真菌的共生关系，后者在贫瘠土壤中尤为重要。兼性互利共生则涉及非固定配对的松散合作，如蜜蜂与多种植物间的传粉关系，以及豆科植物与根瘤菌的互利共生，后者在缺氮土壤中对植物有益。异型杂交植物依赖传粉动物进行基因交换，而传粉动物从植物处获得食物。一些植物与传粉动物间存在固定配对关系，如不同种类的蜂鸟具有不同形态的喙以专门采食相应形态的花（图3-26）；但多数植物与传粉动物间关系较为松散，传粉动物从多种植物获取食物。

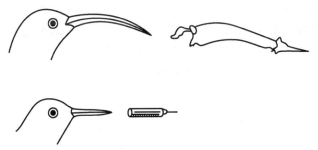

图 3-26 两种蜂鸟的喙与其采食花的形态（仿 Mackenzie et al., 2001）

风是扩散小型植物种子或孢子的主要媒介，而大型种子则主要依赖水或动物进行传播。动物扩散体，如啮齿类、蝙蝠、鸟类和蚁类，通过食用种子并在取食、储存和运输过程中无意间传播种子，从而在生态系统中扮演重要角色。这种传播方式虽然看似偶然，但对动植物双方均有益。此外，食果动物通过食用肉果并随后排泄种子，促进了种子的扩散，尤其在热带雨林中，75%以上的树木通过这种方式传播种子。植物通过进化出富含能量的肉果来吸引食果动物，这种互利共生关系在生态系统中广泛存在。然而，一些种子如刺果通过附着在动物毛皮上进行传播，并不涉及动物的直接利益，因此不构成互利关系。

互利共生关系有时表现为提供保护以抵御捕食者或竞争者。例如，在毒麦草与麦角科真菌的共生关系中，真菌在植物体内或叶面产生毒素，保护植物免受草食动物侵害。蚁类与植物间的互利共生关系也十分典型，植物提供含蛋白质和糖类的蜜腺液体，蚁类则保护植物免受捕食和竞争。在金合欢类植物与蚁类的共生关系中，蚁类通过提供保护来换取食物，实验表明蚁类的移除会增加植物的被采食频率，证明了蚁类的保护作用。这种互利共生关系减少了植物在防御化合物上的投资，凸显了蚁类在防御草食动物中的关键作用。

互利共生现象在动物的消化道和细胞内广泛存在。反刍动物的多室胃内共生着细菌和原生动物，这些微生物通过发酵分解纤维素等难消化物质，并合成维生素，辅助宿主消化。白蚁通过其消化道中的细菌分解纤维素，并通过食粪行为增加能量摄取。此外，一些白蚁和豆科植物一样，能与固氮细菌共生，当食物氮含量低时，这种共生关系对白蚁至关重要。在昆虫如蚜虫和蟑螂中，其细胞内的共生细菌合成氨基酸，参与氮代谢，这种共生关系是宿主和细菌共同进化的结果。这些互利共生现象在生态系统中扮演着关键角色，促进营养循环和提高生物多样性。

2. 偏利共生

偏利共生是指两个不同物种的个体之间发生的一种对一方有利的关系。一个典型的偏利共生例子是附生植物与被附生植物之间的关系。附生植物如地衣、苔藓等依靠被附生植物支持自己，从而获得更多的光照和空间资源。另一个例子是一些高度特化的䲟属（Echeneis）鱼类，它们的头顶前背鳍转化为由横叶叠成的卵形吸盘，利用这种吸盘固定在鲨鱼和其他大型鱼类身上，以便移动并获取食物。

偏利共生分为长期性和暂时性两种形式。在长期性偏利共生关系中，附生植物如地衣、苔藓和某些高等植物，通过依附在宿主植物上以获取光照和空间，而宿主植物通常不受显著影响。这种关系在热带森林中尤为常见，但过度的附生植物生长可能对宿主造成负面影响。暂时性偏利共生则涉及一种生物临时利用另一生物获得优势而不对其造成损害，如动物利用植物作为栖息地。这种相互作用强调了物种间关系的相对性和条件性。

三、协同进化

协同进化（coevolution）是指一个物种的性状作为对另一个物种性状的反应而进化，而后一个物种的这一性状本身又是对前一物种的反应而进化。在协同进化中，物种之间相互影响并导致遗传进化，常见于寄生物与寄主物种、捕食者与猎物、竞争物种之间。共栖、共生等现象也是通过协同进化而实现的相互适应。协同进化论与普通进化论的不同之处在于，普通进化论或种群遗传学通常将一个物种孤立地看待，将环境和其他相关物种视为静止的背景。相比之下，协同进化论强调相互作用物种之间基因的同时变化。因此，协同进化更加注重物种之间的相互作用，可视为进化论与生态学的重要交叉点。实际上，许多生态学现象需要在进化思想的指导下才能得到充分理解。

随着生态学的发展，人们已在不同程度上理解了种间的相互作用对各物种的生活史、形态、大小、行为乃至种群动态的影响，然而物种间相互作用的总体进化模式（如一种生物如何从进化的角度对其他物种的作用做出反应，或者物种之间的相互作用如何随进化时间的改变而调整）却常被忽视。众所周知，某些物种之间的关系是相互对立的，原因有两点：第一，生物是营养和能量的载体，导致了物种间的利用与被利用关系；第二，资源是有限的，导致物种间的竞争。倘若进行分门别类，物种之间可以划分为多种多样的相互关系，例如，从食性方面可分出植物与植食性动物、动物之间的捕食者与被食者、寄生物与寄主。每一大类别还可划分得更细致，如植食性动物可分为食草类、食种子类、食果类、食花蜜类等。植物与种子传播动物之间存在密切的协同进化关系，这种进化关系直接影响果实和种子的颜色、形状、化学特性和结实的季节性。然而，事物总是辩证的，自然界中有些物种之间随着进化历程推进由起初的对立关系演变为互利关系。

竞争是物种之间一种重要的相互作用，会导致一个物种对另一个物种的反应，从而促成两个或两个以上物种之间的协同进化。例如，中南美洲附近的加勒比海东部有 25 座岛屿，每个岛上都分布着不同种类的安乐蜥属（*Anolis*）蜥蜴，这些蜥蜴具有三个特点：①每个岛上的蜥蜴种类各不相同；②每个岛上只有一到两种蜥蜴；③每个岛上的蜥蜴体型大小遵循特定模式。这些岛上的蜥蜴提供了竞争者协同进化的例子，即这些物种在竞争的同时也在协同进化。竞争、协同进化和入侵过程的数学模型描绘了这些岛上安乐蜥的生态进化过程。这一模型的核心是竞争者协同进化导致了岛屿上物种的更替，随后是灭绝后的再次入侵，而这种灭绝是不可调和的竞争所导致的协同进化结果（Roughgarden et al.，1983）。

关于捕食者与被食者之间协同进化的问题，达尔文在《物种起源》一书中曾给出这样的推论：假设一种狼捕食许多种动物，狼群中不同个体的捕食策略不同，有的依靠力量，有的依靠狡猾的办法，有的依靠快速奔跑；再假设奔跑速度最快的猎物，如鹿，在狼猎取食物最艰难的季节里由于某些原因数量增加了，或者其他猎物的数量减少了，那么在这种情况下，奔跑速度最快的鹿最有可能存活下来，如果鹿长时间保持这种状态，奔跑速度快的狼就会被自然选择保留下来。

拟态现象中所存在的协同进化现象更明显。拟态指某些动物在进化过程中形成的在形状、色泽、斑纹等外表特性上模拟其他生物或非生物的现象。人们一般认为，寄生物与寄主的关系可以逐渐朝着共栖和互利的方向进化。例如，传粉昆虫与高等植物之间最初是寄生与被寄生关系，逐渐地，植物和昆虫进化到今天人们所看到的互利共生关系。

可见，协同进化广泛存在于不同物种之间的竞争、捕食、拟态、寄生等错综复杂的关系中。因此，在探讨生态学、遗传学或种群进化等问题时，应当充分考虑到物种之间的相互作用给生物形态特征、种群数量、行为、生理和遗传特性等诸多方面带来的影响。

四、生态位理论及应用

尽管竞争排斥原理认为两个具有相同资源利用方式的物种不能长期共存在一起。但在自然界当中，我们往往可以看到许多亲缘种在同一地方"共存"，似乎它们在生态位上很接近。但是，如果进行深入研究，往往会发现它们的生态位有差别。例如，长鼻鸬鹚（*Phalacrocorax aristotelisis*）和普通鸬鹚（*Phalacrocorax carbo*）在同一水流中觅食，而且在同一峭壁上营巢繁殖，似乎二者的生态位相近，但实际上前者主要以沙鳗、鲱鱼为食，后者主要以比目鱼、小虾为食，它们的食物生态位具有较大的差别，两个物种之间并没有激烈的竞争，因此，它们能共同生活在同一环境里。

1. 生态位的概念及其发展

生态位理论的发展经历了从最初的空间生态位概念，到营养生态位，再到更为复杂的多维生态位。美国生态学家约瑟夫·格林内尔（Joseph Grinnell）在 1917 年首次提出了生态位的概念，将其定义为物种在群落中所占据的特定空间，即空间生态位（spatial niche）。英国生态学家查尔斯·埃尔顿（Charles Elton）于 1927 年进一步发展了这一概念，强调了物种在群落中的营养角色和与其他物种的相互作用，即营养生态位（trophic niche）。然而，对生态位理论做出重大贡献的是英国生态学家哈钦森（Hutchinson），他在 1957 年提出了 n-维生态位（n-dimensional niche）的概念，将生态位定义为一个物种在多维环境空间中所能生存和繁殖的 n-维超体积（hypervolume）。

从而，有机体的生态位可通过多维空间模型来定义，其中每个生态因子或资源均作为一个独立的维度。在这些维度上，可定义出有机体出现的范围。综合考虑多个这样的维度，便能构建出一个更为精确的生态位模型。例如，灰蓝蚋莺的生态位可通过二维图表示（图 3-27），而苍头燕雀的温度耐受范围可能与其他物种存在重叠，但当考虑到猎物大小和觅食高度等其他维度时，便能在三维图中明确区分苍头燕雀的生态位（图 3-28）。但理论上，我们可以将影响有机体的所有资源和条件作为不同的维度纳入考量，从而得到一个定义明确的 n-维超体积生态位。这种全面定义的生态位对于一个物种或其生命周期的某个阶段而言，理论上是独特的。然而，研究表明，在动态或异质环境中，这一假设可能不成立，而且，有机体可能随其发育而改变生态位，例如，大蟾蜍（*Bufo bufo*）在变态前占据水体环境（取食藻类和碎屑），变态后的成体是陆生和食虫的。

尽管 n-维超体积理论在实际应用中存在挑战，如难以确定是否所有相关维度都已被纳入考虑，但它仍然是一个有力的工具，它允许我们更细致地理解物种如何利用其环境，以及它们如何在多维生态空间中与其他物种相互作用，这对于研究物种共存、竞争排斥以及生物多样性的维持具有重要意义。随着时间的推移，生态位理论继续发展，出现了多种新的理论和模型。例如，蒂尔曼（Tilman）在 2004 年提出的随机生态位（stochastic niche）理论，强调了生态位的随机性，即物种在生态系统中的位置和功能不仅仅是由其生物学特性决定的，还受到环境变化和随机事件的影响，即使是生态位相似的物种，也可能因为随机的历史事件和环境条件而在群落中共存。这些新的理论和模型进一步丰富了我们对物种共存、群落结构和生物多样性的理解。

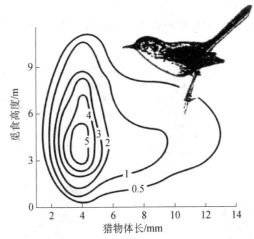

图 3-27 基于在加利福尼亚州橡树林中觅食高度和猎物大小定义的灰蓝蚋莺觅食生态位
（仿 Mackenzie et al.，2001）

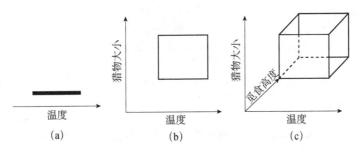

图 3-28 苍头燕雀的生态位维度（仿 Mackenzie et al.，2001）
（a）一维生态位，覆盖温度耐受范围；（b）二维生态位，包括温度和猎物大小；
（c）三维生态位，包括温度、猎物大小和觅食高度

尽管生态位理论在发展的过程中遇到了一些批评和挑战，如概念的泛化和混淆问题，以及在实际应用中的一些限制，但它仍然是生态学研究中不可或缺的一部分。

2. 基础生态位与实际生态位

物种所能够占据的生态位空间受多种生态过程的共同影响，其中竞争和捕食是关键因素。在缺乏竞争和捕食压力的理想状态下，物种能够利用更广泛的环境条件和资源，实现其生态潜力的最大化。哈钦森（Hutchinson）定义了基础生态位（fundamental niche）这一概念，它描述了物种在无竞争和捕食干扰时理论上能够生存的最大生态空间。

然而，在自然界中，物种很少能够完全实现其基础生态位，因为竞争和捕食是普遍存在的生态现象。因此，物种在现实环境中所占据的生态位被称为实际生态位（realized niche），它通常小于基础生态位。实际生态位反映了物种在与其他生物相互作用下，对资源和环境条件的实际利用范围。

以北美云杉林中的鸣鸟群落为例，虽然这些鸟类共同生活在同一个森林生态系统中，但它们通过生态位分化来减少竞争和捕食的影响，各自占据独特的实际生态位

（图3-29）。这种分化表现在食物选择、栖息地使用、活动时间等方面，使得这些物种能够在接近的地理空间内共存，但又各自保持特定的生态位，从而维持群落的多样性和稳定性。这一现象强调了实际生态位在物种共存和群落构建中的重要性。

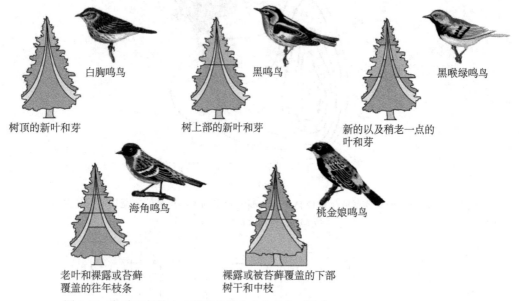

白胸鸣鸟　　树顶的新叶和芽

黑鸣鸟　　树上部的新叶和芽

黑喉绿鸣鸟　　新的以及稍老一点的叶和芽

海角鸣鸟　　老叶和裸露或苔藓覆盖的往年枝条

桃金娘鸣鸟　　裸露或被苔藓覆盖的下部树干和中枝

图3-29　北美云杉林内5种鸣鸟的生态位分化（引自Sher and Molles，2022）

3. 生态位宽度

生态位宽度（niche breadth）是衡量物种利用资源多样性的指标。物种具有较宽的生态位宽度时，表明其对环境的适应性较广，属于泛化种（generalist）；而生态位宽度较窄的物种，则显示出较高的特化程度，属于特化种（specialist）。泛化种通过扩展其资源利用范围，牺牲了对特定资源的高效利用，从而在资源供应不稳定时在竞争中占据优势。相对地，特化种虽然生态位狭窄，但对特定资源具有高度适应性，当这些资源稳定且可持续供应时，在竞争中往往超越泛化种。

特化种对特定资源的明确划分减少了物种间的生态位重叠，这种分化有助于它们在资源有限的环境中减少竞争压力。例如，领域性动物通过空间分割来降低种间竞争，其中少数个体会根据对空间资源的需求，将适宜的生境划分为多个领域进行占有。

生态位宽度的度量通常涉及食物网的复杂性、空间资源的利用以及形态特征的差异。通过这些维度的考量，我们能够更深入地理解物种在群落中的生态角色和相互作用，以及它们如何通过生态位分化或特化来适应环境变化和竞争压力。生态位宽度的测度模型众多，但普遍接受的模型往往是那些形式简洁、生物学意义明确的。随着多维生态位测量方法的日益成熟，特别是多元统计分析技术的应用，预计多维生态位重叠的测量将受到更多关注，并逐渐成为主流。Levin（1968）提出了一个计算生态位宽度的公式，该公式可以量化物种对不同资源序列的利用程度。具体来说，生态位宽度的计算可以基于物种在不同资源序列上的分布比例：

$$B = \frac{1}{\sum\limits_{i=1}^{s} P_i}$$

式中，B 为生态位宽度；P_i 为物种在资源序列 i 上的相对利用频率或比例；s 为资源序列的总数。

如果某个物种占据某资源序列的全部梯度单位，且在每个梯度单位上个体数量相等，那么此时该物种占据的生态位宽度最大为 1；如果某个物种仅占据某资源序列的一个梯度单位，则该物种生态位宽度最小。因此，这个公式的本质是通过计算物种在不同资源序列上的分布均匀度来评估生态位宽度。

4. 生态位重叠

生态位重叠（niche overlap）是用于衡量两个或多个物种在资源利用和生态需求上相似性的指标，是生态位理论的核心之一。它涉及资源分享的程度，并对物种能否在同一环境中共存及物种在竞争中共存的可能性产生重要影响。一般情况下，随着竞争物种数量的增加，允许的生态位重叠程度会降低，因为资源的有限性要求物种必须更加明确地区分其生态位以减小竞争压力。

不同物种之间的生态位宽度可能差异显著，影响其在资源维度上的分布模式。资源利用曲线（resource utilization curve）是描述这种分布的图形工具，它展示了物种在不同资源维度上的利用程度。如图 3-30（a）所示，狭生态位物种在资源维度上的利用曲线较窄，表明这些物种对资源的利用范围有限，生态位重叠程度低，因此物种间的竞争相对较弱。这种狭窄的生态位宽度反映了物种对特定资源的高度适应性和利用效率。相反，图 3-30（b）展示的广生态位物种在资源维度上的利用曲线较宽，这表明它们能够利用更广泛的资源，生态位重叠程度高，从而增加了物种间的竞争强度。广生态位物种的这种特性使得它们在面对环境变化时具有更高的灵活性和适应性，但同时也更容易与其他物种发生竞争。资源利用曲线提供了一个量化和可视化物种生态位宽度与生态位重叠的有效方法，有助于深入分析物种在群落中的生态角色和相互作用。

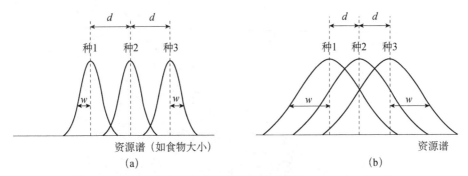

图 3-30　三个共存物种的资源利用曲线（仿 Begon et al.，2006）

（a）狭生态位；（b）广生态位。图中 d 为曲线峰值间的距离；w 为曲线的标准差

5. 生态位分化与物种共存

生态位分化（niche differentiation）与物种共存（species coexistence）的概念用来解

释在有限资源的环境中，不同物种如何能够共存而不至于相互竞争至灭绝。生态位分化描述了在同一个生态系统中，不同物种通过利用不同的资源或在不同的环境条件下生存，从而减少彼此之间的竞争。物种共存是指在同一个生态系统中，多个物种能够长期稳定地共同存在。

生态位分化通常包括：①资源利用分化，即物种通过利用不同的食物资源或资源的不同部分来减少竞争，如不同种类的鸟类可能专门捕食不同大小或类型的昆虫；②时间利用分化，即不同物种在不同的时间活动，如某些鸟类在白天觅食，而另一些则在夜间活动；③空间利用分化，即不同物种在不同的栖息地或生态位活动，如某些鱼类在河流的上游活动，而另一些则在下游；④行为分化，即物种可能通过不同的行为模式来减少资源重叠，如不同的捕食策略或繁殖行为。

现代物种共存理论通过生态位差异（niche difference）和平均适合度差异（average fitness difference）的权衡理解物种共存（图 3-31）。生态位差异是指物种在资源利用、抵御天敌等方面的差异，有利于减少种间竞争而促进共存，是生态位分化的后果。生态位差异导致一个物种的密度与自身种群增长率（种内竞争）之间的负相关关系强于与其他物种增长率（种间竞争）之间的负相关关系（Wang et al., 2024），即 Lotka-Volterra 竞争模型中 $1/K_1 > \alpha_{21}/K_2$、$1/K_2 > \alpha_{12}/K_1$ 的情形：生态位差异导致种内相互作用比种间相互作用更强烈，从而使相对丰度较低的物种受益，避免单一物种对资源的无限占用，促进了多物种的共存（Saavedra et al., 2017）。平均适合度差异则指一个物种相对于其他物种的竞争优势，导致竞争排斥，不利于共存。Buche 等（2022）采用标准化的方法度量了 953 对物种间的生态位差异和平均适合度差异，发现能够共存的物种对比不能共存的物种对具有更大的生态位差异，物种共存主要受生态位差异的影响，而非平均适合度差异。

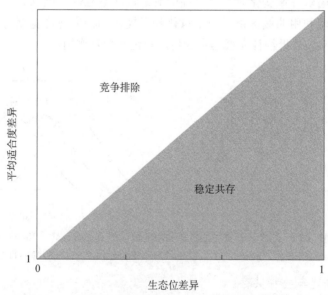

图 3-31 当代物种共存理论框架（引自储诚进等，2017）

不同物种对植食者、捕食者和病原菌等的敏感性差异也是促进它们共存的关键因素之一，一个具体例证就是 Janzen-Connell 假说。该假说由 Daniel H. Janzen 和 Joseph H. Connell 在 1970 年各自独立提出，用来解释热带雨林中高的树种多样性的维持机制。根据这个假说，专一性的植食者、宿主专一性的病原菌以及其他天敌对母树周围区域的捕食作用导致该区域对母树自身后代的生存不利。在热带雨林生态系统中，每种植物都面临特异性的天敌，如昆虫、真菌、细菌和植食性动物。这种天敌介导的控制作用在与同种成年树的距离较近时最为显著，随着距离的增加而逐渐减弱。这种机制导致了一个有趣的现象，成年大树周围为其他树种的幼苗提供了生长环境，而同树种的幼苗相对稀少，热带雨林中种类繁多的树种由此获得了共存的机会。研究表明，Janzen-Connell 模式在热带地区广泛存在，但其具体作用强度可能因地理位置的不同而有所差异。Janzen-Connell 假说不仅阐释了热带雨林中物种多样性的维持机制，也为生态位理论和密度制约提供了生动的实证案例。这一假说强调了生态位差异在物种共存中的重要性，并指出了天敌在生态系统中的作用。

6. 生态位动态

当一个群落中的物种都拥有较宽的生态位时，外来竞争物种的入侵可能导致本地物种的生态位受到压缩和限制，表现为本地物种被迫将其活动范围缩小至生境中那些提供最适资源的特定区域，如取食行为可能仅限于这些资源丰富的斑块。这通常不会导致物种食物类型或资源利用方式的根本改变，而是导致生境利用的局部化，这种现象被称为生态位压缩（niche contraction）。

相反，当种间竞争强度降低时，物种能够利用先前无法进入的空间，导致其生态位的扩展。这种由种间竞争减弱引起的生态位扩展现象称为生态释放（ecological release）。例如，当一个物种迁移到一个无竞争物种的岛屿上时，它能够占据大陆上未曾利用的生境，这种现象体现了生态释放。同样，如果从一个群落中移除一个竞争物种，剩余物种将能够进入之前无法占据的小生境，这也是生态释放的一个例子。生态释放使得物种能够探索和利用新的生态空间，从而可能增加其适应性和生存机会。

与生态位压缩和生态释放有关的另一种反应是生态位转移（niche shift），指的是物种由于环境、资源或种间关系变化所导致的生态位改变。生态位转移可以是物种对新气候条件的适应，也可以是种间关系变化而发生的行为和取食格局的改变；可能是短期生态反应，也可能是长期的进化适应。

性状替换（character displacement）是生态位转移的一种表现，指的是亲缘关系相近的物种在同域分布时出现明显的性状分化，而在异域分布时性状差异不大。这种现象在生态学和生物地理学中被认为是竞争造成的生态分离的证明。加拉帕戈斯群岛的两种达尔文雀就是性状替换的典型例子。当这两种雀类在不同的岛上分别生活时，它们的喙大小相似；但当它们共同生活在同一个岛上时，其中一种雀类的喙显著短于另一种（图 3-32）。

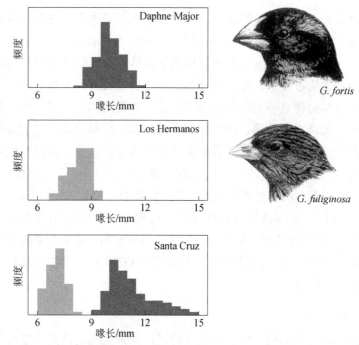

图 3-32 两种达尔文雀 *Geospiza fortis* 和 *G. fuliginosa* 喙长度的性状替换现象
（仿 Grant and Grant，1989）

大达夫尼岛（Daphne Major Island）上仅有 *G. fortis*；在兄弟群岛（Los Hermanos Islands）上仅有 *G. fuliginosa*。两物种在圣克鲁斯岛（Santa Cruz Island）上共存，这时二者的喙长都变得较单独存在时更特化，共存的两种群中喙长重叠的个体数大大减少

参 考 文 献

储诚进, 王酉石, 刘宇, 等. 2017. 物种共存理论研究进展. 生物多样性, 25: 345-354.

李博, 杨持, 林鹏. 2000. 生态学. 北京: 高等教育出版社.

刘明伟, 赵常明, 陈聪琳, 等. 2024. 神农架小叶青冈种群的空间分布格局及种内种间空间关联. 应用生态学报, 35: 1033-1043.

吕翔宇, 朱梦圆, 马永山, 等. 2023. 太湖流域典型水源水库藻类水华的促发条件. 湖泊科学, 35: 1516-1528.

盛连喜. 2020. 环境生态学. 3 版. 北京: 高等教育出版社.

孙华之, 谭敦炎, 曲荣明. 2008. 短命植物小疮菊异形瘦果特性及其对荒漠环境的适应. 生物多样性, (4): 353-361.

孙儒泳, 李博, 诸葛阳. 1993. 普通生态学. 北京: 高等教育出版社.

王丽萍, 乌俊杰, 柴勇, 等. 2024. 高黎贡山中山湿性常绿阔叶林优势种空间分布格局及其关联性. 植物生态学报, 48: 180-191.

谢作明. 2015. 环境生态学. 武汉: 中国地质大学出版社.

臧润国. 2020. 中国极小种群野生植物保护研究进展. 生物多样性, 28: 263-268.

赵素芬, 张成林, 谢钟, 等. 2017. 圈养大熊猫生命表及种群动态研究. 四川动物, 36: 145-151.

Begon M, Townsend C R H, John L, et al. 2006. Ecology: from Individuals to Ecosystems. 5th ed. Hoboken: Wiley.

Buche L, Spaak J W, Jarillo J, et al. 2022. Niche differences, not fitness differences, explain predicted coexistence across ecological groups. Journal of Ecology, 110(11): 2785-2796.

Deevey E S. 1947. Life tables for natural populations of animals. The Quarterly Review of Biology, 22(4): 283-314.

Department of Economic & Social Affairs Population. 2005. Volume Ⅱ Sex and Age Distribution of the World Population). United Nations.

Ehrlich P R, Raven P H. 1964. Butterflies and plants: a study in coevolution. Evolution, 18: 586-608.

Grant B R, Grant P R. 1989. Natural selection in a population of Darwin's finches. The American Naturalist, 133(3): 377-393.

Grime J P. 1979. Plant Strategies and Vegetation Processes. Chichester: John Wiley & Sons., Ltd.

Imbert E. 2002. Ecological consequences and ontogeny of seed heteromorphism. Perspectives in Plant Ecology, Evolution and Systematics, 5: 13-36.

Jazen D H. 1980. When is it co-evolution. Evolution, 34: 6118612

Kays S, Harper J L. 1974. The regulation of plant and tiller density in a grass sward. Journal of Ecology, 62(1): 97-105.

Kormondy E. 1976. Concepts of Ecology. 2nd ed. Englewood Cliffs: Prentice Hall.

Krebs C J. 1978. Ecology: the Experimental Analysis of Distribution and Abundance. 2nd ed. New York: Harper & Row.

Lack D. 1954. The Natural Regulation of Animal Numbers. Oxford: Clarendon Press.

Levin S A. 1968. Evolution in Changing Environments. Princeton: Princeton University Press.

Levins R. 1970. Extinction. In: Gesternhaber M. Some Mathematical Problems in Biology. Providence: American Mathematical Society.

MacArthur R H, Wilson E O. 1967. The Theory of Island Biogeography. Princeton: Princeton University Press.

Mackenzie A, Ball S D, Virdee S R. 2001. Instant Notes in Ecology. London: Taylor & Francis.

MacArthur R H, Pianka E R. 1966. On optimal use of a patchy environment. The American Naturalist, 100(916): 603-609.

MacLulich D A. 1937. Fluctuations in numbers of the varying hare (Lepus americanus). University of Toronto Studies, Biology Series, 43: 1-136.

May R M, Mclean A R. 2007. Theoretical Ecology Principles and Applications. 3rd ed. Oxford: Oxford University Press.

Mayr E. 1952. Systematics and the Origin of Species. New York: Columbia University Press.

Mittelbach G G, McGill B J. 2019. Community Ecology. 2nd ed. Oxford: Oxford University Press.

Molles M C, Sher A. 2019. Ecology: Concepts and Applications. 8th ed. New York: McGraw-Hill Education.

Park T. 1954. Experimental studies of interspecies competition Ⅱ. Temperature, humidity, and competition in two species of Tribolium. Physiological Zoology, 27(3): 177-238.

Park T, Burrows W. 1942. The reproduction of Tribolium confusum duval in a semisynthetic wood-dust medium.

Physiological Zoology, 15(4): 476-484.

Pianka E R. 1970. On r- and K-selection. American Naturalist, 104: 592-597.

Reed J M, McCoy E D. 2014. Relation of minimum viable population size to biology, time frame, and objective. Conservation Biology, 28: 867-870.

Ren H, Zhang Q M, Lu H F, et al. 2012. Wild plant species with extremely small populations require conservation and reintroduction in China. Ambio, 41: 913-917.

Roughgarden J, Heckel D, Fuentes E R. 1983. Coevolutionary theory and the biogeography and community structure of Anolis//Lizard Ecology: Studies of a Model Organism. Harvard: Harvard University Press: 371-410.

Saavedra S, Rohr R P, Bascompte J, et al. 2017. A structural approach for understanding multispecies coexistence. Ecological Monographs, 87: 470-486.

Scholl J P, Calle L, Miller N, et al. 2020. Offspring polymorphism and bet hedging: a large-scale, phylogenetic analysis. Ecology Letters, 23: 1223-1231.

Sher A A, Molles M C. 2022. Ecology: Concepts & Applications. 9th ed. New York: McGraw Hill.

Smith T M, Smith R L. 2015. Elements of Ecology. 9th ed. Boston: Pearson.

Terborgh J. 2012. Enemies maintain hyperdiverse tropical forests. American Naturalist, 179: 303-314.

Tilman D. 1981. Tests of resource competition theory using four species of Lake Michigan algae. Ecology, 62(3): 802-815.

Wang S, Hong P, Adler P B, et al. 2024. Towards mechanistic integration of the causes and consequences of biodiversity. Trends in Ecology & Evolution: S0169534724000545.

Weiner J, Freckleton R P. 2010. Constant final yield. Annual Review of Ecology, Evolution, and Systematics, 41(1): 173-192.

Wilbur H M, Tinkle D W, Collins J P. 1974. Environmental certainty, trophic level, and resource availability in life history evolution. American Naturalist, 108: 805-817.

第四章

群落生态学

本章数字资源

◈ 第一节　群落的概念与特征

生物群落（biocommunity）是指一定空间内生活在一起的各种动物、植物和微生物的集群（assemblage）。以我国亚热带常绿阔叶林为例，群落乔木层的优势种类是由壳斗科、樟科、蕈树科、木兰科、山茶科等植物组成，在灌木层则由杜鹃花科、山矾科、冬青科等植物构成（图4-1）。

图 4-1　武夷山国家公园内由细柄蕈树为建群种的常绿阔叶林

动物群落也一样，如在长江河口的鸟类群落中，树巢型鹭类群落由池鹭（*Ardeola bacchus*）、白鹭（*Egretta garzetta*）、牛背鹭（*Bubulcus ibis*）、夜鹭（*Nyctycoraz nyctycoraz*）、黄嘴白鹭（*Egretta eulophotes*）等4～5种组成，而芦巢型鹭类的栖息地则结构简单，鹭科鸟类常常单独栖息。

一个生物群落具有下列基本特征。

（1）具有一定的物种组成。每个群落都是由一定的植物、动物或微生物种群组成的。因此，物种组成是区别不同群落的首要特征。一个群落中物种的多少及每一物种的个体数量，是度量群落多样性的基础。

（2）不同物种之间的相互作用。生物群落是不同生物物种的集合体，但不是说一些种的任意组合便是一个群落。一个群落的形成和发展必须经过生物对环境的适应和生物种群之间的相互适应。哪些物种能组合在一起构成群落，取决于两个条件：第一，必须共同适应它们所处的无机环境；第二，它们内部的相互关系必须协调、平衡。因此，研究群落中不同物种之间的关系是阐明群落形成机制的重要内容。

（3）具有形成群落环境的功能（function）。生物群落对其居住环境产生重大影响，并形成群落环境。由于光照、温度、湿度与土壤等都经过了生物群落的改造，森林中的环境与周围裸地有天壤之别。即使生物散布于非常稀疏的荒漠群落，对土壤等环境条件也有明显的改造作用。

（4）具有一定的外貌和结构。生物群落是生态系统的一个结构单位，它本身除具有一定的物种组成外，还具有外貌和一系列的结构特点，包括形态结构、生态结构与营养结构。例如，生活型组成、层次多少、季相、捕食者和被捕食者的关系等。

（5）一定的动态特征。生物群落是生命系统中具有生命的部分，生命的特征是不停地运动，群落也是如此。其运动形式包括季节动态、年际动态、演替与演化。

（6）一定的分布范围。各群落分布在特定地段或特定生境上，不同群落的生境和分布范围不同。无论从全球范围看，还是从区域角度讲，其都按一定的规律分布。

（7）群落的边界特征。在自然条件下，有些群落具有明显的边界，可以清楚地加以区分；有的则不具有明显边界，而是处于连续变化中。前者见于环境梯度变化较陡，或者环境梯度突然中断的情形，如断崖上下的植被、陆地环境和水生环境交界处的植被。后者见于环境梯度连续缓慢变化的情形。大范围的变化如森林与草原的过渡带等；小范围的变化如沿缓坡而渐次出现的群落替代等。在多数情况下，不同群落之间都存在过渡带，被称为群落交错区，并具有明显的边缘效应。

◆ 第二节　物种组成与多样性

物种组成是决定群落性质最重要的因素，也是鉴别不同群落类型的基本特征。一般来讲，组成群落的物种越丰富，单位面积的物种数也越多。

一、物种组成的优势成分分析

群落的物种组成情况在一定程度上能反映出群落的性质。根据各个种在群落中的作用可以划分群落成员型。下面是植物群落研究中常见的群落成员型分类。

（1）优势种和建群种。相较于群落中其他物种具有较高丰度，对群落环境、群落结构和功能的形成起主要作用的植物称为优势种（dominant species）；通常，它们个体数量多、投影盖度大、生物量高、体积较大、生活能力较强，即优势度较高的种。各层有各自的优势种，其中乔木层的优势种起着构建群落的作用，常称为建群种。

在热带森林，往往由多个物种共同形成建群作用，而在北方森林和草原中，则多由单一物种起建群种作用。

生态学上的优势种对整个群落具有控制性的影响，如果把群落中的优势种去除，必然导致群落性质和环境的变化；但若把非优势种去除，只会发生较小的或不显著的变化，因此不仅要保护那些珍稀濒危物种，还要保护那些建群种和优势种，它们对生态系统的稳态起着举足轻重的作用。

（2）亚优势种。亚优势种是指个体数量与作用都次于优势种，但在决定群落性质和控制群落环境方面仍起着一定作用的植物种。在复层群落中，它们通常居于较低的亚层，如南亚热带雨林中的红鳞蒲桃（*Syzygium hancei*）在有些情况下就是亚优势种。

（3）伴生种。伴生种为群落的常见物种，它们与优势种相伴存在，但不起主要作用，如马尾松林中的南烛（*Vaccinium bracteatum*）、杜鹃（*Rhododendron* spp.）、桃金娘（*Myrtus communis*）、檵木（*Lyonia ovalifolia*）等。

（4）偶见种或罕见种。偶见种是在群落中出现频率很低的物种，多半数量稀少，如常绿阔叶林区域分布的中国旌节花（*Stachyurus chinensis*）、伯乐树（*Bretschneidera sinensis*）和乐东拟单性木兰（*Parakmeria lotungensis*），这些物种容易随着生境的缩小濒临灭绝，应加强保护。偶见种可能偶然地由人们带入或随着某种条件的改变而侵入群落中，也可能是衰退中的残遗种，如某些常绿阔叶林中的马尾松。有些偶见种的出现具有生态指示意义，有的还可以作为地方性特征种来看待。

不同植物群落类型具有不同物种组成的优势成分。如表 4-1 所示，通过汇总我国亚热带常绿阔叶林 4 个 20hm^2 以上的大型动态监测样地的植物名录，统计了植物种类组成。根据生态外貌和区系组成看，鼎湖山和莲花池属于南亚热带的季风常绿阔叶林，古田山和八大公山属于中亚热带的典型常绿阔叶林（宋永昌等，2015）。从群落的植物科组成上看，樟科、山茶科、蔷薇科、茜草科、大戟科、壳斗科和杜鹃花科都较为重要。从南亚热带到中亚热带，桑科、茜草科、大戟科、紫金牛科及桃金娘科的属和种的数量都大幅减少，如茜草科从鼎湖山的 11 属减少到八大公山的 1 属，桑科从鼎湖山的 11 种和莲花池的 5 种，减少到古田山和八大公山各仅有 2 种。有些科则从南亚热带到中亚热带呈增加趋势，如蔷薇科从鼎湖山的 5 种和莲花池的 4 种，增加到古田山的 10 种和八大公山的 23 种，类似的科还有壳斗科、杜鹃花科、忍冬科和金缕梅科等。由此可见，即便在同一气候带的不同地区，植物种群的构成也呈现出明显的差异，这种差异在从热带雨林到寒带针叶林的广泛气候和地理环境梯度变化中更加显著。

表 4-1 不同植物群落类型物种组成的优势成分比较（引自宋永昌等，2015）

科名	广东鼎湖山		台湾莲花池		浙江古田山		湖南八大公山	
	属数	种数	属数	种数	属数	种数	属数	种数
樟科	5	19	9	17	6	14	8	21
山茶科	5	7	7	9	7	11	6	10
壳斗科	1	2	3	11	4	10	5	9
蔷薇科	5	5	4	4	7	10	11	23
冬青科	1	8	1	7	1	10	1	9
茜草科	11	13	6	13	7	7	1	1

续表

科名	广东鼎湖山		台湾莲花池		浙江古田山		湖南八大公山	
	属数	种数	属数	种数	属数	种数	属数	种数
山矾科	1	4	1	5	1	5	1	8
杜鹃花科	3	7	2	3	4	10	4	11
大戟科	9	16	7	8	5	5	1	1
桑科	2	11	1	5	2	2	2	2
豆科	5	8	2	2	3	3	3	5
忍冬科	1	1	1	1	2	4	4	12
马鞭草科	2	4	2	4	3	6	/	/
安息香科	1	2	1	2	2	2	2	2
紫金牛科	3	3	2	5	1	1	/	/
槭树科	/	/	/	/	1	3	1	13
五加科	2	2	1	1	2	2	6	7
榆科	2	3	2	3	1	1	3	6
木兰科	2	2	1	1	3	3	3	5
卫矛科	1	3	2	3	1	3	1	5
桃金娘科	2	9	1	2	1	1	/	/
金缕梅科	/	/	2	2	4	4	3	3

注：表中的"/"表示无数据，本章余表同

在河口区域，鸟类以水禽、涉禽为主，常见种类包括鸻形目（Charadriiformes）、雁形目（Anseriformes）、鹳形目（Ciconiiformes）、鹤形目（Gruiformes）等，其中鸻形目无论是种类还是数量，在河口区域的鸟类中都居于首位（陆健健，2003）。

在土壤中，细菌是数量最多、种类繁多且功能多样的微生物类群。土壤细菌以异养型为主，并以无芽孢细菌占优势，常见种类有假单胞菌属（Pseudomonas）、黄单胞菌属（Xanthomonas）、根瘤菌属（Rhizobium）、农杆菌属（Agrobacterium）、柄杆菌属（Caulobacter）、固氮菌属（Azotobacter）、蛭弧菌属（Bdellovibrio）、噬纤维菌属（Cytophaga）、芽孢杆菌属（Bacillus）、梭菌属（Clostridium）、链球菌属（Streptococcus）、微球菌属（Micrococcus）、八叠球菌属（Sarcina）、节杆菌属（Arthrobacter）、棒状杆菌属（Corynebacterium）等（林先贵，2010）。

二、物种组成的定性分析

1. 区系分析的重要性

植物区系（flora）、动物区系（fauna）或微生物区系（microflora）是某一地区、某一时期、某一群落内所有植物种类、动物种类或微生物种类的总称。一个地区或某一群落的物种组成是生物在一定的生态环境，特别是一定的自然历史条件的综合作用下长期发展演化的产物。利用组成群落的物种所属的区系地理成分来加以分析，可以判断群落之间在起源上的相似性和分布中心。例如，以泛北极成分占优势的植物群落，温带性质很强，其分布中心应在北方；而以泛热带成分占优势者则具有热带性质，其分布中心应在南方的热带地区。

在土壤中，微生物的数量、类群和分布与土壤类型、气候及人类干扰密切相关，土壤微生物直接受到土壤结构、温度、有机质含量、水分等多种因素的影响，并随季节变化而呈现出季节性和昼夜性的规律性变化。通过研究和鉴定土壤中的微生物区系的特征与动态变化，可以为进一步发挥土壤微生物的积极作用和防止其不利影响打下基础。

2. 植物的分布区类型

吴征镒先生在1991年提出了中国种子植物属的15个分布区类型和31个变型，并在2003年提出了全球18个种子植物科的分布区类型。陆树刚于2004年对我国的蕨类植物进行了分布区类型的归类。

（1）世界分布：指几乎分布于世界各大洲而没有特殊分布中心的属，或虽有一个或数个分布中心而包含世界分布种的属。常见的属有悬钩子属（*Rubus*）、鼠李属（*Rhamnus*）、铁线莲属（*Clematis*）、蓼属（*Polygonum*）、薹草属（*Carex*）、毛茛属（*Ranunculus*）、堇菜属（*Viola*）、紫菀属（*Aster*）、茄属（*Solanum*）、黄芩属（*Scutellaria*）、远志属（*Polygala*）、马唐属（*Digitaria*）、石松属（*Lycopodium*）、卷柏属（*Selaginella*）、鳞毛蕨属（*Dryopteris*）等，这些植物主要分布在林缘、林内或路边。

（2）泛热带分布：包括分布遍及东西半球热带地区的属，有不少属分布至亚热带，甚至温带。厚壳桂属（*Cryptocarya*）、榕属（*Ficus*）、杜英属（*Elaeocarpus*）、树参属（*Dendropanax*）、鹅掌柴属（*Schefflera*）、冬青属（*Ilex*）常为热带、亚热带森林中上层的优势植物。算盘子属（*Glochidion*）、紫金牛属（*Ardisia*）、山矾属（*Symplocos*）是灌木层中的常见成分，还有买麻藤属（*Gnetum*）、黧豆属（*Mucuna*）、钩藤属（*Uncaria*）是常见的藤本植物。凤仙花属（*Impatiens*）、秋海棠属（*Begonia*）、复叶耳蕨属（*Arachniodes*）在阴湿处较为常见。

（3）热带美洲和热带亚洲间断分布：包括间断分布于美洲和亚洲温暖地区的热带属，在东半球从亚洲可延伸到澳大利亚东北部或西南太平洋岛屿，但它们的分布中心都限于亚洲、美洲热带。例如，木姜子属（*Litsea*）、楠属（*Phoebe*）、柃木属（*Eurya*）、泡花树属（*Meliosma*）、雀梅藤属（*Sageretia*）等都是我国热带、亚热带常绿森林或灌丛的重要组成。

（4）旧世界热带分布：指亚洲、非洲和大洋洲热带地区及其附近岛屿分布的植物。常见的有山姜属（*Alpinia*）、蒲桃属（*Syzygium*）、酸藤子属（*Embelia*）、杜茎山属（*Maesa*）、省藤属（*Calamus*）、海桐花属（*Pittosporum*）、观音座莲属（*Angiopteris*）、线蕨属（*Colysis*）、野桐属（*Mallotus*）、芒萁属（*Dicranopteris*）等。

（5）热带亚洲至热带大洋洲分布：指起源于古南大陆，主要分布于旧世界热带区域东翼的植物。例如，野牡丹属（*Melastoma*）、荛花属（*Wikstroemia*）、山龙眼属（*Helicia*）、蒲葵属（*Livistona*）等。

（6）热带亚洲至热带非洲分布：指起源于古南大陆，主要分布于旧世界热带分布区西翼的植物。例如，狗骨柴属（*Diplospora*）、芒属（*Miscanthus*）、磨芋属（*Amorphophallus*）、穿鞘花属（*Amischotolype*）等。

（7）热带亚洲分布：主要分布于旧世界热带中心的植物。例如，黄桐属（*Endospermum*）、黄杞属（*Engelhardtia*）、润楠属（*Machilus*）、山茶属（*Camellia*）、草珊瑚属（*Sarcandra*）、箬竹属（*Indocalamus*）、清风藤属（*Sabia*）、南五味子属（*Kadsura*）等。

（8）北温带分布：指广泛分布于欧洲、亚洲和北美洲温带地区的植物。例如，椴树属（*Tilia*）、栎属（*Quercus*）、水青冈属（*Fagus*）、桦木属（*Betula*）、鹅耳枥属（*Carpinus*）、杨属（*Populus*）、桤木属（*Alnus*）、槭属（*Acer*）、蔷薇属（*Rosa*）、花楸属（*Sorbus*）、荚蒾属（*Viburnum*）等。

（9）东亚和北美洲间断分布：指间断分布于东亚和北美洲温带及亚热带的植物。例如，锥属（*Castanopsis*）、柯属（*Lithocarpus*）、铁杉属（*Tsuga*）、枫香树属（*Liquidambar*）、蓝果树属（*Nyssa*）、鹅掌楸属（*Liriodendron*）、楤木属（*Aralia*）、石楠属（*Photinia*）、绣球属（*Hydrangea*）、蛇葡萄属（*Ampelopsis*）等。

（10）旧世界温带分布：指广泛分布于欧洲、亚洲中高纬度温带和寒温带的植物。例如，前胡属（*Peucedanum*）、水芹属（*Oenanthe*）、山芹属（*Ostericum*）、紫萁属（*Osmunda*）、木贼属（*Equisetum*）、榉属（*Zelkova*）、马甲子属（*Paliurus*）、梨属（*Pyrus*）等。

（11）温带亚洲分布：指局限于亚洲温带地区的植物。例如，附地菜属（*Trigonotis*）、轴藜属（*Axyris*）、女菀属（*Turczaninowia*）等。

（12）地中海区、西亚至中亚分布：指分布于现代地中海周围，经过西亚或西南亚至中亚和我国新疆、青藏高原及蒙古高原一带的植物。例如，沙拐枣属（*Calligonum*）、红砂属（*Reaumuria*）等。

（13）中亚分布：指仅分布于中亚（特别是山地），而不见于西亚及地中海周围的属。例如，兔唇花属（*Lagochilus*）、斑膜芹属（*Hymenolyma*）等。

（14）东亚分布：指从东喜马拉雅山一直分布到日本的植物。例如，油杉属（*Keteleeria*）、柳杉属（*Cryptomeria*）、檵木属（*Loropetalum*）、蜡瓣花属（*Corylopsis*）、刚竹属（*Phyllostachys*）、猕猴桃属（*Actinidia*）、五加属（*Acanthopanax*）、石荠苎属（*Mosla*）、沿阶草属（*Ophiopogon*）、水龙骨属（*Polypodiodes*）、南酸枣属（*Choerospondias*）、野鸦椿属（*Euscaphis*）等。

（15）中国特有分布：指以中国的整体自然植物区为中心，分布界限不越出国境很远的属。例如，水松属（*Glyptostrobus*）、半枫荷属（*Semiliquidambar*）、香果树属（*Emmenopterys*）、大血藤属（*Sargentodoxa*）、扇蕨属（*Neocheiropteris*）等。

3. 植物群落的分布区类型统计

利用吴征镒（1991）的种子植物分布区类型系统等，可以对所调查区域的植物分布区类型进行统计与比较。李振基等（2006）曾经对武夷山脉南、中、北的 3 个国家级自然保护区内的区系谱进行比较（图 4-2），可以看到热带性或温带性区系成分的变化。

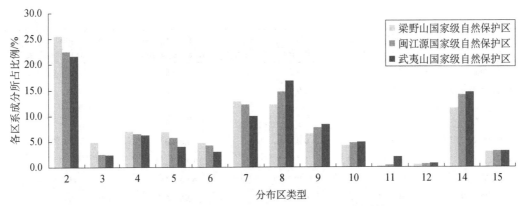

图 4-2 武夷山脉从南到北区系成分的变化（引自李振基等，2006）

2. 泛热带分布；3. 热带美洲和热带亚洲间断分布；4. 旧世界热带分布；5. 热带亚洲至热带大洋洲分布；6. 热带亚洲至热带非洲分布；7. 热带亚洲分布；8. 北温带分布；9. 东亚和北美洲间断分布；10. 旧世界温带分布；11. 温带亚洲分布；12. 地中海区、西亚至中亚分布；14. 东亚分布；15. 中国特有分布

　　不同群落类型区系的分布区类型谱更能反映出群落的特征，从表 4-2 可以看到，在中国不同地理区域的大样地中，植物群落的热带和温带成分呈现出明显的变化趋势。西双版纳大样地位于热带北缘，其植物群落中广义热带成分的属占比最高，达到 92.8%；鼎湖山大样地的热带成分稍低，为 87.0%；古田山大样地则显示出热带和温带成分较为均衡，热带成分占 50.5%，温带成分占 44.6%，表现出亚热带区系的性质；长白山大样地则以温带成分为主，占 93.9%，主要是北温带分布的属。总体来看，西双版纳大样地具有最高的热带成分比例，而长白山大样地则具有最高的温带成分比例，鼎湖山和古田山大样地则介于两者之间。从低纬度到高纬度地区，即从西双版纳到长白山，森林植被中的热带成分比例显著减少，而温带成分比例显著增加。这种变化趋势不仅与各区域的气候和地理环境紧密相关，还可能受到植物自身内在因素的影响（裴男才，2011）。

表 4-2 不同群落类型种子植物属的分布区类型谱比较

分布区类型	西双版纳大样地 热带季雨林	鼎湖山大样地 南亚热带常绿阔叶林	古田山大样地 中亚热带常绿阔叶林	长白山大样地 温带针阔叶混交林
1 世界分布	0.0（0）	0.9（1）	1.9（2）	6.3（2）
2 泛热带分布	21.4（45）	26.1（30）	16.5（17）	0.0（0）
3 热带美洲和热带亚洲间断分布	7.1（15）	7.0（8）	8.7（9）	0.0（0）
4 旧世界热带分布	13.3（28）	14.8（17）	7.8（8）	0.0（0）
5 热带亚洲至热带大洋洲分布	14.8（31）	14.8（17）	4.9（5）	0.0（0）
6 热带亚洲至热带非洲分布	3.3（7）	2.6（3）	1.9（2）	0.0（0）
7 热带亚洲分布（印度-马来）	32.9（69）	21.7（25）	10.7（11）	0.0（0）
广义热带成分	92.8（195）	87.0（100）	50.5（52）	0.0（0）
8 北温带分布	1.4（3）	2.6（3）	15.5（16）	68.8（22）
9 东亚和北美洲间断分布	3.8（8）	7.0（8）	18.4（19）	6.3（2）

续表

分布区类型	西双版纳大样地 热带季雨林	鼎湖山大样地 南亚热带常绿阔叶林	古田山大样地 中亚热带常绿阔叶林	长白山大样地 温带针阔叶混交林
10 旧世界温带分布	0.0（0）	0.0（0）	0.0（0）	6.3（2）
11 温带亚洲分布	0.0（0）	0.0（0）	0.0（0）	0.0（0）
12 地中海区、西亚 至中亚分布	1.0（2）	0.0（0）	0.0（0）	0.0（0）
13 中亚分布	0.0（0）	0.0（0）	0.0（0）	0.0（0）
14 东亚分布	0.5（1）	1.7（2）	10.7（11）	12.5（4）
广义温带成分	6.7（14）	11.3（13）	44.6（46）	93.9（30）
15 中国特有分布	0.5（1）	0.9（1）	2.9（3）	0.0（0）
合计	100（210）	100（115）	100（103）	100（32）

注：数据来自裴男才（2011）。括号内的数值为各种分布区类型属的数目，括号外的数值为占该样地总属数的百分比（世界分布、广义热带成分、广义温带成分及中国特有分布的加和应为100%，合计不为100%者是因为有修约）。广义的热带成分的数值为分布区类型2～7加和；广义的温带成分的数值为分布区类型8～14加和

三、物种组成的定量分析

生物多样性是指"生物的多样化和变异性及生境的生态复杂性"，包括生物物种的丰富程度、变化过程，以及由其组成的群落、生态系统和景观。生物多样性一般有三个水平：①遗传多样性，是指地球上各个物种所包含的遗传信息之总和；②物种多样性，是指地球上生物种类的多样化；③生态系统多样性，是指生物圈中生物群落、生境与生态过程的多样化。本节从群落特征角度叙述的物种多样性，其内涵与生物地理学中的物种多样性有所区别。前者主要从生态学的角度对群落的组织水平进行研究；而后者更多地是指一定区域内物种的数量，主要从分类学、系统学和生物地理学角度对一定区域内物种的状况进行研究。

（一）物种多样性的定义

Fisher 等（1943）第一次使用物种多样性（species diversity）概念时，指的是群落中物种的数目和每一物种的个体数目。通常物种多样性具有下面两方面含义。

（1）物种数（number of species）或物种丰富度（species richness）：是指一个群落或生境中物种数目的多寡。在统计种数时，需要说明面积，以便比较。在多层次的森林群落中必须说明层次和径级，否则无法比较。

（2）物种均匀度（species evenness）：是指一个群落或生境中全部物种个体数目的分配状况，它反映的是各物种个体数目分配的均匀程度。

（二）群落物种多样性的测度方法

一般地，群落的物种多样性指数是指 α 多样性，它是反映群落内部物种数和物种相对多度的一个指标，只具有数量特征而无方向性。此外还有 β 多样性和 γ 多样性，前者是指物种与种的多度沿群落内部或群落间的环境梯度从一个生境到另一个生境的变化速

率与范围，后者是指不同地理区域的群落间物种的更新替代速率。

α多样性的测度可分成四类：①物种丰富度指数（species richness index）；②物种相对多度模型；③物种丰富度与相对多度综合而成的指数，即物种多样性指数（species diversity index）或生态多样性指数；④物种均匀度指数。

1. 物种丰富度指数

物种丰富度是最简单、最古老的物种多样性测定方法，至今仍为许多生态学家特别是植物生态学家所应用。如果研究区域或样地在时间和空间上是确定的或可控的，则物种丰富度会提供很有用的信息。如果研究区域面积不一，可用以下两种方法进行研究：①用单位面积的物种数目进行比较；②用一定数量的个体或生物量中的物种数目进行比较，即数量物种丰富度（numerical species richness），此法多用于水域物种多样性研究。

物种丰富度除用一定大小样方内的物种数表示外，还可以用物种数目与样方大小或个体总数的不同数学关系（d）来衡量。d是物种数目随样方面积或个体数量增加而增大的速率。这类指数主要有：

$$\text{Gleason 指数（1922）：} d_{Gl}=S/\ln A \tag{4-1}$$
$$\text{Margalef 指数（1958）：} d_{Ma}=(S-1)/\ln N \tag{4-2}$$
$$\text{Menhinick 指数（1964）：} d_{Me}=S/N^{1/2} \tag{4-3}$$
$$\text{Monk 指数（1967）：} d_{Mo}=S/N \tag{4-4}$$

上几式中，S为群落中物种数目；N为样方中观察到的个体总数；A为样方面积。

物种丰富度方法在实践中主要是控制样方大小，目前已经有很多成功的应用。其缺点在于：①没有利用物种相对多度的信息，不能全面反映群落的多样性水平；②没有考虑影响物种丰富度的历史因素、潜在定居物种数量、群落面积大小、距离物种库的远近和群落内物种间关系等。

2. 物种的相对多度模型

大多数群落都是由许多物种组成，各自的多度变化也很大，且物种的多度分布也遵从一定的物种相对多度模型。通常用两种不同的方法研究物种多度分布，即物种的多度排序（rank-abundance）和物种多度分布（species-abundance distribution）表。大量研究表明，有4个理论模型效果较好，且被大多数学者采用，即几何级数分布、对数级数分布、对数正态分布和分割线段模型。

（1）几何级数分布：Whittaker（1965和1972）在研究植物群落演替的过程中提出生态位优先占领假说（niche-preemption hypothesis），认为群落中不同优势地位的物种对资源的分配符合几何级数，第r个优势地位的物种的多度（A_r）为

$$A_r=E[p(1-p)^{r-1}] \tag{4-5}$$

式中，E为总资源量；p为最重要物种占有资源的比例；r为物种的优势地位顺序。野外资料分析表明，几何级数分布多出现在物种贫乏的环境或群落演替初期，随着演替的进行或环境的改善，物种多度分布可能转变为对数级数分布。

（2）对数级数分布：在一个或少数几个环境因子占主导地位的群落中，物种多度分

布往往服从对数级数分布，形成常见种数目很少，稀有种数目很多的局面。例如，以光为主导因子的人工针叶林的林下植被的物种多样性就服从此分布。对数级数认为物种总数和个体数量之间的关系是

$$S=\alpha\ln(1+N/\alpha) \tag{4-6}$$

式中，S 为物种总数；N 为个体总数；α 即 Fisher 等（1943）首倡的多样性指数。α 与群落中物种总数和个体总数都成正比，且不受样方大小制约。大量的研究表明，α 是一个很好的多样性指数，即使在对数级数分布不是最好的理论分布的时候也是如此。

（3）对数正态分布：生态学家研究发现，在大多数群落中，物种-多度分布都服从对数正态分布。对数正态分布本身是随机过程的产物，当每一个物种在取样过程中的个体数量是随机决定而不依赖其他物种时，其物种多度常表现为对数正态分布。对数正态分布的形式为

$$S(R)=S_0\exp[-a^2(R-R_0)^2] \tag{4-7}$$

式中，$S(R)$ 为第 R 个倍程的物种数；S_0 为对数正态分布的众数倍程的物种数；R 为倍程序号；R_0 为众数的倍程数；a 为常数，它是分布宽度的倒数。

（4）分割线段模型：虽然对数正态分布在自然界比较普遍，但对于某些分布范围较窄的相对均匀的群落，特别是亲缘关系较为密切的动物小样本中，如在森林中某一地段做巢的鸟，物种的相对多度往往取决于物种间的竞争、捕食和互惠共生关系。在此情形下，物种的相对多度常常表现为分割线段模型。

分割线段模型有时称为随机生态位边界假说（random niche boundary hypothesis）（MacArthur，1957），其认为群落中的物种对资源的分享导致至少一种资源是有限制的，假定全部物种的个体数相加为一常数，则一个物种个体数的增加必然导致其他物种个体数的减少。其表达式为

$$N_j = N/S\sum[1/(S+1-j)] \tag{4-8}$$

式中，N_j 为第 j 个物种（按优势程度从小到大排序）的个体数；N 为各个物种的个体数之和；S 为调查到的物种总数。该模型适合比较均质的群落，即物种多度近似相等。

3. 物种多样性指数

物种多样性指数是丰富度和均匀性的综合指标，或称为异质性指数（heterogeneity index）或物种异质性（species heterogeneity）。应指出的是，应用多样性指数时，其低丰富度和高均匀度的群落与具高丰富度与低均匀度的群落，可能得到相同的多样性指数。

（1）Shannon-Wiener 指数：信息论中熵的公式原表示信息的紊乱和不确定程度，也可以用它来描述物种个体出现的紊乱和不确定性，这就是物种多样性。其计算公式为

$$H' = -\sum_{i=1}^{S}P_i\ln P_i \tag{4-9}$$

式中，H' 为信息量，即物种的多样性指数；S 为物种数目；P_i 为属于种 i 的个体 n_i 在全部个体 N 中的比例。信息量 H' 越大，不确定性也越大，多样性也就越高。

在 Shannon-Wiener 指数中包含了两个因素：①物种的数目，即丰富度；②物种中个体分配上的平均性或均匀性。物种的数目多，可增加多样性；同样，物种之间个体分配

的均匀性增加也会使多样性提高。

（2）Simpson 指数：Simpson 指数又称为优势度指数，是对多样性的反面即集中度的度量。设种 i 的个体数 n_i 占群落中总个体数 N 的比例为 P_i，那么，随机取种 i 两个个体的联合概率应用 $P_i \times P_i$，或 P_i^2。如果我们将群落中全部种的概率合起来，就可得到 Simpson 指数（D），即

$$D = 1 - \sum_{i=1}^{S} P_i^2 \qquad (4\text{-}10)$$

（3）Pielou 均匀度指数：均匀度（J）是指群落的实测多样性（H'）与最大多样性（H'_{max}，即物种数相同的情况下完全均匀的群落的多样性）之比，以 Shannon-Wiener 指数 H' 为基础的群落的均匀度为

$$J = \frac{H'}{H'_{max}} \qquad (4\text{-}11)$$

式中，H' 同式（4-9），S 同式（4-1）。当 S 个物种每一种的个体数量完全相同时，$P_i = 1/S$，信息量最大，即 $H'_{max} = \ln S$；当全部个体为一个物种时，则信息量最小，即多样性最小，$H'_{min} = 0$，因此，$J = H'/H'_{max} = H'/\ln S$。

（三）典型群落的物种多样性

总结归纳我国吉林长白山的落叶红松群落（郝占庆等，1994）、北京东灵山的辽东栎群落（黄建辉和陈灵芝，1994）、福建武夷山的甜槠群落（李振基等，2000）、福建茫荡山的杉木群落和黄枝润楠群落（林鹏和李振基，2003）、福建闽江源的雷公鹅耳枥群落（林鹏和李振基，2004）、福建君子峰的闽楠群落（林鹏等，2005）、福建三明的青钩栲群落（林鹏和丘喜昭，1986）、广西十万大山的竹叶木荷群落（温远光等，2004）和江西九岭山的典型原生性群落（李振基，2009）的物种多样性数据（表4-3），从表4-3中可以看出，典型的森林群落的 Shannon-Wiener 指数（均已换算为以 2 为底）多大于 4。

表 4-3　中国部分森林群落物种多样性比较

植被型	群落类型	调查面积/m²	S	N	d_{Gl}	H'	J/%	D	分布地点
暖性针叶林	杉木群落	400	33	201	5.508	4.690	92.97	0.959	江西九岭山
	杉木群落	400	47	483	7.678	4.640	83.53	0.946	福建茫荡山
	落叶红松群落	3200	39	2246	4.709	2.417	45.75	0.911	吉林长白山
落叶阔叶林	黄檀群落	400	64	397	10.682	5.468	91.12	0.973	江西九岭山
	白栎群落	400	58	421	9.680	5.292	90.33	0.969	江西九岭山
	锥栗群落	400	35	433	5.842	4.407	85.93	0.939	江西九岭山
	三峡槭群落	400	26	215	4.340	4.211	89.59	0.938	江西九岭山
	辽东栎群落	600	35	444	5.315	2.540	49.50	0.945	北京东灵山
	雷公鹅耳枥群落	400	71	552	11.850	5.349	86.97	0.965	福建闽江源
常绿阔叶林	樟树群落	400	47	313	7.678	5.555	92.73	0.966	江西九岭山
	刨花润楠群落	400	39	275	6.509	4.955	93.76	0.964	江西九岭山
	苦槠群落	400	60	536	10.014	5.360	90.75	0.968	江西九岭山
	甜槠群落	800	76	5005	11.370	3.940	63.05	0.843	福建武夷山

续表

植被型	群落类型	调查面积/m²	S	N	d_{GI}	H'	J/%	D	分布地点
常绿阔叶林	青钩栲群落	1200	72	2477	10.015	4.399	71.31	/	福建三明
	闽楠群落	400	29	274	4.840	4.246	87.41	0.926	福建君子峰
	黄枝润楠群落	400	48	553	8.011	4.991	89.36	0.960	福建茫荡山
	竹叶木荷群落	300	33	124	5.508	4.011	79.53	0.900	广西十万大山
森林沼泽	江南桤木群落	400	38	213	6.342	4.721	89.96	0.957	江西九岭山

◆ 第三节　群落结构与外貌

一、功能群

　　功能群（functional group）是一个重要的生态学概念，它帮助生态学家深入理解植被如何响应气候变化和自然或人为干扰。功能群的划分基于物种对环境条件的相似反应，以及它们在生态系统中相似的功能角色。

　　功能群的划分不仅有助于我们理解生态系统的结构和功能，还能评估生态系统对环境变化的敏感性和适应能力。功能群内的物种在形态、生态和生理上具有相似的适应策略，这些策略对生态系统功能和环境变化响应至关重要。环境条件变化时，这些物种展现出一致的适应性变化，如形态特征的调整和生理机制的适应。例如，在资源供应和干扰强度的不同梯度上，同一功能群的物种在扩散能力、恢复速度、繁殖策略和寿命等方面表现出相似的行为模式。

　　此外，功能群的概念还与群落的形态密切相关，它们在一定程度上反映了生物在特定环境中的生存和竞争能力。例如，沿着水分梯度，干旱环境下的植物可能会发展出较小的叶片面积、较厚的叶片结构，以及增加碳氮比、增加单位面积质量，这些都是为了适应水分稀缺的环境条件。

　　在具体的研究案例中，Lavorel 等（1999）通过分析植物的冠层结构、种子质量、植株高度、休眠特性、侧向伸展力和开花期等指标，对地中海草地的植物进行了功能型研究，并成功确定了六种不同的植物功能型，有助于我们理解不同植物如何适应地中海地区特有的环境条件。进一步地，邓福英和臧润国（2007）利用典型相关分析（canonical correlation analysis，CCA）研究了海南岛热带山地雨林天然次生林的物种功能特性，并根据这些特性将功能群划分为五类：灌木或小树苗类、灌木或小乔木类、小乔木类、演替中后期大乔木类和演替后期大乔木类。

二、群落的分层现象

　　在群落内部，由于环境因子的不一致，加上不同的植物有机体对复杂生境具有不同的要求和适应性，因而群落中各个植物种的个体不但高高矮矮排列在一定的空间位置上，而且它们的生长、发育和消衰也有时间上与空间上的不同。这样，整个群落形成一个相互依赖且相互制约的统一整体。

在福建南靖和溪南亚热带季风常绿阔叶林中（图4-3），最高大的乔木有红锥、红鳞蒲桃、淋漓锥等，树高达25m，冠幅50m² 以上。它们具有遮挡太阳辐射，改变群落内部生境的作用，它们是群落内部特殊环境条件的创造者，是林下灌木、草本等阴生植物的主要庇护者。其他还有多层的乔木和灌木处于林下，灌木层也比较密集，常和乔木幼树在一起，形成较密的林下层。例如，600m² 中可看到灌木48个种，5704株个体，这样的密集程度，表现了对光的充分利用。灌木层的郁闭，大大地降低了地表光照条件。

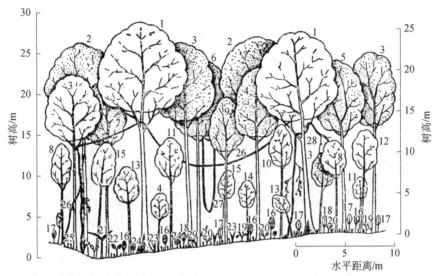

图4-3　福建虎伯寮国家级自然保护区内森林群落的垂直结构（引自林鹏和丘喜昭，1987）

1. 红锥；2. 淋漓锥；3. 红鳞蒲桃；4. 厚壳桂；5. 黄桐；6. 中华杜英；7. 翅子树；8. 鹅掌柴；16. 罗伞树；
17. 九节；18. 斜基粗叶木；19. 柏拉木；21. 桫椤；22. 海芋；23. 华山姜；25. 单叶新月蕨；26. 密花豆；
27. 扁担藤；28. 花皮胶藤；其余略

林下还有草本层与活地被层，如华山姜（*Alpinia oblongifolia*）、团叶陵齿蕨（*Lindsaea orbiculata*）、卷柏（*Selaginella* spp.）等，它们是南亚热带季风常绿阔叶林条件下的产物，直接在乔木、灌木的荫蔽保护下生存。同时它们也为森林创造了稳定的土壤湿度、温度的良好环境。

层间植物中主要是藤本植物，在林中特别多，如密花豆（*Spatholobus suberectus*）的径粗可达52cm，单茎长达250m，分枝总长达2000m，所攀附的20多米以上的大乔木可达15株以上，覆盖林冠面积在局部地段上可使郁闭度增加50%～60%。又如，扁担藤（*Tetrastigma planicaule*）径粗达18cm，榼藤子（*Entada phaseoloides*）径粗达50cm，它们在林中穿越经过不同的大树，非常壮观。

图4-4可以说明，在热带森林中，树木的层次是不明显的，并无真正的层次而只有形成层次的象征；与此相反，在纯林中则有明显的界限。显然，温度、湿度越有利，越能使大量的种类生活在一起。

关于水生植物的成层性问题较为复杂，因为这些植物有些是在水下的土壤中而茎叶又上升到水面，有些则在水面上或水中自由地漂浮。所以，睡莲属（*Nymphaea*）和浮萍属（*Lemna*）或者满江红属（*Azolla*）的同化器官位于同一水层中，更确切地说是处于水面上，但是浮萍并不固定在水底而是在水面上任意漂浮，而睡莲则有从水底土层到水面上的茎叶。因此，这些植物在群落中的生活方式是不相等的，水生高草植物同一高度范围内，又可区分为2层（图4-5），即漂浮植物和挺水植物。所以水生植物有5层，即水底植物、高沉水植物、浮叶植物、漂浮植物、挺水植物。

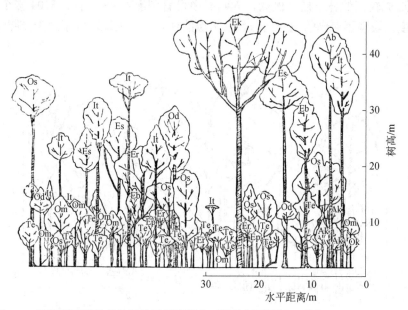

图 4-4　尼日利亚沙沙森林保护区原始混合雨林的剖面图解（引自 Richards，1996）

图示长 61m、宽 7.6m 的森林带。图中仅标出了高 4.6m 以上的树种。图中的字母代表的是优势物种，大写字母是属名首字母，小写字母是种加词首字母

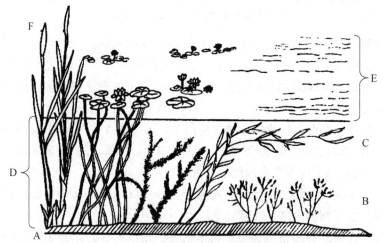

图 4-5　水中植物的成层现象（引自林鹏，1986）

A. 水底生境；B. 水底植物；C. 高沉水植物；D. 浮叶植物；E. 漂浮植物；F. 挺水植物

动物在林间或土壤里的分布情况也很类似。鸟类学家在野外观察时，能很清楚地看到鸟类的垂直分布。鸟类虽然能在不同高度的林间活动，但是它们经常只在一定高度的

林层营巢和取食。在我国珠穆朗玛峰的河谷森林里，白翅拟蜡嘴雀（*Mycerobas carnipes*）总是成群地在森林的最上层活动，取食滇藏方枝柏（*Juniperus indica*）的种子。而血雉（*Ithaginis cruentus*）和棕尾虹雉（*Lophophorus impejanus*）则是典型的森林底层鸟类，取食地面的苔藓和昆虫。

在水域环境中，不同水层分布的动植物存在差异。无脊椎动物有水面生活的水黾、水层生活的仰泳蝽和水底生活的红娘华等。鱼类经常活动在特殊的水域中，如青鱼、草鱼、鲢鱼、鳙鱼四大家鱼就分布在不同层次上，这些动物的垂直分布都同水体的物理条件（温度、盐度和氧气含量）和生物条件（食物、天敌）有密切的关系。

三、群落外貌的组成基础

群落的外貌是由群落的建群种为主的生态型通过组合在视觉上所反映出来的景象。生活型是每一种或某一类植物的个体形态，它是由不同枝条构型，不同大小、叶序、色泽和质感的叶片，不同花色和果色的花果，不同质感和色彩的树皮等所构成的。

1. 叶片的性质

（1）叶质：Dansereau（1957）和 Paijmans（1970）等将叶质分为厚革质、革质、草质、膜质、柔弱、肉质 6 类，叶质与植物的常绿或落叶属性密切相关，特别是木本植物（王献溥，1990）。在我国亚热带和热带区域，肉质植物较少，主要为景天科植物，甚至在有些森林类型中缺乏。广西的银杉群落仅有革质叶和草质叶，前者比例高达 61.5%。这种情况决定了亚热带地区中山带的酸性土在温凉湿润的气候条件下所发育的针阔叶混交林的独特外貌特点（谢宗强和陈伟烈，1999）。

（2）叶级：Barkman（1988）将叶片分为巨型（>1500cm^2）、大型（180～1500cm^2）、中型（20～180cm^2）、小型（2～20cm^2）、微型（0.2～2cm^2）、鳞型（0.02～0.2cm^2）、薄型（<0.02cm^2）7 类。例如，在福建南靖和溪的毛竹群落中缺乏薄型叶的植物，而在广西银杉群落中缺乏巨型和薄型（谢宗强和陈伟烈，1999）。

（3）叶型：叶型可以分为单叶和复叶两类，复叶还可以进一步分为羽状复叶、掌状复叶和三小叶，在亚热带森林中，单叶所占比例较高。

我国不同群落的叶级谱、叶质谱和叶型谱如表 4-4 所示。

表 4-4　我国不同群落的叶级谱、叶质谱和叶型谱　　　　　　（单位：%）

群落类型	叶级				叶质				叶型		参考文献
	大型	中型	小型	微型	厚革质	革质	草质	膜质	单叶	复叶	
峨眉栲群落	9.1	34.8	46.3	9.8	18.3	32.9	47.6	1.2	85.4	14.6	杨一川等，1994
青冈群落	6.3	43.2	47.7	2.8	19.8	35.2	44.9	/	85.2	14.8	宋永昌等，1982
南亚热带季风常绿阔叶林	10.2	56.0	31.0	2.8	3.7	43.5	49.5	/	81.9	18.1	林鹏和丘喜昭，1987
热带山地雨林	5.7	68.2	26.1	/	/	54.4	45.6	/	90.6	9.4	朱华等，2004

2. 植物构型

乔木植冠具有三维复杂性，植物体从主干开始，依次产生各级分枝，构成支持骨架，从而决定了整个植株的树冠结构，同时也决定了光合组织在空间的分布特征（孙书存和陈灵芝，1999）。分枝格局（branching pattern）是构型分析的重要内容，它主要由分枝率、分枝角度和枝长 3 个形态学性状决定。很明显，不同的分枝格局会形成不同的构型，会影响植物体能量捕获、水分丧失、机械支持，甚至竞争能力（Fisher，1986）。构型分析可以揭示植物体各组分在空间中的分布规律，以及植物在空间上对能量的利用方式。

1）不同植物构型的成因　　常杰等（1995）认为茎的分枝式有以下 4 种类型。

（1）二歧分枝式：其顶芽的分生组织一分为二，形成两个生长势差不多的分枝，以后在两个分枝的顶端又发生同样方式的分枝，结果为植物体呈鹿角状。

（2）单轴分枝式：其顶端分生组织长期保持活动能力，使主干占优势地位，侧枝明显处于劣势。在侧枝上，下一级侧枝又处于劣势，以此类推，从而植物成为宝塔形。例如，松属、杨属、桦属植物都属于这种分枝式。这种分枝式的各级分枝仍然服从于自相似。

（3）合轴分枝式：其主干的顶芽生长一段时间后丧失了分生能力，由离开顶芽一定距离的侧芽发育扩展并代替顶芽，此侧芽向接近主轴生长的方向继续生长，以后，侧枝的顶端生长又停止，再由其下方的侧芽代替，以此类推。因为这类植物的主轴由许多侧枝来代替，所以称合轴分枝。例如，榆属（*Ulmus*）、柳属（*Salix*）、辣椒（*Capsicum annuum*）等都属于这种分枝式。

（4）假二歧分枝式：类似于合轴分枝式，只发生在有对生叶的植物中，从表面上看，类似于二歧分枝，但它是顶芽生长停止后，由一对侧芽来完成主轴的任务而形成的。例如，丁香属（*Syringa*）、石竹（*Dianthus chinensis*）等。合轴分枝式和假二歧分枝式仍然服从于自相似。

2）不同植物构型的特征　　Hallé 等（1978）将植物体视为由众多构件组成的种群，并考虑了分生组织的分化、寿命及初生生长，从而建立了 23 种枝系构型模型，基本上能够确定所有植物所属的类型，并已得到广泛认可。这些模型对于理解单轴和合轴分枝的生态学意义特别有帮助。Hallé 等（1978）首先将植物分为两大类：不分枝和分枝。在不分枝的植物中，又分为顶端开花后死亡和叶下多次开花两类。对于分枝植物，则进一步细分为地下分枝和地上分枝。地下分枝植物分为仅在地下分枝和地下地上都能分枝的两类；而地上分枝植物则包含了 19 种不同类型。

3. 生活型与生活型谱

植物的生活型是植物长期受一定环境综合影响下所呈现的适应形态，主要是从外貌上表现出来的形态类型。生活型的主要特征表现在个体的高矮、大小、直立或匍匐及分枝状态、生命期的长短等。例如，通常把植物分成乔木、灌木、半灌木、草本、藤本、一年生植物、短命植物等。所以生活型既是某种植物的形态特征，也是某一群植物的共同外貌，因为植物种或个体总是在群落中生存，为共同的综合生境所制约。

1907 年，Raunkiaer 提出了生活型比较通行的分类法，这个分类的基础是：植物在度过不利时期（冬季严寒、夏季干旱时）时，对恶劣条件的适应形式不同，即根据芽（休眠芽或复苏芽）所处的位置高低来分类。他把高等植物划分为高位芽植物、地上芽植物、地面芽植物、隐芽（地下芽）植物及一年生植物五大生活型类群（图 4-6），在各类之下再按植物体的高度、常绿或落叶、芽有无鳞片保护、茎的本质化程度（木质、草质），以及营养贮存器官、旱生形态与肉质性等特征，再细分为 30 个小类群。Raunkiaer 生活型仅涉及有花植物。Braun-Blanquet（1932）把生活型系统扩大到一切植物上，并包括各类植物的定居特点。

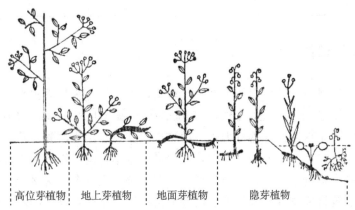

图 4-6　Raunkiaer 生活型图解（改自 Raunkiaer，1934）

上述各个生活型系统各有其优点。但在我国植被上应用时都有一些局限性和困难，因此我国的植物学家在编辑《中国植被》时集思广益，采用生态形态学原则初步拟定了一个《中国植被》（中国植被编辑委员会，1980）应用的生活型系统。

生活型谱（life-form spectrum）是指某一地区或某一群落中不同生活型的百分比组成。Raunkiaer 认为，休眠芽是在恶劣环境中延续生命的器官，因此休眠芽和环境条件之间有着密切的关系。生活型是植物对于气候恶劣环境长期适应的结果，因此在不同气候区域中的植物区系里，各种植物类型间的比例是不同的，这种生活型组成称为"生活型谱"。通过各种不同气候区域中生活型谱，可以看出植物对所在区域气候的适应。生活型谱也可以用来表征不同群落的特征。

表 4-5 是不同群落类型的生活型谱。从表中不难看出，从云南的西双版纳到北京的东灵山，随着纬度的增加，高位芽植物比例逐渐降低，地面芽植物、地下芽植物和一年生植物比例呈增加趋势。有些区域之间纬度差异大，但由于低纬度地区海拔高，生活型谱比例仍有很多相似之处。例如，北京东灵山蒙古栎林与四川卧龙地区珙桐群落在生活型谱上极为相似，它们在高位芽植物和地面芽植物比例上相对一致，在地下芽植物和一年生植物比例上有差异。

表 4-5　不同群落类型的生活型谱　　　　　　　　　　　　　　　（单位：%）

群落	高位芽植物	地上芽植物	地面芽植物	地下芽植物	一年生植物	参考文献
西双版纳雨林	94.7	5.3	0	0	0	王伯荪和彭少麟，1997
南靖和溪南亚热带季风常绿阔叶林	83.3	0	7.9	5.1	3.7	林鹏和丘喜昭，1987
浙江亚热带常绿阔叶林	76.7	1.0	11.3	7.8	2.0	宋永昌等，1982
南靖和溪毛竹群落	60.0	11.0	6.0	13.0	10.0	李振基等，1995

续表

群落	高位芽植物	地上芽植物	地面芽植物	地下芽植物	一年生植物	参考文献
北京东灵山蒙古栎林	49.4	0	27.6	6.9	8.1	江洪，1994
四川卧龙地区珙桐群落	45.8	1.6	31.2	17.7	3.7	沈泽昊等，1999
新疆博格达盐生植物群落	16.4	5.5	21.9	11.0	45.2	夏阳，1994
北京东灵山亚高山草甸	5.9	0	52.9	23.5	17.7	江洪，1994

四、群落的整体外貌

在构型、生活型和生活型谱的贡献下，群落以整体的外貌呈现出来，因此诞生了群落分类的外貌或外貌-生态途径。例如，Brockmann-Jerosch 和 Rübel（1912）的外貌-生态植被分类系统就先将植物群落分为木本植物群落、草本植物群落、荒漠植物群落和悬浮植物群落四大类。在木本植物群落中，又分常雨木本群落、雨绿木本群落、常绿阔叶木本群落、硬叶木本群落、夏绿木本群落、石楠木本群落、针叶木本群落等。Drude 的外貌植被分类系统将植物群落分为地上闭合群落、地上不闭合群落和水生植物群落。高大的森林又可以分为赤道雨林、季雨林、稀树乔木林、有刺乔木林、亚热带雨量适中的雨林、硬叶常绿林、冬季落叶阔叶林、针叶林等。低矮的木本植物群落又可以分为稀疏矮林、高山矮林、有刺灌丛、常绿灌丛、石楠灌丛、高山常绿灌丛、匍匐灌丛等。

1. 整体外貌的视觉特征

叶级、构型、生活型都是从组成群落的个体水平来认识植物群落的。实际上，植物群落具有总体外貌上的视觉特征，但由于难以描述，所以在各种文献中多较含糊或以生活型分析等来代替。

一般而言，热带雨林有一层较密的林冠，但在林冠之上，有一些树突出在林冠之上，终年常绿；热带季雨林有一层较密的林冠和突出在林冠之上的大树，旱季大树落叶；常绿阔叶林的林冠整齐而具树冠隆起，除春夏之交外，多深绿色；落叶阔叶林的林冠整齐而树冠隆起平缓，秋季变色，冬季落叶；常绿针叶林的林冠整齐，但树冠凸起如金字塔；落叶针叶林的林冠整齐，但树冠凸起如砖塔；常绿灌丛的外观较整齐，深绿色，四季常绿；落叶灌丛的植株散布山地，秋冬落叶；草甸多较高，色深绿，冬季枯黄；草原多低于1m，夏季禾草摇曳，冬季枯白；欧亚荒漠多以灌丛散布沙漠；北美荒漠多仙人柱稀疏错落林立（表4-6）。

表 4-6　常见植物群落整体外貌

群落类型	外貌	季节变化	高度/m
热带雨林	林冠密而具大树高耸其间	不明显，四季常绿	40~60（100）
热带季雨林	林冠密而具大树高耸其间	明显，旱季落叶	30~50
常绿阔叶林	林冠整齐而具树冠隆起	不明显，春夏色泽清新夹花白	20~30
落叶阔叶林	林冠整齐而树冠隆起平缓	明显，秋季红黄，冬季落叶	10~25
常绿针叶林	林冠整齐而树冠凸起如金字塔	不明显，四季常绿	10~30（100）

续表

群落类型	外貌	季节变化	高度/m
落叶针叶林	林冠整齐而树冠凸起如砖塔	明显，秋黄，冬季落叶	5~20
常绿灌丛	外观较整齐	不明显，四季常绿	1~5
落叶灌丛	散布山地	明显，花季红白，冬季落叶	1~5
草甸	密集而整齐	明显，冬季枯黄	1~2
草原	疏散而整齐	明显，冬季枯白	0.5~1
欧亚荒漠	植株散布沙漠	明显，冬季枯干	0.5~2
北美荒漠	植株散布沙漠	明显，冬季枯干	1~5

2. 整体外貌的卫星解译

田自强等（2004）尝试了利用 Landsat-5 的影像数据和 Landsat-7 ETM 对神农架地区进行植被制图，表明不同植被类型具有不同的色调、形状和纹理特征（表 4-7）。

表 4-7　神农架地区部分植被类型的遥感影像特征（TM 5、4、3 波段）

植被类型	色调	形状	纹理特征
巴山冷杉林	青绿色	小块状或片状	立体感强，边缘界限较清晰
巴山松林	绿色	片状	立体感突出，边缘界限清晰
华山松林	亮绿色	片状	立体感强，边缘界限突出
马尾松林	暗绿色	枝状	立体感较强，边界明显
常绿阔叶林	鲜绿色	条状或小块状	立体感较强，边界较明显
硬叶常绿栎类林	深绿色	颗粒状聚集	立体感突出，边界明显
杜鹃灌丛	草绿色	小块状或镶嵌状	立体感不强，边界较明显
落叶林	砖红色	片状	立体感突出，边界明显
箭竹灌丛	蔚蓝色	团状或镶嵌状	立体感弱，边界明显
亚高山草甸	粉红色	小块状或镶嵌状	略有立体感，边界较明显
农田、居民点	淡红色	片状或镶嵌状	立体感弱，边界较明显
针阔叶混交林	绿色与红色交杂	片状	立体感弱，边缘界限不甚清晰
湿地	浅蓝色	小块状，细条状	立体感不强，边界较明显

五、群落的水平格局

1. 群落的水平配置

群落中的某个种群或若干种群，在群落中的水平配置也是不一致的，有的均匀分布，有的呈集群分布，这与物种的习性和环境因素相关。不同的群落郁闭度可能相差很大，在研究荒漠植物的水平分布时，有人认为它们是零星分布、彼此无关。这种看法是片面的，虽然组成荒漠群落的植物地上部有时不是紧密连接在一起，但它们地下的根系则几乎是犬牙交错着的。例如，沙漠中胡杨的根系在沙地里深达 2m 多、交织如网，纵横好几十米的胡杨林，全被根连接着。其实在很多群落中，地上部分也有不同的衔接形式，如冰草属（*Agropyron*）为全株衔接，毛蕊花（*Verbascum thapsus*）在下部衔接，黄刺条（*Caragana frutex*）在上部衔接（图 4-7）。因此，在研究群落的水平分布时，仅仅重视它们地上部的

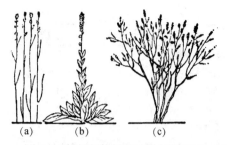

图 4-7　植株衔接性的三种不同类型
（引自林鹏，1986）

（a）全株衔接（冰草）；（b）下部衔接（毛蕊花）；
（c）上部衔接（黄刺条）

郁闭度，区分所谓稀疏群落（open community）和郁闭群落（closed community）是不够的。在群落中植物种类成分的配置分布方式，可以用聚生多度表示。

2. 复合群落与镶嵌

在群落水平分布上，有时在一个群落中，小地形往往发生有规律的重复变化，群落也随之发生有规律的交叠变化，且面积不大，这样的群落可以称为"复合群落"。例如，在黑龙江的沼泽草原上，地面高低起伏，低地与高地相距只有 20～40cm，低地的直径也只有 10～12m，在高地上生长的是柴桦（*Betula fruticosa*），在低地上生长的是大叶章（*Deyeuxia langsdorffii*）（图 4-8）。柴桦的面积小，而且镶嵌在大叶章之间，不能认为是另一个群落，只是这个群落的"片断"，全部植被才是一个复合群落。

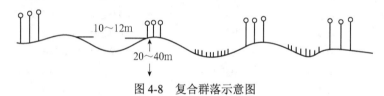

图 4-8　复合群落示意图

在另一些情况下，人们也可以看到相邻的两个群落有片断的部分嵌入另一个群落之中，这称为群落的"镶嵌性"（mosaic）。这种片断有人称为"嵌入体"，经常在两个群落的镶嵌边界出现。但是也有些嵌入体是从原来没有植物生长的地面，发生植物群聚作用时直接形成的或是次生性质的，也可以是先锋植物的小群落。

3. 生态交错带

早期生态交错带的概念主要是指相邻群落之间的交错区，其特征由相邻生态系统相互作用的时间尺度、空间尺度及强度所决定（牛文元，1989；Castri and Hansen，1992）。生态交错带是生态条件和植被类型出现不连续的区间，生态交错带的判定通常是主观设定阈值，将梯度带划分为多个区间，但值得注意的是，有时各区间在统计上有显著差异的地方并不一定存在交错带（石培礼和李文华，2002）。

生态交错带具有 3 个基本特征：宏观性、动态性和过渡性（肖笃宁，1991），是生态结构和功能在时间尺度、空间尺度上变化较快的区域，异质性较高。

交错带变化最为明显的特征是植被的变化，包括植物物种组成和植被结构的变化。最容易定义的交错带是空间位置上物种组成发生突然变化的地段，在景观水平上，物种组成变化较为缓慢而难以判定。

生态交错带的功能基本上归纳为五类。①通道作用：生态交错带作为相邻生态系统之间生态流的通道，影响生态流的流向和流速。②过滤器作用：生态系统的某些组分能通过生态交错带在相邻生态系统之间流动，另一些组分则受阻碍。③源的作用：生态交错带为相邻生态系统提供物质、能量和生物来源，起到源的作用。④库的作用：与源的作用相反，生态交错带能吸收积累某些组分。⑤栖息地作用：生态交错带为许多景观边缘物种提供了栖息地（Forman，1995）。

4. 环境梯度

环境梯度（environmental gradient）可用于说明环境中某一因子的变化，包含随空间一起变化的许多环境因子。例如，"垂直高度梯度"包括随海拔的增高而引起的平均气温降低、生长季节缩短、雨量增加和风速的增大等。又如，在丹霞景观区域的悬崖峭壁顶部可能是刺柏林、硬叶林或干旱草本植物，崖下的沟谷内却是郁郁葱葱的常绿阔叶林（图4-9）。

图4-9　中亚热带丹霞景观区域的环境梯度

某个区域中，由于气候、土壤、地形和其他条件总是在不同程度地变化，这就形成了许多生境和群落，从而表现出植被的成带分布和群落的镶嵌分布。在自然界，一个群落类型到另一个群落类型可能是渐变的，若在环境中出现非连续性，群落类型的过渡就可能很突然。需要指出，许多由地形所引起的景观中梯度的差异，在确定群落边界中是重要的。群落的边界可能是明显和清晰划分的，也可能是过渡或扩散的，或者是岛屿状镶嵌的。

例如，在长江口河口区域，由于食物环境梯度的影响，鸥类和雁鸭类通常分布在河口水域（包括近岸水域、潮沟、水洼地等明水面）和滨水带，草食性的种类如小天鹅（*Cygnus columbianus*）通常分布在薹草带，鹬类、鸻类和鹤类一般分布在潮间带下缘滨水带，而雀形目（Passeriformes）鸟类主要分布在芦苇分布区（陆健健，2003）。

总之，在任何地面中，每一个环境因子或环境因子的综合通常是由大梯度、中梯度和小梯度所表征。梯度可能是连续的，也可能是非连续。它们在其整个范围内，一般是易变的，而不是一致的。各种梯度或部分或全部随时间而变化，但因具体情况其变化的速度快慢不等。

同时，群落的一切变化都是在一定生境中进行的，梯度和格局强调了各个因子在空间上变化的联系性和排列的规律性。这些概念将有助于我们把变化着的群落和变化着的环境联系起来，同时把二者间的关系在时间上和空间上联系起来。

◆ 第四节 群落的动态过程

一、群落动态的类型

群落是长期不变地生活在这个地段还是会有所变化？我们知道任何一个自然体都是在永恒地运动着，没有长远不变的东西，当然群落也是在不停变化着。群落动态的形式是多种多样的，既表现在群落中的组成分子，特别是建群种成长过程，群落每年的季相变化，不同年代气候因素变化所引起的群落变化，以及群落正常的更新过程；也表现在群落中的组成分子相互间的矛盾过程、演替过程、地质历史变化所引起的群落突变。

"动态"一词意义十分广泛，生物群落的动态至少应包括四方面的内容：①昼夜活动节律；②群落内部的季节变化与年际变化；③群落的演替；④生物群落的进化。

1. 昼夜动态

全球哺乳动物中夜行性、昼行性、昼夜活动性和晨昏性的物种比例分别是 69%、20.0%、8.5% 和 2.5%。不同活动模式的哺乳动物多样性的分布受到日光、月光和黄昏光照时间的限制，以及温度的限制。尽管全球哺乳动物主要是夜行性，但昼行性物种在青藏高原和安第斯山脉的高海拔地区占主导地位，因为那里夜间温度低，夜间活动的能量成本高、动物不能承受；而昼夜活动性和晨昏性物种在北极地区占主导地位，那里的特点是黄昏时间长，白昼时间季节性变化大（Bennie et al.，2014）。动物的行为是可塑的，一项全球性的研究表明，随着人类活动的增加，动物的夜间活动平均增加了 1.36 倍（Gaynor et al.，2018），尤其是杂食和食肉动物反应更强，而植食动物活动时间没有明显的变化（Li et al.，2022b）。

昆虫学家普遍认为昆虫更多在夜间活动，平均夜间比白天高 31.4%，缨翅目（Thysanoptera）、啮虫目（Psocodea）及膜翅目（Hymenoptera）的蚁科（Formicidae）等主要在白天活动，而夜间活动最为明显的是蜻蜓目（Odonata）、蜉蝣目（Ephemeroptera）和革翅目（Dermaptera），所以水生类群的夜间活动高于陆生类群，温暖环境中的昆虫夜间活动更多（Wong and Didham，2024），由此引发了人造光污染对夜间昆虫群落结构和功能的影响。研究发现，森林边缘 5 年以上的光照导致飞蛾密度下降 14%，而且还会改变一系列种间关系，如捕食关系和传粉关系（Grubisic and van Grunsven，2021）。

海洋中层浮游生物的昼夜垂直迁徙是地球上最壮观的动物迁徙现象之一，其主要受环境光照强度的调控；浮游生物白天下沉到较深的水域，夜晚上升至表层水域。这种迁徙活动带动了捕食者跟随其后，形成了多层次的捕食者-猎物互动模式。这种迁徙现象在所有纬度的海洋中普遍存在，对海洋生态系统的能量流动、物质循环及碳封存等生物地球化学过程具有重要影响。海洋生物的垂直动态与光照水平之间存在微妙的联系，而人造光污染可能会干扰这种自然的昼夜节律，影响浮游生物和捕食者的垂直迁徙模式，进而影响珊瑚礁生态系统（Fobert et al.，2023）。

2. 季节动态

生物群落的季节变化受环境条件（特别是气候）周期性变化的制约，并与生物的生活周期关联。特别在温带地区，气候的季节变化极为明显：树木和野草在春天发芽、生长，夏季开花，秋季结果并产生种子，到了冬季则进行休眠或死去。这种变化，年年如此，同气候的季节变化配合得极为一致。动物也同样有周期活动，例如，青蛙、刺猬和蝙蝠一到冬季就进行冬眠，春天来了便苏醒过来。浮游生物的数量变动也按周期作上下波动。群落的季节动态是群落本身内部的变化，并不影响整个群落的性质，有人称此为群落的内部动态。在中纬度及高纬度地区，气候的四季分明，群落的季节变化也最明显。

草原生物的季节变化就是一个例子（图 4-10）。我国北方羊草草原一般 5 月初萌动返青，7 月开花结实，8 月中旬地上生物量达到高峰，9 月下旬地上部分枯黄并停止生长。

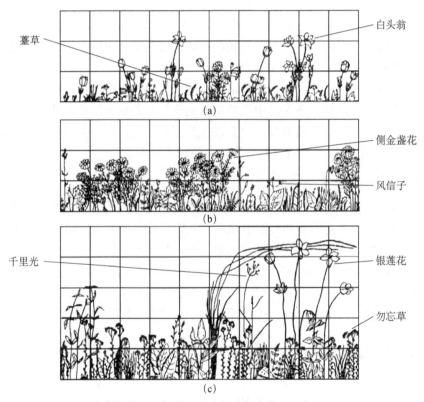

图 4-10　草甸草原从 4 月初到 5 月末的季相变化（引自 Walter，1968）

（a）4 月初由薹草（*Carex* spp.）和白头翁（*Pulsatilla chinensis*）构成棕色季相；（b）4 月末由侧金盏花（*Adonis amurensis*）构成黄色季相，点缀着淡蓝色的风信子；（c）5 月末由勿忘草（*Myosotis alpestris*）构成蓝色季相，夹杂着白色的银莲花（*Anemone cathayensis*）和黄色的千里光（*Senecio scandens*）

在森林中，随着植物物候的变化，鸟类群落或昆虫群落的组成也随之变化。山黄麻是西双版纳地区典型的先锋树种，会在受干扰的生境中形成占据绝对优势的次生林。研究发现，在山黄麻次生林中，鸟类群落的季节动态与山黄麻物候特别是开花和结果周期密切相关。主要以种子为食的鸟类数量和比例与山黄麻果实的丰盛程度直接相关，8 月为盛果期，此时鸟类群落的种类和数量达到高峰，展现出较高的物种丰富度和较低的均匀度。以取食花蜜为主的鸟类在 2 月和 4 月物种数与比例均较高，此时山黄麻处于盛花期。以取食昆虫为主的鸟类比例在各月份保持稳定。在森林演替的过程中，山黄麻次生林与鸟类群落之间存在着相互促进的关系（表 4-8）（王直军等，2003）。

表 4-8　西双版纳山黄麻次生林的鸟类群落按不同摄食习性的季节变化（改自王直军等，2003）

摄食习性	2 月		4 月		6 月		8 月		10 月	
	种数	比例/%	种数	比例/%	种数	比例/%	种数	比例/%	种数	比例/%
取食种子为主	6	46.1	10	55.6	17	68.0	29	72.5	23	71.9
取食花蜜为主	4	30.8	5	27.8	4	16.0	4	10.0	4	12.5
取食昆虫为主	3	23.1	3	16.6	4	16.0	7	17.5	5	15.6
山黄麻物候期	花期（盛花）		花期、果期		花期、果期		花期、果期（盛果）		花期、果期	

3. 年际变化

在不同年度之间，生物群落常有明显的变动。这种变化反映了群落内部的变化，不产生群落的更替现象一般称为波动（fluctuation）。群落的波动多数是由群落所在地区气候条件的不规则变化引起的，其特点是群落区系成分的相对稳定性，群落数量特征变化的不定性及变化的可逆性。在波动中，群落在生产量、各成分的数量比例、优势种的重要值，以及物质和能量的平衡方面，也会发生相应的变化。根据群落变化的形式，可将波动划分为不明显波动、摆动性波动、偏途性波动 3 种类型。

4. 群落的进化

群落的进化是指群落的发生，即某一类型的群落怎样从另一类型的群落进化而来。例如，对北美阿巴拉契亚山脉的一湖中花粉的分析表明，这里 12 000 年前主要为以云杉（*Picea* spp.）林占优势的森林，8000 年前后出现以北美水青冈（*Fagus grandifolia*）林为主的森林，2000 年前才开始出现以美国栗（*Castanea dentata*）林为主的森林。由此得出，群落既具有动态性又具有稳定性。但是，稳定性是相对的、暂时的、是以动态性为基础的，也就是说动态是绝对的、是永恒的，所以群落在不停地发展变化。

二、植物群落的形成

1. 裸地形成

植物群落的形成过程是从植物繁殖体散布到裸露地面上开始的，经过定居、竞争或自然稀疏而形成群落，也就是植物群落的发生过程。这与群落的更新和演替过程不同，因为更新和演替是指群落已经形成后的发展过程。虽然在这种发展过程中，也同样有繁殖体的散布、定居和竞争或自然稀疏的过程，但是这个过程的具体情形跟在群落形成和更新与演替中是完全不一样的。无论是在裸地上开始形成群落，进而形成群落的更新，还是在演替阶段上的群落变化，都与繁殖体的数量、散布、发芽、生长、繁殖，以及群落中植物个体间的相互矛盾有极其密切的关系。

初次形成的裸地（bare land）如新生成的岛屿、沙丘等，为原生裸地，这种裸地还没有植物的生长，当然也没有植物对生境的反应。还有一种裸地是原来有植物群落，但由于某种原因，原来的群落被破坏了，因而成为裸地，如泛滥地、火烧地等，这种裸地为次生裸地。次生裸地上不仅有土壤，而且土壤还可能相当肥沃，甚至土壤中有相当多的植物繁殖体。

2. 繁殖体的散布

无论是由裸地形成植物群落，或是更新或是演替，关键是植物繁殖体的种群数量。植物繁殖体包括孢子、种子、果实、芽蘗和植物体的片段。许多森林树木的结实有周期性的大小年，有的要 3～12 年才有一次大年。树木所产生的果实和种子，特别是啮齿动物喜食的松、栎、栗、胡桃等森林树木的种子，在小年中可能完全被野生动物食光，没有繁殖的可能，只有大年才有繁殖作用，如东北红松的更新就受到啮齿类的严重威胁。在福建南靖和溪森林中也观察到，淋漓锥等树木的种子散布后不久就满地都是空壳了。

散布受繁殖体的可动性、散布因子以及距离和地形等因子影响。除了水生藻类和菌类植物的繁殖孢子有运动性能，比较高等的植物的繁殖体都要依靠散布因子才能运动。

各种植物的繁殖体在形态学上差异很大，可以归纳为孢子、种子、果实、芽蘗和植物体。植物可能通过水、风、动物、人类和植物自身等进行散布。

3. 定居

定居（establishment）是指植物散布之后，到达新的生境并安定下来的过程。它包含发芽、生长和繁殖三个作用。就发芽、生长和繁殖三点来说，群落中的植物和裸地上的植物所需要的环境其实是一样的，它们个体的发育阶段也是相同的。但群落中的植物受到邻近植物的影响，如果散布之后没有定居，这种散布是无效的。所以能否达到散布的目的，不是由散布了多少繁殖体所决定，而是由能不能定居所决定的。散布首先在离开母体的地方，形成一个定居中心，之后再由这个中心向前进行散布。例如，在美国华盛顿圣海伦斯火山口区域，形成了很厚的岩浆和火山灰层，在这样的环境下，最先来到这里定居的是珠光香青（*Anaphalis margaritacea*）和柳兰（*Epilobium angustifolium*），它们是通过风把种子远距离送到这里并迅速定居的，第 3 种在这里定居的是平滑羽扇豆（*Lupinus lepidus*）（Wood and Morris，1990）。

如果是依靠种子或果实散布的植物，种子或果实在到达新生境后，首先必须能发芽，如果不能发芽就不能达到散布的目的。能发芽的也必须能生长才能定居，如果发芽后不久就死亡或是被别的动物吃掉，那也不能达到散布的目的。为了使植物能够顺利生长并最终过渡到生殖阶段，环境必须满足它们各个发育阶段的需求。否则，就不能有效形成新群落。靠营养体进行散布的植物，只要环境适合，其植物体迅速繁殖，就达到了定居目的，很多水生植物就是如此，陆生植物虽也有同样的情况，只是繁殖体散布的距离较短，有时还受地形影响。

种子发芽以后就是幼苗。幼苗本可以渐渐成长，但自然界有许多因素伤害幼苗，使其死亡。例如，森林中许多坚果或松柏科、胡桃科的幼苗，由于种壳中含有丰富的养分，鸟、鼠可将其吃掉。除了生物的伤害，物理环境对幼苗的伤害作用也很大。例如，土壤坚固或疏松、光线有无及其强度、温度的高低、水分的供给情况、营养盐类的多少，都是幼苗能否生长的决定因素。

繁殖和生殖是定居过程中最重要的作用。迁移到新生境中的植物，如果不能繁殖，即使繁殖体继续迁入，其个体数也不可能有实质性的增加，更不可能成为建群种植物，或者只能形成稀疏的植被，这种情况对于一年生种子植物尤为重要。

能否繁殖要看这种植物能否适应新生境。能够无性繁殖的植物，只要新生境能保障它们生长就能定居，许多竹类就是如此。但是全靠有性生殖来维持种族延续的植物，不仅要求新生境能适合植物体的生活，而且还要适合个体的阶段发育，才能够繁茂下去。对于植物体来说，特别是幼年期的植物体，对于环境的适应性较大，在人类的保护之下更是如此。但繁殖，尤其是有性生殖，就不可能这样简单。一般早熟品种春化所需的温度较高。例如，春小麦早熟品种的最适发育温度是 10～12℃，持续时间是 7～15d，才能通过春化阶段。而春小麦的晚熟品种最适温度是 3～5℃，持续时间也是 7～15d。不仅温度如此，其他的环境因子，如光照、水分也有这种情形。

前面提到裸地上植物种的散布是偶然的。因此，裸地上植物种和个体密度的分布不规则，有的地方很稀，有的地方很密。通常第一代很难形成密闭的群落，至少在全部的地面上不会完全密闭。因此，在这个阶段中，植物种间和个体间的相互影响一般不大。

4. 竞争和群落形成

由于定居，路边或者林窗内会形成群聚（aggregation）。在许多人为扰动频繁的生境，对于容易形成群聚的物种来说，没有竞争者，种子若同时到达且几乎同时萌发，就会出现群聚的现象。群聚的形式有两种：一种是只有一种植物迅速繁殖的单种群聚，另一种是由两种以上植物同时繁殖的复种群聚。单种群聚一般发生在只适宜某种植物的特殊生境中，或是由于某种植物具有强大而迅速的繁殖力，在很短的时间内就布满了这个裸地。复种群聚的形成，是由于路边或林窗内同时有两种或两种以上适合这种生境的植物繁殖体散布进来，或是由于单种群聚中又有别种适合这种生境的繁殖体散布进来，也可能是两个单种群聚混合起来的结果。通常在复种群聚中，个别的植物种成群地分布且迅速地繁殖着，不过分布的面积大小不是一定的。

群聚的形成是散布和定居两个作用的必然结果。正是因为散布和定居这两个过程，群落才能形成，以及各个演替阶段中的植物才有成群生长的可能。同时也是由于散布和定居，植物才能自然地聚生在一起。所谓群聚作用，它本身并没有主动性，与其说群聚是一种作用，不如说它是一种现象。植物的散布和定居这两个过程，只有在植物种类本身具有适应环境的特性和能力时才能成功进行。因此，我们把群聚解释为"在群落形成初期，由植物随机聚集形成的不稳定的集合状态"。

在群聚形成以后，由于密闭度的增加，个体间会发生竞争而自疏，从而进入下一阶段。不论是通过种间竞争还是种内自然稀疏，在一定环境条件下形成的一定群落，它们的密闭度和植物种间的个体数的比例大体相等。例如，福建的成年甜槠林每 100m² 有 1～3 株甜槠；成年的马尾松林，每 100m² 平均有 5 株马尾松。这是因为各种植物在它们不同的生长发育阶段里需要不同面积的生存空间。因此，在群落形成和发展的过程中，同种植物的个体间就有自然稀疏作用，而异种植物的个体间就有竞争作用。

三、生物群落的演替成因

演替（succession）是指某一地段上的生物集合体（动物或植物）在发展过程中，一种形式为另一种形式所代替，是质的变化过程。土壤发展的每一阶段，是在相应的植物群落作用下发生的结果。例如，在北极冰沼土上的针叶林，酸化作用进行得越强烈，土壤也越贫瘠，最后连针叶林本身也不能生长了，而多年生草本植物在这个地段上就逐渐地茂盛起来，土壤也逐渐变成生草土壤。因而可以看出植物群落的演替是有方向性的。一个地段上的群落经过一系列不同群落更迭之后，最后向荒漠群落发展，因而演替也是有阶段性的。每一个新群落代替旧群落的时候，就是演替的一个新的阶段。

苏卡切夫曾根据演替的动力把植物群落的演替分为内因动态演替、外因动态演替和地因发生演替：内因动态演替可分为群落发生演替和内因生态演替；外因动态演替可分为气候演替、土壤演替、动物演替、火成演替和人为演替。演替作为群落生态学的核心理念，在理论和实践层面都具有重要地位，与生态建设、生态产业及生态系统管理紧密相连。了解并掌握群落演替的原理，人们就能够预测未来可能出现的变化，进而通过生态建设与恢复工作，采取恰当的策略，确保群落的演替与自然规律和人类需求相一致。

1. 气候演替

气候的干湿变化是主要的演替动力，在俄罗斯的森林草原地带常有森林和草原相互消长的现象。根据推测，我国北方气候在古代也远比现代湿润，所以森林的覆盖面积远比现代大。例如，张家口的沙丘地带还有松林遗迹。

2. 土壤演替

土壤演替是由土壤条件向一定方向改变而引起的群落演替，这方面的例子很多。例如，河流湖泊逐渐干涸而发生水生群落演替，土壤盐渍化或沼泽化引起群落演替。

3. 动物演替

动物演替是由动物的作用而引起的群落演替。例如，在我国祁连山及四川靠近西藏的某些地区的牧区里，常常用亚高山作为自然牧场。亚高山地带本来是森林地带，但在放牧的影响下，森林一经破坏即成为亚高山草原。而亚高山草原中的群落，由于家畜的习性不同，对草类有选择性啮食，也一步一步地引起群落的定向演替。又如，原来以禾本植物为优势的草原，植株较高的种类也较多，在经常放牧之后，即变成以细叶薹草（*Carex duriuscula* subsp. *stenophylloides*）为优势成分的低矮草原。如果放牧过度，则害草丛生，如狼毒（*Stellera chamaejasme*）、乌头（*Aconitum carmichaelii*）、龙胆科植物等就繁茂起来。在某些地方甚至多为羽茅（*Achnatherum sibiricum*）、醉马草（*Achnatherum inebrians*）等的群落，或者在群落中出现斑点状裸地。

4. 火成演替

"火"是一个重要的引起植被演替的因素，起火多数与人为活动有关，但也有自然起火的现象。不同生活型的植物对火（高温）抵抗能力不同，从而植被遭受火害的影响也不相同。根据火对草原植被的影响来看：地下芽植物的抗火能力较地上芽高，根茎性禾草的抗火能力较丛生禾草高。因此，在起火频繁的温带草原地段，往往针茅、羊茅、溚草、隐子草等生活力有明显下降，个体数量有相对减少的趋势。相反，羊草、薹草、无芒雀麦（*Bromus inermis*）等植物则受害较轻，生活力有一定程度的提高。此外，更新芽有芽鳞和毛被保护的地面芽植物，一般受火害的影响也较为轻微。因此，在长期起火的地区，久而久之，丛生禾草草原就有被根茎性禾草草原或更新芽具有保护物的杂类草草原演替的可能，但这点还需要进一步研究。森林群落中，在火的影响下，云杉林被松林代替的事实已众所周知，松林有火烧顶极之称便是这个道理。

5. 人为演替

在所有的外因动态演替中，由人类活动对自然界的作用而引起的植被演替具有特别显著和重要的地位。人类活动所引起的植被演替，主要通过下列 3 个途径实现。

（1）直接影响植被：部分或全面地消灭植被，如割草、开垦、森林采伐等，或者向天然植被中移栽新的植物成分等。

（2）改变植被的生境：如排水、灌溉、施肥等。

（3）通过改变植被影响自然环境的变化：如大面积地砍伐森林，造成土壤和气候的植物环境改变等。

如果人为活动彻底破坏了原来的天然植被，其后也未进行栽植或播种，从而为群落可能重新发生提供了新的条件，那就不宜看作人为发生演替。部分地改变植被的原来外貌和结构（如森林的皆伐、择伐、渐伐、人工稀疏；草原和草甸的控制性改良、割草、施肥、除莠等），虽然不会使群落全部消灭，但完全有可能促进新的群落形成。

6. 地因发生演替

地因发生演替是由整个地理环境改变所引起的植物巨大的变化。例如，青藏高原隆起导致许多河谷成为干热河谷或干温河谷；冰期与间冰期的变化导致冻原退缩与前进。

四、演替系列的基本类型

上文所说的演替是根据演替的原因（动力）来分类，但也有根据群落基质所发生的改变而分类的，英美学派就是如此。现对 Clements（1916）的观点作如下介绍。

原生演替（primary succession）是指从没有土壤和没有高等植物繁殖体的裸岩上开始的群落演替。例如，威廉士关于北极冰沼土上植物群落的演替。但是有一些裸地，例如，由于火烧、滥伐、砍伐、开垦等因素而形成的裸地，不仅是有土壤和或多或少的腐殖质，而且还可能有植物遗留在这种地面上的繁殖体，由这种次生裸地上所开始的群落演替称为次生演替（secondary succession）。无论是原生演替还是次生演替，总括它们的各个演替分阶段，可以称为原生演替系列或次生演替系列。

（一）原生演替

原生演替可根据生境条件的不同分为许多基本类型，如水生演替（包括盐生演替、酸沼演替等）、旱生演替（包括岩生演替、沙生演替）。下文作简单介绍。

1. 水生演替系列

淡水中的植物群落，通常有下面几个演替阶段。

（1）沉水植物群落阶段：一个湖泊或水流不太快的河渠，其全部或近岸水深 6m 以上的地段，常生有许多沉水植物。这些沉水植物在我国常见的有黑藻属（*Hydrilla*）、眼子菜属（*Potamogeton*）、茨藻属（*Najas*）、金鱼藻属（*Ceratophyllum*）和狐尾藻属（*Myriophyllum*）等（图 4-11）。它们的根固着于湖底泥土中，茎则在水中随水流而波动。生长的深度随植物种类和水的清浊而异。在夏季生长旺盛时可以满布水中。当然，即使是比较浅的湖泊，也可能有一部分的水中没有植物生长或生长得很稀。若干年之后，一方面由于水流从上游带来的泥沙，经过这些植物减速和阻碍，沉淀下来了；另一方面这些植物的枯枝落叶也沉积下来，但由于水中的氧不足，不能完全分解成为腐殖质，以致把原来的泥沙凝结得比较紧密，湖床也日渐变浅。因而不适于原有植物的生长，导致适合于这种浅水环境的其他植物有了生长的机会。

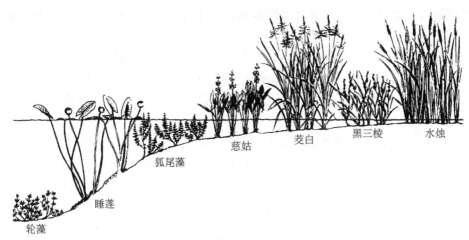

图 4-11　湖泊中水生植物带的演替（引自李振基等，2007）

（2）浮水植物群落阶段：在水深 2～3m 的地方，有些浮水植物开始生长。最常见是芡实（*Euryale ferox*）、睡莲、各种浮水眼子菜、荇菜（*Nymphoides* spp.）、菱（*Trapa* spp.）等。起初浮水植物和沉水植物并存，不久由于浮水植物的繁殖更快，沉水植物所能接收的光线减少。虽然沉水植物可能向水中央地区发展，但水中央地区也可能有无茎的浮水植物，如浮萍（*Lemna* spp.）、凤眼莲、满江红（*Azolla* spp.）、槐叶苹（*Salvinia natans*）之类，遮盖住这部分的水面。这样浮水植物体缠结的能力更大，且有高度堆积水中泥沙的能力，结果水深日渐降低。即使没有别的植物迁移进来，也会使浮水植物不能生存。

（3）蒲草沼泽阶段：由于水深日渐降低，挺生水中的沼泽植物有了生长的机会。在水深 0.3～1.3m 的湖泊或河渠里，黑三棱属（*Sparganium*）、藨草属（*Scirpus*）、香蒲属（*Typha*）、芦苇属（*Phragmites*）等渐渐迁入进来。香蒲的繁殖力很高且生长又快，形成了香蒲群丛。藨草更能生在水深 2m 的地方，芦苇主要生在浅水中，所以通常在香蒲群丛之后，才有芦苇群丛，但它们之间也常常互相混生，没有一定的界限。这些植物之所以繁殖很快，是因为它们都有强健的地下茎，截留的泥沙和累积的腐殖质很多，水深更易变浅。同时由于它们繁殖快而荫蔽了浮水植物的光线，浮水植物的生机日弱，或者只好向深水中繁殖。除了上面的这些植物，在蒲草植物群丛中也常见慈姑属（*Sagittaria*）、泽泻属（*Alisma*）、蓼属等，不过个体数较少。

（4）薹草草地阶段：当水面浅到一定程度，在干季水位降低的时候，土面可以全部露出，这时环境已经不能适应蒲草类植物的生存。薹草类植物如薹草、灯心草属（*Juncus*）、荸荠属（*Eleocharis*）等就渐渐地迁入进来，结束了昔日的蒲草沼泽阶段，形成薹草丛。这些植物有缠结力大的地下茎和多量的根，因而形成薹草状群落。在这个阶段，湿季也许还会有几寸深的水流流过地面，干季已成饱和土，或甚至水位低于土壤十多厘米，这由群落发展的程度和地形而定。所以可能还有上一个阶段的植物残留，指示历史的残迹。在这个生境里，水和风搬运来的土壤及植物的残骸越积越多，蒸发作用也越来越大。据报道，仅沼泽荸荠（*Eleocharis palustris*）每年就可积聚几厘米厚的腐殖质。最后薹草类由于不适应干燥生长而被别种适合这种环境的植物所代替。在干燥气候环境下就形成稳定性较大的草原群落。但在湿润的气候区域内会向木本植物群落发展。

（5）木本植物阶段：当生境中水分仅在湿季饱和时，许多耐水湿的灌木甚至乔木开始生长。柳、杨、桤木、风箱树（*Cephalanthus tetrandrus*）等常是首先被发现的树种，而且它们还可能有地下茎，所以繁殖迅速，形成浓密的群落。这些植物一方面荫蔽地面，另一方面成土作用较大，加之又有巨大的蒸腾作用，地下水位更加降低。因而，对光线和水湿需求较高的薹草类植物不能生长，但也渐渐地引起更耐荫的植物迁入进来。等到腐殖质积聚更多，土壤中渐有较多的细菌和菌类生长时，许多别种树木也能迁入进来了。因此，会形成柳、杨、桤木、朴、榆、栎等的混交林，且有与这种森林连在一起生长的灌木和草本植物。但是等到它们在已经比较干燥、通气比较良好的土壤里越生越密时，先迁入进来的种类由于其幼苗不能忍耐荫蔽就逐渐变少。几代以后形成耐荫性更强的植物群落，这时群落的变化就比较缓慢，逐渐形成了稳定性比较大的群落。

上面所说的这种群落变化，人们可以一层层地看到它们同时存在，如在湖泊的边缘就可能有这样的群落变化出现。

2. 岩生演替系列

对于植物的生长来说，裸露的岩石表面上环境条件是极端恶劣的。首先，没有土壤；其次，光照强，温度变化大，十分干燥。

（1）地衣植物阶段：在干旱的岩面"裸地"上，最先出现的是地衣植物阶段，其中壳状地衣首先定居。壳状地衣将极薄的一层植物体紧贴在岩石表面，并从假根上分泌有机酸以腐蚀岩石表面；加之岩石表面的风化作用及壳状地衣的一些残体，就逐渐形成了一些极少量的"土壤"。在壳状地衣的长期作用下，土壤条件有了改善，进而在壳状地衣群落中出现了叶状地衣。叶状地衣可以含蓄较多的水分，积聚更多的残体，因而使土壤增加得更快。在叶状地衣将岩石表面遮没的部分会出现枝状地衣。枝状地衣是植物体较高的多枝体，生长能力更强，之后就全部代替了叶状地衣群落。

地衣植物阶段是岩石表面植物群落原生演替系列的先锋植物群落。这一阶段在整个系列过程中需要的时间最长。一般越到后面，由于环境条件的逐渐改善，发展所需的时间就越短。在地衣群落发展的后期，就出现了苔藓植物。

（2）苔藓植物阶段：生长在岩石表面的苔藓植物与地衣相似，可以在干旱的状况下停止生长进入休眠，待到温和多雨时又大量生长。这类植物能积累更多的土壤，为以后生长的植物创造了更多的条件。

植物群落原生演替系列的上述两个最初阶段与环境的关系主要表现在土壤的形成和积累方面，至于对岩面小气候的影响，虽也有一点作用，但很不显著。

（3）草本植物阶段：群落的演替持续向前发展，进入草本植物阶段。草本植物中首先是蕨类及一些被子植物中一年生或二年生植物，大多是低小和耐旱的种类，它们在苔藓植物群落中一开始是以个别植株出现，之后大量增加而取代了苔藓植物。土壤持续增加，小气候也开始形成，之后多年生草本植物就出现了。最开始，草本植物全为高在35cm以下的"低草"，随着条件的逐渐改善，"中草"（高在70cm左右）和"高草"（高1m以上）相继出现，形成群落。

在草本植物阶段中，原有岩面的环境条件有了较大的改变：在草丛郁闭下，土壤增厚，有了遮荫，减少了蒸发，温度、湿度受到调节，土壤中真菌、细菌和小动物的活动增强，生境不再那么严酷。在森林分布的区域，草本植物群落下创造了木本植物适宜的生活环境，演替持续向前进行。

（4）木本植物阶段：当草本植物群落发展到一定时期，一些喜光的阳性灌木出现，它们常与高草混生形成"高草灌木群落"。之后灌木大量增加，成为优势的灌木群落。继而，阳性的乔木树种生长，逐渐形成森林。至此，林下形成荫蔽环境，使耐荫的树种得以定居。耐荫性树种增加，而阳性树种因在林内不能更新而逐渐从群落中消失，林下出现了耐荫的灌木和草本植物，复合的森林群落就形成了。

在整个原生演替的旱生系列中，旱生生境因群落的作用变成了中生生境。

上面的叙述是概要的，因为高等的草本植物，有时只要岩石上有很浅一层土壤就能生长。因此，草本植物和藓类可在岩石上同时生长。就我们观察所知，阴湿地方的附生植物，如蕨类植物、兰科植物及秋海棠属和苦苣苔科的一些植物正是这种情形。

此外，有裂缝的岩石，特别是陡岩，如果裂缝较大，能够积聚一点土壤，就可以直接生长草本植物、灌木甚至乔木，不必经过地衣和苔藓的阶段。例如，在福建常常可以看到在新开不久的公路、坑道，或铁路的岩壁上，草本植物还没有生长，马尾松幼苗就已经高达10cm了。这些都说明群落的形成和演替是以具体条件为转移，并不是按照一成不变的概括公式而进行的。除气候条件外，岩隙中能否直接生长高等植物，要看岩石的物理和化学性质，以及自别处运来泥沙和腐殖质的情况而定。通常细砾和粗砾组成的岩壁发展比较快，草本植物常常是群落的先锋，其团结疏松的土壤，生成绿茵草地，增加腐殖质，不久灌木和乔木也就能够在其上生长了。

3. 沙生演替系列

沙生演替系列也是旱生演替的一个类型。由风力形成的沙丘，除非有植物生长，否则很难固定，因为风可以再把沙丘吹走。沙丘上植物群落的发展一般有三个阶段。

（1）初期沙丘：首先是耐干旱的草本植物，通常是栉叶蒿（*Neopallasia pectinata*）、冷蒿、刺旋花（*Convolvulus tragacanthoides*）、沙蓬（*Agriophyllum squarrosum*）和几种冰草（*Agropyrum* spp.）等植物生长。灌木则以梭梭（*Haloxylon ammodendron*）为主。这时的沙丘高度不大，地下几米的深度，就有地下水，当沙丘增高的时候，这些植物也有生长的能力，而且有缠结的根，所以能够固定沙丘。

（2）流动沙丘：沙丘固定之后，更容易堆积流沙，逐渐高大起来，这时植物离地下水渐远，因而枯萎。除梭梭之外没有其他植物能够迁入进来。例如，白梭梭（*Haloxylon persicum*）仅在准噶尔盆地的流动、半流动沙丘分布，其子叶下轴长期适应流动沙丘生境，伸长、弯曲而成弧形，有利于减缓风力。

（3）稳定沙丘：在距风力中心较远的地方，风力减小，植物首先在沙丘背风的基部生长起来。因为这些地方土壤含水量较多，风害也小，其后渐渐地向上坡蔓延。但沙丘的向风面还可能受到干风的作用，只有耐干性极强的植物才能生长，但此时沙丘已不能移动，逐渐到达稳定阶段。例如，在内蒙古风沙中心，沙丘上稳定性比较大的植物群落只有泡泡刺（*Nitraria sphaerocarpa*），这是一种半匍匐的灌木，但由于生长不密，还不能说其能很好地稳定沙丘。

（二）次生演替

以上介绍的都是原生演替，次生演替要比原生演替容易，时间也较短，因为次生裸地不仅有土壤还可能有腐殖质和植物的繁殖体。例如，砍伐林中还有灌木和草本植物，已砍伐的根株也可能萌蘖，这样就可以由灌木阶段直接发展成乔木阶段。就是在火烧地上，也常是灌木和草本植物同时出现，几年以后就有茂密的草本植物或是灌木群落了。假如环境条件可能生长乔木的话，很快地就能形成乔木群落。

原生植被受到了破坏，就会发生次生演替，并将出现各种各样的次生植被，这种次生植被的形成过程也就是次生演替系列。因此，次生演替的最初发生是由外界因素的作用所引起的。外界因素除火烧、病虫害、严寒、干旱、长期淹水、冰雹打击等以外，最主要是大规模的人为的干扰，如森林的过伐、草原过度放牧和割草、耕地荒废等。各种各样的次生植被首先是在人为活动的作用下所产生的。所以，对于次生演替的研究具有很重要的实际意义，因为在利用和改造植被的工作中所涉及的绝大部分都是次生演替的问题。可是，认识和分析次生演替在很大程度上有赖于对原生演替的一般规律的了解。只有这样才能做到既合理开发利用又维护生态平衡。

1. 森林植被的次生演替

森林被采伐后，可因森林群落的性质（如针叶林或阔叶林）和采伐方式（如皆伐或择伐、渐伐），以及对于林内优势树种的幼树苗木和地被物的破坏程度，影响森林复生变化过程。全面皆伐是改变森林群落最为彻底的方式。因此，在树林全面皆伐后，其复生过程要经历较多的发展阶段和较长的时间。

现以云杉林皆伐以后从采伐迹地上开始的群落过程为例加以说明。云杉林是我国北方针叶林中优良的用材林，也是我国西部和西南地区亚高山针叶林中的一个主要森林群落类型。云杉林被采伐后，将经历以下演替阶段。

（1）采伐迹地阶段：采伐迹地阶段亦即森林采伐时的消退期。这个时候产生了较大面积的采伐迹地。原来森林内的小气候条件完全改变，地面受到直接的光照，挡不住风，热量升高很快、又很快发散，形成霜冻等。因此，不能忍受日灼或霜冻的植物就不能在这里生活，原来林下的耐荫或阴生植物消失了，而喜光的植物，尤其是禾本科、莎草科及其他杂草到处蔓生起来，形成杂草群落。

（2）先锋树种阶段（小叶树种阶段）：云杉和冷杉一样，是生长慢的树种，它的幼苗对霜冻、日灼和干旱都很敏感，很难适应迹地上改变了的环境条件，所以它们不能在这种条件下生长。可是新的环境却适合一些喜光的阔叶树种（桦树、山杨、桤木等）的生长，它们的幼苗不怕日灼和霜冻。因此，在原有云杉林所形成的优越土壤条件下，它们很快地生长起来，形成以桦树和山杨为主的群落。当幼树郁闭起来的时候，开始遮蔽土地。一方面，太阳辐射和霜冻开始从地面移到落叶树种所组成的林冠上，同时，郁闭的林冠也抑制和排挤其他喜光植物，使它们开始衰弱，然后完全死亡。

（3）阴生树种定居阶段（云杉定居阶段）：由于桦树和山杨等上层树种缓和了林下小气候条件的剧烈变动，又改善了土壤环境。因此，阔叶林下已经能够生长耐荫性的云杉和冷杉幼苗。最初这种生长固然是缓慢的，但往往到 30 年左右，云杉就在桦树、山杨林中形成第二层。加之桦树、山杨林自然稀疏，林内光照条件进一步改善，有利于云杉树的生长，于是云杉逐渐伸入上层林冠中。虽然这个时期山杨和桦树的细枝随风摆动时会撞击云杉、击落云杉的针叶，甚至使一部分云杉树形成仅具有单侧的林冠，但云杉会继续向上生长。通常当桦树、山杨林长到 50 年时，许多云杉树就已伸入上层林冠。

（4）阴生树种恢复阶段（云杉恢复阶段）：再过一些时候，云杉的生长超过了桦树和山杨，于是云杉组成了森林上层。桦树和山杨因不能适应上层遮荫而开始衰亡。到了 80～100 年，云杉终于又高居上层，造成严密的遮荫，在林内形成紧密的酸性落叶层。桦树和山杨则根本不能更新。这样，又形成了单层的云杉林，其中混杂着一些残留下来的山杨和桦树。

云杉林的恢复过程就是这样。可是，恢复并不是复原，新形成的云杉林与采伐前的云杉林只是在外貌上和主要树种相同，但树木的配置密度都不相同了。而且因为桦树、山杨林留下了比较肥沃的土壤（落叶层较软、土壤结构良好），山杨和桦树腐烂的根系还在土壤中造成了很深的孔道，这使得新长出的云杉能够利用这些孔道伸展根系，从而改变了云杉因根系浅容易导致的倒伏性，同时又获得了较强的抗风力。

当然，森林采伐后的复生过程，并不单纯取决于演替各阶段中不同树种的喜光或耐荫性等特性，还取决于综合的生境条件的变化特点。特别是引起森林消退的那种原因，它们作用的强度和持续时间对森林采伐演替的速度和方向具有决定性意义。如果森林采伐面积过大而又缺乏种源，或采伐后水土流失严重发生，那么森林复生所必需的基本条件就不具备，群落的演替也就朝恶性循环方向或者向偏途演替方向发展了。

南方常绿阔叶林区域也有类似的阶段。在森林采伐迹地上，首先生长各种禾草或芒萁，继之是桃金娘、檵木等形成的灌丛。在肥力较高的山地则多为山苍子、赤杨叶、山黄麻等阳性树种，稍荫蔽后，木荷、枫香繁茂起来，当林相郁闭后才逐渐恢复到阴生的常绿阔叶林的种类。采伐迹地上如有树桩存在，也可能出现丛生常绿阔叶灌丛林，从而形成次生常绿阔叶林。

2. 草原次生演替

草原的放牧演替也是次生演替中主要的一类。与上述森林采伐演替稍有不同的是，草原放牧演替是逐渐和缓慢发生的。

牲畜的啃食和践踏对草原群落的影响基本上包括以下几个方面：①在牲畜践踏下，草原植物的柔弱部分和丛生禾草的草丛不耐践踏，因而减少以致完全消失。②畜群践踏和消灭地被物，甚至表土消失。③促使能以某种方式防止啃食的植物种类（具刺或密被茸毛或有特殊香味或有乳汁的植物）茂盛生长，而一些适口性强的草类都被消耗。④影响到草原群落中原有草类的正常发育，促使一年生和春季短命植物的发育。⑤增加了外来成分（杂草植物），引起草原群落物种组成上的混杂性。⑥践踏草原土壤，破坏土壤结构。在湿润地段，土壤趋于坚实；在干旱地段，土壤趋于松散，因而促使土壤冲刷，加强土壤的干燥度（土壤的毛细管作用增强）。土壤的这一变化有利于草原中旱生植物增多。⑦牲畜过分践踏，引起土壤表层盐分增加，严重的则形成碱斑地，这样就降低了草原群落的产量和质量。⑧牲畜啃食植物的地上部分，影响地下部分营养物质的积累，使地下部分的发育受到一定的限制。⑨牲畜的粪便给土壤带来了大量肥料。⑩牲畜把草类的种子踏入土中，这能促使种子更好地发芽，也把种子携带到其他地方，扩大某些植物种类的分布范围。

草原群落的大多数植物种类具有一定耐牧性。一般正常的放牧能促使牧草的发育，增强其再生性，提高营养价值。因此，草原经过放牧并不一定会使草的产量下降。关键在于控制放牧的强度，放牧强度过大时草原群落就会逐步退化。

在草原放牧的次生演替系列中，可以分为轻度放牧阶段、适度放牧阶段、重度放牧阶段、过度放牧阶段等。各个阶段以具有一定生活型的优势种类为标志，草类的生产量随群落的退化而降低。而在过度放牧的情况下，草原将向旱生化的方向演变。

五、演替方向

上文介绍了植被演替系列的基本类型。其演替的方向一般从湿生或旱生向中性类型发展，受到破坏或干扰后，又向相反方向发展。当干扰排除后，又可能向中生性方向发展。这个演替系列的进程，给我们探讨演替发展规律提出了发展方向的问题。

综合上述各个原生或次生演替可以得出：一个群落如果向该自然区域内稳定性大的群落（或称顶极群落）方向发展，即从结构简单的植被向结构复杂方向发展，可称为进展演替（progressive succession）；当条件改变时，一个从稳定性高、结构复杂的群落向稳定性低且结构简单的方向发展，则称为逆行演替（retrogressive succession）。例如，在福建由芒萁草原发展为马尾松林，再发展为阳性常绿阔叶乔木林（如木荷林），最后再发展成耐荫性大的，也就是群落的稳定性高的常绿阔叶乔木林（如栲林），就是进展演替。反之，稳定性高的阴生常绿阔叶乔木林，如果受到破坏，在这个地段上又形成了芒萁草原或马尾松林或阳性常绿阔叶乔木林，就是"逆行演替"。同时马尾松林受到破坏变成芒萁草原，或者阳性常绿阔叶乔木林变为马尾松林也是"逆行演替"。

群落以外的因素也可以推动群落的进展演替，特别是人为因素，可以超越几个进展演替阶段，建立稳定性较大的群落。例如，人类可以在芒萁草原中直接营造稳定性较高的常绿阔叶林。

但是，也不是所有逆行演替的群落都可以再有进展演替，或者完全恢复原来的群落。是否再有进展演替或者能否进展到原来稳定性高的群落，要看环境变化程度和对次生植被中种间竞争的条件。一般在不受人类或地质历史等大的外力影响的情况下，大都会趋向气候性稳定性高的群落。若因破坏过剧，土壤冲刷后不能恢复或因其他群落种类竞争力强，而向形成另一特殊适应力强的群落方向发展，则为偏途演替（deflected succession）。例如，热带非洲本为热带雨林地段，经受多次烧焚和耕作改变后，形成非洲白茅（*Imperata cylindrica* var. *africana*）群落。进展演替虽能恢复原来稳定性高的群落，但也只是恢复同一类型的群落，并非原来群落完全的复原，在结构、种类成分等方面是会有或多或少的差别。

一般说来，进展演替发展的程序是植物体逐渐增多和植物组合的建立程序，这些程序在时间上不间断地利用自然界的生产力。逆行演替在人类的影响下是短暂的，而在气候改变的影响下则是在巨大的范围内进行的。这就是说，植物群落的发展趋向于群落更完全更充分地利用环境条件，这样的植物群落可以认为是逐渐完善的，也就是对生境反应越来越趋于生态平衡方向发展。归纳如表 4-9 所示。

表 4-9 进展演替和逆行演替的特征比较

特征	进展演替	逆行演替
群落结构	复杂化，层次分化增加，种类加多	简单化，层次分化和种类减少
资源利用	地力和光能被最大利用，土壤有机质形成速率加快，资源增长加快	地力和光能不能够被充分利用，有机质形成减少，资源越来越贫乏
生产力	被最大利用	不能够被充分利用
优势组分	群落生产率增加，长命植物增多	群落生产率降低，短命植物增多
特有情况	新兴特有现象的存在，以及以对植物环境的特殊适应为方向的物种形成	残遗特有现象的存在，以及以对外界环境的适应为方向的物种形成
稳定性	群落的中生化，群落稳定性升高	群落的旱生化或湿生化，群落稳定性降低
动态发展	对外界环境的强烈改造，向良性循环发展	对外界环境的轻微改造，大多数向恶性循环发展

表 4-9 中的特征可以在一定程度上作为植物群落发展的整个方向的一般特征。但是，这些特征也只能从相对的意义上去理解，而且必须对某一进展演替的或逆行演替的空间扩展情况做出总结时，才能得出上述结论。

以上叙述的这些是研究自然或半自然群落动态的结果。我们对人工群落的动态还了解得很不够，但人工营造的森林或抚育的森林和草原，与前面所述的群落的动态是相似或相近的。但农田作物就很不相同，因为这类群落的演替完全是在人们的控制下进行

172 生 态 学

的。对于农田如何进行最适宜的轮作制度，可以进行详细的演替规律的探讨，特别是在森林营造方面，森林在自然界中群落的形成和演替进行得很慢，过程很长。但在人工控制的条件下，不但群落的形成和演替过程可以加速或超越一些阶段，而且产品的质量还可以提高。例如，南方的杉木原来要 20 年才成材，人工控制条件下可促使 12 年或 15 年成材。东北红松在人工栽培条件下 80 年可以成材，而野生的红松则须 100 年以上才成材，原因就是人们改变了群落形成和演替的条件并多加抚育，因此群落形成和演替过程也就和在自然界中原有的情况不一样了。所以，只要根据演替规律，维护生态平衡，完全可以根据人类的需要创造出更为完善的植物群落。

六、演替理论和模型

植被演替的"顶极"（climax）学说在英美植物学派中广泛流传，而且对世界各国的学者影响也很深远。这个学说的首创者是美国学者 Cowles 和 Clements。

1. 演替顶极学说的要点

（1）演替具有阶段性。Clements 把随着植被的发展，同一个地区相继为不同的群落所占据的变化过程称为植物群落演替。这就表明演替是有阶段性的，一个群落变成另一个群落，每个阶段的发展，都是一个飞跃。

（2）演替的阶段都有形成过程，任何一类演替系列或每个群落类型阶段，都会出现散布、定居、群聚、竞争、对生境反应以至稳定的六个阶段。尽管各个阶段的发展速度有快有慢，但整个系列发展的最终结果总是要达到稳定阶段的植被，也就是与该地气候相适应的、最协调、生态平衡的植被。这个终点，称为演替顶极（即顶极群落）或演替的顶极阶段。

（3）遭破坏的顶极群落可以逐步恢复。顶极群落如果遭到破坏，演替又会按上述六个阶段重新发展，再次恢复。因此，顶极犹如一个"有机体"一样，具有发生、发展、成熟、繁衍和死亡过程。

（4）同一气候区域，有一个中生性顶极（地带性植被类型）。在同一气候区内，无论演替初期的条件多么不同，植被的反应总是趋于向减轻极端情况的方向发展，从而使生境适于更多植物的生长。在演替进展中，旱生的生境会逐渐变得湿润一些，而水生的生境会逐渐变得干燥。演替可以从千差万别的生境上开始，也可以有数目近等的先锋植物群聚，然而演替中的植物群落间的差异总会逐渐缩小，逐渐趋向一致。因而，无论水生型的生境还是旱生型的生境，最后都趋向于中生型的生境，最终都发展成为一个相对稳定的中生性的气候顶极（climatic climax），即有一个地带性的气候顶极群落。

（5）气候顶极下还有一些不同的顶极群落类型。在一个气候区内，除了气候顶极，事实上还会出现一些由于地形、土壤或人为等因素所决定的稳定群落。因而，为了和气候顶极区分，Clements（1916）把后者统称为前顶极（proclimax），并在其下又划分了若干顶极类型。

亚顶极（subclimax）：紧接着气候顶极以前的一个相当稳定的演替阶段（如美国东

部顶极为阔叶林，但因常受火烧长期保留在松林阶段）。

偏途顶极（disclimax）或分顶极：由一种强烈的干扰因素所引起来的相对稳定的植物群落（如上述非洲白茅草原）。

预顶极（preclimax）：在一个特定顶极区域里，由于气候比较适宜（冷、潮湿）而产生的相邻地区的顶极（如草原区的森林植被）。

超顶极（postclimax）：在一个特定顶极区域内，由于气候条件较差（热、干燥）而产生的顶极（如草原区内的荒漠植被）。

无论哪种形式的前顶极，按 Clements 的观点，如果给予"时间和自由"都有可能发展为气候顶极。

（6）在自然状态下，演替总是向前发展的。演替的方向，是由植物改变生境的影响而决定，只可能前进，不可能后退。

2. 顶极群落与地带性植被

Clements 的上述演替学说被称为单元顶极学说（monoclimax theory）。目前，从事实与理论来说，相信单元顶极学说的人越来越少，很多学者认为只有在排水良好、地形平缓、人为影响很小的地区才能出现气候顶极。此外，从地质年代来看，气候也不是永远不变的，而且有时极端性的气候影响很大。例如，1930 年美国大平原区发生大旱，直到现在还没有恢复原来真正草原植被的面目。另外，植物群落的变化也常常落后于气候的变化，残余种群落的存在即说明这一事实。

基于上述事实，Tansley（1920，1929）等主张在一个气候区域内，除气候顶极外，还应该有其他地形、土壤等顶极。人们通常把持有这种论点的学者称为多元顶极学说（polyclimax theory）者。按照这个观点：顶极实质上就是最后达到相对稳定阶段的一个生态系统。它是在变化过程中相对稳定的环境系统和生物系统的总体系。这个体系经常部分地或全部地受到破坏，但是只要原来的因素存在，它又能够重建。

Clements（1916，1928）的顶极群落原来是以气候为基准的，后来根据各国学者的意见又补充了所谓土壤顶极、地形顶极等概念。另外，Clements 认为，无论是由多水环境中开始的水生演替，或是由极度干旱岩石上开始的旱生演替，都是向中生生境和中生群落发展的。

所以说，Clements 等的学说至少有三个方面值得探讨。第一，顶极群落是否是最终的群落。一个处于与当时当地气候或土壤相适应的群落，应该说仍然是在运动和发展的。第二，他们只承认进展演替，不承认逆行（消退）的演替是不符合客观实际的。第三，他们认为一切演替系列都是向中生型顶极发展的结论，也是要有条件的，不是包括一切的。

其实，"多元顶极学说"与"单元顶极学说"并无本质区别。两者都认为植被发展就是趋向于"稳定化"，而稳定状态就是群落结构水平的增加，优势种的稳定，这些优势种能很好地调节生境、占有生境并排除所有外来者。

"顶极格局假说"（climax pattern hypothesis）的代表人物 Whittaker，主张参加组成群落的种群的"独特性"（individuality），而不同意"顶极群落"的有限数目，他认为"顶极群落是适应于自己的特征和特殊的环境或生境的稳定状态的群落"，"是种群结构、能量流动、物质循环及优势种替代的稳固状态，它不同于演替阶段群落的特征在于顶极群落中（种群的相互作用）是围绕着平均值波动的。因此，是多格局的，是可以排序研究的"。

3. 三重机制学说与变化镶嵌体稳态学说

Connell-Slatyer 三重机制学说（简称 C-S 学说）（Connell and Slatyer，1977；Molles，2002）认为只有先锋种才能启动演替，演替是物种间相互促进（facilitation）、忍耐（tolerance）和抑制（inhibition）结果的体现，该学说是目前被广泛应用的学说之一。变化镶嵌体稳态学说（shifting mosaic steady state hypothesis）源于植物群落的格局−过程（pattern-process）观点（White，1979；安树青等，1998），即植物群落是由具有不同动态特征的斑块组成的，其演替是内源自控过程的时间格局，是循序渐进的，并最终趋于稳定。而这种稳态则是不同性质、不同动态过程的斑块在大尺度群落上的表现（Bormann and Likens，1979）。

Tilman（1985）认为每个种都有一定的资源利用范围，并在某个资源丰富度内表现为强竞争者，当限制性资源改变时物种随之变化，故多个限制性资源作用的变化会促使群落组成物种的变迁（演替）。该学说为资源比学说（resource-ratio hypothesis）。Pickett（1987）提出了演替的等级观点，并以此为基础发展为可包容多种演替理论于一体的演替等级理论框架。迄今为止，动态变化理论的发展经历了 5 个阶段，起始于 20 世纪七八十年代的第 5 个阶段是动态变化理论的阶段，孕育着与传统观念迥然不同的新演替观。同时，关于个体论与整体论、多元顶级与单元顶级的争论也日趋减少（安树青等，1998）。

◆ 第五节 群落构建机制及其应用

为何在特定的群落中总能发现一些特定的生物种类？又是什么原因导致某些群落中的生物多样性比其他地方更为丰富？此外，为何某些物种仅在特定的群落中出现？要解答这些问题，我们必须深入理解群落的构建过程，即那些特定物种如何在群落中聚集，以及物种多度格局是如何形成的。这些知识对于预测未来生物多样性的变化趋势，以及进行生态恢复工作具有至关重要的意义。

一、群落构建机制

在对新几内亚多个岛屿上的鸟类群落进行研究时，Diamond 观察到一些鸟类物种对（species pair）似乎从不会在同一岛屿上共存，这种现象在岛屿−鸟种的群落矩阵上呈现出一种独特的"棋盘格"模式。他推测，是具有相似生态位的鸟类之间竞争排斥导致它们共现（co-occurrence）的概率低于预期。基于这一观察，Diamond 提出了群落构建法则（community assembly rules），这一理论认为，由于竞争排斥，生态位过于相似的物种在局域群落中难以稳定共存。

然而，基于竞争的群落构建机制的存在性和重要性很快受到了挑战。Connor 和 Simberloff（1979）通过将自然界中的分布模式与不考虑竞争的零模型产生的格局进行对比，发现"棋盘格"模式同样可以由群落的随机定居过程产生。后来，Hubbell（2001）的中性理论（neutral theory）进一步将群落构建机制区分为基于扩散和生态位的两个不同过程。中性理论主张所有物种的适应能力是相同的，因此群落的结构主要受扩散和进化（包括物种的形成和灭绝）这两个过程的影响。

除了生态位和中性理论，还有许多其他的群落构建理论，它们之间的差异在于对物种形成与灭绝、扩散限制、环境过滤和生物间相互作用这四个过程的重视程度不同（Vellend，2016），每一种过程都需要不同的研究"尺度"及与之匹配的物种库。例如，当研究的地理范围扩大，覆盖了具有不同进化历史的区域时，进化过程的影响会变得更加显著。因此，早期的 Diamond 群落构建理论特别强调了环境过滤的作用，尤其是物种间竞争的重要性。与此相对，Hubbell 的中性理论则忽略了环境过滤的作用，而是通过分析物种形成与灭绝、扩散限制和随机漂变来解释群落的多样性（Vellend，2016）。

因此，群落构建机制是解释和预测物种如何与生物和非生物环境相互作用决定群落生物多样性形成、维持和变化的概念框架。与传统的群落生态学研究不同，群落构建机制不仅涉及局域环境对物种的筛选及物种间的相互作用，同时也考虑区域物种库通过扩散和随机过程对局域群落的影响。按照尺度从大到小，能够影响群落物种组成和多度的因素有物种形成与灭绝、扩散限制、环境过滤和生物间相互作用等。群落生态学家主要关注从区域物种库到局域物种库的构建过程，主要涉及三方面过程：扩散限制、环境过滤和生物间相互作用，其中扩散限制和环境过滤研究得较多。因此，群落构建机制是整合了群落生态学、生物地理学及进化生物学理论，用于联系局域和区域过程并解释物种组成和多样性的多尺度分布格局的基础理论框架。

1. 物种库

如前所述，可以将群落构建机制理解成决定群落的物种组成及其数量的一系列约束条件。考虑到特定群落中的物种仅是更广泛物种集合的一部分，首先需要对这个更广泛的物种集合进行描述，然后才能确定哪些类型的物种在更小的地理尺度上被排除。这个广泛的物种集合被称为"物种库"（species pool），即研究区域内所有潜在物种的集合。物种库的定义取决于研究的具体问题和所关注的空间及生态尺度。例如，如果研究目的是了解生境过滤如何影响一个地区特定生境的物种组成，那么物种库应该包括该地区所有存在的物种，即区域物种库。另外，如果研究的重点是理解扩散限制如何影响局域尺度群落的物种组成，那么就需要在区域物种库的基础上，进一步筛选出那些适应特定生境的物种库（Götzenberger et al.，2012）。

2. 扩散限制

扩散是指生物从出生地到能够稳定繁殖的地点的移动过程。扩散限制（dispersal limitation）指繁殖体（如种子）无法扩散到无限远离母体区域的空间限制。扩散限制直接影响种群的空间分布，改变物种相遇的概率，进而影响多种生态过程，如种间竞争。扩散限制还显著影响局域群落内物种的迁入率和迁出率，对群落的物种多度格局和多样性有重要影响。扩散限制常被视为物种的特性之一，不同物种的扩散限制程度各异，与繁殖体的扩散距离成反比，即能够扩散的距离越远，扩散限制越弱。影响扩散限制的因素包括非生物环境因素（如风力、风向）和繁殖体自身的体积、质量等属性，以及依赖动物传播的物种所受的传播者影响。这些因素导致繁殖体的扩散距离和模式各不相同。

种子的散布过程涉及种子从母体植物脱离，到达适宜的生长环境，并最终萌发成幼苗以实现其在新地点的定居。这一过程对于植物种群的持续存在和群落内物种多样性的保持至关重要。种子的散布、扩散和传播主要依赖于风力、水流、火势、动物携带，以及种子（或果实）本身所具备的机械力量。种子的大小与其扩散模式之间存在密切的联系。通常，质量超过 100mg 的种子更倾向于通过脊椎动物进行传播；而质量小于 0.1mg 的种子则倾向于通过无媒介的自然扩散；0.1～100mg 的种子则可能通过多种方式散布。

一般而言，动物传播、风力传播和无媒介传播是植物种子传播的三种主要方式，且它们的平均和最大传播距离依次递减。影响种子传播距离的首要因素可能是植物的高度，其次是种子的大小。对于上述三种主要传播方式，都遵循植物越高则种子的传播距离通常越远的规律。在风力传播和无媒介传播中，传播距离与种子大小呈正相关。而在动物传播中，种子大小与传播距离之间没有明显的相关性（Thomson et al.，2011）。

由于扩散过程的随机性，种子往往会被散布到不适合其生长或存活的环境中。在种子更新和幼苗阶段，环境过滤成为影响物种组成的关键因素。环境过滤是指物种组成随着环境梯度的变化而变化的关键驱动力。除了非生物因素的环境过滤作用，生物间的相互作用也能限制物种在特定群落中的定居。例如，物种间的资源竞争、天敌的存在（如植食动物、寄生虫和病原体）可能对物种的生长和存活造成损害，而互利作用则可能使物种在原本不适宜环境中得以持续存在。此外，物种间的相互作用不仅受到非生物环境的影响，还能通过负反馈机制影响非生物环境和生物间的交互作用。

3. 环境过滤

环境过滤（environmental filtering），也称为生境过滤（habitat filtering）或非生物过滤（abiotic filtering），是指环境从物种库中筛选出特定物种并排除其他物种的过程。这一概念最早于 20 世纪 70 年代末到 80 年代初提出，其是指在植物群落的演替过程中，环境筛选是普遍存在的现象，只有那些具有特定表型的物种才能在特定的演替阶段成功定居。环境过滤这一概念随后被广泛应用于群落构建、生物入侵和生物地理学等领域，并随着功能性状和群落系统发育研究的兴起而受到越来越多的关注。环境过滤被认为是群落构建的关键机制之一，它强调非生物环境像筛子一样影响特定群落的物种组成：一些物种能够适应当地环境，通过"环境筛"存活下来，而其他无法适应的物种则被排除在外。由于一组特定的环境条件定义了一个生境，因此"生境过滤"这个术语也常被用来替代"环境过滤"。一些生态学家指出环境过滤与生境过滤这两个概念存在差异，环境过滤专指由非生物环境因素所施加的筛选作用，而生境过滤则应涵盖生物与非生物因素共同作用下的筛选效应。

环境过滤过程可能由多种环境因素共同作用产生，这些因素从一个广泛的物种库中筛选出那些能够适应特定地点条件的物种。只有当物种具备了适宜的生存、成长和繁衍的特性时，它们才可能被"筛选"出来。这个筛选过程的关键在于，物种的筛选是基于它们的功能特征，这与土壤颗粒的大小和形状决定它们能否通过筛子的原理相似。如果一个物种的功能特征使得它能够在特定栖息地中获得成员资格或在竞争中占据优势，它就可能通过筛选。反之，它将不会成为该群落的一部分。这就是环境过滤的核心概念。

在实际应用中，推断环境过滤在群落构建中的作用的方法主要有两种：首先，可以通过比较群落中物种的功能性状和系统发育结构与零模型的预期差异来实现。如果群落中物种的功能性状或系统发育结构比零模型的预期更为集中，即群落由功能相似和亲缘关系较近的物种组成，就表明环境过滤在群落构建中起主导作用。其次，可以通过观察群落结构沿着环境梯度的变化规律来推断。如果群落的物种组成、功能性状或系统发育结构沿着某个环境梯度呈现规律性变化，这可以被视为环境过滤的结果。例如，中国北方从东部沿海的温带落叶阔叶林到中部的温带草原，再到西部内陆的温带荒漠，这种水平分布格局可能是由水分主导的环境过滤所导致的。

然而，这两种推断方法也面临着一些挑战。如果功能相似或亲缘关系较近的物种具有相似的竞争能力，导致竞争能力强的物种共存，群落也可能表现出功能或系统发育的集中格局。同时，群落沿着环境梯度的规律性分布可能是扩散限制、环境过滤和竞争排除等多种因素共同作用的结果，不能单独作为环境过滤的直接证据。因此，生态学家正在探索更为精确的实验和分析方法，以更准确地解析环境过滤在群落构建中的作用。

二、群落构建机制的应用

1. 生态修复

恢复受人为影响的生态系统是保护生物多样性和生态系统功能的重要途径之一。恢复生态学侧重于生物群落结构与功能的重建，而群落构建理论可以为理解和管理群落物种组成提供概念基础。因此，将群落构建理论引入恢复生态学，可以更有效地指导实践。

在生态恢复过程中，群落的构建是受环境过滤的影响大，还是受扩散限制的影响大？一些研究者对巴西大西洋森林中 15 个不同恢复时间的地点的蜣螂群落进行了研究，分析了物种组成与局域环境（包括冠层盖度、林下盖度、基盖度和土壤质地）、景观背景（与周围生境的接近程度和生境可利用性）及地点的空间位置之间的关系。研究结果表明，蜣螂物种的组成主要受环境过滤的影响，即特定的环境条件决定了哪些蜣螂物种能够在该地点生存。此外，景观背景与局域环境一样，对蜣螂物种组成有显著影响，这表明蜣螂的扩散受到景观尺度和局域尺度环境因素的共同作用。因此，在受到人为干扰的恶劣环境中，群落的构建过程更可能受到环境过滤的影响。从管理的角度来看，为了促进生态恢复，首先需要综合改善景观背景和局域环境，而不能仅仅关注局域环境。其次，要在特定的景观背景下为生态恢复地点选择合适的管理策略，例如，建立生态廊道以促进物种的迁移（Audino et al.，2017）。

2. 生物反应器

生物反应器是用于实现生物反应过程或生物转化的设备。在污水处理领域中，活性污泥反应器、厌氧反应器和膜生物反应器是常见的几种，它们都利用微生物处理和转化废水中的有机物质与污染物以实现净化和资源回收利用。研究微生物群落组装的目的是能够理解和预测设计及操作程序对生物反应器微生物组成与功能的影响。最终，这可以导致生物反应器更有效、更有弹性，或抵抗扰动。其中的关键是这些微生物群落是如何随着时间的推移而发展和变化的？也就是微生物群落构建的问题（Smith et al.，2024）。

在生物反应器中，微生物群落的结构和功能是由扩散限制与环境过滤等多种因素共同作用的结果。扩散过程涉及微生物随污水进入反应器、人为添加及在反应器内部的移动；而环境过滤则受到生物刺激、固体分离、造粒、保留时间和进水特性等因素的影响。在生物反应器的微生物群落稳定之前，存在更多的未利用生态位，此时微生物可以将更多的资源用于繁殖而非竞争。一旦群落稳定，尤其是在种群规模较大且环境相对稳定的情况下，环境过滤主导的确定性过程将占据主要地位。

传统上，利用悬浮在絮凝体中的微生物群落去除有机物质的活性污泥工艺是废水处理中最广泛使用的工艺之一。尽管工艺参数（如 pH、曝气率、温度）的微小变化可能会引起微生物群落组成的显著变化，但功能冗余通常能够保持处理性能的相对稳定性。

◈ 第六节　集合群落与生态网络

一、集合群落

1. 概念

集合群落的概念是在集合种群理论的基础上发展起来的，现在已经成为研究斑块化生境中生物群落结构、格局和动态的重要理论基础，并且已经成为近年来生态学研究中日益受到关注的热点之一。随着人类活动的不断加剧，全球范围内的生境破碎化现象日益严重，形成大小不一的生境斑块。生境斑块中的群落并不是占据离散位置的静态元素。事实上，一定区域内的局域群落之间是相关，因此景观基质中的生境斑块可以通过扩散而相互联系。这些空间上相互分离、功能上相互联系的生物群落片断构成的整体被称为集合群落（metacommunity）。

集合群落生态学在较大的空间尺度上研究局域尺度生态过程和生态动态之间的相互作用。传统上，生态学家要么关注局域尺度的过程（如种间相互作用），要么关注"区域尺度"的动态（如环境梯度、空间格局、生物地理效应和景观动态）。尽管有些研究尝试将区域限制对局部动态的影响视为单向的因果关系，但这些研究未能充分考虑局域动态对物种库的反向影响，这种影响可能通过局域结果的累积而发生。集合群落生态学提供了一种解释局域和区域动态之间相互作用过程的方法。生物在不同生境之间的扩散是决定这些反馈的关键因素。集合群落的基本过程包括以下几个方面。

（1）物种形成：涉及新物种的产生，这些物种参与群落和集合群落的动态变化。

（2）随机过程：包括可能影响集合群落动态的各种随机事件，如干扰或偶然改变环境的事件。

（3）扩散过程：涉及生物体（或基因）在景观中的移动。在种群密度高时，扩散可以被视为一个确定性的连续过程；而在种群密度低时，扩散则表现为更随机和离散的事件。

（4）生态选择：决定了不同物种的绝对和相对密度，包括响应环境条件的定向环境过滤和由物种间相互作用引起的密度依赖选择。

集合群落的概念是在理论与实践需求的交汇点上产生的，它强调了局域群落是由多个相互作用物种的扩散和定居相互联系的，突出了在不同尺度上考虑多个过程的重要性，尤其是区域尺度过程对局域尺度多样性和组成的影响。目前，关于集合群落的理论和实证研究已经形成了四种主要范式，我们称为"斑块-动态"（patch-dynamic）、"物种分选"（species-sorting）、"源汇动态"（source-sink dynamics）和"中性模型"（neutral model）。值得注意的是，这四种模型在物种间差异、环境异质性、扩散速率等方面存在显著差异，但它们仅代表了集合群落模型的部分可能性，难以对经验系统进行有效分类。因此，基于 Vellend（2016）的概念框架，有学者提出了从过程出发的集合群落模型。此外，近期的研究尝试将集合群落模型进一步拓展到多营养级系统，以理解空间过程如何影响食物网中的物种共存。

2. 斑块-动态范式

在斑块-动态范式中，假设存在多个相似的斑块，其中的物种可能会随机或确定性地灭绝，而这些灭绝可能受到种间相互作用的影响，并可能被扩散所抵消。有两种主要方法适用于对这些动态进行建模。

第一种方法是基于斑块动态的模型，它考虑了种间竞争。在这种模型中，斑块要么是空的，要么被处于平衡状态的种群占据。该模型只关注物种在竞争资源系统中的区域尺度上的共存，而其他物种相互作用不影响局域动态。

第二种方法是基于斑块占用的模型，它考虑了捕食者-猎物相互作用。增加能够导致猎物局部灭绝的捕食者，会限制区域持续存在的扩散速度。猎物必须比它们灭绝的速度更快，比捕食者更快地在斑块上定居，并且只有在中等扩散速度下才有可能持续存在。

对于同质环境中的竞争性集合群落，物种在竞争和扩散能力之间的权衡，使得在区域尺度上的共存成为可能。因此，理论上，在原本同质的环境中增加空间斑块可以增加生物多样性。当在群落背景下考虑时，权衡对应于物种之间的生态位差异。例如，根茎比的权衡意味着一个善于竞争土壤养分的植物物种可能不善于竞争光照。同样，运动能力与死亡风险之间的权衡可能会使一个善于躲避捕食者的物种在寻找资源或配偶方面表现不佳。源汇动态和物种分选范式也认识到生态位之间的差异和权衡对促进物种在空间异质性环境中共存的重要性。

3. 物种分选范式

物种分选范式基于环境梯度上的群落变化理论，并且考虑了局部非生物因素对种群存活率和种间相互作用的影响。因此，局域斑块在非生物因素上是不同的，这决定了局域种间相互作用的结果。

物种分选的这种观点与传统的生态位分离和物种共存理论有许多共同之处。然而，在更大的空间尺度上，在局域群落物种组成与干扰或环境变化形成对应关系方面，集合群落过程是非常重要的。同时，集合群落动态也会在很大程度上影响区域群落特征。其结果是，物种的分布与局域环境因子密切相关，并且在很大程度上不受空间位置的影响。池塘的浮游生物似乎是这种集合群落的一个很好的例子。在一定生物地理区内的池塘组成的集合群落中，除非存在显著的扰动，否则当地群落对该地区缺乏物种的入侵表现出高度的抵抗力。另外，即使在异常高的迁入压力下，来自其他斑块类型的物种对这些局域群落的影响似乎也很小。因此，即使在环境发生突然的变化后，局域群落的物种组成仍然和当地的非生物因子之间有着很好的对应关系。

4. 源汇动态范式

源汇动态范式专注于局域种群动态中的迁入和迁出效应。物种的扩散可以导致不同斑块种群之间的源-汇关系，并且可能对群落结构与局域环境之间的关系产生强烈影响。扩散的作用是双重的：一方面，它可以弥补局域种群的出生率，提高种群密度直至超出封闭群落的预期值；另一方面，它可以提高封闭群落预期的种群损失率。

为了理解竞争物种在区域尺度上的共存，需要引入区域相似性的前提假设。也就是说，尽管共存物种在特定斑块类型中的竞争能力不同，但对于其他类型的斑块，它们必须在竞争和扩散能力上具有补偿性差异，从而使它们在区域尺度上的分布相似。在这样的集合群落中，共存是通过局部竞争能力的区域补偿获得的。因此，物种的分布在局域尺度上不同，但在区域尺度上是相似的。然而，源汇动态范式下，物种在局域尺度上的共存受到各种复杂过程的限制，这是因为共存需要竞争能力的空间差异，但如果斑块类型之间的扩散事件过多，则无法发生共存。

有些人工生境片断化实验验证了这一范式。例如，在石生苔藓斑块上的微型节肢动物集合群落中，旨在提高扩散的生境廊道，减少了整个系统的物种多样性丧失。而在由细菌和原生生物组成的食物网中，廊道可以降低集合群落的物种损失。然而，在非常高的扩散速率下，源汇效应会减少区域集合群落内的物种共存，从而随着局域群落的同质化而导致局域多样性的减少。

5. 中性模型范式

中性理论是分子进化中性理论（neutral theory of molecular evolution）的简称，由日本遗传学家木村资生（Kimura Motoo）于1968年提出。该理论基于分子生物学的证据，认为在分子水平上发生的大多数突变是中性的，即它们对生物的生存和繁殖既无益也无害，因此不会被自然选择所影响。这些中性突变在种群中的命运，包括它们的保存、扩散或消失，完全由随机的遗传漂变决定。而群落的中性理论是分子进化中性理论在宏观层次上的推广。

中性模型范式与其他集合群落范式形成鲜明对比，它假设所有个体，无论物种和环境背景如何，都具有相同的适应度，即繁殖、死亡、迁移或产生新物种的概率相等。所以，环境异质性与物种共存问题无关，因为所有物种对环境的适应能力都是等同的。在最初构建生物多样性中性理论时，Hubbell 和 Foster（1986）提出了一个热带森林模型，该模型基于具有相似竞争能力的物种在受到干扰后重新定居的过程。

在中性模型的框架下，局域群落的物种多样性受到两个主要因素的影响：物种库的多样性水平和物种在空间分布上的不均匀性。中性群落理论特别强调了扩散限制对群落物种多样性的重要性，并且明确区分了影响局域群落物种多样性的两个因素。这种区分有助于我们理解物种多样性在不同空间尺度上的分布和变化，以及扩散限制如何在物种多样性形成中发挥作用。

6. 集合群落的应用

（1）生物多样性保护：由于自然空间及农业空间都是有限的，因此出现土地共享（land sharing）和土地集约（land sparing）两种重要的协调粮食产量与生物多样性保护的土地利用策略。前者强调在农业景观中整合农业生产和生物多样性保护，通过较低强度的农业生产方式，保留自然生境斑块（如乔木和灌木群落、池塘等），使农田恢复为野生生物友好型的环境。后者是指通过土地利用集约化，提高作物单产，释放出更多土地用于自然保护。目前，对于哪一种土地利用方式更有利于生物多样性保护仍是有争议的。土地共享试图同时优化生产和自然资本，这样农业在整个景观中保持相对较低的产量，从而使生物多样性在整个景观中持续存在。而土地集约倡导将部分的大片土地用于高产农业，将其他土地用作生物多样性保护地。土地共享背景下的集合群落在较高分辨率上才具有环境异质性，因此可能对许多物种来说基本上是同质的，在整个景观中各个局域群落之间具有高度的连通性。土地集约背景下的集合群落在较低分辨率上也具有环境异质性，因此可能具有较高的生境破碎化，导致生境斑块之间的扩散概率可能较低。哪一种策略最有利于生物多样性保护将取决于特定集合群落结构的主要机制和规模，以及保护对象的特征，如物种对景观异质性的适应性、多样性和生态系统功能。

（2）生态修复：河流恢复的一个经常被提及的好处是增加了生物多样性，或使物种组成向更为理想的类群转变。然而，就生物多样性格局而言，对生境结构的改良往往不能引起明显的正向变化。从集合群落角度看，与传统观点相反，生物的扩散对生物多样性模式的影响可能与环境条件一样大。这种扩散的影响可能对线性分支或树突状的河网特别有影响，从而将大多数扩散限制在河流廊道上。因此，与连接良好的下游相比，河网中的一些位置，如相对孤立的源头，预计对环境因素的反应较弱，扩散的程度也较低。通过比较相对孤立的河流源头区与连接良好的干流区的底栖生物群落结构，采用集合群落框架研究生态恢复如何驱动河流网络的生物多样性模式，Swan 和 Brown（2017）发现，与相邻未恢复的河段相比，源头区生态恢复能够支持更高的生物多样性，并表现出更稳定的群落。这种差异在干河段并不明显。他们认为，在连接更紧密、更接近干流的河段中，扩散过程对底栖生物群落结构的影响相对更大。因此，如果生物多样性是恢复活动的目标，那么这种对栖息地的局部改良应该在小而孤立的河流中开展，会比在下游流域更有效；同时在几十到几百米的中等空间尺度上的河流恢复项目，必须考虑流域尺度的土地利用变化和物种库。

二、生态网络

1. 生态网络的概念与类型

网络的概念源自数学的一个分支——图论（graph theory）。网络由顶点（vertex）和边（edge）组成，顶点有时也被称为节点（node），边有时也被称为连接（link）。生态网络的数据本质是包括了物种及种间互作的邻接矩阵（adjacency matrix）。这个邻接矩阵可以被可视化为由节点和连接组成的图形，即网络。在生态学领域，节点可能是不同的生物组织水平（个体、物种、种群、功能团、群落或网络）。我们在这里讨论的是以物种为节点，以种间关系为连接的生态网络（ecological network）。网络分析已经成为群落生态学中研究多物种相互作用关系的常用方法。

网络可以分为单模网络（one-mode network，如食物网或物种共存网络）和双模网络［two-mode network，也称为二分网络（bipartite network），如植物-传粉者、寄主-寄生者等］。在单模网络中，所有节点之间都可能发生相互作用。双模网络将整个网络节点分为两类，连接只存在于这两类节点之间，而不发生在同一类节点内部。例如，昆虫与植物的双模网络，两类节点分别是昆虫和植物，这样的网络只考虑昆虫和植物之间的相互作用，而不考虑昆虫与昆虫或植物与植物之间的相互作用。双模网络的优势在于相互作用的类型和对象都是明确的，因此它们的生态学意义容易解释。根据连接的类型，双模网络可以分为互惠网络和拮抗网络。互惠网络包括植物-传粉者、果实-种子传播者，以及植物-蚂蚁之间的相互作用网络。拮抗网络包括寄主-寄生者，以及植物-植食昆虫之间的相互作用网络。

根据是否考虑相互作用的强度，网络可以分为定性（或无加权，unweighted）和定量（加权，weighted）网络。定性网络仅显示每两个物种之间是否存在相互作用，如果存在，则邻接矩阵的元素为1，否则为0，所有相互作用都被视为生态上等效。对于定量网络（加权网络），在计算网络指标时会考虑相互作用的权重，即描述相互作用关系强度的频率（例如，植物在空间或时间上与动物相互作用的次数）或多度数据（例如，与植物相互作用的动物的个体数量）。

由于不同的研究基于不同的数据集构建网络，例如，基于多度、共存频率的网络或基于实际观测到的物种相互作用频率的网络，因此得到的网络类型也不同，也就是单模网络、二分网络及加权或无加权网络。

2. 生态网络指标

可以通过计算一系列指标来描述单个网络，这些指标分为两大类：全局网络指标和局部网络指标。全局网络指标用于描述网络的整体属性，而局部网络指标则用于描述网络中特定节点或连接的局部属性。局部网络指标揭示了节点在网络中的重要性及其特定属性。通常使用"某某性"来概括一类网络属性，如连通性、对称性；使用"某某度"来指代具体的网络指标，如连接度（connectivity）等。在实践中，理解网络指标的计算过程及其可能的生态学意义对于选择合适的网络指标至关重要。下文以模块性相关指标作为全局网络指标的例子，以节点中心性作为局部网络指标的例子，进行简单介绍。

（1）模块性：模块性是网络分区的一种度量，描述了网络中节点倾向于在内部形成紧密互作的小组，而与其他小组的互作相对较少（Newman, 2006）。模块性越强，网络越倾向于划分为不同的单元或亚结构。一个完全模块化的网络由若干组节点组成，这些节点仅在组内互作。然而在自然界中完全模块化的网络极为罕见，大多数网络都表现出不同程度的模块化，即节点既与同一模块内的节点互作，也与其他模块的节点互作。

在生态网络中，定义模块的方法有多种，目的是将相互作用的物种对分配到模块中，以最大化模块内相互作用的数量，同时最小化模块间相互作用的数量。网络的模块化提高了其对干扰的抵抗力，因为干扰通常局限于模块内部，不易扩散到其他模块。然而，高度模块化的网络通常整体连通性较低，连接冗余度也较低，这可能会降低网络对次级灭绝的抵抗力。

共生网络中模块化程度的差异可能与物种在不同生态过程中的需求有关。例如，在传粉过程中，如果所有植物个体都由一组专性传粉者访问，植物可能会获得更多的收益，因为这增加了花粉在同种个体间的传播机会。而在种子散布过程中，植物可能更倾向于吸引更多的种子散布者，以增加果实散落到有利生长环境的机会。此外，种子传播网络通常局限于一个类群（如鸟类），而传粉网络的采样则可能跨越更广泛的类群（如多个昆虫目），这使得传粉网络中更有可能包含具有不同传粉综合征的物种对。模块化的概率随网络规模的增加而增加。Donatti 等（2011）研究了巴西潘塔纳尔湿地中的种子传播网络，该网络表现出高度模块化的特征，且模块的构成与不同的动物类群相关（鱼、鸟和乌龟各一个模块，另一个模块包括哺乳动物和大型陆生鸟类）。所以，在解释模块化时，当研究仅涉及一个小规模网络且集中于特定类群时，必须非常谨慎，因为所研究的网络可能只是更大网络的一部分。

中国学者在千岛湖的 22 个水库岛屿和 6 个邻近的大陆点上，利用树栖红外相机技术收集了食果鸟类和结果植物之间的相互作用数据。在两年的调查期间，共记录了 30 565 个有效相机日，观察到 10 117 次独立的食果事件（涉及 402 对不同的相互作用），涉及 34 种植物和 44 种鸟类。研究发现，在鸟类食果相互作用网络中，较大的岛屿拥有更多的鸟类和植物种类，以及较高的成对发生的相互作用的数量。此外，大岛上的食果网络显示出更高的模块性，意味着某些鸟类倾向于访问特定类别的植物，形成小规模的群体。然而，这些网络的嵌套性较低，意味着专食性鸟类的食谱并不完全包含广食性鸟类的食谱（图 4-12）（Li et al.，2022a）。

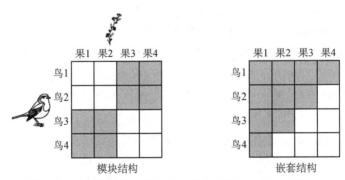

图 4-12　食果鸟类互作结构模式图（引自 Li et al.，2022a）

（2）中心性：中心性（centrality）指标可用于识别在模块化网络中扮演不同角色的物种，如网络的核心物种或枢纽节点物种。常用的有四个指标：度中心性（degree centrality)、接近中心性（closeness centrality）、介数中心性（betweenness centrality）和特征向量中心性（eigenvector centrality）。

度中心性是在网络分析中刻画节点中心性的最直接度量指标。节点的度（degree）是衡量节点与其他节点连接数量的指标，是一个物种建立的相互作用数量的简单加和，它反映了该节点与网络中其他节点的关联程度。一个物种的度越高，它对网络中其他物种的潜在影响就越大（Dehling，2018）。

接近中心性反映的是在网络中某一节点与其他节点之间的接近程度，衡量一个物种与网络中所有其他物种的接近程度。尽管是在物种水平上定义的，但它利用了整个网络的结构，因此是全局性的。它基于物种对之间的最短路径长度，从而表明一个物种可能影响整个网络的效率。具有最高接近中心性的节点比任何其他节点更接近所有其他节点，因此，如果存在扰动，则会更快地影响整个网络。

介数中心性描述了一个物种在一对其他物种之间的次数，即有多少条连接（有向或无向）经过它。因此，该指标特别适合研究物种丧失对生态过程的影响。具有高介数中心性的物种被认为是模块化网络中的模块之间的连接器。

特征向量中心性的基本思想是，一个节点的重要性既取决于其邻居节点的数量，即该节点的度，也取决于其邻居节点的重要性，即一个物种的重要性，不仅取决于与之联系的相邻物种的数量，也取决于相邻物种又与多少物种有相互联系。

◆ 第七节　群落类型与分布规律

一、常见植被类型

覆盖在地球表面的主要植被类型有热带雨林、亚热带常绿阔叶林、温带落叶阔叶林、寒温带针叶林、草原、沼泽、水生植物群落、荒漠等。

1. 热带雨林

热带雨林（tropical rain forest）是在热带地区雨热资源优越的环境条件下发育起来的植被类型，分布在地球赤道及其南北的热带湿润区域，集中在印度-马来区域（图 4-13）、非洲刚果盆地和南美洲亚马孙盆地。现存面积约 1700 万 km²。中国的热带雨林分布在云南的西双版纳、河口及海南、西藏、广东、广西和台湾南部，面积约 5 万 km²。

热带雨林的环境可以概括为高温、多雨、高湿，为热带雨林气候；水热条件充沛，全年平均气温为 25～30℃，月均温多高于 20℃；降雨量高达 2500～4500mm，个别地区可以达到 12 000～20 000mm，全年分布均匀；相对湿度常达到 90%，常年多云雾。

热带雨林的土壤风化过程强烈，母岩崩解层深厚，深达几米；土壤强烈淋溶，极性离子和硅酸盐被冲走，留下氧化物（Al_2O_3、Fe_2O_3），被称为砖红壤化过程；土壤养分极为贫瘠，呈强酸性（pH 4.5～5.5）；枯枝落叶腐烂快，很快矿质化；森林所需要的几乎全部营养成分都储备在地上部分植物中。

热带雨林的群落特征表现为以下几方面。

图 4-13　马来西亚热带雨林外貌

（1）生物多样性丰富。热带雨林的景观与其他群落迥然不同，这里的植物种类特别丰富，我国西双版纳的热带雨林，在 2500m² 内有植物 130 种之多；在巴西，一个 777hm² 的地域内有 4000 种乔木树种；在爪哇西部，一个 280hm² 左右的地域内有 250 种不同的树木，这个数目已相等于欧洲全部树种之和。因此，热带雨林是木本植物数量占绝对优势的森林。

（2）在物种组成上，尽管许多物种分属于不同的科属，但常以龙脑香科、蝶形花科、梧桐科、紫金牛科、茜草科等的植物为主。

（3）生长迅速。热带雨林内不仅种类繁多，而且生长极为迅速。在爪哇，含羞草科金合欢属植物 10 年 便可以长到 35m 高，而在我国东北的云杉要经过 150 年 才能达到这样的高度。雨林内的空间几乎被植物占满，林缘经常被藤本、灌木所密集封闭。热带雨林里的树木几乎都是速生树种。

（4）树干挺直，树皮光滑，色浅而薄。

（5）乔木层高达 50～55m，林冠茂密，高低不平，色彩不一，层次多，分层不明显，乔木层可辨别出 3 层，上层稀疏，由少数巨大的、彼此孤立的树木组成，它们高居顶部，中层高 20～30m，树冠彼此交错，相互连接，形成密集的林冠，下层由幼小的乔木组成，林中剩下的空间差不多为它们的树冠所占据，较为空旷，容易通行。

（6）板状根。这里的大乔木一般都具有板状根，它可以起支持作用。因为热带多雨，根系不需要扎入很深的土层去吸收水分，所以多属浅根植物。浅根植物经受不了风吹雨淋，容易倒伏。板状根从树干基部生长出来，可高达 10m 甚至更高，像一块块三角形的木板，紧靠着树干，支持着树干，以抵御大风暴雨的袭击。热带雨林还有一种"独树成林"的现象，多半在村寨附近，远眺像一片森林，仔细看去竟只是一棵大榕树。它从树枝上垂直向下生长出许多气生根，气生根插入土壤后很快长粗长大，支持着树枝。这样，由一棵母株不断向外展开，覆盖地面可达 1000～2000m²，俨如一片郁葱的森林。

（7）老茎生花。"老茎生花"也可谓热带雨林的奇观。热带雨林中，某些乔木树种的花朵不是开放在树冠叶层中，而是开放在树冠下又粗又老的树干上。在热带老茎生花的林木达 1000 种以上。这些树种多属于下层林木，往往是蝙蝠传粉植物或蝙蝠传播植物。常见的有木波罗，它有比人类头部还要大的果实，一串串地挂在 2m 高的粗大树干上，伸手可摘。番木瓜、可可和无花果等都是著名的老茎生花树种。此外温带地区的紫荆也有这种现象。

（8）绞杀植物。绞杀植物以桑科榕属植物为主，当果实或种子被带到其他树种的枝杈上时，它们能像附生植物一样发芽，首先只生出一个小枝和一条长根，根迅速往下生长，到达地表后，枝才开始生长，同时，根变粗，形成根网，阻碍支撑树木的直径生长，根网进而形成树干，此时宽阔的树冠也开始形成。

（9）高大木质藤本。林内有各种藤本植物，有的形似细丝，枝头高悬；有的粗大，老态龙钟；有的穿山越岭，不见首尾。藤本植物和附生植物都能以简单的方式获得有利的光照条件，棘刺攀缘藤本植物以刺来防止滑落，如棕榈科的省藤，根攀缘藤本植物则长出不定根，如爬山虎以吸盘来固着。

（10）附生植物。兰科植物和巢蕨等一些蕨类植物，则在林木最上部的枝条上发芽，获得有利的光照条件，但必须注意，它们存在水分供应问题。许多兰科植物通过叶块茎作为水分储存器，大多数兰科、凤梨科、胡椒科植物具有肉质的叶片，兰科植物气生根的根被能在阵雨期间迅速吸收水分。

热带雨林的地上部分生物量可达 $300t/hm^2$ 以上，净初级生产力平均为 $20t/(hm^2 \cdot a)$，据不完全测算，全世界热带雨林净生产量高达 $3.4 \times 10^{10}t/a$。热带雨林的生态系统服务功能极大，其中的桃花心木、紫檀、肉豆蔻和望天树等树种都是珍稀的木材资源。我国的热带雨林具有一切雨林的生态特征，是我国生物多样性最丰富的生态系统。由于人类活动的影响，天然植被面积已很少，仅存在于边远山区和自然保护区（面积 $2400km^2$），拥有大量珍贵的树种，如龙脑香、见血封喉、番荔枝、榄仁树、无患子、大青树、山龙眼、肉豆蔻和望天树等，还有很多经济价值较高的资源植物，如名贵木材、药材和水果。我国的热带雨林地区已大面积栽培巴西橡胶、椰子、金鸡纳、油棕、可可、咖啡、胡椒。普遍栽培的热带水果有木波罗、番木瓜、番荔枝、榴莲、面包树、腰果、椰子、菠萝、芒果、香蕉、荔枝、龙眼等。分布着亚洲象、野牛、黑长臂猿等珍稀动物。

2. 亚热带常绿阔叶林

常绿阔叶林（evergreen broad-leaved forest）分布在地球中纬度地区。中国长江流域、朝鲜南部、日本、美国东南部、智利、阿根廷、玻利维亚、巴西一部分，以及大洋洲的新西兰、非洲的东南沿海等地都有分布。历史上中国总面积的 1/4 分布着常绿阔叶林，北界在秦岭–淮河一线，南界大致在北回归线附近，西界沿青藏高原东坡向南延至云南西部，共涉及 18 省份。常绿阔叶林地区属于亚热带气候。在北半球受季风影响，夏季高温湿润，冬季干燥而寒冷，本区虽无严寒，但有时出现霜雪。四季分布，年平均温度 15～18℃，夏季最有利于植物生长。土壤为红壤、黄红壤，山地红壤，pH 为 5.5～6.5。

常绿阔叶林的群落特征有以下几方面。

（1）群落由樟科、壳斗科、山茶科、木兰科、金缕梅科、蕈树科、冬青科、五列木科等的常绿树种组成。非洲的常绿阔叶林以加那利群岛为典型，以月桂树、印度鳄梨为优势代表。美洲的常绿阔叶林以佛罗里达为代表，优势乔木多为美洲山毛榉、栎、巨杉、铁杉等。亚洲的常绿阔叶林以中国长江流域和日本为典型，常以栲、青冈、石栎、润楠、木荷、厚壳桂、樟、观光木等为优势代表。

（2）外貌与结构。群落外貌暗绿，结构简单，整齐，似馒头状（图4-14），分层清晰。热带雨林中的板状根、老茎生花、巨大藤本等一切特征，在这里不明显。常绿阔叶林区内还有一些针叶树组成的常绿针叶林。它与常绿阔叶林的生态特性相似，其针叶扁平而具光泽，且与光线垂直。常见的巨杉、油杉、铁杉、竹柏等均属此类。

图4-14　常绿阔叶林外貌

中国的常绿阔叶林内野生动物十分丰富，脊椎动物达 1000 余种，西南部少数林区有少量猕猴、短尾猴、金丝猴、红腹松鼠、长吻松鼠、花松鼠，可成为林中动物的优势种；豪猪、野猪、华南兔也较普遍。属国家重点保护的动物有大熊猫、金丝猴、华南虎、云豹、金猫、红腹角雉、扭角羚等 80 余种。由于人为破坏，常绿阔叶林的面积已越来越小，林中的动物失去了栖息地，并不断地遭到捕杀，华南虎等已几近灭绝。

常绿阔叶林有特别丰富的资源，如我国的常绿阔叶林区域盛产桐油、香樟、漆、芳香油、鞣料、柑类水果等，出产松、杉、柏等优质木材。

3. 温带落叶阔叶林

落叶阔叶林（deciduous broad-leaved forest）是温带气候条件下生长的群落，也称为夏绿木本群落，主要的分布区是中国和日本。中国华北和东北沿海地区是夏绿林分布的典型地区。一年四季分明，夏季炎热多雨，冬季寒冷，具有海洋性气候特点。

落叶阔叶林的群落特征有以下几方面。

（1）物种组成。乔木多由落叶树种所组成，夏季叶茂，冬季凋落，因此又称为落叶阔叶林。林中常见的树种有山毛榉、栎树、椴、槭、桦、赤杨等，并混生有若干针叶树种，如赤松、油松、华山松、红松等，有时还形成纯林。

（2）外貌上一般叶片较薄、无毛，呈鲜绿色。冬季全部落叶，春季重新长出新叶，并有芽鳞或树脂保护冬芽，季相变化非常明显。地面芽植物和地下芽植物比例较高。结构上层次简单清晰，乔木层通常只有 1～2 亚层，林冠整齐。林下的植物在冬季仍然落叶或以根状茎、鳞茎、块茎的方式度过不良季节。草本层在一年四季中变化明显：冬季因乔木落叶，林下阳光充足，草本植物枯萎，整个森林除一些枯枝落叶以外，一无所有。来年春暖，许多乔木都未叶先花，争相开放，它们多属风媒花。林下的草本层多属多年生的短命植物，借春天林内较强的光照，争先吐蕊，构成一幅绚丽的草本层。到了夏天，乔木长满了叶片，林冠郁闭，林内光照减弱，于是那些短命的草本植物便结束了自己一年一度的生活周期，而另一类耐荫性的草本植物便相继出现，和乔木一起进入秋季，随着乔木的落叶，这些草本植物也开始干枯（图 4-15）。

图 4-15 落叶阔叶林外貌

这类森林中大部分乔木的种子和果实都有翅，以适应风力传播。林中的藤本植物和附生植物都不发达。在欧洲，中欧的地带性森林由欧洲水青冈组成，往东到东欧西部为喜荫树种鹅耳枥所取代，继续向东依次为英国栎林和心叶椴林所取代。

落叶阔叶林中有脊椎动物 200 余种，在我国属国家重点保护的动物有金钱豹、猕猴、褐马鸡、斑羚、金雕、红腹锦鸡等。

4. 寒温带针叶林

针叶林（coniferous forest）是由针叶树（conifer）组成的植被类型，主要是寒温带针叶林，也包括高山上面积很小的针叶灌木群落和其他地带的针叶林。寒温带针叶林几乎都分布在北半球的高纬度温带和亚寒带的广大区域，也分布在欧亚大陆北部及北美洲。

寒温带针叶林所分布的区域夏季温暖，冬季严寒。雨量仅 300～600mm，都集中在夏季。林地土壤有很厚的枯枝落叶层，腐殖质分解缓慢，土壤呈酸性。

寒温带针叶林的物种组成单调，多为纯林。不同区域优势种不一，有落叶松（*Larix* spp.）、云杉（*Picea* spp.）、冷杉（*Abies* spp.）、松树（*Pinus* spp.）等。外貌明显，多呈圆锥形或尖塔形树冠（图 4-16），除落叶松林落叶外，其他针叶林都是常绿的。在外貌色泽方面非常单调一致，一般冷杉林为暗绿色，云杉林为灰绿色，松林为深绿色，而落叶林呈鲜绿色。由云杉或冷杉组成的森林，称为阴暗针叶林，落叶松林则称为明亮针叶林。

其结构简单，仅有乔木层、灌木层、草本层和苔藓层四个基本层次。

图 4-16 寒温带针叶林外貌

泰加林（taiga）是著名的阴暗针叶林，分布在西伯利亚低洼处，阴暗、沼泽化是其主要特征；美洲的针叶林基本上与欧亚大陆针叶林相同，但物种丰富，树形巨大；我国的针叶林面积不大，分布在北纬 46°以北的大兴安岭，是泰加林南延的一部分，混生有少量阔叶树种，主要为由大兴安岭落叶松组成的纯林。含阔叶成分的针叶林，分布在小兴安岭和长白山，以红松林、黄花落叶松林为主，落叶树常为枫、桦、山杨、蒙古栎、椴、榆、槭等。森林砍伐后常出现以落叶阔叶林为主的小叶林。亚高山针叶林分布在我国中纬度的高山上，海拔为 2500～4000m，不同的高度上分布着冷杉、云杉、落叶松和松树林，垂直分布非常明显。与针叶树混生的常有桦、槭、杨、柳等。原生性的暖性针叶林分布于热带和亚热带地区的阔叶林中，如南方铁杉林、南方红豆杉林等，但目前极目所见，都是次生性马尾松林或是人工营造的杉木林。

林内有野生动物 200 余种，以有蹄类的驼鹿、马鹿、獐、狍和野猪最普遍；啮齿类以松鼠、花鼠、大林姬鼠为主；食肉类有棕熊、狐、黄鼬、水獭等；鸟类以雷鸟、榛鸡、细嘴松鸡、黑琴鸡等为主；爬行动物和两栖类也很多。我国重点保护的动物有貂熊、驼鹿、马鹿、猞猁、雪兔、细嘴松鸡等。

寒温带针叶林多为木材基地，林副产品及其他资源植物也极其丰富。但是，如何合理开发利用并进一步造林、抚育等，一直是林业上研究的重大课题。

5. 草原

草原（steppe）是一种温带地区的旱生草本植物群落。这里没有乔木，完全是以多年生禾本科、菊科、豆科和唇形科等旱生草本植物为主的连绵成片的群落（图 4-17）。

（1）分布与生境特点。草原是在辽阔的黑钙土或栗钙土上发育起来的，包括地球中纬度地带。在欧亚大陆上，从黑海沿岸往东，横贯中亚细亚，经蒙古国而至我国。在我国境内包括东北平原、黄土高原、内蒙古，以及宁夏和甘肃的中北部地区，连成一条连续而宽大的草原地带。

图 4-17　草原外貌

　　这里的气候条件较差，雨量稀少，集中在春末夏初，并且每年的雨量都不一样，有的年份多暴雨，有的年份几乎无雨，年平均降雨量为100～500mm。年平均温度常在0℃以下。这样的条件不利于树木的生长。

　　（2）群落特征。草原可以分为干草原和草甸草原。干草原群落以禾本科的针茅、羊草、芨芨草和菊科蒿属植物、唇形科百里香等为主。它们成丛分布，根扎得很深，几乎都是旱生类型的植物，叶片狭窄，有茸毛，卷叶，或具蜡质等抗旱结构。有趣的是常常可以看到"风滚草型"植物，如刺藜、棉毛女蒿等。风滚草是干草原上植物的一种特殊适应方式和生活型，其种子成熟后，植株与地下部分脱离，在干草原上随风滚动，在滚动的同时撒播种子。

　　（3）动物区系。草原上有丰富的动物种类，由于草原十分开阔，所以善于奔跑的有蹄类动物及地下穴居的啮齿类动物种类多、数量大，如黄羊、羚羊、野骆驼、野牦牛、黄鼠、鼢鼠、田鼠等；肉食动物有沙狐、黄鼬、艾鼬、狼、鸢及草原雕等。草原上数量最多的鸟类是云雀、百灵、毛腿沙鸡；常见的爬行动物和两栖类有麻蜥、沙蜥、锦蛇、游蛇、蟾蜍；昆虫种类很多，仅蝗虫就有100多种，金龟子、蝼蛄也在生态系统中占重要地位。

　　（4）我国的草原可分为草甸草原、典型草原、荒漠草原和高寒草原四大类。草甸草原以贝加尔针茅、羊草和线叶菊为代表；典型草原以大针茅、克氏针茅为代表；荒漠草原由小针茅、小半灌木等组成；高寒草原以蒿草、紫花针茅、硬苔草为代表。

　　（5）草原是发展畜牧业的良好基地。在草场经营中最重要的是适度放牧，避免因过度放牧引起草原退化。草甸草原饲草的质量和数量比干草原高。

　　6. 沼泽

　　沼泽（marsh或swamp）是在土壤水分过饱和条件下形成的以沼生植物占优势的生物群落，在全世界均有分布，主要分布在加拿大、俄罗斯和我国。沼泽可分为草本沼泽、森林沼泽（图4-18）和藓类沼泽三种。只有真正的湿生草本群落才是草本沼泽，其优势植物有嵩草、芦苇等。沼泽的特殊生境为各种涉禽、游禽提供了丰富的食物来源和营巢避敌的良好条件，因此沼泽中水鸟繁多且多为候鸟。鹤类是典型的沼泽鸟类，白鹳、天鹅、野鸡、苍鹭、大雁、鸿雁常在沼泽繁殖。沼泽中的鱼类、两栖类、昆虫也都不少。

图4-18　森林沼泽外貌

我国的沼泽面积约14万km²，集中分布在三江平原、东北山地、若尔盖高原等地，以多种苔草（如乌拉草）、落叶松-泥炭藓、嵩草-苔草为主。

7. 水生植物群落

水生植物群落由水生植物组成，分布于河流、湖泊和海洋等各种水生环境中。环境的最大特点是水分超饱和，以致多数水生植物沉没于水中生活，或根固着水底，仅花露出水面或浮于水面，有的甚至根部脱离土壤，漂浮水中生活。

沉水植物群落以各种眼子菜为优势，还有苦草、狐尾藻及各种藻类植物。浮叶植物群落以莲、睡莲、水鳖、菱角，以及热带地区的王莲为优势种。通常形成单优势的根生浮叶固定生长的植物群落。漂浮植物群落以浮萍、满江红、槐叶苹、大漂、水葫芦为优势种，植物体漂浮在水面，根悬垂于水中，营不固定的漂泊生活。

水生植物遍布于全世界，由于水生生境的一致性，水生植物群落类型都非常相近。

8. 荒漠

荒漠（desert）是在降水稀少、蒸发强烈、极端干旱的条件下发育起来的植被类型。在地球上，荒漠占有很大的面积，包括撒哈拉、中亚细亚、阿拉伯、南非、大洋洲等地。我国的荒漠属于中亚荒漠的一部分，分布在西北各地，约占国土面积的1/5，其中，沙漠和戈壁面积共100余万平方千米。其特征可概括为干旱、风沙、盐碱、贫瘠、植被稀疏。这里的环境条件异常苛刻，雨水奇缺，年降雨量不超过300mm，有的地方仅有5mm，甚至无雨，而蒸发量却很大。因此荒漠的生境条件非常干燥，同时温度低、日照强烈、风大等。

在这样恶劣的条件下，仅有两类植物能够生存：一类是那些具有高度忍耐干旱能力的植物，旱生结构非常明显，根系非常深，能伸到地表以下 10～15m 的地方吸取水分，而地上部分的叶非常小，甚至叶片退化成刺，以茎行光合作用。有些植物体内具有特殊的储水器官，成为肉质茎、叶，如仙人掌类、类仙人掌植物等（图 4-19）。另一类荒漠植物是"短命植物"，又称为春季短命植物。它们的生活期很短，当有限的降雨到来时，便开花结果，干旱季节到来时，种子便进入休眠状态，三周左右即可完成整个生活周期。

图 4-19　荒漠外貌

中国的荒漠可以分为小乔木荒漠、灌木荒漠、半灌木与小半灌木荒漠 3 个类型。沙拐枣、沙蓬、梭梭、白梭梭、柽柳等都是我国沙地荒漠的典型植物。在石质荒漠如我国的戈壁滩上，通常是寸草不生，稍湿润的地方偶见锦鸡儿、麻黄等。在盐渍荒漠中则以碱蓬为主。荒漠上的多数哺乳动物都是夜行性动物，或晨昏活动以避开白天的炎热，如狐、沙漠兔、跳鼠等，鸟类少，蜥蜴和蛇的种类较多，常以昆虫为食。由于人类对植被的不断破坏，荒漠化已越来越严重。

上述植物群落类型都是非常大的单位。按照植物群落分类的原则，还可以划分出若干细小的植物群落单位。

二、陆地生物群落的分布格局

1. 影响陆地生物群落分布的因素

陆地生物群落分布受多因素影响，起主导作用的是海陆分布、大气环流和由各地太阳高度角的差异导致的太阳辐射量差异及其季节分配的不同，即与此相关的水热状况。

（1）纬度。太阳高度角及其季节变化因纬度而不同，太阳辐射量及与其相关的热量也因纬度而异。从赤道向两极，每移动一个纬度（平均 111km，在 0°～10° 低纬度地区第一纬度约 110.57km，90° 时约为 111.7km）气温平均降低 0.5～0.7℃。由于热量沿纬度的变化，出现生态系统类型有规律的更替，如从赤道向北极依次出现热带雨林、常绿阔叶林、落叶阔叶林、北方针叶林与苔原，即所谓纬向地带性。

（2）经度。在北美大陆和欧亚大陆，由于海陆分布格局和大气环流特点，水分梯度常随经向变化，因此导致生态系统的经向分异，即由沿海湿润区的森林，经半干旱的草原到干旱区的荒漠。有人把这种变化与纬度地带性并列，称为经度地带性。实际上，两者是不同的，前者是一种严格的自然地理规律，后者是在局部大陆上的一种自然地理现象，而在其他大陆如在澳大利亚，这种经向变化就不大相同。

（3）海拔。海拔每升高 100m，气温下降 0.6℃左右，或每升高 180m，气温下降 1℃上下。降水量最初随海拔的增加而增加，达到一定界限后，降水量又开始降低。由于海拔的变化，常引起自然生态系统有规律地更替，有人称此现象为垂直地带性。

此外，地形与岩石性质对陆地生物群落的分布也有重大影响。例如，我国青藏高原的隆起，改变了大气环流，使我国亚热带出现了大面积常绿阔叶林。又如，在同一地区范围内，酸性岩石与碱性岩石分布着性质不同的生物群落。

2. 陆地生物群落的水平分布

如果把地球上所有的大陆排在一起，而不改变它们的纬度，那么生物群落带大致与纬线平行，说明存在纬度地带性，但南半球没有与北半球相对应的北方针叶林与苔原，而且在北纬 40°和南纬 40°之间由于信风的影响，东南两侧不对称，大部分大陆上西侧为干旱地区，而东侧为湿润的森林。

3. 陆地生物群落的垂直分布

如前所述，在山地上，随着海拔的升高，气候发生有规律的变化，从而导致山地垂直带的出现。山地生物群落的带状排列是按一定顺序出现的，称为山地垂直带谱。

在不同自然地带，山地的垂直带谱不同。一般而言，在山麓分布着当地平原上的生物群落类型，更高一些，被对温度要求较低的类型所代替，垂直带谱大致反映了不同生物群落类型沿纬度向北交替分布的规律。它们与水平带的关系图 4-20 所示。

最理想的山地垂直带谱是热带岛屿上的高山，这里可以看到从赤道至两极的所有生物群落类型。应指出的是，垂直带永远不能完全符合于水平带。其原因是：①最理想的垂直带是热带岛屿山地，但这里的温度条件缺少年变化；②各地垂直带的降水状况（特别是季节变化），反映了当地降水特点；③大陆性气候区，山体下部水分缺乏，不会出现森林带，垂直带往往受到破坏；④高山上光照强烈，紫外光强，空气稀薄，与极地条件有很大的不同；⑤垂直带的厚度远较水平带狭窄。山地每升高 1000m，温度下降 5～6℃，等于北半球平地上北移 600km。

垂直带从赤道向两极移动时，所有各带的界限下降，各自与其相适应的水平带会合，而缺少基带与赤道之间的水平带。关于山麓第一个带（基带）的上升幅度，因地区而不同，平均约 500m，极地为 0，赤道地区达 800～1000m。

三、中国植被的分布与特点

中国位于欧亚大陆东部，国土辽阔，气候及地貌类型多样，河流纵横，湖泊星布，海岸线长，因此植被类型繁多。中国的植被类型有森林、灌丛、草原和稀树干草原、草

图 4-20 武夷山植被的垂直分布

甸、沼泽、荒漠、苔原、人工植被八大类型，每一个大类型下又可以分为很多较大的类型，如森林可分为寒温带针叶林、温带针阔叶混交林、暖温带针叶林、亚热带针叶林、温带落叶阔叶林、常绿与落叶阔叶混交林、亚热带常绿阔叶林、热带季雨林、热带雨林、竹林、红树林、硬叶林、苔藓矮曲林等，较大的类型又可以根据其各层次的优势种相同与否再分为很多小类型。许多植被类型分布在热带季雨林和雨林区域、亚热带常绿阔叶林区域、暖温带落叶阔叶林区域、温带针阔叶混交林区域、寒温带针叶林区域、温带草原区域、温带荒漠区域、青藏高原高寒植被区域这八大区域内。

由于降水来源于夏季风，降水量和湿度由东南向西北递减，因此植被分布有东北—西南斜行的特点。在东部季风区，从南到北依次分布着热带季雨林和雨林、亚热带常绿阔叶林、暖温带落叶阔叶林、温带针阔叶混交林、寒温带针叶林；东北的松嫩平原、呼伦贝尔高原、蒙古高原和鄂尔多斯高原分布着草甸草原、典型草原、荒漠草原等草原植被类型；西北内陆地区分布着小乔木荒漠、灌木荒漠、小半灌木荒漠等荒漠植被类型；青藏高原分布着我国特有的高寒植被。

由于经济建设、工农业发展、城市化，大面积的天然森林、草原已不复存在。以森林为例，在历史上，天然林面积曾达 331.58km²，截至 1991 年，天然林与人工林面积合计为 128.67km²。目前，天然林主要保存在各种类型的自然保护区内和局部未受到严重破坏的边远山区。生物多样性的保护主要依赖于较大面积的天然植被，因此区域社会和经济的可持续发展必须考虑天然植被的保护及部分人工林、农田、牧场等向天然植被的恢复。

参 考 文 献

安树青, 张久海, 谈健康, 等. 1998. 森林植被动态研究述评. 生态学杂志, (5): 51-59.

常杰, 陈刚, 葛滢. 1995. 植物结构的分形特征及模拟. 杭州: 杭州大学出版社.

邓福英, 臧润国. 2007. 海南岛热带山地雨林天然次生林的功能群划分. 生态学报, (8): 3240-3249.

郝占庆, 陶大立, 赵士洞. 1994. 长白山北坡阔叶红松林及其次生白桦林高等植物物种多样性比较. 应用生态学报, (1): 16-23.

黄建辉, 陈灵芝. 1994. 北京东灵山地区森林植被的物种多样性分析. 植物学报, 36(增刊): 178-186.

江洪. 1994. 东灵山植物群落生活型谱的比较研究. 植物学报, (11): 884-894.

李博. 1990. 普通生态学. 呼和浩特: 内蒙古大学出版社.

李振基. 2009. 江西九岭山自然保护区综合科学考察报告. 北京: 科学出版社.

李振基, 陈圣宾. 2011. 群落生态学. 北京: 气象出版社.

李振基, 陈小麟, 郑海雷. 2007. 生态学(第三版). 北京: 科学出版社.

李振基, 林鹏, 叶文, 等. 2006. 武夷山脉南北维管束植物生物多样性流. 自然科学进展, 16: 959-964.

李振基, 刘初钿, 杨志伟, 等. 2000. 武夷山自然保护区郁闭稳定甜槠林与人为干扰甜槠林物种多样性比较. 植物生态学报, 24: 64-68.

李振基, 丘喜昭, 林鹏. 1995. 福建南靖和溪毛竹林的群落分析. 厦门大学学报(自然科学版), (4): 634-639.

林鹏. 1986. 植物群落学. 上海: 上海科学技术出版社.

林鹏, 李振基. 2003. 福建茫荡山自然保护区综合科学考察报告. 厦门: 厦门大学出版社.

林鹏, 李振基. 2004. 福建闽江源自然保护区综合科学考察报告. 厦门: 厦门大学出版社.

林鹏, 李振基, 张健. 2005. 福建君子峰自然保护区综合科学考察报告. 厦门: 厦门大学出版社.

林鹏, 丘喜昭. 1986. 福建三明瓦坑的赤枝栲林. 植物生态学报, (4): 241-253.

林鹏, 丘喜昭. 1987. 福建南靖县和溪的亚热带雨林. 植物生态学与地植物学学报, (3): 161-170.

林先贵. 2010. 土壤微生物研究原理与方法. 北京: 高等教育出版社.

陆健健. 2003. 河口生态学. 北京: 海洋出版社.

马克平, 黄建辉, 于顺利, 等. 1995. 北京东灵山地区植物群落多样性的研究 II 丰富度、均匀度和物种多样性指数. 生态学报, 15: 268-277.

牛文元. 1989. 生态环境脆弱带 ECOTONE 的基础判定. 生态学报, (2): 97-105.

裴男才. 2011. 利用大样地平台研究种子植物区系. 植物分类与资源学报, 33(6): 615-621.

曲仲湘, 吴玉树, 王焕校, 等. 1984. 植物生态学. 北京: 高等教育出版社.

沈泽昊, 林洁, 陈伟烈, 等. 1999. 四川卧龙地区珙桐群落的结构与更新研究. 植物生态学报, (6): 562-567.

石培礼, 李文华. 2002. 生态交错带的定量判定. 生态学报, (4): 586-592.

宋永昌, 阎恩荣, 宋坤. 2015. 中国常绿阔叶林 8 大动态监测样地植被的综合比较. 生物多样性, 23: 139-148.

宋永昌, 张绅, 刘金林, 等. 1982. 浙江泰顺县乌岩岭常绿阔叶林的群落分析. 植物生态学与地植物学丛刊, (1): 14-35.

孙书存, 陈灵芝. 1999.不同生境中辽东栎的构型差异. 生态学报, (3): 71-76.

田自强, 陈玥, 赵常明, 等. 2004. 中国神农架地区的植被制图及植物群落物种多样性. 生态学报, (8): 1611-1621.

王伯荪, 彭少麟. 1997. 植被生态学: 群落与生态系统. 北京: 中国环境科学出版社.

王献溥. 1990. 广西亚热带山地针阔混交林的群落学特点. 武汉植物学研究, (3): 243-253.

王直军, 曹敏, 李国锋. 2003. 西双版纳山黄麻林鸟类群落结构及功能分析. 生物多样性, (3): 216-222.

温远光, 和太平, 谭伟福. 2004. 广西热带和亚热带山地的植物多样性及群落特征. 北京: 气象出版社.

吴征镒. 1991 中国种子植物属的分布区类型. 云南植物研究, S4: 1-139.

夏阳. 1994. 天山博格达峰西北麓盐生植物群落及其化学元素特征. 干旱区研究, (1): 42-49.

肖笃宁. 1991. 景观生态学: 理论、方法及应用. 北京: 中国林业出版社.

谢宗强, 陈伟烈. 1999. 濒危植物银杉的群落特征及其演替趋势. 植物生态学报, (1): 49-56.

杨一川, 庄平, 黎系荣. 1994. 峨眉山峨眉栲、华木荷群落研究. 植物生态学报, (2): 105-120.

中国植被编辑委员会. 1980. 中国植被. 北京: 科学出版社.

朱华, 王洪, 李保贵. 2004. 滇南勐宋热带山地雨林的物种多样性与生态学特征. 植物生态学报, (3): 351-360.

祝廷成, 钟章成, 李建东. 1988. 植物生态学. 北京: 高等教育出版社.

Daubenmire R. 1981. 植物群落—植物群落生态学教程. 陈庆诚译. 北京: 人民教育出版社.

Walter H. 1984. 世界植被. 中国科学院植物研究所生态室译. 北京: 科学出版社.

Audino L D, Murphy S J, Zambaldi L, et al. 2017. Drivers of community assembly in tropical forest restoration sites: role of local environment, landscape, and space. Ecological Applications, 27: 1731-1745.

Barkman J J. 1988. A new method to determine some characters of vegetation structure. Vegetatio, 78: 81-90.

Bennie J J, Duffy J P, Inger R, et al. 2014. Biogeography of time partitioning in mammals. Proceedings of the National Academy of Sciences of the United States of America, 111(38): 13727-13732.

Bormann F H, Likens G E. 1979. Pattern and Process in a Forested Ecosystem: Disturbance, Development and the Steady State Based on the Hubbard Brook Ecosystem Study. New York: Springer-Verlag.

Braun-Blanquet J. 1932. Plant Sociology—The Study of Plant Communities. New York: McGrawhill.

Brockmann-Jerosch H, Rübel E. 1912. Eine Einteilung der Pflanzengesellschaften nach ökologisch-physiognomischen Gesichtspunkten. Leipzig: Wilhelm Engelmann.

Clements F E. 1916. Plant Succession: An Analysis of the Development of Vegetation. Washington: Carnegie Institution of Washington Publication.

Clements F E. 1928. Plant Succession and Indicators: A Definitive Version of Plant Succession and Plant Indicators. New York: H. W. Wilson.

Connell J H, Slatyer R O. 1977. Mechanisms of succession in natural communities and their role in community stability and organization. The American Naturalist, 111: 1119-1144.

Connor E F, Simberloff D S. 1979. The assembly of species communities: chance or competition? Ecology, 60: 1132-1140.

Dansereau P. 1957. Biogeography: An Ecological Perspective. New York: The Ronald Press Company.

Dehling D M. 2018. The structure of ecological networks. In: Dátilo W, Rico-Gray V. Ecological Networks in the

Tropics. Cham, Switzerland: Springer.

di Castri F, Hansen A J. 1992. The environment and development crises as determinants of landscape dynamics. In: Hansen A J, di Castri F. Landscape Boundaries. New York: Springer-Verlag.

Donatti C I, Guimarães P R, Galetti M, et al. 2011. Analysis of a hyper-diverse seed dispersal network: modularity and underlying mechanisms. Ecological Letters, 14: 773-781.

Fisher J B. 1986. Branching patterns and angles in trees. In: Givnish T J. On the Economy of Plant Form and Function. Cambridge: Cambridge University Press.

Fisher R A, Corbet A S, Williams C B. 1943. The relation between the number of species and the number of individuals in a random sample of an animal population. Journal of Animal Ecology, 12: 42-58.

Fobert E K, Miller C R, Swearer S E, et al. 2023. The impacts of artificial light at night on the ecology of temperate and tropical reefs. Philosophical Transactions of the Royal Society B: Biological Sciences, 378: 20220362.

Forman R. 1995. Land Mosaics: The Ecology of Landscapes and Regions. Cambridge: Cambridge University Press.

Gaynor K M, Hojnowski C E, Carter N H, et al. 2018. The influence of human disturbance on wildlife nocturnality. Science, 360: 1232-1235.

Götzenberger L, de Bello F, Bråthen K A, et al. 2012. Ecological assembly rules in plant communities-approaches, patterns and prospects. Biological Reviews, 87: 111-127.

Grubisic M, van Grunsven R H. 2021. Artificial light at night disrupts species interactions and changes insect communities. Current Opinion in Insect Science, 47: 136-141.

Hallé F, Oldeman R A A, Tomlinson P B. 1978. Tropical Trees and Forests: An Architectural Analysis. New York: Springer-Verlag.

Hubbell S P. 2001. The Unified Ueutral Theory of Biodiversity and Biogeography. Princeton: Princeton University Press.

Hubbell S P, Foster R B. 1986. Commonness and rarity in a neotropical forest: implications for tropical tree conservation. In: Soulé M E. Conservation Biology: the Science of Scarcity & Diversity. Sunderland: Sinauer Associates.

Kaitlyn M G, Cheryl E H, Neil H C, et al. 2018. The influence of human disturbance on wildlife nocturnality. Science, 360: 1232-1235.

Krebs C. 2001. Ecology: the Experimental Analysis of Distribution and Abundance. 5th ed. San Francisco, CA: Benjamin Cummings.

Lavorel S, McIntyre S, Grigulis K. 1999. Plant response to disturbance in a Mediterranean grassland: How many functional groups? Journal of Vegetation Science, 10: 661-672.

Li W, Zhu C, Grass I, et al. 2022a. Plant-frugivore network simplification under habitat fragmentation leaves a small core of interacting generalists. Communication Biology, 5: 1214.

Li X Y, Hu W Q, Bleisch W V, et al. 2022b. Functional diversity loss and change in nocturnal behavior of mammals under anthropogenic disturbance. Conservation Biology, 36: e13839.

MacArthur R H. 1957. On the relative abundance of species. Proceedings of the National Academy of Sciences of the United States of America, 43: 293-295.

Molles M C. 2002. Ecology: Concepts and Applications. New York: McGraw Hill.

Newman M E J. 2006. Modularity and community structure in networks. Proceedings of the National Academy of Sciences of the United States of America, 103: 8577-8582.

Paijmans K. 1970. An analysis of four tropical rain forest sites in New Guinea. The Journal of Ecology, 58: 77-101.

Pickett S T A. 1987. A hierarchical consideration of causes and mechanism of succession. Vegetation, 69: 109-114.

Raunkiaer C. 1934. The Life Forms of Plants and Statistical Geography: Being the Collected Papers of C. Raunkiaer. The Geographical Journal, 84: 455.

Richards P W. 1996. The Tropical Rain Forest: An Ecological Study. Cambridge: Cambridge University Press.

Smith S K, Weaver J E, Ducoste J J, et al. 2024. Microbial community assembly in engineered bioreactors. Water Research, 255: 121495.

Swan C M, Brown B L. 2017. Metacommunity theory meets restoration: isolation may mediate how ecological communities respond to stream restoration. Ecological Applications, 27: 2209-2219.

Tansley A G. 1920. The classification of vegetation and the concept of development. Journal of Ecology, 8: 118-149.

Tansley A G. 1929. Succession: The Concept and Its Values. Proceedings of the International Congress of Plant Sciences, 1926. Manasha, WI: Banta.

Thomson F J, Moles A T, Auld T D, et al. 2011. Seed dispersal distance is more strongly correlated with plant height than with seed mass. Journal of Ecology, 99: 1299-1307.

Tilman D. 1985. The Resource-Ratio Hypothesis of Plant Succession. The American Naturalist, 125: 827-852.

Turner M G, O'Neill R V, Gardner R H, et al. 1989. Effects of changing spatial scale on the analysis of landscape pattern. Landscape Ecology, 3: 153-162.

Vellend M. 2016. The Theory of Ecological Communities. Princeton: Princeton University Press.

Walter E. 1968. Ecology of Steppe. New York: Springer-Verlag.

White P S. 1979. Pattern, process, and natural disturbance in vegetation. The Botanical Review, 45: 229-299.

Whittaker R H. 1965. Dominance and diversity in land plant communities: numerical relations of species express the importance of competition in community function and evolution. Science, 147: 250-260.

Whittaker R H. 1972. Evolution and measurement of species diversity. Taxon, 21: 213-251.

Whittaker R H. 1975. Communities and Ecosystems. 2nd ed. New York: Macmillan Publishing Company.

Wong M K L, Didham R K. 2024. Global meta-analysis reveals overall higher nocturnal than diurnal activity in insect communities. Nature Communications, 15: 3236.

Wood D M, Morris W F. 1990. Ecological constraints to seedling establishment on the Pumice Plains, Mount St. Helens, Washington. American Journal of Botany, 77: 1411-1418.

第五章

生态系统生态学

本章数字资源

◈ 第一节 生态系统概述

一、生态系统概念

生态系统的概念最初由英国生态学家坦斯利（Tansley）在 1935 年提出，他强调生物与环境构成的自然系统是地球表面的基本单元。坦斯利在 1939 年进一步引入生态区（ecotope）的概念，突出生态系统的空间背景。苏联生态学家苏卡切夫（Sukachev）也提出了相似的生物地理群落（biogeocoenosis）概念，即指地球表面的特定地段内生物与地理环境组成的功能单位。这两个概念在 1965 年被国际学术会议认定为同义语。

林德曼（Lindeman）在 1942 年的研究中，通过对明尼苏达州湖泊生态系统的研究，详细描述了物质和能量在生态系统中的流动过程。他明确概述了生态系统的营养动态，并提出了著名的"十分之一定律"，即能量在食物链中逐级递减，通常后一级生物量只等于或小于前一级生物量的 1/10。林德曼的工作标志着生态学从定性向定量的转变，并为生态系统生态学奠定了基础。

奥德姆（Odum）以整体论和一般系统论为指导，融合数学与物理学原理，发展了生态系统分析方法，推动了生态系统生态学的形成，为量化分析生态系统研究提供了新的路径。整体论主张将世界看作一个整体，人类出于研究方便将其分割成不同部分，形成多样的知识体系。在生态学中，整体论促进了对生态系统整体性的重新理解，为有效整合人与自然的关系提供了理论基础，从而指导人类的生产活动，促进人与自然和谐共处。一般系统论由贝塔朗菲（Bertalanffy）在 20 世纪中叶提出，强调系统内部各部分的相互作用和整体的动态平衡，深化了整体论的理念，使生态学研究能更全面地理解生态系统的结构和功能。

奥德姆的整体论方法显著推进了生态系统生态学的理论发展，主要贡献可概括为三点：首先，他将生态系统定义为"在一定区域中共同栖居着的所有生物（生物群落）与其环境之间由于不断进行物质循环和能量流动过程而形成的统一整体"，强调生态系统不仅仅是地理单元或生态区（ecotope），还是具有输入和输出的、具有自然或人为边界的功能单位。其次，奥德姆的生态学原理具有深刻的哲学内涵，包括整体性、生物组织层次和涌现性（emergent property）原理。涌现性原理是奥德姆生态学哲学的核心，强调在组织层次较高的水平上出现，而在较低层次上不存在的意外特性，即"整体大于部分之和"。最后，他将生态模型应用于生态系统分析，构建了多层次现象和过程的模型，强调了统计学方法在生态学研究中的关键作用。

我国著名生态学家马世骏先生深刻认识到人类在创造社会财富的过程中可能无意中破坏了自然环境，因此他将研究领域拓展至系统生态学和可持续发展。20 世纪 80 年代，他首次在国际上提出"社会—经济—自然复合生态系统"理论，强调社会、经济、自然三个子系统既有独立运行规律，又相互影响，构成一个整体。他提出评估复合生态系统的标准，即自然系统的合理性、经济系统的盈利性和社会系统的有效性，这一理论为理解人与自然的耦合关系提供了新的视角和方法。马世骏先生的这一理论得到了国际社会的广泛关注和认可，为推动全球可持续发展做出了重要贡献。

生态系统是生物群落与环境相互作用形成的动态系统，它在特定时间和空间内展现出独特的结构和功能。这一系统依赖于物种多样性、能量流动、物质循环、信息传递和价值创造来维持平衡。生态系统是具有时空属性的实体，由生物与非生物要素组成，不断进化并展现出多功能性。它还具备自我调节功能，能够适应和应对各种内外变化。生态系统生态学持续发展，其理念广泛渗透至不同学科。例如，工业生态学采纳了其循环经济与能量利用的理念，致力于创建环境友好与可持续的工业模式；城市生态学通过应用复合生态系统的理论推动了可持续的城市发展。

二、生态系统结构

生态系统的结构是由其构成组分、时空属性和网络结构这三个基本要素共同决定的。这些要素不仅决定了生态系统的形态，也影响其功能和对外界变化的适应能力。具体来说，生态系统的构成组分包括生物群落中的物种及其非生物环境；时空属性指生态系统在不同时间和空间尺度上的变异及持续性；网络结构则揭示了生态系统中物种间以及物种和环境间的复杂相互作用模式，决定了能量的流动和物质的循环。这些因素相互作用，共同维持着生态系统的稳定和健康。

1. 构成组分

生态系统由非生物部分和生物部分组成。非生物部分包括非生物环境和物质代谢原料，生物部分即生物群落，是由各种生物种类（如植物、动物、微生物等）相互作用形成的群体。这些生物和非生物因素相互作用、相互影响，共同构成了生态系统（图 5-1）。

1）非生物环境　　非生物环境包括能源、气候以及基质和介质等物理条件，主要为生物提供能源和生活空间。能源主要来自太阳能，气候因子包括光照、温度、降水和风等，基质和介质包括固态的岩石与土壤、液态的水以及气态的空气。

2）物质代谢原料　　物质代谢原料包括参与物质循环的无机元素和化合物（如碳、氮、二氧化碳、氧气、钙、磷、钾等），以及连接生物与非生物成分的有机物质（如蛋白质、糖类、脂质和腐殖质等）。

3）生产者　　生态系统中的生产者是指能够利用光合作用或化学合成途径将无机物转化为有机物的生物。它们是生态系统中能够自主合成有机物质的最基本环节，为整个

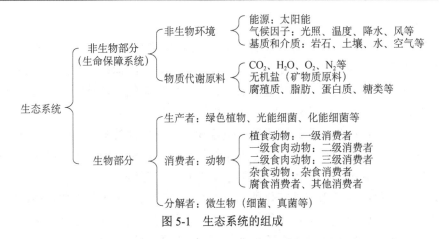

图 5-1　生态系统的组成

生态系统提供能量和营养物质。典型的生产者包括植物、藻类和一些细菌。植物通过光合作用利用阳光、二氧化碳和水合成有机物质，成为陆地生态系统和淡水生态系统中的主要生产者；而海洋中的藻类则是海洋生态系统中的主要生产者。此外，一些细菌也能够通过化学合成途径进行自养生长，成为一些特殊环境中的生产者。

生产者在生态系统中扮演着至关重要的角色，它们为其他生物提供能量和有机物质，维持了生态系统的能量流动和物质循环。生态系统中的其他生物（如消费者和分解者）都依赖于生产者的能量输入来生存和生长。

4）消费者　生态系统中的消费者是指依靠食物链或食物网中其他生物体为食物来源的生物。消费者通过摄取其他生物体来获取能量和营养物质，从而维持自身生存和生长。消费者根据其在食物链中的位置和食性可以分为以下类别。

（1）植食动物：主要以植物为食物来源的动物，如牛、羊、兔等。

（2）食肉动物：以其他动物为食物来源的动物，如狮子、老虎、鹰等。

（3）杂食动物：既食植物又食动物的动物，如猪、熊、人类等。

（4）食腐动物：以腐尸为主要食物来源的动物，如秃鹫、腐食昆虫等。

消费者在生态系统中扮演着传递能量和物质的角色，它们通过食物链将能量从生产者传递给更高级别的消费者，同时促进了物质的循环和生态平衡。消费者的种类和数量对生态系统的结构和稳定性具有重要影响，它们与其他生物之间形成复杂的食物网络，共同维持着生态系统的稳定和健康。

5）分解者　生态系统中的分解者是指能够分解有机物质并将其转化为无机物质的生物。分解者主要包括细菌、真菌和一些其他微生物。它们通过分泌酶类物质来降解有机物质，将其分解为简单的无机化合物，如水、二氧化碳、氨等。这些无机物质可以被其他生物重新吸收利用，从而实现了有机物质的循环和再利用。

分解者在生态系统中起清除死亡生物体和有机废弃物的作用，防止有机物质过度积累和污染，还可促进土壤的肥力和养分循环，维持生态系统平衡和稳定。分解者与生产者和消费者共同构成生态系统中的物质循环网络，保持生态系统的健康和生态平衡。

2. 时空属性

时空属性是指生态系统各种组分在空间上和时间上的不同配置和形态变化特征，包括时间结构和空间结构。

1）时间结构　　生态系统的时间结构是指生态系统在时间维度上的动态变化，这些变化反映了生态系统对环境条件变化的响应和适应。时间结构是生态系统动态性和适应性的体现，它对于理解生态系统的健康状况、预测生态系统对环境变化的响应以及制定有效的生态管理和保护策略具有重要意义。生态系统的时间结构通常包括以下方面。

（1）季节性变化：生态系统随季节的更替而经历周期性的变化。例如，植物的生长周期、动物的迁徙和繁殖行为，以及生态系统的生产力等都会随着季节的变化而变化。这些变化与温度、降水、日照等气候因素的季节性波动密切相关。

（2）年际变化：除了季节性变化外，生态系统还可能经历年际变化，即在不同年份间出现的差异。这些变化可能由气候的长期趋势、极端天气事件、自然灾害等引起。例如，干旱、洪水、火灾等极端事件可能对生态系统造成短期或长期的影响。

（3）长期趋势：生态系统的时间结构还包括长期的生态变化趋势，如物种的进化、生态系统的演替，以及由气候变化导致的生物分布和生态过程的改变。这些长期趋势可能需要数十年甚至数百年才能显现出来。

（4）生物节律：除了气候因素外，生态系统的时间结构也受到生物节律的影响，如植物的光周期反应、动物的昼夜节律等。这些生物节律是生物体适应环境变化的内在机制。

（5）人类活动的影响：人类活动，如农业、城市化、工业活动等，也会对生态系统的自然时间结构产生影响。这些活动可能改变生态系统的季节性模式，干扰生物节律，甚至导致生态系统结构和功能的长期变化。

2）空间结构　　生态系统的空间结构是指生态系统在空间上的组织和分布模式，包括生态系统内部不同生物和非生物成分的空间排列及相互关系。这种结构不仅影响着物种的分布和多样性，还决定了生态系统的功能和稳定性。生态系统的空间结构主要体现在以下方面。

（1）空间异质性：生态系统的空间异质性是指生态系统内部环境条件的不均匀分布，包括土壤类型、水分条件、光照条件和人类干扰等。空间异质性为物种提供了多样化的生境选择，有助于物种多样性的维持和生态过程的进行。

（2）物种分布格局：不同物种在生态系统中的分布格局反映了它们对环境的适应性和竞争关系。物种的空间分布对生态系统的结构和稳定性具有重要影响。

（3）群落结构：在森林、湿地等生态系统中，垂直结构通常表现为不同高度的植被层，如林冠层、灌木层、草本层和地被层。这种垂直分层为不同物种提供了适宜的栖息环境，使得物种能够在不同的生态位上共存，从而增加了生态系统的物种多样性。

（4）生境连通性：生态系统中不同栖息地之间的连通性对物种的迁移和种群的交流至关重要。栖息地的空间结构影响着生物的分布范围和种群的遗传流动。

（5）生态过程的空间异质性：生态过程在空间上的异质性指不同地点或区域的生态过程特征存在差异。这种空间异质性影响着生态系统的功能和生物多样性。

（6）边缘效应：生态系统边缘区域的环境条件与内部区域不同，这种差异可以影响物种的分布和生态过程。边缘效应可以导致某些物种的增加或减少，从而影响生态系统的结构和功能。

3. 网络结构

生态系统是一个复杂的网络，生态系统中至少有 4 类网络值得关注：①以物种为节点，以种间关系为连接的生态网络，即种间互作网络（李海东等，2021）；②以物种和生境为节点，以物种与生境之间关系为连接的生态网络，即物种–生境网络（Marini et al.，2019）；③以库为节点，以库之间的物质循环和能量流动为节点的生态网络（Herendeen，2008）；④以生境为节点，以生境之间物质、能量和物种流动性为连接的生态网络。下文重点介绍种间互作网络和物种–生境网络。

1）种间互作网络　　种间互作网络，包括种间的竞争作用、促进作用以及营养级间的互作。竞争作用是生态学家研究最为深入的生物互作类型之一。对于特定目标物种而言，相对于没有竞争作用的情况，竞争者的存在可能会削弱目标物种对环境压力的抵御能力，并可能降低其承受重大损失的临界阈值。促进作用存在偏害、偏利和互利等三种模式。营养级间的互作包括植食、捕食、杂食、营养级联、寄生等关系。

食物链是生态系统中描述生物能量和营养转移的基本途径。它是一个线性的序列，展示了生物体之间通过捕食关系相互连接的方式。营养级（trophic level）是生态系统中的生物根据它们在食物链中的位置被分为不同的等级。生产者位于第一营养级，消费者根据它们的食物来源被分为不同的营养级。食物链从生产者（producer）开始，通常生产者是植物或其他能够通过光合作用将太阳能转化为化学能的自养生物，如植物、藻类和某些细菌。生产者是食物链的基础，为其他生物提供能量和物质。初级消费者（primary consumer），即植食动物，如草食性动物，它们直接以生产者为食，将植物中储存的化学能转化为自身生长和维持生命活动所需的能量。次级消费者（secondary consumer）通常是小型肉食动物，它们捕食初级消费者，从而获取能量。在食物链中，可能还有三级消费者、四级消费者等，它们依次捕食前一营养级的生物。食物链的末端通常是顶级捕食者，它们在食物链中没有天敌，如大型肉食性哺乳动物或猛禽。顶级捕食者在维持生态系统平衡中起着关键作用，它们通过捕食其他生物来控制某些物种的数量，防止它们过度繁殖。食物链的长度和复杂性因生态系统而异，但它们都遵循能量流动的规律：能量在食物链中从一个营养级传递到下一个营养级时会有所损失，通常只有大约 10% 的能量从一个营养级传递到下一个营养级。因此，食物链通常不会太长，否则能量的损失会导致顶级捕食者无法获得足够的能量来维持生存。

食物网是生态系统中食物链相互交织形成的复杂网络结构，它描绘了生态系统中不同物种之间的捕食和被食关系。食物网比单一的食物链更全面地反映了生态系统的复杂性和相互依赖性。在食物网中，一个物种可能同时是多个食物链的一部分，既可能作为捕食者，也可能作为被捕食者。例如，一只鸟可能以昆虫为食，同时又是猫头鹰的食物。这种多向的捕食关系使得食物网中的物种相互依存，形成了一个相互连接的网络。食物网的复杂性有助于提高生态系统的稳定性和抵抗力。当一个物种的数量发生变化时，食物网中的其他物种可以通过调整它们的捕食行为来适应这种变化，从而维持生态系统的平衡。此外，食物网的复杂性也意味着生态系统中存在多种能量和物质流动的路径，这增加了生态系统的弹性和恢复力。

食物链和食物网是生态系统能量流动和物质循环的基础，了解食物链和食物网有助于我们理解物种之间的相互作用、生态系统的功能和结构，以及人类活动对生态系统的影响。食物链的结构和功能是评估生态系统健康及生物多样性的重要指标。

2）物种–生境网络　　传统上，生态系统被视为由多个相互作用的独立生境斑块组成的"生境马赛克"。在研究中，通常会分别调查每个生境中的物种组成，分析它们的分布特点。尽管也会研究物种在不同生境中的分布情况，但将物种分布与生境特征综合起来进行分析的做法并不常见。然而，为了全面理解生物分布和生态系统动态，需要将物种和生境紧密联系起来。基于图论的复杂网络分析方法为这一研究领域提供了创新的工具。这种方法不仅将物种与栖息地资源联系起来，还提供了评估特定物种或栖息地在景观中重要性的工具，并能够量化整个栖息地网络的新特性。这种方法非常适合于研究物种与栖息地之间的关系（图 5-2）。这种方法的一个关键优势在于它产生的生态信息规模可与生态系统管理干预的规模相匹配。网络的多功能性、可视化能力和易于解释的特性使物种–生境网络概念能够应用于多种现实世界问题，包括多物种保护、栖息地恢复、生态系统服务管理以及入侵生态学等。特别是，物种–生境网络分析可被用来确定最佳的生态系统组成和配置，以设计在生态系统尺度上有效的管理措施（Marini et al.，2019）。

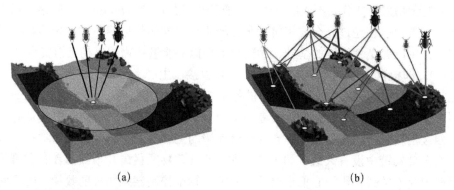

(a)　　　　　　　　　　　　　　　　(b)

图 5-2　研究物种–生境关系的传统方法（a）和物种–生境网络方法（b）（引自 Marini et al.，2019）
物种–生境网络方法在整个景观中布置调查点，并在多个调查点记录物种（线宽与物种丰度成正比）

学者们研究探讨了岛屿森林景观中物种–生境网络的涌现特性，分析了亚马孙河支流瓦图芒（Uatuma）河上的巴尔比纳（Balbina）水库（1987 年完工）建设形成的岛屿森林碎片化对多个物种的影响。研究发现，物种在岛屿上的局域灭绝是普遍现象，导致了物种–栖息地网络的高度嵌套和低连通性。网络的稳健性普遍较低，当仅保留小于 $10hm^2$ 的岛屿时，不同物种的存活率大幅降低，特别是蜣螂，仅有 5% 的物种还能生存。因此岛屿森林碎片化可能导致物种–栖息地网络简化，不同物种对栖息地丧失的耐受性不同。

三、生态系统类型

1. 生态系统分类的基本原则

生态系统分类是对地球表面生态系统的系统性整理，是根据生态系统的结构、功能、组成成分以及与环境相互作用的特点，将生态系统划分为不同类型和等级的科学方法。主要的分类方法包括：①聚类法，通过识别最小生态单元的相似属性来形成具有概括性边界的类别；②细分法，通过识别最大生态单元内部的差异来形成具有明确边界的类别。无论采用哪种方法，最终的分类体系都应遵循一系列原则，以确保分类的逻辑性和实用性。生态系统分类的基本原则主要包括以下几个方面。

（1）环境条件原则：根据生态系统所处的环境条件，如气候、土壤、地形、水文等进行分类。

（2）生物多样性原则：根据生态系统中生物群落的组成、结构和功能的相似性进行分类。

（3）生态过程原则：根据生态过程，如水文循环、营养循环、生物群落演替等进行分类。

（4）生态功能原则：根据生态系统在能量流动、物质循环和信息传递等生态功能上的相似性进行分类。

（5）等级性原则：生态系统分类具有等级性，从较小的生态单元到较大的景观或区域级别，每个级别都有其特定的结构和功能特征。根据生态系统的规模和层次来分类，如微观生态系统、中观生态系统、宏观生态系统等。

（6）人类活动影响原则：考虑人类活动（如农业、城市化、工业活动等）对生态系统结构和功能的影响，来对生态系统进行分类。

（7）空间尺度原则：生态系统分类应涵盖从微观到宏观的不同尺度，包括生境、群落、景观和全球等不同尺度。

（8）时间尺度原则：考虑生态系统随时间的变化，如季节变化、年际变化、长期演替等，进行分类。时间尺度上的变化反映了生态系统的动态性和适应性。

（9）实用性原则：分类系统应提供一套标准化的标准和指标，以便不同研究者和地区之间的比较。

（10）综合性原则：在分类时应综合考虑上述多个原则，以确保分类的全面性和科学性。生态系统分类是一个多维度、多层次的过程，需要综合考虑各种生态学特征和过程。

2. 主要生态系统分类方法

实地调查和遥感监测所获得的生态系统属性数据，为聚类法和细分法提供了充分的依据。生态系统常用分类方法有以下三类。

（1）按基质的性质划分。根据不同的基质，生态系统可以分为陆地生态系统和水域生态系统两大类。其中，陆地生态系统可以进一步分为森林生态系统、草原生态系统、农田生态系统、荒漠生态系统、冻原生态系统等；水域生态系统可以分为淡水生态系统和海洋生态系统。此外，在典型的陆地生态系统和水域生态系统之间，还存在一类生态系统，即湿地生态系统，它兼具了陆地生态系统和水域生态系统的一些特征。基于以上分类，可以将生态系统划分为陆地生态系统、湿地生态系统和水域生态系统三大类。这种分类方法更加细致地考虑了生态系统的特征和环境，有助于更好地理解和研究不同类型生态系统的结构、功能和相互关系（欧阳志云等，2015）。

（2）按人类的影响程度划分。根据人类影响程度的不同，生态系统可分为自然生态系统、半自然生态系统和人工生态系统三类。自然生态系统是指不受人类干扰和干预，依靠生态系统自身调节能力进行自我维持的生态系统，如原始森林、草原、荒漠、冻原、天然湖泊和海洋等。半自然生态系统是指受到人类活动强烈干扰和破坏后，任其自然恢复的自然生态系统，如次生天然林、次生灌丛，或最初虽为人工建造但较少或不受人类干预而任其发展的人工生态系统，如人工林、人工草地等。这类生态系统受到人类活动的影响和驯化作用，因此也被称为人工驯化生态系统。人工生态系统是指按照人类需求设计建造，依赖于人类强烈干预维持的生态系统，如城市、水族馆、人工气候室，以及农田、果园、茶园、经济林、人工鱼池和人工牧场等。这种分类方法有助于理解不同生态系统的形成和演变过程，以及人类对生态系统的影响和作用（刘亚群等，2021）。

（3）按系统的开放程度划分。根据系统开放程度的不同，可以将生态系统分为开放系统、封闭系统和隔离系统。开放系统具有开放的系统边界，允许能量和信息的输入输出，同时允许内部物质与外界交换以维持系统的有序状态。大多数自然生态系统都属于开放系统。封闭系统具有封闭的系统边界，只阻止系统内外物质交换，但允许能量的输入和输出。例如，一个密闭的水族馆可以接受阳光的输入和释放热量，但没有物质的进出。隔离系统具有完全封闭的系统边界，阻止任何物质和能量的输入输出，完全与外界隔离。这种生态系统通常是为满足特殊需要而设计的实验系统。这种分类方法有助于理解不同生态系统的交互作用和稳定性，以及其在环境中的角色和功能。

此外，数字孪生生态系统是指通过数字技术和模拟方法构建的、与现实生态系统相对应的虚拟生态系统。这种虚拟生态系统可以模拟真实生态系统中的各种生物、环境和相互作用，以帮助科学家们更好地理解和研究自然生态系统的运行规律和生态学原理。数字孪生生态系统可以用于模拟生态系统的动态变化、预测生态系统的响应和演变，以及评估不同干预措施对生态系统的影响。通过数字孪生生态系统，科学家们可以进行虚拟实验，优化决策，推动可持续发展和生态保护工作的进展。数字孪生作为实现信息物理融合的有效手段，受到了广泛关注，已在航空航天、医疗健康、智慧农业、智慧城市等领域得到了广泛应用。因契合智能制造、工业 4.0/5.0、新型工业化、数字经济的发展需求，数字孪生在工业领域的应用被尤为关注。

3. 主要生态系统属性指标的获取

获取主要生态系统属性指标通常涉及一系列的实地调查、遥感监测、实验室分析和数据处理等方法。以下是一些关键的生态系统属性指标及其获取方法，包括实地调查和遥感监测两种主要手段。获取这些指标需要跨学科的合作，包括生态学、地理学、遥感科学、土壤学、水文学和气象学等领域专家的合作。通过这些数据的收集和分析，可以更好地理解生态系统的状态和变化趋势，为生态管理和保护提供科学依据。随着技术的发展，如无人机（UAV）遥感、物联网（IoT）传感器等新技术的应用，获取生态系统属性指标的方法将更加高效和精确。

1）基于实地调查的生态系统属性指标　　生态学中的实地调查是指在自然环境中直接观察、记录和收集有关生态系统、物种、环境条件等数据的活动。实地调查是生态学研究的基础，它为理解生态系统的结构、功能和动态变化提供了直接的证据与数据，是生态学研究中不可或缺的一部分。实地调查通常包括以下几个方面。

（1）物种调查：记录植物、动物、微生物等物种的种类、数量、分布、行为和生态位等信息，分析不同物种的相对多度、垂直分布、水平分布，计算物种的丰富度、均匀度和多样性指数等。

（2）植被调查：评估植被的类型、组成、结构、植被密度、覆盖度和功能指标，如植被高度、盖度、生物量等。

（3）土壤调查：通过土壤采样和实验室分析获取土壤的物理和化学性质，如土壤类型、pH、有机质含量、养分水平等。

（4）地形地貌调查：调查地形起伏、地形坡度、地形类型等指标。

（5）水文调查：研究流量、水位、水质、水温、流速、流量、水生生物等水文特征。

（6）营养循环：通过土壤和水体样本分析获取营养物质（如氮、磷）的浓度和循环速率。

（7）气候调查：调查温度、降水、风速等数据，如温度、湿度、降水量、风速等。

（8）人类活动调查：调查土地利用变化、污染、干扰等人类活动因素。

此外还可以调查：物种生活史特征，如繁殖率、生长速度、寿命等；物种迁徙和流动模式，即物种的移动和迁徙行为；关键种，即对生态系统结构和功能具有关键作用的物种。实地调查常需要使用各种工具和设备，如北斗导航定位器、相机、土壤取样器、水样采集器、温度计、pH计等。地面调查数据可与遥感数据结合以提高准确性和效率。

2）基于生态遥感的生态系统属性指标

（1）物种多样性：在某些情况下，利用高分辨率遥感影像识别植被类型和分布，结合地面调查数据估算物种多样性。

（2）生物量和生产力：利用植被指数［如归一化植被指数（NDVI）］和地面调查数据估算生物量和生产力。

（3）生态系统结构：通过遥感影像计算植被覆盖度，从而评估植被的状况和分布。如使用激光雷达（LiDAR）技术，可以获取植被的高度和三维结构信息。遥感影像可用于土地利用/覆盖分类，如森林、草地、湿地、城市区域等，从而了解不同地区的土地利用状况和生态系统结构。

（4）生态系统动态：通过时间序列的遥感数据，监测生态系统的季节性和年际变化。

（5）土壤属性：利用土壤反射光谱特性估计土壤类型和养分含量，通过热红外遥感获取土地表面温度数据。

（6）地形地貌：通过遥感数据，如合成孔径雷达（SAR）数据，可以获取地形和地貌信息建立数字高程模型（DEM），分析地形特征。

（7）水文循环：利用卫星遥感数据监测地表水体分布、水体变化等。

（8）气候条件：利用卫星数据获取气候参数，如温度、湿度、云量、积雪等。

（9）人类活动影响：利用遥感数据监测城市扩张、农业活动等的痕迹。

需要注意的是，遥感数据的准确性和分辨率可能会受到传感器类型、空间分辨率、气候条件和季节变化等因素的影响。

4. 生态系统分类体系

美国地质调查局（USGS）在 1976 年基于 Landsat1 卫星数据建立了土地分类系统，将地物分为 9 个一级类、37 个二级类，并可根据需要扩展至三级、四级类。但当时能直接解译的主要是一级类。中国也根据自己的土地覆盖特征提出多个分类系统，主要关注土地覆盖类型和土地利用方式的划分。土地覆盖反映地表物质组成的综合信息，包括物质组成、结构和排列等，这些特征由物质的存在决定，是自然环境影响和人类活动共同作用的结果。自然环境属性如地形、地貌和气候等，是土地覆盖的背景，对土地覆盖的变化和演化有重要影响。因此，适用于生态系统评估的分类体系需要充分考虑这些自然环境参数的差异。

欧阳志云等（2015）参考国际和国内的相关研究，提出了一个基于遥感数据的中国生态系统分类体系，由 9 个一级类、21 个二级类和 46 个三级类组成。本体系主要依据生态系统内部特征的相似性进行划分，并考虑了气候、地形等环境因素。一级类包括森林生态系统、灌丛生态系统、草地生态系统、湿地生态系统、农田生态系统、城镇生态系统、荒漠生态系统、冰川/永久积雪及裸地。通过分析甘肃、内蒙古和海南三个典型区域的二级和三级生态系统构成，可以发现更多关于生态系统特征的细节。例如，森林生态系统的分布显示出明显的地带性特征。在三个区域中，只有纬度最高的内蒙古东部地区存在落叶针叶林生态系统；内蒙古东部和甘肃均位于秦岭–淮河以北，因此没有天然的常绿森林生态系统分布，而海南完全相反。草地生态系统则综合反映了气候和地形等多种因素。海南仅分布有热性草丛，而内蒙古则包括呼伦贝尔和锡林郭勒两大草原区，因此温性典型草原在该地区占据主导地位。相比之下，甘肃由于气候和地形的多样性，分布了所有八种草地生态系统类型。

◆ 第二节　生态系统功能：过程与耦合

生态系统功能指的是维系生态系统结构与组织的空间和时间连续性的一系列生态过程，涉及能量、物质和信息的交互，可以视为沿特定方向或以特定结构展开的多个过程的集合。生态系统功能可通过生态过程产生的结果来识别，如碳储量作为碳封存功能的结果，涵盖了从初级生产到呼吸、分解、沉积以及通过气体和河流排放的过程。这　概念被广泛用于生态学及其子学科，如景观生态学和城市生态学。

一、物质循环

1. 碳循环过程

碳是构成地球系统及所有生物体的基本元素。通过生物、化学、地质和物理作用，碳在大气、陆地、海洋和生物之间转移，形成所谓的碳循环。由于碳循环牵涉到温室气体，其变化可能导致大气中碳含量上升，进而引发全球气候变暖。在较小的时间尺度上，光合作用是碳循环的显著表现，陆地和海洋植物将二氧化碳转化为生物质。随后，通过分解、消费或燃烧过程，碳重新释放到大气中。

　　植物和动物作为碳循环的参与者，其活动与生态系统的功能紧密相连。随着气候变化影响生态系统，碳循环也随之变动。例如，生长季的延长可能使植物更早开花并延长生长周期，这会影响生态系统中动物的食物来源。植物生长的增加有助于从大气中吸收更多的碳，从而有助于降低气温。然而，如果气候变暖带来的极端天气条件抑制了植物生长，就会改变栖息地，导致更多碳排放到大气中，可能进一步加剧气候变暖（图 5-3）。

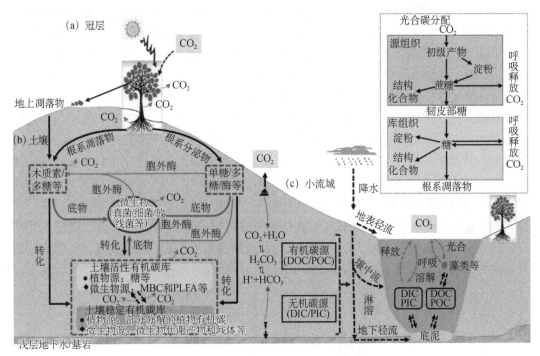

图 5-3　碳循环示意图

图中 PLFA 为微生物磷脂脂肪酸，MBC 为微生物量碳，DOC 为溶解有机碳，POC 为颗粒有机碳，DIC 为溶解无机碳，PIC 为颗粒无机碳

　　1）生态系统碳输入　　光合作用是植物、藻类和某些细菌等光合有机体将太阳能转化为化学能的生物化学过程，对生态系统和地球生命的维持至关重要。自 1771 年普里斯特利的实验揭示了植物对空气更新的能力，到后来的科学家们逐步揭示了光合作用中氧气的产生和二氧化碳的固定，这一过程被深入理解。光合作用不仅为植物自身生长提供有机物，还为动物和微生物提供了能量和碳源。它通过将太阳能转化为化学能，并将氧气作为副产品释放，支持了地球上大多数生物的呼吸需求。光合作用在生态系统中的作用是多方面的。它是能量和物质流动的基础，通过固定的二氧化碳参与碳的生物地球化学循环，有助于调节大气中的二氧化碳水平，从而对气候产生影响。同时，光合作用促进了植物的生长和繁殖，支持生物多样性，形成多样的生态系统，为众多生物提供栖息地和食物来源。这些生态系统内的食物链和生物间的相互依赖关系，都与光合作用紧密相关，共同维持生态平衡。

　　植物对外界环境具有不同的适应性，从而进化出不同的光合反应，根据光合途径的

不同可划分为 C_3 途径、C_4 途径和景天酸代谢（CAM）途径三种类型。第一种类型由于碳固定的初始产物是三碳化合物，因此称为 C_3 途径，核酮糖-1,5-双磷酸羧化酶/加氧酶（Rubisco）是最常见的可溶性蛋白质，其可占叶片氮含量的 50%，在其催化下，二氧化碳与五碳糖核酮糖双磷酸（RuBP）结合生成三碳化合物，大约 85% 的植物为 C_3 植物，如水稻、小麦、大豆及所有的乔木。C_4 光合途径与 C_3 途径的初始羧化酶和初始产物不同，C_4 植物的初始羧化酶是磷酸烯醇丙酮酸（PEP）羧化酶，该酶对 CO_2 的亲和力比 Rubisco 高，该酶催化 CO_2 与 PEP 反应，生成四碳化合物。CAM 光合途径的生物化学过程与 C_4 植物相似，但具有昼夜节律。在此途径中，气孔在夜间打开，使 CO_2 扩散到叶片中与 PEP 结合并形成苹果酸，随后被储存在大的中央液泡，在白天苹果酸从液泡中释放并脱羧，然后 Rubisco 将释放的 CO_2 与 C_3 途径中的 RuBP 结合。在 CAM 植物中，光合作用与液泡储存能力成正比，因此 CAM 植物通常具有厚而肉质的储水叶或茎。

目前对光合途径的确定主要通过碳同位素测量的方法进行，植物有机物中的碳同位素能反映叶片的气体交换过程及光合酶催化过程，CO_2 在进入叶肉细胞过程中 ^{12}C 的比例增加，且植物的羧化过程更偏向于利用 ^{12}C，这些分馏过程是区别植物光合途径的基础。C_3 草本植物有机物的 $\delta^{13}C$ 的值（即样品标准物的 ^{13}C 与 ^{12}C 的比值减 1）大约为 $-26.7‰$，而 C_4 草本植物 $\delta^{13}C$ 值较大（平均值 $-12.5‰$），即重同位素所占比例更高，主要是由于 C_4 植物中 PEP 羧化酶对二氧化碳具有更强的亲和力，当二氧化碳进入叶片内，植物未表现出强烈的对 ^{12}C 的偏好，这两类植物的同位素值的范围通常不重合，为判别光合途径系统提供了可能（图 5-4）。

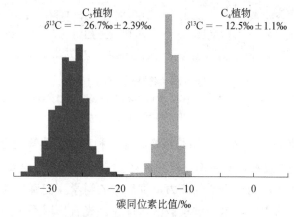

图 5-4　现代 C_3 与 C_4 草本植物的碳同位素分布图（引自 Cerling et al., 1997）

需要注意的是，由于光合作用的碳源 CO_2 中碳同位素比值自工业革命后不断发生变化，通常用植物与大气二氧化碳的碳同位素差值 $\Delta^{13}C_{leaf}$ 对植物光合类型进行识别，其计算公式如下：

$$\Delta^{13}C_{leaf} = \frac{\delta^{13}C_a - \delta^{13}C_{plant}}{1 + \delta^{13}C_{plant}/1000}$$

式中，$\delta^{13}C_a$ 及 $\delta^{13}C_{plant}$ 分别指大气 CO_2 及植物组织的碳同位素比值。

2）生态系统生产过程　　生态系统的植物生产是人类赖以生存的物质基础，它不仅是物质流动和能量循环中的重要环节，同时也是调节温室气体、缓解气候变化的重要过程。光合作用的产物首先以总初级生产力（gross primary productivity，GPP）的形式进入生态系统，GPP 即在单位时间和单位面积上植物通过光合作用固定的有机碳的总量。这些固定的有机物一部分会以呼吸作用及干扰的形式消耗掉，而剩余的碳以净初级生产力（net primary productivity，NPP）的形式存在。净初级生产力是指绿色植物在单位时间、单位面积内所累积的有机物含量，其为总初级生产力与植物自养呼吸作用之差。

（1）植物呼吸作用：呼吸作用是指光合作用产生的有机物通过一系列的分解代谢，释放出能量，并为细胞的生物合成提供含碳前体的过程。

在生态系统的尺度上，植物呼吸可以分为三个部分，即生长呼吸、维持呼吸和离子吸收呼吸。生长呼吸是指呼吸作用所产生的能量和中间产物主要用于合成植物生长所需要物质（如纤维素、蛋白质、核酸等）的呼吸方式。维持呼吸是指用于维持细胞膜内外的离子浓度及周转蛋白质、膜及其他的组分，以维持生命的正常运行的呼吸方式，维持呼吸通常随温度的上升而提高，主要是由于较高的温度能促进酶的活性，进而提高生命维持物质的代谢与周转。离子吸收呼吸是指呼吸作用的能量被用于离子吸收过程的呼吸，其受到植物本身生产力、无机盐的形态、离子的浓度等因素的制约。

从氧气是否参与的角度可以将呼吸分为有氧呼吸和无氧呼吸。有氧呼吸是一种生物体利用氧气进行能量生产的过程。在有氧呼吸中，有机物质（通常是葡萄糖）与氧气反应，产生能量、水和二氧化碳。这是一种高效的能量产生方式，通常用于维持生命和支持生物体的各种生理功能。无氧呼吸是一种在缺乏氧气的环境中进行的代谢过程，它产生能量但不需要氧气，这种呼吸方式通常发生在缺氧或氧气供应有限的环境中，虽然它不如有氧呼吸产生大量能量，但在某些情况下，它是唯一可用的能量产生途径。

另外，按照呼吸所在的器官不同，可将呼吸分为根呼吸、树干呼吸及叶片呼吸。按照来源部位可划分为地上呼吸与地下呼吸。

植物的呼吸作用受到多种因子的调控。①温度通过控制呼吸酶的活性影响植物的呼吸作用，通常情况下，植物的呼吸作用随温度的增加而增加，但是这种增加也存在一定的范围，如果温度使得植物产生热胁迫，呼吸作用便会减弱。②氧气对植物呼吸也存在重要影响，因为呼吸是植物生命过程中的关键组成部分，植物通过呼吸将葡萄糖氧化成二氧化碳和水，从而释放能量，这个过程发生在线粒体内，氧气是该过程的重要底物，其作为电子传递链中的最终受体参与能量的生成过程。③二氧化碳作为呼吸反应的产物也影响植物的呼吸作用，通常情况下，较高的二氧化碳浓度可抑制植物的呼吸作用。

呼吸作用可通过活体测定法及离体测定法进行测定，活体测定法主要是将植物的一部分放入测定室，利用二氧化碳监测装置测定呼吸强度。其优点是可用于野外测定，能实时获取呼吸指标，并且具有携带方便、数据较为准确的优点。但是其也存在不能细化、不能代表野外真实情况的缺点。目前也有研究利用质量平衡法测定树干内部的呼吸作用，其原理为树干的呼吸速率等于二氧化碳通过树皮向外释放通量、二氧化碳存储量及二氧化碳沿树干通量的和，其优点是能从机理的角度解释测定结果，缺点是目前该方法还不够完善。离体测定法是将植物样本取下后放入定量容器中密封后利用氢氧化钠等与二氧化碳反应的方法进行的间接测定，该方法的优点是能够定量分析不同部位的呼吸量，但是该方法由于需要将植物组织剥离植物体，其不能完全代表植物的真实生活状态。

（2）净初级生产力：净初级生产力（NPP）是衡量植物通过光合作用获取净碳量的指标，表示植物在减去自身呼吸作用消耗后所积累的有机碳量。NPP 由植物生长形成的新生物量、根系分泌的有机物质、向共生体如根瘤菌转移的有机物，以及通过叶片挥发的碳组成。

NPP 在全球范围内表现出显著的空间异质性，并随时间而动态变化。总体而言，高NPP 区域多集中在赤道附近，这是因为该区域气候温暖、光照充足，有利于光合作用的进行。而在高纬度地区，由于气候条件较为严酷，NPP 普遍较低。在中国，NPP 的分布受到降水和植被类型的强烈影响。西北地区由于干旱少雨，NPP 相对较低；南方地区由于降水丰沛、森林覆盖率高，NPP 相对较高。近年来的研究表明，2000～2020 年，中国生态系统的 NPP 总体呈上升趋势。这一变化趋势在森林、草地和农业用地等不同类型的生态系统中均有体现。气候变化和土地利用方式的改变被认为是驱动 NPP 变化的主要因素。例如，气候变化可能导致温度升高和降水模式的改变，从而影响植物的生长和光合作用；同时，土地利用方式的改变，如退耕还林、植树造林等，也可能通过增加植被覆盖度来提高 NPP（图 5-5）。

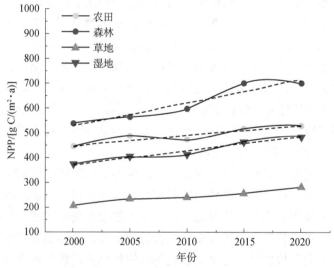

图 5-5　基于 MODIS 遥感数据的 2000～2020 年中国农田、森林、草地和湿地 NPP 年平均值的
时间变化（引自 Xu et al.，2024）

植物的 NPP 受多种气候因素的综合影响，这些因素共同决定了光合作用的强度和植物生长的速率。在温度较高的地区，光合酶的活性增强，加之通常较强的光照条件，促进了光合作用的进行，从而往往带来较高的 NPP。然而，降水对 NPP 的影响更为直接，在干旱地区，NPP 往往随着降水量的增加而提高，因为水分是限制植物生长的关键因素。但当降水量超过一定阈值时，极端的降水事件可能会导致根系呼吸受阻，影响植物对养分的吸收，进而抑制 NPP（图 5-6）。太阳辐射对 NPP 的影响同样不容忽视。它不仅决定了光合作用的季节性积累，影响有机物的合成，还调控着 NPP 的空间分布。太阳辐射的季节性变化和空间变异性，共同决定了不同地区和不同时间 NPP 的分布特征。在青

藏高原，气温上升和降水减少可能对 NPP 有积极作用。然而，对于黄土高原和蒙古高原而言，情况则完全不同。在这些地区，气温的升高和降水的减少反而抑制了 NPP 的增强。黄土高原的太阳辐射强度与 NPP 的增加呈正相关，表明在这一地区，太阳辐射是影响 NPP 的一个重要因素。

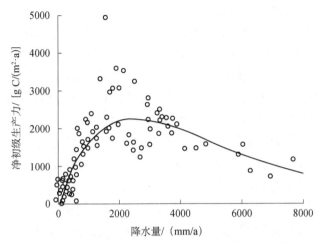

图 5-6　净初级生产力（NPP）随降水量的变化趋势

　　土壤中的营养状况，尤其是磷（P）元素的含量，对植物的 NPP 具有显著影响。磷是合成三磷酸腺苷（ATP）的关键成分，ATP 作为细胞内能量的主要载体，负责在光合作用中转移和储存能量。在光合作用中，ATP 的合成是将太阳能转化为植物可利用能量形式的关键环节。此外，磷还是植物遗传物质 DNA 和 RNA 的组成部分，这两者在植物细胞中负责遗传信息的存储和传递，同时也影响着光合作用相关基因的表达。植物的叶绿体膜含有磷，而叶绿体正是光合作用的主要场所。充足的磷元素有助于保持叶绿体膜的稳定性，从而确保光合作用的顺利进行。此外，许多与光合作用相关的酶需要磷来维持其活性，这些酶在光合作用的各个阶段，包括碳同化、氮代谢以及其他生物化学反应中起着至关重要的作用。因此，土壤中磷元素的增加有助于提高植物的 NPP，促进植物的生长和生产力，进而影响整个生态系统的能量流动和物质循环。

　　目前对 NPP 的测量方法多样，例如，收获法、涡度相关法、模型分析法均是较为常用的方法。收获法是指对植物进行定期的收获，通过生物量计算 NPP 的一种方法，是目前普遍使用的一种方法，但是该方法需要的劳动成本高，且仅能对小区域的 NPP 进行调查，调查的精度与人员的素质及方法有很大的关系，容易造成较大的误差。涡度相关法是指采用三维超声风速仪和红外气体分析仪实时监测植被冠层与大气间湍流交换量的一种方法，是测量碳通量的最直接方法，精度相对较高，并且能捕捉到较高时间分辨率的数据，但是该方法造价较高，仪器的维护成本也较高，且不适用于坡度较大的地区。模型分析法是目前大尺度 NPP 估测常用的手段，在 NPP 研究初始阶段，由于测量技术的落后及实验数据量的缺乏，对于 NPP 的研究多仅通过某些气候因子（如温度、降水和蒸散量等）与 NPP 的相关性对 NPP 进行估测，该结果通常忽略了不同因子间的交互作用，预测结果存在极大的不确定性。后续有研究者利用机理模型对 NPP 进行预测，该模型考虑了植被的光合、呼吸等一些生理过程，也考虑了土壤呼吸及元素的循环过程，加大了预测的精度，然而，该模型通常需要较多的输入参数，且许多参数难以准确获取，参数可靠性以及尺度转换上尚存在较多问题。目前基于机器学习的方法建模预测 NPP 的手段逐渐成熟，该方法通过大量的数据集对模型进行训练，且考虑了不同因子间的非线性关系，具有较为广泛的应用前景。

3）生态系统碳输出　　分解、淋溶、横向转移和干扰是生态系统碳输出的重要途径，从生态系统输出的碳参与到后续的生物地球化学循环的过程中。

（1）分解：分解通常是指有机物质经过代谢降解变成简单的有机和无机物质的过程，它是生态系统的重要过程之一。分解过程是以复杂化合物为原材料，对其进行加工，然后将其转化为更简单的化合物。细菌、真菌和其他微生物启动分解过程，被称为分解者。腐烂和死亡的动植物作为原料，在分解时产生营养物质、二氧化碳和水等。分解的速度受到多因素的调控。土壤理化特征对凋落物分解有重要作用。其中，质地是最重要的土壤因素，因为它影响营养和水分动态、孔隙率、渗透率和表面积。影响分解的主要土壤化学性质包括 pH、阳离子交换能力、有机物含量和营养成分，其中有机物含量是影响凋落物分解的主要化学性质，其影响着容重、pH 等不同的土壤理化因子，有机质还可以增加土壤大型生物的种群密度，其在凋落物混合和分解中起重要作用（图 5-7）。

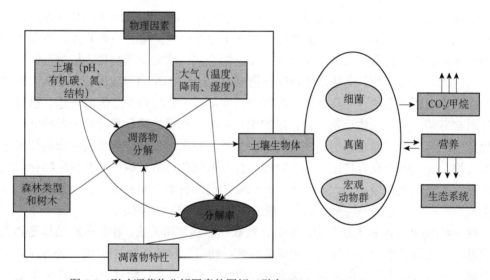

图 5-7　影响凋落物分解因素的图解（引自 Krishna and Mohan，2017）

植物凋落物的质量是通过营养物质氮、磷、钾的化学组成以及木质素、纤维素和半纤维素等细胞壁物质的化学组成来衡量的。木质素约占凋落物总量的 15.4%，在某些极端情况下，凋落物的木质素含量可低至 4% 或高达 50%。与纤维素相比，木质素是一种非常灵活的分子，木质素的结构随植物种类的不同而不同。例如，落叶树种由丁香基和愈创木酰形式的木质素组成，而针叶树通常含有愈创木酰木质素。除木质素外，纤维素和半纤维素也是植物凋落物的常见成分，在落叶凋落物（如山毛榉）中，其比例通常较高，而在针叶凋落物（如云杉）中，比例较低。在相同的生态环境中，不同的物种凋落物分解率差异很大。这些分解的变化主要是由于凋落物性状的差异，如叶片韧性、氮、木质素、多酚浓度、碳氮比和木质素氮比的差异，在各种性状中，植物材料的氮和木质素含量对分解速率的调节最为显著。基于凋落物质量与分解之间的密切联系，凋落物性状可以作为物种间分解速率差异的重要预测因子，也可以作为生物地球化学模型的重要变量。针叶树的叶片比落叶树腐烂得更慢，因为落叶凋落物含有较多的钾和磷及较少的木质素。此外，凋落叶比树枝和小枝分解更快，林冠下的凋落叶比暴露在阳光下的叶片更柔软，分解速度更快。同一种植物在不同季节、不同地点的凋落叶分解速率也存在差异，气候变化可能是造成这种现象的一个主要原因。

在矿质养分中，土壤氮状态被认为是调节分解过程的最主要因子，而磷由于在主要森林中循环量较少，通常被认为是一种限制性养分。钙、氮和磷在凋落物中迅速矿化（需要几周/几个月），但土壤有机质库中的有机复合体的周转时间要长得多，需要几年或几十年。然而，从整个分解过程而言，添加氮对分解速率的影响尚存在较大争议，钾和镁是高等植物必需的营养物质，但几乎不限制微生物的活动，并且很容易从分解的凋落物中去除。生态系统的养分循环因土壤类型、气候和地形位置而异；因此，水分含量和温度也是凋落物降解过程中不可忽视的因素。

（2）淋溶：在降雨或灌溉的作用下，表层土壤中溶解有机碳及溶解无机碳转移到下层土壤中或转移到水层中，该过程称作碳的淋溶。在土壤剖面中，长期稳定地储存土壤有机碳是固碳和降低大气二氧化碳浓度的重要途径，而淋溶淋滤是影响净生态系统碳平衡的重要因素。溶解有机物也是异养微生物的能量来源，可以控制不饱和带和下游沿河道的反硝化速率，从而影响地下水和地表水中的硝酸盐浓度。此外，溶解的有机物可以与微量金属形成配合物，从而提高其生物利用度。溶解有机碳一部分来自植物的叶片，另一部分来自土壤及凋落物，其随着降雨或灌溉过程下移。另外，由于表层土壤水与大气的接触密切，其二氧化碳浓度通常较高，这些溶解于水的二氧化碳会被运输至地下水中，并随着对河流的补充而释放到大气中。

（3）横向转移：在生态系统中，碳的循环不仅限于垂直方向的交换，还包括水平方向的转移。动物活动、水文过程和风力侵蚀等自然因素均可导致碳在生态系统间的横向转移。这种转移虽然在短期内可能难以被探测，但在某些极端事件下，如洪水、山体滑坡等，碳的水平移动对碳循环的贡献不容忽视。

湿地生态系统中，水流作用导致的碳横向转移尤其受到关注。最新研究估计，每年约有 1.9Pg C（1Pg C=1×10^{15}g C）的土壤碳通过河流输送进入水体，这一数值超过了全球陆地碳汇（1.71Pg C）。其中，超过半数的碳最终输入海洋生态系统，达到 0.95Pg C。气候变化和土地利用方式的改变导致陆地有机碳向水体的转移量显著增加。例如，北欧 474 条河流和湖泊的调查数据显示，1990～2013 年，每年水中有机碳含量平均增长 1.4%。土壤碳从陆地向海洋的水平转移对陆地、河流和海洋生态系统的碳循环产生直接影响，改变了全球碳汇的强度和方向。目前，陆地碳源汇的估算主要考虑陆地碳库与大气碳库之间的垂直碳交换，而对土壤碳的横向迁移考虑不足。联合国政府间气候变化专门委员会评估报告和全球碳计划指出，全球二氧化碳排放量与大气、海洋和陆地碳库的总和之间存在 0.60Pg C 的差异，表明陆地碳的横向运动可能是解释碳汇缺失的关键因素。

（4）干扰：在生态学领域，"干扰"是指那些能够打断或改变生态系统结构和功能的外部事件、因素或过程。这些干扰可能源自自然现象，也可能由人类活动引起。它们对生态系统中的生物种群、群落结构和生态过程产生直接或间接的作用，进而对碳循环等生态过程产生影响。干扰主要分为自然干扰和人为干扰；前者是由自然事件引起，如火灾、洪水、地震、飓风等自然灾害，它们能够迅速改变生态系统的状态；后者是由人类活动引起的干扰，包括城市化、森林砍伐、农业扩张、工业污染、放牧活动、生态系统污染以及入侵物种的引入等，这些活动可能对生态系统产生长期的影响。

干扰事件通常会改变土壤有机质的分解过程。例如，通过多时相激光雷达技术对2011 年美国弗吉尼亚州大沼泽国家野生动物保护区西侧的火灾进行研究，发现此次火灾导致的土壤碳损失高达 $44kg/m^2$，这一数值超过了 1997 年印度尼西亚泥炭地火灾的碳损失量（$29kg/m^2$）。通过一级火效应模型（FOFEM）估计，此次火灾的碳损失总量为0.06Tg C（$1Tg C=1\times10^{12}g C$）。

然而，土壤有机碳对干扰的响应程度在很大程度上取决于土壤类型。土壤有机碳组分的结构和功能与土壤颗粒的大小有关，不同大小的颗粒对有机质的保护作用各异。例如，黏土通过静电吸附作用保护土壤有机碳，但这种保护作用在干扰事件中可能被破坏。此外，土壤颗粒的分布特征也影响着有机复合物的形成和土壤团聚体的稳定性，这些因素最终决定了土壤有机碳的稳定性。

2. 水循环过程

1）生态系统的水分输入　　降水是生态系统中水分的主要来源，其具有强烈的时空变异性。在赤道区域，对流和低压占主导地位，并在一年中的大部分时间里以空气提供升力占主导。在南北纬 30°左右，由于副热带高压系统的存在，降水减少，来自高压的下沉空气抑制了上升，从而抑制了云和降水的形成。60°中纬度地区的降水增加，主要是因为有巨大反差的气团沿着天气锋面碰撞导致降水。当接近两极时，由于低温和与之相关的低饱和点的作用，降水减少。除了以上气压带的影响，风的方向、山地系统和气团优势在降水模式中均起重要作用，另外，降水也具有季节性变异，在一些地区，特别是亚洲、非洲和澳大利亚的部分地区，降水受季风影响，呈现出明显的季节性分布，季风通常在夏季带来湿润的季风雨季，而冬季则较为干燥。以上降水的时空变异也影响了生态系统，例如，在降水量较大的区域，通常适宜高大乔木的生长，而在降水量较小的区域，更适宜灌木生存。

在湿地、水体周边或沙漠地区，地下水是生态系统的重要来源。湿地及其周边通常具有较浅的地下水位，虽然一些草本的根系较浅，但是依然能从地下水补充足够的水分。沙漠植物通常具有深而广的根系，以便更好地获取土壤中的水分，这使它们能够利用潜在的地下水源迅速吸收雨水，并在土壤表面水分减少时继续寻找水源。有研究利用氢氧稳定同位素技术发现，荒漠河岸的胡杨的水分主要来自深层土壤水及地下水。

在一些经常起雾的地区，被植物截留的雾也是生态系统水分的重要来源。在大多数有雾的地区，雾的频率和持续时间表现出明显的季节依赖性，有利于辐射雾形成的条件，如晴朗的天空和微风环境更容易形成雾。雾的输入在山脊和森林边缘达到峰值，并随植被冠层粗糙度而变化。因此，植被覆盖的异质性和复杂的地形可能导致雾水通量的高度空间异质性。雾与生态系统的相互作用主要发生在三个方面：气候方面，通过减小辐射、温度和蒸汽压差，抑制了雾生成期间的蒸腾作用；当雾滴被植被冠层拦截，形成非降雨水通量，在重力的作用下到达土壤；通过叶片吸收间接缓解植物叶片的水分胁迫和减少蒸散损失，早在三百年前就观察到叶片对水分的直接吸收，至少有 233 个物种（跨越 77 个植物科和 6 个主要的生物群系）显示出一定叶片水分吸收能力，这一过程在植物科学中受到越来越多的关注。因为雾区与干旱、半干旱区和地中海气候带重合，而且在这些地区，雾季也可能与旱季重合，雾可以对生态系统做出重大贡献，并可能增加生态系统的抗旱能力。

2）生态系统的水分运动

（1）林冠层水分的传输：降雨进入冠层后通常会形成三种路径，即冠层截留、穿冠水及树干茎流。冠层截留是在降雨事件发生后或期间保留在冠层上并蒸发的水。因此，截留通过阻止水分到达土壤表面而对植物水分利用产生负面影响。影响截留的因素较多，降雨量是主导因子，降雨量较小时冠层截获了几乎所有降雨，随着降雨量的增加，截留量也呈现上升的趋势，然而这种上升并不能一直持续，当超过了冠层本身的容量，截留量不再增加。另外，截留量与林分的树种、冠幅、冠层厚度、物种的多样性、树高等有关，冠层的结构决定了降雨被拦截的阻力。截留后剩余的降雨量（即净降雨量）以穿冠水或茎流的形式到达土壤表面。穿冠水是直接通过冠层间隙到达地面而没有击中冠层表面，或间接通过树叶和树枝滴下的水。穿透影响土壤中水分和养分含量的空间分布，这种影响尤其在表层更为明显。树干茎流是通过树木的茎或树干到达根部的水的部分，树干茎流通量主要受降雨及植物形态特征的影响。通常情况下，较高的降雨量产生较大的茎流，拥有疏松结构树皮的树种对水分的吸收能力较强，从而降低树干茎流量。

（2）水分从冠层到土壤的流动：水分经过冠层的拦截后，一部分继续下落到达地被层（或枯枝落叶层），该层是指覆盖在林地土壤表面未分解或半分解的枯枝落叶形成的有机质薄层，地被层作为森林生态系统中独特的结构，具有疏松多孔的结构，能够对水分进行拦截和吸收，并起到减少土壤表面蒸发、减轻雨水对土壤的冲刷、增加径流入渗时间、调节水文过程等作用。枯落物对水分的吸收分为三个阶段：第一个阶段能对降水进行快速吸收；第二个阶段仍然能吸收水分，但是吸收速度逐渐放缓；第三个阶段中，枯落物中的含水量达到其最大容量，且不再产生大的波动。

（3）土壤中的水分：水分在土壤中会发生储存、运动及下渗过程。土壤水分储存是一种动态特性，它在空间上随着气候、地形和土壤特性的变化而变化，在时间上，土壤水分储存的变化实际是增加的水量和损失的水量之间的差异所造成。当降水或灌溉等输入超过输出时，土壤含水量增加。当深层渗透、地表径流、地下侧流和蒸散发等输出超过输入时，土壤储水量减少。水分的储存和再分配是土壤孔隙空间和孔隙大小分布的函数，而孔隙空间和孔隙大小分布受质地和结构的支配。水势梯度决定了土壤水分的再分配和损失，水分从高水势区流向低水势区。土壤中的水分运动与储存密切相关，因为水势是含水量的函数。水分运移还受到质地和结构以及土壤剖面的分层等其他因素的影响。水分流动的速率是势能梯度和水在土壤中传播的容易程度的函数，它由孔隙大小分布和流动路径的弯曲度决定。富含黏土的土壤由于流道非常曲折，其水分运移速度较低。相反，砂质土壤孔隙较大，弯曲度较低，有利于水流快速流动。水从土壤中排出的过程在生态系统中也十分重要。例如，大多数陆生植物需要通过根系吸收氧气，但在不能较好排出水分的土壤中氧气稀缺，不利于植物的生长。此外，微生物对有机物的分解率通常在好氧条件下较高。

（4）土壤到植物的水分流动：不是所有的水分都能被植物利用，植物仅可利用田间持水量与永久萎蔫点之间的水分。土壤的田间持水量（field moisture capacity）是指受重力影响而使水分流失后被饱和土壤保留的水分。永久萎蔫点（permanent wilting point）是指在该土壤水势下，大多数湿生植物会因为无法从土壤中吸收足够的水分而发生萎蔫。如果土壤水大于田间持水量，其极易在短时间内下渗而不易被植物利用。土壤的质地影响可利用水的含量，细颗粒物及有机物含量较高的土壤通常具有更高的可利用水含量。植物根系对水分的利用取决于土壤与植物的水势差、植物的种类、根系的分布等多种因素，通常情况下水势梯度越大，植物越容易从土壤吸取水分，乔木较草本植物具有更深的根系，能够利用更深层次的水分，甚至吸取地下水。

3）生态系统的水分丧失　　蒸散发及径流是生态系统中水分散失的主要途径。蒸散发是指水分从土壤、植物、湖泊、河流、植被等表面传输到大气中的过程，包括土壤蒸发、水体蒸发和植物的叶片蒸腾作用。影响蒸散发的因素很多，主要因素如下。①温度：温度是影响蒸散发的最主要因素之一。随着温度的升高，水分的动能增加，容易从液态转变为气态，促进蒸散发的发生。②湿度：空气中的湿度越低，蒸散发的速率通常越高。③风速：风可以带走蒸发表面上的饱和空气，使蒸发表面维持相对较低的湿度，促使更多的水分从表面蒸散出去。④光照：光合作用是植物从土壤中吸收水分的主要途径之一。阳光越强烈，植物光合作用活动越旺盛，气孔张开的程度越大，蒸散发量也就越高。⑤植被覆盖：植被通过根系吸收土壤中的水分，并通过叶片表面蒸散散失，植被的覆盖程度和类型都会影响整体的蒸散发量。⑥冠层的粗糙度：一个在空气动力学上粗糙的高冠层生态系统中，湍流强度较大，因此，森林的冠层蒸发量要高于灌丛及草地。

径流是指在地表存在和流动的水体，目前森林对径流的影响最受人们关注，该研究已经进行了一个多世纪。从小流域（<1000km^2）研究中得出的一般结论是森林砍伐（如采伐、城市化、土地覆盖变化、野火和虫害）可以增加年径流量，而造林则以相反的方式影响径流。然而，也有一些不一致的结果表明年径流对森林覆盖变化的响应强度在流域之间是可变的，该现象主要发生于造林流域。相比之下，在大流域（>1000km^2），森林变化与水量之间的关系研究较少，这主要是由于缺乏关于降水和流量的高质量数据或合适的方法来排除气候变化和人类活动（如水坝建设、农业活动和城市化）等非森林因素的水文影响。与小流域研究不同，大流域森林变化与年径流量之间的关系尚未得出一般性结论。例如，在加拿大北方森林干扰面积占流域面积的 5%～25%，年径流量没有明显变化；而在我国长江上游，被砍伐的干扰面积仅占流域面积的 15.5%，然而年径流量平均增加了 38mm。

3. 营养循环过程

营养物质是生物体正常运转所需要的化学物质，植物从环境中吸收的各种无机营养物质通常以简单化合物的形式存在。例如，植物以离子［如硝酸盐（NO_3^-）或铵盐（NH_4^+）］的形式获得氮，以磷酸盐（PO_4^{3-}）的形式获得磷，以简单离子（Ca^{2+}和Mg^{2+}）的形式获得钙和镁。这些离子主要以溶解形式存在于土壤中，被植物根系吸收，植物在光合作用和其他代谢过程中利用这些不同的营养物质来制造它们生长和繁殖所需的所有生化物质。一些营养元素是植物需要量相对较大的（即大量营养元素），其含量通常大于干物质量的 0.1%，如碳、氧、氢、氮、磷、钾、钙、镁和硫。碳和氧的需求量最大，因为碳通常占植物干物质量的 50%左右，而氧略少。氢约占植物干物质量的 6%，而氮和钾的浓度为 1%～2%，钙、磷、镁和硫的浓度为 0.1%～0.5%。另一类需求较小的元素为微量营养元素（包括硼、氯、铜、铁、锰、钼和锌等），每一种都不超过植物生物量的 0.05%。营养循环是指生态系统中生物和非生物成分之间营养物质的运动或交换，其是生态系统维持其正常结构和功能的重要环节。

（1）氮循环：氮是生物体的重要营养物质，是包括氨基酸、蛋白质和核酸在内的许多生物化学物质的组成部分。大气中几乎所有的氮都以氮气（N_2）的形式存在，其浓度为 78%。其他气态形式的氮主要为氨（NH_3）、一氧化氮（NO）、二氧化氮（NO_2）和氧化亚氮（N_2O），这些微量气体在自然界中通常小于 1ppm（1ppm=10^{-6}）。氮还存在于含有硝酸盐（NO_3^-）和铵盐（NH_4^+）的微量颗粒中，如硝酸铵（NH_4NO_3）和硫酸铵[$(NH_4)_2SO_4$]，其都可能是与酸雨和雾霾有关的重要污染物。生态系统的有机氮存在于活的和死的生物体中，其组成既有简单的氨基酸，也有蛋白质和核酸及作为腐殖质有机物组成部分的大而复杂的分子。生态系统中的氮还存在于少数无机化合物中，其中最重要的是 N_2 和 NH_3 以及硝酸盐、亚硝酸盐（NO_2^-）和铵离子。

由于氮气中的两个氮原子是由一个强三键结合在一起的，其高度不活泼。因此，尽管环境中氮气极其丰富，但只有少数特殊生物可以直接利用。这些生物主要是固氮微生物，它们能将 N_2 代谢成 NH_3，然后将其用于自身生长代谢过程。生物固氮是氮进入生态系统的关键过程，大多数生态系统依赖该过程提供维持其初级生产力的氮。由于氮不是岩石和土壤矿物质的重要组成部分，生物圈中生物和生态系统生物量中几乎所有的有机氮最终都是由 N_2 固定作用产生的。根瘤菌为最常见的固氮微生物，它生活在豆科植物根部的特殊根瘤中。一些非豆科植物，如桤木也能与微生物形成共生关系进行固氮。另外，地衣是真菌和藻类之间的共生体，其也具有较强的固氮功能。除了生物固氮，非生物固氮也是重要的固氮途径，例如，闪电使大气中的 N_2 在高温高压条件下与 O_2 结合。人类也可以对 N_2 进行固定，例如，工业上将 N_2 与氢气结合产生 NH_3 并制造化肥。另外，在汽车内燃机中，氮气与 O_2 在高压、高温条件下结合，形成 NO 气体。除了氮固定以外，氮沉降也是生态系统中氮的重要来源，氮沉降是指大气中的氮元素以颗粒物、气态和溶解态等形式降落到陆地和水体的过程。

在土壤中，氮通过一系列微生物介导的反应发生转化，包括氨化、硝化和脱氮。氨和硝酸盐是两种常见于土壤中的可溶性氮素形式，植物通常以硝酸盐和铵离子的形式通过根部吸收土壤中的氮，这是氮从土壤进入生物体的关键步骤。NH_4^+作为生态系统重要的氮输入形式，其不能被大多数植物有效利用。植物需要硝态氮作为氮营养的主要来源。硝化作用是在微生物作用下从铵转化成硝酸盐的过程。最初的步骤是将 NH_4^+转化为亚硝酸盐，这一功能是由亚硝酸单胞菌完成的。亚硝酸盐一旦形成，就会被硝化杆菌迅速氧化成硝酸盐。植物中的氮被植食动物摄取，肉食动物随后通过摄取这些植食动物而获取氮，使得氮在食物链中逐级传递。

氮元素可以通过气体、溶液及侵蚀的方式从生态系统中丧失。生物体死亡后，有机氮在微生物的作用下转化为氨，氮元素还可以氧化亚氮、氧化氮和氮气的形式从生态系统释放。在反硝化过程中，硝酸盐被转化为气体 N_2O 或 N_2，释放到大气中。反硝化过程也由多种微生物进行。反硝化作用在厌氧条件下发生，当硝酸盐浓度较大时（如在暂时被淹没的肥沃农田中），反硝化作用的速率最大。在某些方面，反硝化可以被认为是对固氮的一种平衡过程。事实上，全球固氮和反硝化的速率处于大致平衡状态，因此生物圈中固定氮的总量不会随时间发生太大变化。在土壤溶液中，氮还能以硝酸盐及溶解有机氮的形式从生态系统中淋溶掉。在一些风蚀和水蚀较为严重的区域，或地质环境不稳定的区域，氮也可以随着土地利用方式的改变而丧失。

（2）磷循环：磷是包括脂肪、核酸和 ATP 等许多生物化学物质的关键组成成分。生物对磷的需求量比氮或碳要少得多。然而，磷经常供不应求，在古老的、高度风化的土壤上，如热带非洲、南美洲和澳大利亚的土壤，磷常常限制植物和动物的生产，因此它是许多生态系统，特别是淡水生态系统和农业生态系统中的关键营养物质。与碳和氮的循环不同，磷没有气态的循环过程。虽然磷化合物也以微量微粒的形式存在于大气中，但其对生态系统的输入与土壤矿物质或农田施肥所提供的量相比是微不足道的。磷主要通过单向流动的方式从陆地进入地表水，最终进入海洋，在那里沉淀成沉积物。然而，某些过程也会将一些海洋磷带回部分大陆景观。例如，当有机磷丰富时，鲑鱼等鱼类将大量的有机磷输入河流的上游，在鱼类产卵和死亡后，这些有机磷被分解成磷酸盐，吃鱼的海鸟也能通过粪便将海洋磷带回陆地。

磷酸离子（PO_4^{3-}）是植物有效磷最重要的形态，虽然磷酸盐离子常以较低浓度出现在土壤中，但它们不断地从缓慢溶解的矿物质［如 $Ca_3(PO_4)_2$、$Mg_3(PO_4)_2$ 和 $FePO_4$］中产生。磷酸盐也可由微生物氧化有机磷产生，水溶性磷酸盐能被微生物和植物根系迅速吸收，并用于多种生化物质的合成。水生自养生物也使用磷酸盐作为其磷营养的主要来源，磷酸盐通常是淡水生态系统生产力最重要的限制因素，这意味着如果在该系统施加磷肥，初级生产力会增加，但如果单纯添加氮或碳则不会增加植物的生物量。湖泊和其他水生生态系统的大部分磷酸盐是通过地表径流以及沉积物和有机磷的再循环米获取。

二、能量流动

1. 能量流动的意义

能量的流动是生态系统中的重要过程，其涉及能量的输入、传递、转化和流出等多个过程。地球上的一切生物均由物质构成，而物质的转运、代谢等过程均需要能量的参与，能量是维持生物体活动的基础，另外，能量流动加强了物种间的相互联系，是生物进化及生态系统演化的重要动力。能量的流动也是维持生态系统稳定的重要条件，某一物种的缺失可能会造成这个生态系统功能的改变，如果没有能量的输入，生态系统中能量将逐步耗散，并使得生态系统最终走向灭亡。

2. 与能量流动相关的概念

能量在不同的物种之间流动，就构成了不同物种之间的相互关联性，其中食物链与食物网是能量流动研究的重要内容。食物链是指生态系统中各物种通过捕食和被捕食关系形成的一条营养及能量传递的具有方向的路径。食物网是指多个食物链相互交错连接形成的复杂网络结构，体现了生态系统中物质和能量流动的多渠道性和复杂性。食物网中的生物之间可以相互影响，当较低营养级的生物密度和生物量决定了较高营养级的生物的数量及发展时，造成低营养级对高营养级的控制，此时形成上行效应（bottom-up effect）；相反，较高营养级生物制约较低营养级生物规模的现象称为下行效应（top-down effect）。能量的流动与生产力有很大关系，初级生产力是指生态系统中植物群落在单位时间、单位面积上所产生有机物质的总量，生态系统中异养生物生产新生物量的速率被定义为次级生产力，群落中的初级生产力与次级生产力通常具有较显著的关系。植物作为初级生产者，形成群落中的第一营养级，初级消费者为第二营养级，次级消费者处于第三营养级。

3. 能量的固定

在生态系统中一些植物和微生物能将太阳能转化为生物体内的化学能，还有一些细菌能够借助各种无机化学反应获取能量。能进行光合作用及化学能转化的生物为自养生物，它们的主要特征是能量源为非生物体。例如，硫氧化细菌能够通过与硫化合物（如硫化氢）的反应来获取能量，并利用这些能量合成有机物；在一些缺氧环境中，甲烷氧化细菌能够通过将甲烷氧化为甲醛等中间产物，最终合成自身的有机物。一些硝化细菌能够将氨氮氧化为亚硝酸和硝酸盐，该反应可以为这些微生物提供能量；亚硫酸还原细菌能够通过将亚硫酸盐还原为硫化氢，从而产生能量并利用这些能量进行有机物的合成。这些微生物生活在没有光的深海底部、海洋热泉、沉积物中等极端环境中，是极端环境生态系统的重要组成部分。动物、真菌及一些细菌则不能直接利用非生物能量，它们必须摄取其他生物的有机物而获取能源，这些生物为异养生物。地球上的大部分生物直接或间接依赖太阳能而生存，且使得生态系统由无序向有序演变，由于能量流动是单向的，因此需要有能量源源不断地输入生态系统。

4. 能量的逐级流动

生态系统中的能量流动是沿着食物链在不同的营养级之间流动的，其具有明确的方向性。能量进入生态系统后，在消费者中逐级流动，而生产者及消费者的残体又被分解者所利用。生产者是指能进行光合作用或利用化学能将无机物转化为有机物，其产生的能量不仅供自身生长发育的需要，也是其他生物类群的食物和能源的提供者。消费者是指直接或间接利用生产者所制造的有机物质为食物和能量来源的生物，主要包括以植物为食的植食动物，以细菌和真菌为食的食菌动物，以及以动物为食的食肉动物。分解者是指生态系统中细菌、真菌和放线菌等具有分解能力的生物，也包括某些原生动物和腐食性动物，它们利用植物或动物残体中的有机物获取能量。

5. 生态系统中的能流效率

能量在进入不同层级的生物后均不会被生物体完全利用，例如，一些骨头及皮毛未被食肉动物摄取，即使摄取后一部分食物也不能被消化，且合成的自身有机物可能会以热能的形式消耗掉。在能量流动过程中，能量利用的效率称为生态系统能流效率。其可分为消费效率、同化效率及生产效率。消费效率是某一营养级生物的摄食量与前一营养级的净生产量的比值，该部分的计算去除了未被消费者利用的能量。对于食植者系统中的初级消费者而言，消费效率是进入动物消化道等的能量与 NPP 被生产出来的能量之比，而对于次级消费者而言，是食肉动物进入消化道食物产生的能量与植食动物的生产力的比值。同化效率是指同化的食物能量与摄取的食物能量之比，在植物中，其是指吸收的太阳能与固定的太阳能之比，该部分的计算需要去除未被生物消化的有机物中的能量。生产效率为某一营养级生物的净生产量与该营养级同化量的比值，该计算意味着将呼吸作用排除在外。消费效率、同化效率及生产效率的乘积即为某一级生物的营养效率。

由于营养效率的存在，生态系统中能量的大小沿营养级形成梯度，组成能量金字塔。在大多数生态系统中，在给定的营养水平上，只有大约 10% 的总能量被转移到下一个水平。其余的被用来为生命过程提供动力，被排出体外，或者根本不被消耗。能量金字塔通过用不同大小的层表示每个营养级的可用能量来说明这种低效率性。

营养水平之间能量转移效率低下的一个后果是在生态系统中较高营养水平的生物往往较少。不同营养水平的生物数量可以用数量金字塔表示。除了数量金字塔以外，生态学领域还使用生物量金字塔，但需注意的是淡水和海洋生态系统的生物量呈现倒金字塔的形式，主要是因为藻类的适口性较好，很容易被下一营养级的生物所摄取，从而在生态系统中存在较少的累积。

6. 食物链长度与营养级联

从能量金字塔的结构可以看出，食物链的长度并不能一直增加，通常维持在三到四个营养级。需要注意的是，食物链的长度是由多个因素共同决定的，其中包括生态系统的特征、能量转化效率、生物学特性和环境压力等因素。随着能量在食物链中的转移，每一级的能量转化效率都会降低。能量在生态系统中的转换通常是不完全的，所以随着能量的流动，其总量逐渐减少。这导致食物链通常较短，因为长的食物链通常会导致过多的能量损失。不同的生物有不同的生物学特性，包括繁殖方式、寿命、生长速率等。这些特性影响了生物体的数量和生存策略，最终影响食物链的长度。生态系统的稳定性也会影响食物链的长度。稳定的生态系统可能更容易支持较长的食物链，因为它们有更多的资源和生态位可供利用。相反，不稳定的生态系统可能导致资源不足，限制食物链的长度。生态系统所面临的环境压力，如气候变化、人类活动、污染等，也可能对食物链的长度产生影响。一些环境压力可能导致生物群落的不稳定，从而影响食物链的构建和维持。一些生物可能通过控制其他物种的数量来影响食物链的长度。捕食者的存在可以限制被捕食者的数量，从而影响下一级的生物群落。生态系统中的物种多样性也可能影响食物链的长度，物种多样性通常与生态系统的稳定性和复杂性相关，较高的生物多样性有助于维持更长的食物链。

营养级联是指捕食者对沿着食物网传播的其他营养级的影响。营养级联理论已被广泛应用于陆地、淡水和近岸海洋生态系统。营养级联是相对常见的现象。例如，东北虎对野猪的过度捕食，降低了野猪种群数量，而野猪数量的骤减进而又使野猪食取的植物物种数量增加，如果人类对东北虎过量捕杀，便会造成野猪数量的增加及野猪的食物减少。

三、信息传递

信息是从亚细胞到生物圈等生命系统的基础，信息包含在原子、分子、细胞或有机体组合的活动和相互作用产生的物质及能量流的组织与配置中，这些组织和配置都可以用信息度量描述。信息传递影响种群动态和进化过程，并且将不同的组分联系成一个整体，有利于生态系统的稳定。因此，结合信息理论和信息处理的基本原理来理解和描述生态系统显得尤为重要。尽管有证据表明信息在生态系统中起着重要作用，但信息在生态研究中尚未占据突出地位。随着物理学、分子生物学和天体生物学在内的其他科学领域的进步，人们越来越多地认识到信息、能源和物质是生态系统的共同支柱。

1. 信息的概念

信息原意是指一种表示或传递的内容，它可以用来传递知识、事实、数据或思想。信息可以以各种形式存在，如文字、声音、图像、数字等。在信息科学和通信领域，信息通常被定义为对不确定性的减少，或者是能够改变接收者行为或知识状态的事实或数据。而广义上信息可理解为事物存在的方式或运动状态以及各种方式或状态的表达。信息是一系列现实事件与这些事件的可能集合之间的差异。"可能的集合"可以是一个随机状态，也可以是一个完美有序的状态或已知状态。构成信息的差异集合包含了历史事件的结果，这些事件塑造了生命系统中元素的排列。例如，DNA 分子中核酸的分布、排列和结构不同于同一核酸的随机组合（或任何其他排列），核酸在 DNA 链上的排列与同一组核酸的随机组合之间的差异反映了它们共同的（或不同的）进化历史和最近的合成历史。但是，微小的差异对随后的蛋白质合成和生物功能的影响可能是巨大的，这些 DNA 分子及其差异包含着重要句法信息。句法信息存在于事件或物体的任何空间或时间安排中，例如，一组相互作用物种的物种多样性或功能多样性，鸟类鸣叫的音符和节奏，或日出和日落的时间模式等。

2. 生态系统中信息传递遵循的原则

信息作为生态系统的一部分，其也遵循一些内在原则。

原则一：信息是生命系统的基本特征，因此也是所有生态系统的基本特征。句法信息和符号信息构成了信息的两种基本形式，每一种信息对于从分子系统到生物圈的生命系统的结构和功能都是必不可少的。因此，从热力学熵的角度来看，生态系统中的一些信息与能量学直接相关，其他一些信息则组成了与能量学相互作用以产生生命过程的符号系统。

原则二：伴随着能量过程和物质循环，句法和符号信息在反馈中相互作用，影响生态系统的结构、功能和组织。生态系统使用符号学信息来控制其消耗能量（如生长、繁殖和消耗过程）。生态过程部分负责句法信息（如地球表面物质的非随机分布），生殖代表信息的复制和传递在代内和代间进行遗传编码。生殖需要能量和资源，这些能量和资源通过生物体内部或生物体与其环境之间的信息处理分配给生物体进行生长或生殖。

原则三：信息处理需要能量和物质，因此能量和物质的供应以及热力学约束会限制信息处理。存储、传输、接收和使用信息的基础单元均需要能源和物质，因此，能源和物质系统的供应效率及物理限制可能会影响信息处理的数量和速度，这些限制导致信息系统不断发展，以平衡能量和物质效率、稳定性和耐用性与信息处理能力和可靠性。

原则四：信息处理允许生命系统的组件度量环境和自身状态，并度量其状态与过去和预期环境之间的关系。信息处理系统的子集（细胞、器官、个体等）在其环境的背景下接收和使用信号，利用进化的信息处理系统将其对当前环境的度量与对未来环境的预期联系起来。

原则五：信息处理系统在生物组织的尺度内和尺度间联系。信息处理中的强正反馈可加强从细胞到个体、生态系统及生物圈的组织层次。存储在较高组织层次（如社会群体、社区或生态系统）的信息可被较低层次的系统（如个体生物和细胞）使用。

3. 生态系统中信息的类型

生态系统中的信息可分为以下四类。

（1）物理信息。声、光、颜色等为生态系统的物理信息，例如，蛇身上的花纹警告其他物种远离其领地，鸟类的鸣叫是重要的求偶信息，萤火虫的闪光可用于识别同伴，狮子的吼叫警告同类雄性物种远离其求偶对象，花瓣的颜色有助于蜜蜂的采蜜活动等。

（2）化学信息。生物体内的代谢物质，如酶、激素、分泌物、维生素、生物碱等，都属于化学信息。植物可合成单宁类及生物碱类物质以抑制草食动物的食取。单宁味道较苦，动物若过量食用会抑制其消化功能，使得动物自动降低对高单宁植物的食取。生物碱具有毒性，有些物种可以通过释放生物碱对动物释放出防御信号。一些植物在遭到昆虫啃食后还会释放挥发性物质（萜类和酚类等），告诉同伴做好防御准备。

（3）营养信息。某一营养级物种通常是其下一营养级物种的食物，因此食物及养分为生态系统中的重要营养信息。例如，蚂蚁和蚊子等会根据动物体的存在位置而移动，兔子在某一草原的快速繁殖会吸引更多的狼类及老鹰在该区域捕食。营养信息的传递在食物链及食物网中十分明显，其反映了不同物种之间的捕食与被捕食关系。

（4）行为信息。生态系统中的行为信息包括了生物之间的相互作用、沟通和适应性行为，这些行为对生物个体和整个生态系统的结构和功能产生影响。例如，动物在生态系统中通过求偶、领地标记、群体协作等社交行为传递信息，这些行为能够影响个体的生存和繁殖，最终影响整个群落的发展动向。

四、人类活动和气候变化对生态系统功能的影响

1. 人类活动对生态系统功能的影响

自工业革命以来，人类活动极大地改变了生态系统的功能。首先，土地利用的转

变，如资源开采和城市化，破坏了自然景观，影响了植物和动物的生存环境，改变了食物链，并对生态系统的物质循环和能量流动产生了深远影响。特别是自 20 世纪中叶以来，养分循环的变化速度显著加快，大规模的土地利用变化导致了养分循环效率的降低和途径的改变。其次，工业和农业活动导致的污染，如污水排放和化学品使用，已经改变了水、土壤和大气的质量，影响了生物地球化学循环，并对生态系统的碳循环造成了干扰。此外，非本地物种的引入可能会取代本土生物，改变生态系统的结构和功能。最后，资源的过度开发，包括自然资源的开采和生物资源的过度利用，改变了地球的能量平衡，燃料燃烧还加剧了温室效应，进一步影响了全球的物质循环。这些变化共同作用于生态系统，对其稳定性和生物多样性构成了威胁。

2. 气候变化对生态系统功能的影响

全球气候变化引发的长期变化如气温升高、极端气候事件、海平面上升和冰川融化，深刻影响生态系统的物质循环、能量流动和信息传递。在敏感区域如青藏高原，这种影响尤为显著，快速的气候变暖改变了植物生长周期和生物量，对碳氮循环产生重大影响。气候变暖可能短期内增加森林生物量，但对灌木光合作用和生物量积累的正面作用不明显。草甸生态系统中，气候变暖可能通过食物网的自上而下的控制，如掠食性甲虫增加导致的捕食压力，影响养分循环和初级生产力。开顶箱和自由空气增温实验表明，气候变暖提高了土壤 CO_2 排放和土壤呼吸，同时改变水分条件，导致暖湿化趋势，影响蒸散发过程和水分利用效率。这些变化综合作用于生态系统，改变其结构和功能，影响生物多样性和生态过程，要求我们深入理解气候变化的长期影响，并采取适应和缓解措施保护生态系统的健康与稳定。

◆ 第三节　生态系统服务：量化与交易

习近平总书记提出的"绿水青山就是金山银山"生态文明理念，深刻揭示了生态环境与经济发展之间辩证统一的内在规律。维持绿山青山这些自然生态系统的结构和功能的同时，将自然资产提供的生态系统服务转化为经济和社会资产，对于推进生态文明建设具有重要意义。

国际上对生态系统服务研究有两个重要的里程碑。一是 1997 年 Costanza 对全球生态系统服务价值进行了详细评估，使人们认识到生态系统的存在价值及其对人类的重要意义。二是 2001 年联合国千年生态系统评估（Millennium Ecosystem Assessment，MA）首次对全球生态系统进行了综合评估，为改善生态系统的保护和可持续性利用以及促进人类福祉奠定了科学基础。这些工作构建了生态系统服务研究的基本框架，并由此引发了学术界的广泛关注。

中国的生态系统服务研究经历了三个主要阶段：萌芽期（2000～2003 年）、起步期（2004～2014 年）及快速发展期（2015 年至今）（景晓栋等，2023）。萌芽期，生态系统服务价值的测算缺乏规范化和科学化的计算模型且研究内容不够全面。起步期的研究重点集中在生态系统服务功能及价值评价方面，且开始对生态系统服务进行更为前瞻性的讨论。2015 年，中共中央、国务院印发《生态文明体制改革总体方案》，为生态系统服务研究奠定了坚实基础，标志着该领域进入快速发展期。近年来国内研究集中在生态系统生产总值、自然资本、生态系统服务价值、生态补偿、土地利用和生态安全等方面。

一、生态系统服务的概念与重要性

生态系统是由植物、动物、微生物群体与其周围的无机环境相互作用形成的一个动态、复合的功能单位，是自然资源中的生态资源（能为人类提供生态产品的各类自然资源）及其环境通过能流、物流、信息流形成的功能整体。生态系统通过生态结构、功能和过程为人类生存提供必要的生态产品与服务，即生态系统服务，是衡量人类福祉的关键指标。具体来说，生态系统服务指的是由生态系统形成和维持的、对人类生存和发展至关重要的环境条件与效用。这些服务包括为人类直接或间接提供的所有益处，如食物、淡水、生产生活原材料等基础服务，以及文化娱乐、精神愉悦等高级服务。这些服务构成了自然资本的主体，是人类赖以生存和发展的资源与环境基础，对人类社会的可持续发展具有不可替代性。

MA 从生态功能的角度将生态系统服务分为供给服务、支持服务、调节服务和文化服务 4 个基本大类，以及 30 个二级类别和 37 个三级类别（图 5-8）。Wallace 在 MA 的基础上提出生态系统服务是生态系统管理设定的目标和预期取得的成果，应当根据生态系统的结构和组分来对其定义。欧阳志云等学者在吸收国外学者见解的基础上将生态产品定义为生态系统为人类提供的物质产品和服务产品，包括生态物质产品、生态调节服务产品和生态文化服务产品三大类，并以此构建了生态产品价值核算框架。

二、生态系统服务的内容与量化方法

1. 生态系统服务价值定义

生态系统服务价值是指生态系统中各种自然过程和生物多样性，为人类提供多种惠益或利益的总和，这些惠益可以通过市场或非市场方式进行估值。生态系统服务价值的评估将生态系统服务作为一种经济资源，使用各种方法对其货币价值进行量化，从而为人类活动的决策提供科学的经济信息。生态系统服务价值的评估：①可以帮助决策者了解生态系统退化或破坏给人类带来的经济损失，以合理规划土地利用和保护生态系统；②可以为经济发展提供重要的数据和信息，帮助决策者制定更加科学合理的经济发展战略，避免对生态系统造成负面影响；③可以为企业和组织提供评估其环境影响的依据，帮助制定更加有效的环境管理措施，实现经济发展与生态环境保护的协调发展；④可以为公众提供关于生态系统经济价值的信息，提高公众对生态系统保护重要性的认识，促进公众参与到经济发展与生态环境保护的协调发展中来。

2. 生态系统服务价值的特点

1）多样性　　生态系统服务价值具有多样性，包括直接价值、间接价值、非使用价

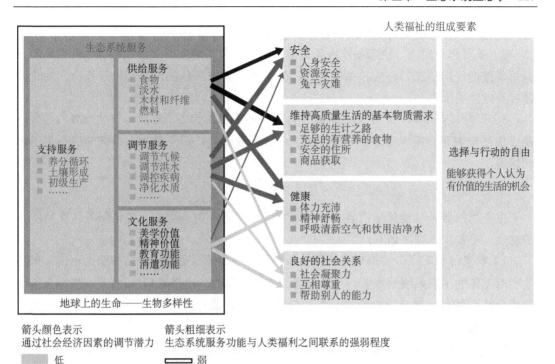

图 5-8　生态系统服务分类及其与人类福祉间的关系

资料来源：千年生态系统评估

值和期权价值等。直接价值是指生态系统直接提供的，可以直接获取或利用的价值，包括木材、水、食物和药物等；间接价值是指生态系统提供的对人类有益的生态服务所产生的价值，包括气候调节、水循环调节、土壤形成、授粉和生物多样性保护等；非使用价值是指生态系统提供的，不能直接获取或利用，但对人类有益处或提供潜在利益的价值，包括存在价值、文化价值、精神价值和遗产价值等；期权价值是指生态系统可能在未来提供的潜在价值，包括未来直接价值、未来间接价值和未来非使用价值等。

2）非市场性　　许多生态系统服务价值是难以通过市场定价的，如空气质量、水质、生物多样性等，这使得这些服务的价值很难被量化。

3）外部性　　生态系统服务价值往往具有外部性，即生态系统服务价值的受益者和提供者往往不在同一个主体上，例如，森林吸收二氧化碳对人有益，但森林的所有者并不能从中直接受益。

4）时空异质性　　生态系统服务价值具有时空异质性，即不同区域和不同时间的生态系统服务价值可能存在差异。

5）不确定性　　生态系统服务价值的评估涉及多个学科，计量方法、模型选择、数据质量、主观偏好等因素多元化，导致评估结果存在一定的不确定性。

3. 生态系统服务价值评估的基本原则

1）系统性原则　　生态系统服务价值评估应站在整体的视角综合考虑生态系统服务

之间的相互联系，避免将生态系统服务价值孤立化或割裂化。

2）多元化原则　　生态系统服务价值评估应充分考虑生态系统服务的多样性，不仅包括直接的经济价值，还应包括间接的、潜在的、非市场化的价值，以及社会、文化、精神等方面的价值。

3）可持续性原则　　生态系统服务价值评估应以维护生态系统可持续发展为前提，在评估过程中充分考虑生态系统的承载能力和恢复能力，避免对生态系统造成不可逆转的损害。

4. 生态系统服务价值评估的内容及流程

生态系统服务功能评估内容为生态系统供给服务、调节服务、文化服务和支持服务的功能，主要工作程序如下。

1）确定评估范围　　根据评估目的，确定生态系统服务价值评估的空间范围，如功能相对完整的生态系统地域单元（如森林、草地、湖泊、沼泽等），或由不同生态系统类型组合而成的地域单元（如流域、生态地理区等），或行政地域单元（如村、乡、县、市、省或国家）。

2）确定评估指标与方法　　基于评估区生态系统特点，确定生态系统服务价值评估指标与评估方法，确定各项生态系统服务价值评估参数。

3）数据收集　　收集遥感数据、地面调查和监测数据、统计资料和基础地理信息数据等，为生态系统服务价值评估提供数据基础。

4）生态系统服务价值评估　　运用所构建的生态系统服务价值评估指标和方法，评估各项生态系统服务，量化生态系统供给服务、调节服务、文化服务和支持服务。

5. 生态系统服务价值评估方法

生态系统服务价值评估方法大致包括两类：一类是宏观的评估方法，主要包括物质量评估法、价值量评估法、能值分析法和生态模型法；另一类是具体指标评估法，从生态系统的供给服务、调节服务、文化服务及支持服务四个大类构建具体的评价指标体系。需要注意的是，虽然生态系统服务价值评估方法已被广泛应用于众多研究区域，但是由于生态系统服务功能的复杂性和时空动态变化性等特点，导致研究结果出现差异，很大程度上限制了对研究区域生态价值的客观认知。

1）宏观评估法

（1）物质量评估法：物质量评估法是通过遥感技术和定位观测手段，结合一些生态学参数构建生态系统服务价值评估模型，用模型计算各项生态服务的物质量。该方法可以直观反映某项生态系统服务功能的大小、动态水平及生态过程。然而由于各项评估结果量纲不统一，不能进行数量上的加和，难以用于评价生态系统服务功能的综合价值。

（2）价值量评估法：生态系统服务价值量评估法利用市场理论、环境经济学理论对生态资产的价值进行货币化评估，通过直接市场法、替代市场法和模拟市场法（表 5-1）等方法实现，直接体现出生态系统服务的价值。

表 5-1　生态系统服务价值量评估法几种方法的比较

分类	评估方法	优点	缺点
直接市场法	市场价值法	直观评估，容易被公众接受	可以通过市场交易的项目容易评估，而间接效益难以评估，容易受到国家政策影响
	费用支出法	服务价值可以得到较为详细的计算	费用统计不够全面合理，不能真实反映实际价值
	机会成本法	计算简单，易于操作	获得价值参照对象较困难
	恢复和防护费用法	数据容易获得，数据变异小，易被管理者理解	结果为较低的生态服务价值
替代市场法	影子工程法	估算比较抽象的生态服务价值	替代工程时间、空间差异性较大
	旅行费用法	可计算游憩价值和评估无市场价值的生态系统服务	不能核算非使用价值
	享乐价格法	侧面的比较分析，可以求出生态系统服务的价值	主观性较强，受其他因素影响较大
模拟市场法	条件价值法	灵活性较大，非实用价值占较大比重	评估结果不确定性大

（3）能值分析法：能值分析法以能量为共同标准，将生态系统内的物质、能量和信息统一转化为太阳能来评价和比较多种生态系统的资源价值。该方法量化生态系统内部物质流、能量流及信息流，并应用能值语言呈现了不同物质能量的转化途径和过程，为生态系统服务的综合评价及有效管理开辟了一条定量化的新途径。

（4）生态模型法：生态系统服务价值评估与空间制图是识别服务提供区域、权衡与协同作用区域以及需要优先管理的关键区域的有效工具。随着社会和政策对生态系统服务决策支持的需求日益增长，这一领域成为研究发展的驱动力。建模技术在生态系统服务价值评估和空间制图中扮演着至关重要的角色。自千年生态系统评估报告发布以来，全球范围内的生态系统服务研究积累了大量的定量评估、模型模拟和情景分析的理论及应用成果。过去十年中，生态系统服务价值评估模型的数量、类型和应用范围都显著增加。基于地理信息系统（GIS）的决策支持工具试图融合地理学、生态学和经济学等学科，以空间可视化的方式促进区域规划和生态保护。然而，不同的建模方法可能导致不同的管理策略。

在生态系统服务价值评估领域，涌现了众多模型和工具，其建模方法主要分为三大类（图 5-9）：①基于指标的相关性模型；②基于生物–物理过程的模型；③基于专家知识的模型。其中，前两类属于定量建模方法，而最后一类则属于半定量半定性的建模方法。生物多样性和生态系统服务政府间科学政策平台（IPBES）的最新研究报告比较了这三种建模方式的潜在效益，认为基于生物–物理过程的建模技术由于其透明度高和能够进行不确定性分析等特点，在动态变化的管理和决策环境中显示出更大的优势。贝叶斯网络技术尽管存在灵活性不足和无法形成反馈循环等挑战，但由于其技术优势明显，如能够结合经验数据与专家知识，并在数据稀缺的情况下依然有效，预计贝叶斯网络技术在未来的生态系统服务建模中将继续发挥重要作用。

基于 GIS 的生态系统服务价值评估的主要模型包括用于评估生态系统生态生产功能的 InVEST 模型、量化服务空间流动的 ARIES 和 EcoMetrix 模型，以及评估服务优先级的 ESValue、EcoAIM 和 SolVES 模型，这些模型的可获取性、评价尺度和运行时间等方

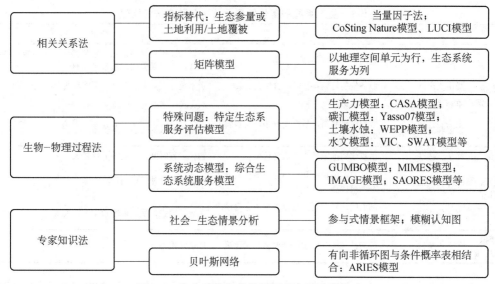

图 5-9　生态系统服务价值评估主要建模技术

面各自有其优势与局限。

2）具体指标评估法

（1）供给服务：供给服务是指生态系统为人类提供直接的产品和资源，如食物、水、木材、纤维、药物等。这些自然资源是人类社会经济活动的基础，对维持人类生存和发展具有不可替代的作用。物质产品包括农产品、林产品、牧产品、渔产品、淡水资源、生物质能（来自生态系统的秸秆和薪柴等）和其他物质产品，评估方法见表5-2。

表5-2　供给服务价值评估方法

评估指标	评估量	评估方法
农产品	农产品量	统计调查
林产品	林产品量	统计调查
牧产品	牧产品量	统计调查
渔产品	渔产品量	统计调查
淡水资源	淡水资源量	统计调查
生物质能	生物质获取量	统计调查
其他物质产品	其他物质产品量	统计调查

（2）调节服务：调节服务是指生态系统通过调节大气、水、土壤等环境因素，为人类提供间接的服务。例如，通过调节气候、保持水土、净化空气和水质等，生态系统为人类创造了一个适宜的生活环境。调节服务具体包括水源涵养、土壤保持、洪水调蓄、防风固沙、碳固定、氧气提供、空气净化、水质净化、局部气候调节、病虫害控制、作物授粉、疾病调控、海岸带防护和噪声消减，评估方法见表5-3。

（3）文化服务：文化服务主要体现在生态系统为人类提供的消遣娱乐、美学享受以及精神收益等方面的服务，包括自然景观的美学价值、生态旅游带来的心理满足、生物多样性带来的科学研究和教育机会等，对提升人类生活质量和精神追求具有重要意义，评估方法见表5-4。

表 5-3 调节服务价值评估方法

评估指标	评估量	评估方法
水源涵养	水源涵养量	水量平衡法、水量供给法
土壤保持	土壤保持量 减少面源污染 减少泥沙淤积量	修正通用土壤流失方程（RUSLE）
洪水调蓄	植被洪水调蓄量 湖泊洪水调蓄量 库塘洪水调蓄量 沼泽洪水调蓄量	水量储存模型
防风固沙	防风固沙量	修正风力侵蚀模型（RWEQ）
碳固定	固定二氧化碳量	固碳机理模型
氧气提供	氧气提供量	释氧机理模型
空气净化	净化二氧化硫量 净化氮氧化物量 净化粉尘量	污染物净化模型
水质净化	净化 COD 量 净化总氮量 净化总磷量	污染物净化模型
局部气候调节	植被蒸腾消耗能量 水面蒸发消耗能量	蒸散模型
噪声消减	噪声消减量	噪声消减模型
病虫害控制	病虫害发生减少率	统计调查
作物授粉	作物增产量	作物增产评估模型
疾病调控	传染疾病发生减少率	统计调查
海岸带防护	海岸带防护长度	统计调查

表 5-4 文化服务价值评估方法

评估指标	评估量	评估方法
精神健康	精神改善者数量	调查统计评估区域内受到生态系统影响精神健康得到改善的受益者数量
景观价值	景观受益面积	调查统计受生态系统自然景观影响产生溢价的土地与小区房产面积
休闲旅游	旅游人次	调查统计评估区域生态系统美学景观及与其共生的人文景观的旅游总人次
生态教育	受生态教育人次	调查统计评估区域内接受生态教育的总人次

（4）支持服务：支持服务是指生态系统为其他服务提供基础和支持的功能，如生物多样性维持、土壤肥力形成和保持、初级生产等。这些服务虽然不直接为人类提供产品或环境调节，但却是其他服务得以存在的基础，其评估方法见表 5-5。

表 5-5 支持服务价值评估方法

评估指标	评估量	评估方法
初级生产	净初级生产力	CASA 光能利用率模型

续表

评估指标	评估量	评估方法
养分循环	养分年周转量	生态系统生物量与生产力估算
土壤肥力形成与保持	土壤有机质含量	实验测定
	土壤养分保持量	基于土壤保持量计算
生物多样性维持	生物多样性保护重要性	物种栖息地评估

三、生态系统服务价值评估的应用

1. 精准评价环境影响，精细化管理生态系统，为政策制定和规划提供依据

作为环境影响评价的重要组成部分，生态系统服务价值评估帮助评估者了解和量化项目建设及运营对生态系统服务的影响，为生态系统管理提供科学依据，从而提出有效的环境保护措施。例如，在滨海生态系统管理中，通过开展基础调查和碳储量评估，可以构建蓝碳交易市场，制定重要滨海生态系统保护修复的激励政策（段克等，2021）。

2. 生态资源资本化，切实践行"两山理论"

生态系统服务价值评估可以为生态产品交易提供科学依据，帮助确定生态产品交易的价格和标准，建立和完善生态补偿机制。例如，丽水市依托丰沛的水资源和禀赋优质的河道，创新开展生态资产产权市场交易改革——"河权到户"。"河权到户"改革明确将河道使用权赋予自然人或法人，由承包者开展河道管理、经营，承包者在获得经济回报的同时承担河道周围生态环境保护责任（李璞等，2023）。

3. 有助于环保教育，为国际谈判提供科学依据

作为环境教育和公众参与的重要工具，生态系统服务价值评估可帮助公众了解和认识生态系统服务的重要性。例如，通过开展生态系统服务价值评估，可以向公众展示森林、湿地、海洋等生态系统为人类提供的丰富多样的服务，从而提高公众的生态意识和保护生态系统的积极性。

生态系统服务价值评估可以为国际合作和谈判提供科学依据，帮助各国共同应对全球环境问题。例如，在联合国气候变化框架公约谈判中，考虑生态系统服务价值可以帮助各国共同制定减排目标和气候变化适应措施，从而共同应对气候变化的挑战。

四、人类活动和气候变化对生态系统服务的影响及其对策

1. 人类活动和气候变化对生态系统服务的影响

人类活动，尤其是森林砍伐、城市化和水资源过度开发，对生态系统产生了显著影响，导致其结构和功能的剧烈变化。据千年生态系统评估结果，地球自然生态系统每年提供价值约 15 万亿英镑的产品，如新鲜的水、清洁的空气和鱼等，但约 2/3 提供这些产品的生态系统，包括湿地、森林、园地、河流和海岸等，已因人类活动而破坏。目前，全球 24 个生态系统中的 15 个正在持续恶化，约 60% 的人类赖以生存的生态系统服务在

下降，包括饮用水供应、渔业、区域性气候调节以及自然灾害和病虫害控制等。

自工业化以来，经济和人口的增长显著推动了人为温室气体排放，对全球气候产生了深远影响。气候变化带来的影响可以分为相对确定和相对不确定两类。确定性影响包括全球气候变暖、二氧化碳浓度上升、海平面和雪线上升、冻土变浅和风速及太阳辐射减弱。不确定性影响主要涉及极端气候事件和气候波动，以及它们对生态环境和社会经济的复杂影响，包括植被覆盖类型的改变、林线的迁移、湿地的退化和木本植物对湿地的入侵等，导致生态系统功能的退化。这种退化趋势在 21 世纪上半叶可能会继续恶化，不仅影响当代人类福祉，还将削减后代从生态系统获取的利益，对人类生存环境造成不可逆转的损害。

2. 人类活动和气候变化对生态系统服务影响的对策

（1）加强生态系统服务价值评估：生态系统服务价值评估可以为生态系统保护提供科学依据。具体措施包括：开展生态系统服务价值评估研究，评估不同生态系统的服务价值；建立生态系统服务价值评价体系，为生态系统保护提供决策支持；将生态系统服务价值纳入国民经济核算体系，为生态系统保护提供经济保障。

（2）控制污染和环境退化：污染和环境退化是导致生态系统服务退化的重要原因之一。因此，控制污染和环境退化是保护生态系统服务的重要措施。具体措施包括：加强对污染源的控制，减少污染物的排放；开展环境整治工程，对污染严重的地区进行整治，改善环境质量；加强对环境保护的宣传教育，提高公众的环保意识。

（3）合理利用生态系统服务：合理利用生态系统服务可以减少对生态系统的影响，保护生态系统服务。具体措施包括：合理开发利用森林资源，避免过度采伐；合理开发利用水资源，避免过度抽取地下水；合理开发利用矿产资源，避免对环境造成破坏；合理开发利用旅游资源，避免过度开发对生态系统造成破坏。

（4）优化土地利用方式：合理的土地利用方式可以有效地保护生态系统服务。具体措施包括：优化农业生产方式，减少化肥和农药的使用，保护土壤和水质；发展绿色农业，提倡使用有机肥和生物防治技术，减少对环境的污染；合理布局工业和城市，避免对生态敏感区域造成破坏；开展土地整治工程，对退化和受损的土地进行整治，提高土地利用效率。

（5）加强生态系统保护：生态系统是生态系统服务的基础，因此加强生态系统保护是保护生态系统服务的重要前提。具体措施包括：建立和完善自然保护区体系，对具有重要生态价值的区域进行重点保护；加强对现有自然保护区的管理，防止非法砍伐、放牧和采矿等破坏生态系统行为的发生；开展生态系统修复工程，对退化和受损的生态系统进行修复和恢复；加强对入侵物种的防治，防止外来物种入侵对生态系统造成破坏。

◆ 第四节　生态系统评估理论与方法

自然生态系统中的所有生物和非生物都具有双重属性，既是生态系统不可或缺的组成部分，又是人类社会可持续发展的基础资源。客观准确地评估生态系统状况，不仅是生态系统生态学所面临的一个科学问题，更是人类可持续发展所面临的一个生态系统综合管理问题。

为改善全球生态系统管理水平、促进社会经济可持续发展，联合国千年生态系统评估（MA）项目于2001年6月5日启动。MA项目首次在全球尺度上系统、全面地揭示了各类生态系统的现状和变化趋势、未来变化的情景和应采取的对策，以及它们与人类社会发展之间的相互关系，丰富了生态学的内涵，明确提出生态系统的状况和变化与人类福祉密切相关，提出了评估生态系统与人类福祉之间相互关系的框架，并建立了多尺度、综合评估各组分间相互关系的方法。MA项目的实施为在全球范围内推动生态学发展和改善生态系统管理工作做出了重要的贡献，是生态学发展到一个新阶段的里程碑。

基于"千年生态系统评估"思想，傅伯杰等（2001）认为生态系统综合评价是分析生态系统提供的对人类发展具有重要意义的生产及服务能力，包括对生态系统的生态分析和经济分析，也考虑到生态系统的当前状态及今后可能的发展趋势。赵士洞和张永民（2004）认为生态系统评估是将生态系统及其服务功能方面的最新信息和知识用于政策及管理决策，从而改进生态系统管理和提高生态系统对人类实现可持续发展的贡献，最终目的是增强为人类发展而管理生态系统的能力。可以看出，生态系统综合评估是为了更好地提高生态系统管理水平，生态系统管理、生态系统服务、生态资产等是理解生态系统综合评估的关键词，也是生态系统综合评估的核心内容。因此可将生态系统评估理解为：分析生态系统自身状况及其为人类社会提供服务的能力，理解它们的现状和变化情况，更好地服务于生态系统综合管理和增强生态系统对人类社会支撑能力的科学行为。

根据不同评价目标和特点，生态系统评估的方法可分为3类：生态系统质量评价、生态系统压力评价和生态系统价值量评价。生态系统质量评价能够反映区域生态系统质量现状和可持续发展能力，是生态系统内部结构、状态、组织、活力、恢复力或完整性等方面的综合反映，包括生态系统健康指数和能值分析等方法。生态系统压力评价是外界对生态系统干扰、损害和影响的综合测度，定量表述和反映生态系统所受外力程度的大小，包括生态足迹（ecological footprint）、压力-状态-响应（pressure-state-response，PSR）模型、熵权法等方法。生态系统价值量评价是对生态系统提供产品与服务的定量测算，包括生态系统服务价值评估、修正的国民经济核算体系和绿色GDP等方法。

一、生态系统完整性

1. 生态系统完整性的概念与内涵

生态系统完整性（ecosystem integrity）是从生物完整性这一概念演变而来。生态学家Leopold（1949）首先提出了与生态系统完整性相关的概念："人类活动朝着保护生物群落完整性、稳定性和美感等方向发展时是正确的，反之是错误的。"目前，人们主要从两个不同的角度来理解生态系统完整性的内涵。一个是从生态系统组成要素的完整性来阐释生态系统的完整性，认为生态系统完整性是生态系统在特定地理区域的最优化状态，在这种状态下，生态系统具备区域自然生境所应包含的全部本土生物多样性和生态学进程，其结构和功能没有受到人类活动胁迫的损害，本地物种处在能够持续繁衍的种群水平。另一个是从生态系统的系统特性来阐释生态系统完整性，认为生态系统完整性主要体现在 3 个方面：①生态系统健康，即在常规条件下维持最优化运作的能力；②抵抗力及恢复力，即在不断变化的条件下抵抗人类胁迫和维持最优化运作的能力；③自组织能力，即继续进化和发展的能力。

综合来看，生态系统完整性是在外界干扰下，生态系统能够保持自身结构、功能完整，并拥有持续发展的能力，是物理、化学和生物完整性的总和。

耗散结构理论认为，生态系统是一个远离平衡态的、非线性的开放系统，在自然演替进程中受到热力学定理的影响，通过不断地与外界交换物质和能量，产生系统内部梯度；通过系统的自组织进程，由原来的无序结构转变成新的、稳定的有序结构。这种有序结构需要不断地与外界交换物质或能量才能得以维持，因此称为耗散结构。随着系统的发展和成熟，其总耗散量不断增加，需要发展更高的生物多样性和层级水平，以构造更复杂的结构来支持能量的降解。生态系统通过演替而成熟的过程，实际上是它在每个演替阶段通过自组织以耗散更多的输入能的过程。在无外来压力干扰时，随着自组织的发展，耗散的自然生态系统将有以下的性质：更强的能量捕获能力；更强的呼吸作用和蒸腾作用；更多的能量流通途径；更多的物质循环途径；更高水平的营养结构；更高的生物多样性和更大的生物量。这些性质实质上是生态系统组成（物理组成、化学组成、生物组成）和生态学进程（生态系统功能）完整性的具体表现，反映了生态系统完整性的内涵。

在外来压力干扰下，生态系统在自组织过程中可能存在 5 个演替方向：①生态系统维持原有的状态，其耗散结构和完整性没有受到影响；②生态系统沿着热力学分支返回到早期的演替阶段，耗散结构发生变化，其完整性受到一定程度的影响；③生态系统经过分歧点沿着新的热力学分支产生新的耗散结构，其完整性受到一定程度的影响；④生态系统演替到某一状态点后发生灾变，然后沿着新的热力学分支形成新的耗散结构，其完整性在受到严重破坏后，通过系统的自组织作用，经过一段时间后，在一定程度上得到修复；⑤生态系统崩溃，系统的完整性完全被破坏。从生态系统内在的自组织进程来看，在外来干扰下，如果生态系统能够一直维持它的组织结构、稳定状态、抵抗力、恢复力以及自组织能力，那么其就是一个完整性良好的生态系统。

2. 生态系统完整性的评估指标

生态系统完整性的评估从生物、物理、化学完整性及生态功能等方面评价完整性状态，从所承受的外来压力方面评价变化趋势。水生生态系统和陆地生态系统的组成及生态学进程完全不同，需要不同的生物、物理和化学完整性或功能指标反映它们的生态完整性状况。

（1）水生生态系统完整性评价指标：水生生态系统常用不同的生物群落来评价生物完整性，包括鱼类生物完整性指数（index of biotic integrity，IBI）、附着生物完整性指数（periphyton index of biotic integrity，PIBI）、EPT 物种（蜉蝣、石蝇、石蛾）丰富度指数（Ephemeroptera-Plecoptera-Trichoptera richness，EPT richness）和无脊椎动物群落指数（invertebrate community index，ICI）等（表 5-6）。

表 5-6　水生生态系统完整性评价指标（引自黄宝荣等，2006）

组成	备选指数	备选指标
生物完整性	鱼类生物完整性指数	种类丰富度；鲈鱼科、太阳鱼科、亚口鱼科及敏感种的种类数量和特性；杂食鱼、食虫鱼、食鱼鱼等个体比例；病鱼、有瘤鱼、鱼翅受损鱼、骨骼异常鱼、杂交种等个体比例；样品中个体数
	附着生物完整性指数	种类丰富度；硅藻相对丰富度；生物量；叶绿素含量；碱性磷酸盐活性
	EPT 物种丰富度指数	蜉蝣目、襀翅目、毛翅目、摇蚊科丰富度指数
	无脊椎动物群落指数	种类总数；蜉蝣目、毛翅目、双翅目种类总数；蜉蝣、石蛾、蚊、双翅目和其他非昆虫、耐性生物体个体百分比；EPT 物种种类总数
物理完整性	定性生境评价指数	底层类型、质量；水面林冠类型和覆盖度；河道弯曲程度、发展程度、渠道化情况、稳定性；滨岸带宽度、冲积平原质量、河岸受侵蚀情况；深滩的最大深度、形态、水流速度；浅滩深度、底层稳定性、底层嵌入程度；河流梯度
	物理生境指数	单位长度溪流中大木头残骸块数；溪流中水滩出现频率；夏季、冬季水面林冠类型和覆盖度；针叶树树干密度；河床底层稳定性；底质质地；溪流横断面形态（沉积和剥蚀）；堤岸稳定性
化学完整性	水质指数	生化需氧量；溶解氧；总大肠杆菌；总氮；总磷；pH；电导率；碱度；硬度；有机氯浓度；各有机污染物质浓度；各重金属浓度；叶绿素 a 含量

物理完整性可以用定性生境评价指数（qualitative habitat evaluation index，QHEI）和物理生境指数（physical habitat index，PHI）评价（表 5-6）。通过对 QHEI 次级指标的评价，可以得出水生栖息地环境品质的好坏，得分越高代表栖息地环境品质越好，栖息地物理完整性也越高。

化学完整性可以用水质指数（water quality index，WQI）进行评价（表 5-6），水体中一些化学物质的含量严重地影响水生生态系统的生态完整性；目前已有的水质指数较多，所选用的次级指标也各异，常根据评价区域的具体情况而定。

（2）陆地生态系统完整性评价指标：陆地生态系统完整性研究起步较晚，其指标大多建立在水生生态系统完整性评价研究成果基础上。陆地生态系统中不同种类鸟类的行为适应性和在系统进程中所充当的角色能够反映系统水平的结构及功能。鸟类群落对土地利用变化和伴随的生境变化较敏感，容易调查，并且调查的破坏性小，因此常被用来评价森林、高原、草地和水体滨岸带生物完整性状况。除鸟类群落外，陆地无脊椎动物群落由于种类繁多、易于采集，并且能够通过及时的生态响应反映生态变化，也常用作生态监测的生物指标（表 5-7）。

表 5-7　陆地生态系统完整性评价指标（引自黄宝荣等，2006）

组成	备选指数	备选指标
生物完整性	鸟类群落指数	种类丰富度；本地种丰富度；外来种、耐受种、敏感种、杂食种、食种子种、地面觅食种、林冠觅食种、树皮觅食种、巢寄生种、开阔地地面营巢种、林地地面营巢种、林冠营巢种、灌丛营巢种、洞穴营巢种等种类数量和总数量
	陆地无脊椎动物完整性指数	无脊椎动物总科数；双翅目科数；蜱螨目类群丰富度；捕食种、食腐质种、地面居住种类群丰富度；弹尾目昆虫相对丰富度；杂食步甲科类群丰富度
生态系统功能	生产力指数	生物量；光合效率；叶面积指数
	生态系统演替进展	植被覆盖类型；植被年龄等级分布；树木再生情况
	营养物质保持力	树木生长状况；土壤质量指数；叶面营养状况
	有机物质分解率	有机质腐烂速度；土壤有机层深度

由于陆地生态系统本身的复杂性，目前有关陆地生态系统的物理完整性和化学完整性的评价研究很少；不同的陆地生态系统需要不同的物理和化学完整性评价指标，而且指标需求量也偏大，指标的选择存在一定的困难。加拿大国家公园生态完整性评价框架以生态系统功能指标代替生态系统的物理完整性和化学完整性指标用来评价加拿大国家公园的生态完整性；生态系统功能可以反映生态系统进程状况，生态系统完整性降低在功能上反映为能量流通和物质循环在某一途径或营养层次上受阻，所以指标的选择可以涉及生态系统生产力、营养物质循环、有机物质分解和生态系统演替等几个方面（表5-7）。

（3）压力评价相关指标：生态系统完整性和所受人类干扰压力大小具有负相关性，不同的生态系统承受着不同来源和大小的压力。人类对生态系统的干扰主要包括自然资源利用、污染物质排放和导致外来物种入侵几个方面（表5-8）。传递人类活动压力的资源利用方式主要有土地、水、野生动物以及旅游资源的利用。人类在利用资源的同时不断向生态系统排放污染物质，对生态系统结构和功能造成毁灭性破坏，威胁着全球生态系统的完整性；一般用生态系统所接纳的污染物质类型和数量来评价压力的大小。外来物种入侵所造成的影响评价一般采用入侵种类数、丰富度、入侵面积等几个指标。

表5-8 生态系统压力评价相关指标（引自黄宝荣等，2006）

压力来源	压力组成	备选指标
自然资源利用	土地利用	土地利用变化；土地覆盖指数；不同土地覆盖类型面积和所占比例；城市引力指数；自然生态系统到农业区的距离；农业机械化水平；单位面积农业用地化肥和农药使用量；路网密度；自然生境破碎化指数
	矿产资源开采	综合污染指数；尾渣排放量；尾渣中主要污染物含量；被破坏植被面积
	水利项目	总移民人数；单位长度河流水闸数量；水闸下游水流量变化；水闸上游被淹土地面积
	野生动物捕获	野生动物捕获量；鱼类捕获量
	木材砍伐	木材砍伐量
	生态旅游	人类进入频度；生态旅游区宾馆总床位数
污染物质排放	固体废弃物排放	单位面积土地接纳危险性工业固体废弃物总量；单位面积土地接纳生活垃圾总量
	废气排放	工业废气排放总量
	废水排放	单位面积土地接纳工业废水总量；单位面积土地接纳生活污水总量
外来物种入侵	外来物种入侵	种类数；丰富度；增长率；入侵面积

（4）优先评价指标：在评价一个特定区域生态完整性时，一般不需要用到表5-6～表5-8中的每个备选指数和指标，否则会增加生态监测成本和数据分析难度。可以根据生态完整性管理需求、数据获取的便利性，以及指标的代表性和统计特性设置优先评价指数和指标。具有代表性的指标可以提供生态系统多方面的性质，在保持高水平评价的同时，可以大大减少评价中所需的指标总量，所以优先的评价指标需要进行代表性检验，主要检验指标能否同时反映生态系统组成、结构和功能等多方面性质。

3. 生态系统完整性的评估方法

生态系统管理者需要综合数值来反映生态系统完整性情况。这需要把数量繁多的指数或指标组合起来，形成综合指数，常用的方法有算术平均法、加权平均法、多元统计法和综合评价模型等。

（1）算术平均法：算术平均法简单易用、应用广泛（如 IBI 指数），但是存在两个问题：①把各个指标对生态完整性的贡献率等同看待，而实际上不同指标对生态完整性影响力大小不同；②采用的指标不可能都是统计学独立的，评价没有考虑协方差对评价结果的影响。

（2）加权平均法：加权平均法克服了算术平均法存在的不足，每个指标有不同的权重；考虑到各指标之间的协同作用，权重值一般通过指标值的方差-协方差矩阵确定，但过于复杂；一些管理机构根据自己的管理需求，利用专家调查法和层次分析法确定指标权重，方法简单但客观性差。用综合指数反映生态完整性经常导致一些重要信息的损失，一些指标所反映的急需采取保护措施的生态问题，会由于其他指标得出的综合指数反映出良好生态状况而被忽略。解决信息损失的常用方法是在综合评价结果中附加指标信息图表或者急需关注的单个指标值，但还是忽略了一些生态因素恶化对生态完整性影响的倍增效应。

（3）多元统计法：多元统计法根据指标数值矩阵和指标数值方差-协方差矩阵的本身特性比较分析每个指标所反映的生态因素对生态完整性的影响，克服了一般综合指数所带来的重要信息损失问题，评价结果更具客观性，但运用较复杂，不易被一般的管理者所接受。

（4）综合评价模型：综合评价模型结合各种数学方法的优点，综合使用多种数学工具，方法虽然复杂，但是有益于客观评价。生态系统综合评价模型主要有模糊综合评价模型、灰色聚类评价模型、灰色关联投影模型和人工神经网络模型等，这些模型在相关评价中已被广泛使用。

二、生态系统稳定性

1. 生态系统稳定性的概念与内涵

生态系统稳定性（ecosystem stability）的概念由群落稳定性发展延伸而来。20 世纪 50 年代，生物学家 MacArthur（1955）和 Elton（1958）先后提出了群落稳定性的概念。MacArthur 认为自然群落稳定性取决于群落中物种数量和种间关系，且物种多少对稳定性的作用很关键。Elton 认为稳定性取决于物种组成和种群大小，且稳定的群落不易受外来物种入侵，物种组成相对简单的群落对外来物种侵入的抵御能力较弱。稳定性概念被提出之后，关于生物多样性与生态系统稳定性关系的研究逐渐成为生态学领域研究的热点问题。由于生态系统的复杂性，对生态系统稳定性概念的理解逐渐丰富，研究角度和相关表述也较多。例如，有学者将生态系统稳定性定义为生态系统对干扰反应的两个方面，即受干扰后生态系统保持原状的能力，以及干扰消除后生态系统恢复原状的能力，也就是生态系统的抵抗力（resistance）和生态系统的恢复力（resilience）。综合来看，生态系统稳定性是生态系统保持或恢复自身结构和功能的能力，是一个具有多维特征的概念，可以通过多种形式和角度表征。生态系统稳定性研究的核心内容是生态系统的抵抗力、恢复力，以及随时间变化生态系统的结构和功能在一定阈值范围内波动的状态。

通常情况下，生态系统的能量和物质输入与输出基本相等，生态系统各组成要素的数量和结构保持稳定，具有复杂的食物网和符合能量流动的金字塔型营养结构，在受到外界干扰后，生态系统能通过自我调节恢复到原来的状况，即生态平衡。生态平衡是一种动态平衡，靠生态系统的负反馈机制自我调节，但生态系统的调节能力是有限度的，如果外界干扰超出某一限度，自我调节能力就失效，最终可能导致生态系统崩溃。这个限度的临界点就是生态系统的阈值。根据生态平衡理论，生态系统稳定性可理解为：只要一个生态系统结构和功能的动态变化维持在一定阈值（振幅）范围内，则该生态系统就是稳定的。

生态系统演替（ecosystem succession）指随着时间推移，在生物因素与非生物因素复杂的相互作用下，生态系统内的生物群落不断发生变化，导致生态系统的外貌和内部结构发生不断演替的过程，是生物与环境长期相互作用的结果。演替是生态系统的基本特征，主要描述和体现生态系统的结构与功能随时间变化的动态特征，强调演替过程中生物与非生物组分相互作用的时间动态的重要性。自然状况下，生态系统演替具有方向性，最终形成与当地气候或环境相适应的顶级生态系统。掌握生态系统演替规律，理解生态系统在不同演替阶段的特征对评估处于不同演替阶段的生态系统稳定性十分关键。

自从 MacArthur 和 Elton 建立多样性增加稳定性的理论后，在很长一段时间里该理论被视为生态学的"核心准则"。一直到 20 世纪 70 年代初期，理论生态学家 Gardner 和 Ashby（1970）应用数学模型研究了生态系统的稳定性后，提出了与生物生态学家相反的理论。他们认为生态系统的复杂性导致了其不稳定性。May（1972）进一步扩充和完善了这个结论，认为作为数学上的一个常识，复杂性的增加将不可避免地削弱系统的稳定性。然而，有人认为 May 的理论的一个最大缺陷是没有考虑真实生态系统的调节机制，而且生态系统往往是远离平衡的，因而与一般的系统相差甚远，况且理论模型只能涉及有限的几个物种，而一个真实的生态系统包含的物种数量更多。也有一些人认为理论生态学家和生物生态学家研究的是两个不同性质的问题。理论生态学家研究的是系统的自激（自我产生）不稳定性，即在小的干扰引发下，系统对系统本身所产生的振荡进行的负反馈调节。而生物生态学家研究的问题是生态系统作为整体对外界的抗干扰能力。McCann 等（1998）的研究结果表明：物种之间微弱到中等强度的联系对促进群落的持续和稳定起着重要作用，这种联系的存在防止了种群趋向灭绝。目前为止，普遍的研究结果表明了"复杂性使系统趋向稳定"，一个大的复杂生态系统在本质上更稳定。

2. 生态系统稳定性的评估指标

（1）单一指标：常用生态系统生产力或生物量的动态变化表征生态系统在某一时期内的稳定性特征，进而定量评估生态系统稳定性的驱动因素（如生物多样性、气候变化、人为活动等）对生态系统稳定性的影响。例如，Hautier 等（2015）基于 12 个实验的多年数据检验了 6 种重要的人为因素对生态系统稳定性的影响，选用的评估指标是生态系统生产力。Craven 等（2018）分析了北美和欧洲的 39 个草地实验数据，就生物多样性如何影响生态系统稳定性进行了综合评估，以生物量的变化对生态系统稳定性进行了衡量。Kang 等（2022）利用时间序列的净初级生产力数据，提取稳定性指标（如时间稳定性、恢复力、抗旱性和耐温性），对中国北方沙地进行了稳定性评估。除生态系统生产力和生物量之外，其他单一指标也可被用于衡量生态系统的稳定性，例如，Huang 等（2021）利用时间序列遥感影像中像元值的变化对中国西南喀斯特地区的生态系统稳定性进行定量分析，判断生态系统受到干扰后的抗性、弹性和变异。

（2）指标体系：通过构建相对完整的评价指标体系形成生态系统稳定性综合评估指数，在对生态系统稳定性进行评估的同时，对其影响因素进行定量分析。蒋烨林（2018）将生态系统生产力与景观格局指数、生态系统服务等指标相结合，选择 18 项具体指标，构建了三江源地区生态系统稳定性评估指标体系，结果显示三江源生态系统稳定性指数呈现先增后减的趋势，但基本保持稳定。李海福（2020）建立了包含径流输沙、降水、人为干扰、潮滩状态演变与响应等方面 24 个指标的辽河口湿地潮滩区生态系统稳定性评价指标体系，结果表明辽河口湿地潮滩区生态系统稳定性是自然和人为多因素耦合作用的结果，1986～2000 年辽河口湿地潮滩区处于较稳定状态，生态系统稳定性综合指数平均为 0.51。姚晓寒（2021）构建了包括植物群落指标、物质生产功能、湿地固碳功能、气候变化等 20 项指标的泥炭沼泽湿地生态系统稳定性评价指标体系，对金川湿地生态系统稳定性进行了评估，结果显示 2011～2020 年金川泥炭沼泽湿地生态系统较为稳定，在气候与土地利用类型都有所改变的情况下，湿地的结构和功能依旧保持较为稳定的状态。

3. 生态系统稳定性的评估方法

（1）统计分析法：通过计算单一评估指标的变异程度衡量生态系统稳定性，再利用回归模型等方法分析生态系统稳定性与其驱动因素的关系。常将平均生物量（μ）和其随时间的标准差（σ）之比（μ/σ）作为生态系统稳定性的典型衡量方式。

（2）综合评价法：综合评价类分析方法通常与指标体系同时使用。最常见的有压力–状态–响应（pressure-state-response，PSR）模型、层次分析法（analytic hierarchy process，AHP）等。PSR 模型是由经济合作与发展组织（OECD）和联合国环境规划署（UNEP）共同研发用于研究环境问题的概念模型。PSR 模型使用压力、状态、响应 3 个指标类型表达某一特定的生态环境问题，被广泛应用。PSR 模型在生态系统稳定性评价中具有良好的适用性，其系统性、科学性、综合性等优点能够有效地减少生态系统稳定性评价过程中的随意性和盲目性。AHP 是将一个复杂的多目标决策问题作为一个系统，将目标分解为多个分目标或准则，进而分解为多指标的若干层次，通过归一化赋值构建矩阵算出层次单排序和总排序，以此作为多指标优化决策的系统方法。实际应用时，综合评价法常与专家调查法/Delphi 法、熵权法、模糊数学法等结合使用。

三、生态系统抵抗力

1. 生态系统抵抗力的概念与内涵

稳定性是生态系统持续提供服务的基础，抵抗力是生态系统稳定性研究的重要内容。生态系统抵抗力（ecosystem resistance）指生态系统抵抗外力干扰及受干扰后保持平衡的能力。Pimm（1984）将一个群落从一个状态转换到另一个状态所需的扰动强度定义为抵抗力，将一个群落从扰动中恢复的速度定义为恢复力。一个群落/生态系统对缓慢而稳定的环境变化的响应可能是渐进的和线性的，或者一个群落/生态系统在一系列条件下对环境变化相对不敏感，但在某个临界点附近有强烈的响应。这种强烈的、突然的变化被称为状态转换。Folke 等（2004）将抵抗力定义为生态系统在胁迫、干扰或物种入侵下，保持其基本结构、过程和功能的能力。

在生物界中，冗余（redundancy）现象普遍存在。生态学中，Odum 定义的冗余是指一种以上的物种或成分具有执行某种特定功能的能力，即一个物种或成分的失效不会造成系统功能的失效。植物群落的冗余由植物体的器官冗余、种群内遗传结构冗余、物种冗余和层次冗余组成。植物群落的抵抗力主要来自种群内遗传结构冗余和物种冗余。

种群内的冗余表现为遗传结构的冗余。种群是由同种个体组成的。在自然状态下，同一种群的所有个体在遗传上是异质的，而人工培育的多数作物品种在遗传上则是同质的。显然，构成冗余的成分的性质不同，其冗余的作用也不同。在一般意义上，可把由性质相同的成分构成的冗余称为数量冗余，反之，由性质不同的成分构成的冗余称为质量冗余。显然，质量冗余对随机干扰的抵抗力远远大于数量冗余。由此可见，种群内的遗传结构冗余的大小不仅与种群的个体数量有关，而且与个体的质量有关。一个物种的兴衰与其种群遗传结构冗余的大小有密切关系。一个冗余大的物种往往是宽生态位的泛化种，其能有效抵抗外界的干扰。反之，冗余小的物种则为窄生态位的特化种或濒危种，它们在特定的环境中生长最好，但一旦环境发生剧烈变动，其将面临灭绝的危险。

一般说来，在植物群落的同一层次中，物种冗余越大，该层次的稳定性越高。尤其是森林上层的物种冗余大小对群落的性质和功能起着决定性的作用。例如，云南松纯林上层树种单一，缺乏备用种，这种森林对外界干扰的抵抗就较弱。1985 年云南松纵坑切梢小蠹（*Tomicus piniperda*）在昆明突然大暴发，到 1991 年已有 13 300hm^2 的云南松林遭到毁灭。而在含有云南松的针阔混交林中，上层树种除云南松外，还有数种阔叶树，即它的物种冗余比云南松纯林高。因为小蠹不危害阔叶树种，所以云南松的毁灭并不导致整个群落的毁灭。因此，云南松的针阔混交林对干扰的抵抗力比云南松纯林更强。

2. 生态系统抵抗力的评估指标

现有的衡量抵抗力的指标多为比较性指标。①比较不同生态系统暴发灾害的次数。例如，一个生态系统（假定是混交林）在 10 年中只发生了 2 次虫灾，而另一生态系统（可假定为纯林）在同样的时间内发生 5 次虫灾，可以认为前者的抵抗力较后者强。②测定不同生态系统在受到相同干扰后，其结构与功能所改变的程度，一般用比值表示。假定生态系统 A 在干旱中，结构与功能改变 20%，生态系统 B 改变 50%，则可认为前者比后者的抵抗力强。③测定不同生态系统在受到干扰后，其结构与功能改变 50%的时间。

可见，没有对单一生态系统的抵抗力进行测量的方法或指标，现有做法都是比较不同生态系统在干扰中的受损程度或时间长短，从而比较不同生态系统的稳定性强弱。由此可以认为，抵抗力稳定性是相对的，不是一个群落或生态系统的绝对属性，笼统地讨论某一生态系统的抵抗力是没有意义或无切实内涵的。

3. 生态系统抵抗力的评估方法

评估生态系统抵抗力，可采用不同的指标（生物量、生产力、盖度、植物类型、动物群落结构等），但基本思路一致，即研究不同生态系统在干扰下的改变或受损程度，来比较不同生态系统的相对抵抗力大小。对于水生生态系统，可以通过测量干旱或丰水条件下，水生生物的群落组成及其组成成分的丰度变化来评估水生群落的抵抗力；或者通过改变水流的压力、速度等物理特征来测量溪流中无脊椎动物群落丰度的变化，并通过比较这些指标来获得水生动物群落的抵抗力。设计模拟人工湿地实验，采用不同处理组生物量的比值计算抵抗力，探究不同干扰下湿地生态系统抵抗力与物种多样性的关系。对于陆地生态系统，可分类进行评估。例如，采用控制试验方法，测量与比较不同条件下草地生产力的变化，探讨干旱条件下生物多样性与草地抵抗力的关系；通过测量计算活生物质盖度，构建抵抗力指数，可以对沙漠化过程退化沙质草地群落，在短时间尺度极端干旱事件干扰下的抵抗力稳定性进行量化评估与比较。通过对植物群落进行调查，测量多个植物功能性状（如植物生长型、高矮、叶的类型与大小、果实类型等）在不同干扰下的数值变化和功能型出现与否，并将它们整合成抵抗力功能指数，从而比较不同群落或森林生态系统的抵抗力。

另一种评估抵抗力的方法是探究不同生态系统对同一类型干扰的相对反应。在这种情况下，抵抗力可以被量化为特定性质相比初始状态的变化幅度，或扰动发生后初始位移所需的时间（响应时间）。Nes 和 Scheffer（2007）基于此原理对放牧等六个生态模型进行生态复原力的最低阈值测定，并确定临界减速（物种和丰度下降节点）在距离阈值点相当远的地方变得明显，复原力阈值的确定说明抵抗力是有限度的，干扰越过抵抗阈值后，群落多样性和丰度呈指数下降。

四、生态系统恢复力

1. 生态系统恢复力的概念与内涵

生态系统恢复力（ecosystem resilience）是指生态系统在受到外界干扰，偏离平衡状态后所表现出的自我维持、自我调节及抵抗外界各种压力和扰动的能力，包括维持其重要特征，如生物组成、生态系统结构与功能。对生态系统恢复力的研究首先是对"弹性"概念所涉及范围的扩展。起初，弹性一词首先被物理学家所引用，用来表述弹簧的特性，阐明物质在抵御外来影响方面的稳定性。弹性观点起源于 20 世纪 60 和 70 年代早期的生态学，主要致力于群体如捕食者和猎物的相互作用及它们对生态稳定性影响的研究。随后，美国生态学家 Holling（1973）突破性地将恢复力的概念引入到生态系统研究中，用来表明生态系统的稳定性。而后，部分学者将恢复力的概念更多地与稳定性相结合，即系统遭受到外界破坏后恢复稳定的能力，并提出"恢复力管理"和"保护优化"等思路来探索生态系统的适应性管理方法。随着研究范围的扩大与研究内容的不断深入，生态系统恢复力的概念也不断得到充实与发展。一些学者以弹性的基本概念为基础提出了"弹性思考"，强调用恢复力相关理论来实现对生态系统的管理，提出生态系统恢复力的概念可以概括为两个方面，其中包含恢复力强度与恢复力限度：恢复力强度指系统自身状态影响恢复力大小，相当于弹簧的弹性强度，由于地貌、植被气候、土壤等自然条件的不同，生态系统具有不同的结构与性质，由此决定了自身恢复力大小；恢复力限度指的是恢复力波动的范围，相当于弹簧可伸缩的程度，它反映了生态系统自我调节与缓冲能力的大小，其受到地物覆盖类型与植被多样性的影响。可采用结构功能状态与转换模型（structural functional state and transition model，SFSTM）等方法，探讨生态系统弹性限度与弹性力间的相关关系。

　　生态系统恢复力相关理论的发展大致经过了三个阶段，即工程恢复力、生态恢复力和社会–生态系统恢复力。三个阶段生态系统恢复力的概念、特点与主要区别如表 5-9 所示。目前生态系统恢复力在生态学、心理学、经济学、社会学、人类学等众多学科中都得到了广泛应用。在不同的领域中，如灾害领域、社会–生态领域、经济和组织行为领域等都涉及了恢复力的相关理论。

表 5-9　生态系统恢复力发展的三个阶段（引自杨庚等，2019）

阶段	概念	特点
工程恢复力 （Pimm 恢复力）	系统遭受扰动后恢复到原有稳定态的速率或时间	强调复原时间、速率
生态恢复力 （Holling 恢复力）	系统在不发生状态转移，或结构、功能、负反馈不发生变化前提下，能够吸收干扰的度量	强调多状态之间跨越时吸收的干扰量，而非时间和速率
社会–生态系统恢复力	系统在保持结构和功能时能忍受的变量，经受干扰系统重组的程度，系统学习适应的过程	强调生态系统之间相互作用的干扰、持续与发展

2. 生态系统恢复力的评估指标

（1）森林生态系统：为实现森林资源的可持续发展，对生态系统恢复力的研究至关重要。由于森林生态系统的复杂性，选择单一指标代替恢复力具有很大的片面性，因此，可以从生境条件和生态存储两方面遴选出相关指标。生境条件是森林生长地段中诸多环境因子的总称，包括地形、土壤、气候、水分条件和人为干扰。生态存储是指生态系统经历干扰之后幸存的原有状态的有机体、彼此间及其与环境之间的动态作用及干扰过后潜在的重组结构，包括内部存储、外部存储与影响其可获得性的因素。对于受冰雪冻灾干扰的森林生态系统，需综合考虑灾前自组织能力、灾时抵抗能力、灾后自适应能力，冰雪灾害会对森林生态系统的植被与生物造成直接影响，也会影响光照条件、土壤等生境条件。可以通过遴选植被、气候、土壤、地形、生态存储和人类活动方面关键指标并结合遥感影像监测技术，建立综合评价指标体系，对受冰雪灾害的森林生态系统恢复力进行综合定量评价。对退化森林生态系统开展恢复力评价时，由于退化森林生态系统在结构上表现为种类组成和结构发生改变，在功能上表现为生物生产力降低、土壤和微环境恶化、生物间相互关系改变及生态学过程发生紊乱等特点，因此，物种多样性、植被结构与生态学过程是退化森林生态系统恢复力评价的主要指标。人类活动、环境、气候也是对退化森林生态系统开展恢复力评价时可以选取的指标。森林生态系统的状态和功能依赖于许多关键变量，如何选择指标并确定它们的权重仍有待解决。

（2）草原生态系统：在所有生态系统里，草原生态系统健康对人类社会健康发展有直接影响，是维系整个人类社会持续发展的重要基础之一，但经济发展中人类掠夺式的开垦方式对草原生态系统造成了极大破坏。恢复力是草原生态系统对胁迫的抗御能力或反弹能力，草原群落中原生群落优势种的数量越多，则群落的恢复力越强，反之退化群落优势种的数量越多，则群落的恢复力越弱。草原生态系统恢复力还不能用定量化的方法直接测定，一般只有在长期定位测定研究和计算机模型辅助下才能进行，但草地覆盖度、人均草地面积、抗灾度、超载率等测量指标可用来表征草原生态系统的恢复能力。

（3）湿地生态系统：湿地生态系统与其他生态系统相比最为脆弱，并具有过渡性和结构功能独特性、高生产力与生态多样性等特点，不同的湿地生态系统具有不同的自然景观与自然地理学特征，也就具有不同的干扰体系。不同的湿地类型，对其开展恢复力评价所建立的指标体系也不同。对于沼泽湿地，表达恢复力的指标可以选取水文、植被、营养物等。对于河流、河源湿地与湖泊，水质这一指标尤为重要。例如，对于鄱阳湖湿地存在的面积缩减、生物多样性降低、水质与水量下降、土壤潜育化严重等现象，可采用生物多样性、水质、土壤等指标对恢复力进行评估。对于黄河三角洲湿地生态系统的退化状况与景观格局演变过程，获取地形、水文、土壤、植被和社会等特征来构建评价指标体系，并确定各指标权重，利用评价指标得分表与综合加权公式估算黄河三角洲湿地生态系统恢复力强弱，采用空间叠加分析等方法，对黄河三角洲湿地恢复潜力进行估算。对于红树林湿地，可利用营养物的稳定输入与循环等指标表征其恢复力。

（4）城市生态系统：城市生态系统为复合生态系统，生态系统的复杂与多样化使城市生态系统的恢复能力比其他生态系统要高。根据研究，地形地貌、气候、土壤、水文、植被基本决定了生态系统的性质，也就决定了生态系统恢复力的大小。因此，可以选取地形地貌、气候、土壤、水文、植被这些指标，构建指标体系开展城市生态系统恢复力评价。由于城市生态系统土地利用类型众多，各土地利用类型的面积不断变化，不同地类的净初级生产力（NPP）具有差异性，为了突出不同土地利用方式下的生态系统恢复力，可以将 NPP 作为弹性分值计算生态弹性度来表示一个地区生态系统恢复力的大小。这种方法适合应用于大尺度的范围，结合土地利用规划与环境保护规划，以各类用地的 NPP 均值作为弹性分值，评价结果能够体现出不同地区生态系统恢复力的特点；利用各地类的 NPP 均值计算出生态弹性度后，后续计算出一段时间内的生态弹性动态度，可以通过生态系统恢复力变化的速率来描述生态系统恢复力的动态变化。

（5）矿区生态系统：矿区生态系统是以人为中心且具有整体性的生态系统，该系统的产生、存在、发展和消亡都是按人的意愿进行的，人类活动引起的各种扰动，使得矿区生态系统的生态因子、生态系统的功能构成、生态系统景观结构等发生变化，使整个生态系统从稳定状态向不稳定状态转变，而矿区生态系统的进化具有不可逆性，即原有生态系统一旦被破坏，很难恢复原有的状态，因此对矿区生态系统恢复力的评价较为困难。矿区植被作为矿区生态环境的重要组成部分，其覆盖状况直接影响整个矿区的生态环境质量。由于矿区植被生态系统的多稳态机制，任何外部干扰都可能引发植物群落的演替，进而导致系统状态的突变，因而植被可以作为开展矿区生态系统恢复力评价的指标。通过植被这一指标对矿区生态系统恢复力开展定量测度研究，依然可以通过 NPP 的动态变化及 NPP 与气候因子之间的联系来表征矿区生态系统恢复力。另外，露天开采会破坏农业生态环境，导致物种多样性减少甚至消失，为促进生物多样性的保护与恢复，生物多样性也可作为开展恢复力评价的指标，通过野外样方调查法与 3S 技术的结合，从遗传、物种、生态系统和景观 4 个层次，按照小、中、大的空间尺度，建立不同层次不同尺度的生物多样性评价指标体系和模型来开展矿区生态系统恢复力评价。

3. 生态系统恢复力的评估方法

由于影响生态系统恢复力的因素众多，开展生态系统恢复力评价时需要构建指标体系。按照目标分层法的理论框架，建立多层指标体系。目标层即为生态系统恢复力，准则层根据目标层不同生态系统的影响因素选取相应指标，如植被、气候、水文、生物多样性等。指标层在准则层的基础上选取。指标权重可通过主成分分析法（PCA）、变异系数法、组合赋权法等进行确定。主成分分析法受主观因素的影响较小。主成分分析是把原来许多具有一定相关性的变量简化为少数几个综合指标的一种统计分析方法，进行主成分分析的首要条件是指标之间存在一定的相关性，相关性很差的指标不适合做主成分分析。通过统计分析软件，采用主成分分析法赋予各指标权重，建立综合评价模型计算生态系统弹性力指数，通过生态系统弹性力指数来表示生态系统恢复力的大小，评价结果反映了生态系统的自我调节、自我恢复及抵抗外界干扰的能力，指数越大，说明生态系统恢复力越强，生态系统的承载稳定性越高，反之亦然。

遥感（RS）与地理信息系统（GIS）技术目前在生态系统恢复力评价中得到了广泛应用，利用遥感影像可以对生态系统进行动态监测与分析评价，GIS 的空间分析和成图显示功能等在恢复力评价中也具有重要作用。遥感通常用于评估生态系统功能，中等分辨率成像光谱仪（MODIS）在评价生态系统恢复力中发挥了巨大作用，MODIS GPP 和 NPP 产品是第一个连续的、卫星驱动的监测植被初级生产力的数据集，用来监测植被的初级生产力，并提供植被生长指标，根据 GPP 与 NPP 数据生成生态系统恢复能力指数，利用高分辨率的卫星图像，参照地理信息对卫星图像进行预处理，利用遥感图像处理平台 ENVI 计算植被覆盖指数（如 NDVI），根据得出的评价结果划分区域生态系统恢复力等级。在 ArcGIS 软件的支持下，运用其空间分析工具中的分区统计功能对选取的参数以及搜集的数据进行分区统计，从而分析和评价生态系统恢复力的时空演变与分区特征。

五、生态系统健康

1. 生态系统健康的概念与内涵

健康的生态系统一般被视为环境管理的终极目标，进行生态系统健康研究对探索区域与生态系统可持续发展具有重要意义。生态系统健康（ecosystem health）是生态系统的综合特性，这种特性可以理解为在人类活动干扰下生态系统本身结构和功能的完整性。健康的生态系统是指该生态系统是活跃的、可维持组织结构的和在压力下能自我恢复的，体现了该生态系统是稳定和可持续的。生态系统健康的概念并不唯一，例如，Mageau 等（1998）归纳生态系统健康为内稳定、没有疾病、多样性或复杂性、有活力或有增长空间、稳定性或可恢复性、系统要素之间保持平衡 6 项特征；Vilchek（2010）认为生态系统健康可以拆分为以自然生态系统为核心的地球中心论方法（geocentric approach）和更加注重系统健康对人类自身及其环境作用的人类中心论方法（anthropocentric approach）。

　　"健康"的内涵是生态系统健康概念框架的核心问题与争论焦点。一些学者认为，虽然健康的概念本身不明晰，但可以用其他概念去解释；如果生态系统是持久的、连续的或是可持续的，那么该生态系统就是健康的；而生态系统的稳定性则不能推导出生态系统健康。"健康"是作为"疾病"的对立而出现的，虽然对于生态系统健康标准的界定一直见仁见智，但是特定生态系统的"病态"指标是可以被度量的；尽管不得病并不见得一定是健康的，但是从医学角度上理解，攻克疾病才是学科发展的推动力；因此与其将健康作为环境管理的最终目标，不如将目光转到"疾病"即具体的生态问题上。还有学者认为，生态系统健康研究应抛弃针对局部或部分的指标和方法，不能通过生态系统内部各组分的健康状况来推求整个系统的健康状况，对于系统稳定性的一系列研究方法可以被生态系统健康研究所借鉴，建议采用"质量"作为中性词代替"健康"的描述方式。尽管学者们意见尚未完全统一，但此类讨论显然有助于"健康"一词内涵的深化。

　　2. 生态系统健康的评估指标

　　生态系统健康的评估指标包括活力、恢复力、组织3个基本方面。Rapport 等（1999）在此基础上添加了生态系统服务功能的维持、管理选择、外部输入减少、对邻近系统的破坏、对人类健康的影响等标准。其中最常使用的生态系统健康评价指标体系可表示为

$$HI = V \times O \times R$$

式中，HI 为生态系统的健康指数；V 为与系统活力、新陈代谢和初级生产力有关的一个指数；O 为系统组织指数，是系统组织的相对程度，与多样性和种间关联有关；R 为系统弹性指数，是系统弹性的相对程度。近年来随着生态系统评价案例的日益增多，许多研究并不局限于这一指标体系。

　　3. 生态系统健康的评估方法

　　生态系统健康评估的代表方法可分为指示物种法与指标体系法，其中指标体系法又可细分为综合指数评估法、层次分析法、主成分分析法、健康距离法等。在近年来的实际应用中，指标体系法有大量的具体定量方法，多种方法经常组合使用，并不局限于某一套固定体系。由于指示物种法一般适于单一生态系统，需要大量物种实测数据，而指标体系法不受生态系统数量、类型和数据源的限制，因此一般应用指标体系法进行生态系统健康评估的研究较多。然而，这并不暗示着基于采样的指示物种法已不适合作为生态系统健康评估方法，近年来，一些研究选择在指示物种采样结果的基础上建立指标体系，有效弥补了指标单一化造成的结果误差，其中多为水生生态系统健康评估的案例。这些研究通过选取具有代表性的指示物种，如浮游生物、底栖生物、自游生物等，采用自组织神经网络聚类等分析方法，构建评估体系。这种构建指标体系的指示物种法设计合理、采样工作量大、物种在生态系统中具有代表性，研究思路与结果对指示物种法的指标扩展与方法完善起到重要的推动作用。

　　近年来两种方法之间明确的区分界限已逐步淡化，为保证采样物种的完整性，指示物种法所采集的大量物种样本常以指标体系的形式进行组合；为扩展指标的合理性，指标体系法也逐渐纳入基于物种样本的生物指标为一个指标子集。指示物种法定量精度相对较高，但不能直接表征生态-社会过程间的相互驱动关系；指标体系法可以有效表征生态-社会过程的复杂性，但描述的精确度相对有限。根据不同评估目标将两种方法混合使用无疑有益于降低评估结果的不确定性或提升评估结果的综合性。随着研究的深入，评估单一生态系统健康的指标多度与体系复杂度还将进一步增加，评估的广度与精度也将同步上升，而指示物种法与指标体系法相结合的评估思路也会得到进一步的应用。

参 考 文 献

段克, 刘峥延, 李刚, 等. 2021. 滨海蓝碳生态系统保护与碳交易机制研究. 中国国土资源经济, 34(12): 37-47.

傅伯杰, 刘世梁, 马克明. 2001. 生态系统综合评价的内容与方法. 生态学报, 11: 1885-1892.

黄宝荣, 欧阳志云, 郑华, 等. 2006. 生态系统完整性内涵及评价方法研究综述. 应用生态学报, 11: 2196-2202.

蒋烨林. 2018. 气候变化对三江源生态系统稳定性的影响及其效应研究. 南京信息工程大学硕士学位论文.

景晓栋, 田贵良, 班晴晴. 2023. 基于文献计量的 21 世纪以来我国生态系统服务研究现状及发展趋势. 生态学报, 43(17): 7341-7351.

李海东, 吴新卫, 肖治术. 2021. 种间互作网络的结构、生态系统功能及稳定性机制研究. 植物生态学报, 45(10): 1049-1063.

李海福. 2020. 辽河口湿地潮滩区淤蚀动态特征与生态稳定性研究. 山东农业大学博士学位论文.

李璞, 王晓强, 欧阳志云. 2023. 生态资产产权交易机制研究: 以丽水市"河权到户"改革为例. 中国国土资源经济, 36(8): 10-17.

刘树宝, 陈亚宁, 李卫红, 等. 2014. 黑河下游不同林龄胡杨水分来源的 D、^{18}O 同位素示踪. 干旱区地理, 37: 988-995.

刘亚群, 吕昌河, 傅伯杰, 等. 2021. 中国陆地生态系统分类识别及其近 20 年的时空变化. 生态学报, 41(10): 3975-3987.

欧阳志云, 张路, 吴炳方, 等. 2015. 基于遥感技术的全国生态系统分类体系. 生态学报, 35(2): 8.

任毛飞, 毛桂玲, 刘善振, 等. 2023. 光质对植物生长发育、光合作用和碳氮代谢的影响研究进展. 植物生理学报, 59: 1211-1228.

杨庚, 曹银贵, 罗古拜, 等. 2019. 生态系统恢复力评价研究进展. 浙江农业科学, 60(3): 508-513.

姚晓寒. 2021. 吉林龙湾泥炭沼泽湿地生态系统稳定性研究. 东北师范大学硕士学位论文.

张贺全. 2014. 青海三江源国家生态保护综合试验区生态系统服务功能价值的确定. 东北农业大学学报(社会科学版), 12(5): 8-18.

赵士洞, 张永民. 2004. 生态系统评估的概念、内涵及挑战: 介绍《生态系统与人类福利:评估框架》. 地球科学进展, 4: 650-657.

Alberti M. 2016. Cities that Think Like Planets: Complexity, Resilience, and Innovation in Hybrid Ecosystems.

Seattle: University of Washington Press.

Berry Z C, Emery N C, Gotsch S G, et al. 2019. Foliar water uptake: processes, pathways, and integration into plant water budgets. Plant Cell and Environment, 42: 410-423.

Cerling T E, Harris J M, MacFadden B J, et al. 1997. Global vegetation change through the Miocene/Pliocene boundary. Nature, 389: 153-158.

Chen H, Zhu Q, Peng C, et al. 2013. The impacts of climate change and human activities on biogeochemical cycles on the Qinghai-Tibetan Plateau. Global Change Biology, 19: 2940-2955.

Chung M, Dufour A, Pluche R, et al. 2017. How much does dry-season fog matter? Quantifying fog contributions to water balance in a coastal California watershed. Hydrological Processes, 31: 3948-3961.

Craven D, Eisenhauer N, Pearse W D, et al. 2018. Multiple facets of biodiversity drive the diversity-stability relationship. Nature Ecology & Evolution, 2: 1579-1587.

de Wit H A, Valinia S, Weyhenmeyer G A, et al. 2016. Current Browning of Surface Waters Will Be Further Promoted by Wetter Climate. Environmental Science & Technology Letters, 3(12): 430-435.

Elton C S. 1958. The Ecology of Invasions by Animals and Plants. London: Chapman and Hall.

Folke C, Carpenter S, Walker B, et al. 2004. Regime shifts, resilience, and biodiversity in ecosystem management. Annual Review of Ecology Evolution and Systematics, 35: 557-581.

Fu B J, Su C H, Wei Y P, et al. 2011. Double counting in ecosystem services valuation: causes and countermeasures. Ecological Research, 26(1): 1-14.

Gardner M R, Ashby W R. 1970. Connectance of large dynamic (cybernetic) systems: critical values for stability. Nature, 228(5273): 784.

Hautier Y, Tilman D, Isbell F, et al. 2015. Anthropogenic environmental changes affect ecosystem stability via biodiversity. Science, 348(6232): 336-340.

Herendeen R A. 2008. Encyclopedia of ecology in ecological network analysis. Energy Analysis, 2008: 1072-1083.

Holling C S. 1973. Resilience and stability of ecological systems. Annual Review of Ecology and Systematics, 4(1): 1-23.

Huang Z, Liu X, Yang Q, et al. 2021. Quantifying the spatiotemporal characteristics of multi-dimensional karst ecosystem stability with Landsat time series in southwest China. International Journal of Applied Earth Observation and Geoinformation, 104: 102575.

Hussain M Z, Robertson G P, Basso B, et al. 2020. Leaching losses of dissolved organic carbon and nitrogen from agricultural soils in the upper US Midwest. Science of the Total Environment, 734(19): 139379.

Inostroza L, Zepp H, Pickett S, et al. 2020. Ecosystem Function // Leal Filho W, Azul A M, Brandli L, et al. Life on Land. Cham: Springer International Publishing: 1-8.

Kang W, Liu S, Chen X, et al. 2022. Evaluation of ecosystem stability against climate changes via satellite data in the eastern sandy area of northern China. Journal of Environmental Management, 308: 114596.

Krishna M P, Mohan M. 2017. Litter decomposition in forest ecosystems: a review. Energy Ecology & Environment, 2: 236-249.

Leopold A. 1949. A Sand County Almanac. New York: Oxford University Press.

Liu Y, Wang X, Wang Y, et al. 2019. Increased lateral transfer of soil organic carbon induced by climate and vegetation changes over the southeast coastal region of China. Journal of Geophysical Research: Biogeosciences, 124(12): 3902-3915.

MacArthur R. 1955. Fluctuations of animal populations and a measure of community stability. Ecology, 36: 533-536.

Mageau M T, Costanza R, Ulanowicz R E. 1998. Quantifying the trends expected in developing ecosystems. Ecological Modelling, 112(1): 1-22.

Marini L, Bartomeus I, Rader R, et al. 2019. Species-habitat networks: a tool to improve landscape management for conservation. Journal of Applied Ecology, 56: 923-928.

May R M. 1972. Will a large complex system be stable? Nature, 238(5364): 413.

McCann K, Hastings A, Huxel G R. 1998. Weak trophic interactions and the balance of nature. Nature, 395(6704): 794-798.

Nes E H V, Scheffer M. 2007. Slow recovery from perturbations as a generic indicator of a nearby catastrophic shift. American Naturalist, 169(6): 738-747.

O'Connor M I, Pennell M W, Altermatt F, et al. 2019. Principles of ecology revisited: integrating information and ecological theories for a more unified science. Frontiers in Ecology and Evolution, 7. DOI:10.3389/fevo. 2019.00219.

Osland M J, Feher L C, Griffith K T, et al. 2017. Climatic controls on the global distribution, abundance, and species richness of mangrove forests. Ecological Monographs, 87: 341-359.

Pimm S. 1984. The complexity and stability of ecosystems, nature, non-linear economic dynamics. Nature, 307(5949): 321-326.

Rapport D J, Costanza R, Mcmichael A J. 1999. Assessing ecosystem health. Trends in Ecology & Evolution, 13(10): 397-402.

Reddy A D, Hawbaker T J, Wurster F, et al. 2015. Quantifying soil carbon loss and uncertainty from a peatland wildfire using multi-temporal LiDAR. Remote Sensing of Environment, 170: 306-316.

Roni M Z K, Islam M S, Shimasaki K. 2017. Response of eustoma leaf phenotype and photosynthetic performance to LED light quality. Horticulturae, 3: 50.

Runting R K, Bryan B A, Dee L E, et al. 2017. Incorporating climate change into ecosystem service assessments and decisions: a review. Global Change Biology, 23: 28-41.

Serna-Chavez H, Swenson N, Weiser M, et al. 2017. Strong biotic influences on regional patterns of climate regulation services. Global Biogeochemical Cycles, 31: 787-803.

Vilchek G E. 2010. Ecosystem health, landscape vulnerability, and environmental risk assessment. Ecosystem Health, 4(1): 52-60.

Wang X, Chen G, Wu Q, et al. 2023. Spatio-temporal patterns and drivers of carbon-water coupling in frozen soil zones across the gradients of freezing over the Qinghai-Tibet Plateau. Journal of Hydrology, 621: 129674.

Xu Y, Lu Y G, Zou B, et al. 2024. Unraveling the enigma of NPP variation in Chinese vegetation ecosystems: the interplay of climate change and land use change. The Science of the Total Environment, 912: 169023.

Yan H, Gu X, Shen H. 2010. Microbial decomposition of forest litter: a review. Chinese Journal of Ecology, 29:

1827-1835.

Zhang M, Liu N, Harper R, et al. 2017. A global review on hydrological responses to forest change across multiple spatial scales: importance of scale, climate, forest type and hydrological regime. Journal of Hydrology, 546: 44-59.

Zhao W, Wu S, Chen X, et al. 2023. How would ecological restoration affect multiple ecosystem service supplies and tradeoffs? A study of mine tailings restoration in China. Ecological Indicators, 153: 110451.

第六章

宏观生态学

本章数字资源

◆ 第一节 景观生态学

一、景观与景观生态学

1. 景观的概念

"景观"一词是涉及社会科学、地理科学和生态科学等多个领域的重要概念。由于起源和诠释的多样化，景观有着各种不同的内涵，包括自然景观、文化景观、政治景观、经济景观、心理景观、适应性景观和风景画等。即使在景观生态学领域，"景观"一词也有不同的含义，其差异通常取决于空间尺度和研究内容。

景观一般被定义为面积在几平方公里以上的地理区域，这是从早期欧洲到当前全球大多数景观生态学研究的尺度。然而也有学者认为景观的本质不在于其绝对规模，而在于内部的异质性，因此他们将景观视为一个范围可大可小的异质性的区域。不同的生物种类在不同尺度上感知、体验和响应空间异质性，它们在景观中的格局和过程往往具有不同的特征尺度。因此，景观具有等级性，随研究的内容和对象而变化，例如，研究草原植被格局如何影响甲虫的活动，几平方公里的范围可能就足够了，不需要考虑几百平方公里的景观。在不同的景观生态学研究中，构成景观的要素差异很大。为了简化分析，可以将景观的组成划分为两大类：自然要素和文化要素。自然要素包括有形的物理结构，如地形、水体、植被和土壤，以及无形的生态过程，如物种迁移、营养循环和干扰动态。文化要素则涵盖了人类活动对景观的影响，包括社会经济利用、文化价值和历史意义，以及这些因素如何塑造景观的感知和管理。

多个学科都尝试阐明景观的科学含义。地理学认为，景观是由各个在生态上和起源上共轭地、有规律地结合在一起的最简单的地域单元所组成的复杂地域系统，是各要素相互作用的自然地理过程的总体，这种相互作用决定了景观动态。系统科学和控制论认为，景观是作为生态系统的载体的控制系统，通过土地利用及管理活动，系统中的主要成分将完全或部分地受到人类智慧的控制。

综合地理学、生态学和系统学等学科的认识，人们可以对景观作如下理解：①景观由不同空间单元镶嵌组成，具有异质性；②景观是具有明显形态特征与功能联系的地理实体，其结构与功能具有相关性和地域性；③景观是生物的栖息地，更是人类的生存环境；④景观处于生态系统之上、区域之下的中间尺度，具有尺度性；⑤景观具有经济、生态和文化的多重价值，表现为综合性（傅伯杰等，2011）。

2. 景观生态学的演变

（1）景观生态学的概念：景观生态学的定义也多种多样，尽管不像景观的定义那么多。1939 年，德国地理学家特罗尔（Troll）通过航拍照片研究东非土地利用问题时，受到其中明显空间格局的启发，创造了"景观生态学"一词，并在 1968 年将其定义为"研究景观中特定区域内生物群落与其环境之间主要复杂因果关系的学科"。特罗尔在多个学科的训练和研究赋予了他跨领域进行综合和创新的能力。他受过植物学训练，完成了植物生理学博士学位论文；毕业后对欧洲、南美洲和非洲各种景观的气候、地质、地理和生态进行过研究。所以，不难理解特罗尔一方面能够欣赏坦斯利（Tansley）于 1935 年提出的"生态系统"的新概念，另一方面认识到航空摄影在地理空间分析方面的巨大潜力。他通过尝试将生态学的"垂直"研究方法与地理学的"水平"研究方法相融合，一个全新的研究领域应运而生。

在过去的几十年里已有多位学者对景观生态学进行定义，这些定义在某种程度上都与特罗尔最初的定义有关。Zonneveld（1972）认为，景观生态学是地理学研究的一个方面，它将景观视为由相互影响的不同元素组成的完整实体，也就是说景观生态学将土地作为一个地区的总体特征而非基于其组成元素的各自特征来研究。Forman 和 Godron（1986）提出景观生态学是研究景观结构、功能和变化的学科，其中景观结构指"不同生态系统之间的空间关系"；景观功能指"生态系统之间的能量、物质和物种的流动"；景观变化指"景观结构和功能随时间的变化"。Naveh 和 Lieberman（1984）认为，景观生态学是现代生态学的一个年轻分支，以一般系统论、生物控制论和生态系统学为基础，研究人类与其开放景观和建成景观之间的相互关系。1984 年由 Risser 等提出的定义对景观生态学的发展最具深远意义，他们指出，景观生态学不是一门独立的学科或生态学的一个简单分支，而是一个综合了众多关注景观时空格局相关领域的综合交叉学科。

景观生态学与生态学其他分支学科有什么区别呢？Turner 等（2001）指出，景观生态学强调空间格局和生态过程之间的相互作用，即在不同尺度上空间异质性形成的原因及其产生的影响。景观生态学在两个重要方面与其他生态学分支学科截然不同：首先，景观生态学明确指出了空间配置对生态过程的重要性；其次，景观生态学通常关注比传统生态学研究大得多的空间范围。

历经几十年的发展演变，现代景观生态学所关注的不再局限于景观中的生物多样性、生态过程和生态系统服务，而是扩展到最终要实现的景观可持续性，维持和提高人类的福祉，这是景观规划设计的最终目标。通过对各种景观生态学定义的概括和高度综合，2007 年 Wu 和 Hobbs 将景观生态学定义为：在多个尺度上研究和改善空间格局、生态过程以及社会经济过程之间关系的科学与艺术的融合。

（2）欧洲学派和北美学派：基于起源和发展途径，全球景观生态学大致分为两个学派：欧洲学派和北美学派（傅伯杰和王仰麟，1990；Wiens，1997）。

欧洲学派有着悠久的历史，它是从地理学和规划学中发展起来的，注重人文主义

（humanistic）和整体论（holism），代表着应用景观生态学的研究方向，以捷克、荷兰和德国为代表。欧洲人很早就认识到，社会对景观的需求越来越大，人类面临的环境问题太过复杂，单一的现有学科已经无法解决，需要从一个新的多学科的视角来解决这些问题。欧洲学派多采用野外考察与制图相结合的实证性研究方法，具体表现为应用景观生态学思想和方法进行土地评价、利用、规划、设计，以及自然保护区和国家公园的景观设计与规划等，形成了较为完整的景观生态规划方法。欧洲学派强调人是景观的重要组分并在景观中起主导作用，注重宏观生态工程设计和多学科综合研究。欧洲学派开拓了景观生态学的应用领域，并取得了突出成就。

土地单元（land unit）是在研究尺度上生态同质且起源相似的一块土地，多个相互作用的土地单元组成景观。人们可以根据其属性特征（如地形、土壤、植被、气候及土地利用）对土地单元进行调查和制图。在此过程中综合运用地貌、土壤、植被等多个相关学科的理论与方法对各类土地数据进行整合，以此作为土地评估的依据，同时为土地管理等方面提供有力支持（Zonneveld，1989）。因此土地单元方法很好地体现了欧洲景观生态学的人文主义和整体论，促进了土地利用景观的评估、测绘、规划、设计和管理。

北美学派从生态学中发展起来，于20世纪70年代末提出了当代景观生态学的一些关键思想，如斑块动力学和斑块–廊道–基质模型；其早期思想受到岛屿生物地理学理论的启发，特别关注空间异质性。因此北美学派注重基于生物的生态学研究和基于还原论（reductionism）的方法论研究。北美学派主要基于现代科学和系统生态学进行景观生态系统研究，注重景观的多样性、异质性和稳定性，广泛应用空间格局分析和建模技术等定量方法，形成了景观空间格局分析、景观功能研究、景观动态预测、景观控制和管理的系列方法，奠定了景观生态系统学的基础，形成景观生态学基础和理论研究的核心。

北美和欧洲景观生态学家之间的第一次重要交流是在1981年，当时5位美国生态学家出席了在荷兰举行的第一届国际景观生态学大会。两年后，25位生态学家讨论景观生态学的性质和未来方向，并于次年发表了项历史性工作的报告"Landscape ecology：directions and approaches"，该报告成为北美早期景观生态学家的重要指南。

（3）中国的景观生态学：景观生态学在中国的引入相对较晚，自20世纪80年代起，中国景观生态学的发展历程可以概括为探索准备期、吸收消化期、实践发展期、思考与创新期、独立思考与创新期五个阶段。

在探索准备期（1980年之前），中国的地理学和地植物学工作者开始将苏联的景观生态学研究引入中国，同时开始摸索景观生态学研究的核心、内容和方法。吸收消化期（1980～1988年），中国学者开始发表文章介绍国外景观生态学的研究成果，阐述景观生态学的概念、特点和学科体系，以及与其他学科的区别。实践发展期（1989～1999年），1989年的首届全国景观生态学学术研讨会、云南大学开设了"景观生态学"研究生课程、Forman和Godron的《景观生态学》中文版出版等事件标志着中国景观生态学研究的迅速发展。思考与创新期（2000～2010年），中国学者编写了多部景观生态学著作，如《景观生态学原理及应用》和《景观生态学——格局、过程、尺度与等级》；多个大学开设了景观生态学本科课程；傅伯杰当选为国际景观生态学会（International Association for Landscape Ecology，IALE）副主席。独立思考与创新期（2011年之后），以国际景观生态学协会中国分会 IALE-China 在北京成功举办的第八届国际景观生态学大会为标志，中国景观生态学研究得到了国际认可。在追踪国际前沿的同时，中国景观生态学形成了具有中国特色的研究领域，如变化景观中生态服务的权衡研究等。

自景观生态学引入中国以来，中国学者结合中国国情在追踪国际研究前沿的同时开展了许多独具特色的工作，主要体现在土地利用格局与生态过程、城市景观演变的环境效应与景观安全格局构建、景观生态规划与自然保护区网络优化、干扰森林景观动态模拟与生态系统管理、绿洲景观演变与生态水文过程、景观破碎化与物种遗传多样性、多水塘系统与湿地景观格局设计、稻-鸭/鱼农田景观与生态系统健康、梯田文化景观与多功能景观维持、源汇景观格局分析与水土流失危险评价等十大方面。

（4）景观生态学的全球化：景观生态学的发展历程充满丰富的历史色彩，但对欧洲、北美洲，以及中国等不同区域的景观生态学派别进行过于简化的分类是不恰当的。实际上北美洲同样活跃着大量致力于土地利用规划和管理的景观生态学者，欧洲学者们也在深入研究景观格局及其动态过程。因此随着全球化的不断推进，景观生态学的研究和实践日益展现出跨区域合作与交流的特征，该学科的全球视野和综合性质越发显著。

尽管将应用科学与基础科学截然分开在任何科学领域都是不准确的，但在景观生态学中，这种区分尤其显得不恰当。科学与实践之间的互动是双向的，两者相互促进。实际上，这两种方法论是相辅相成的，它们对于景观生态学的理论发展和实际应用都不可或缺。景观生态学是一门充满活力的跨学科领域，它不仅整合了自然科学和社会科学的研究成果（图 6-1），而且通过推动跨学科合作和关注人类土地利用对环境和社会的影响，打破了传统科学与实践之间的界限。

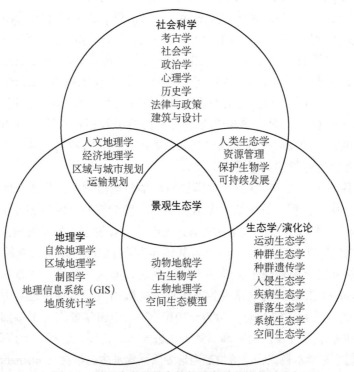

图 6-1 景观生态学是自然与社会科学的交叉融合

中国作为一个发展中的大国，拥有庞大的人口和丰富的环境多样性。尽管中国的社会经济取得了显著的进步，但环境质量、资源的可持续利用，以及生态安全仍然是实现区域可持续发展的重要挑战。因此，平衡区域经济增长与环境保护之间的关系显得尤为关键。中国未来的景观生态学研究应当继续秉承整体性原则，深入研究人类活动与景观演变之间的复杂相互作用，以期在整体景观的框架内实现对这些互动的全面理解。

3. 景观要素

景观的形成受多种因素影响，包括生物间的相互作用、非生物环境（如地貌、气候、土壤）、土地使用、自然干扰（如火灾、洪水、虫害、风灾），以及植被的自然演替等。气候、地形和土壤条件的差异，以及适应不同环境的动植物共同构成了景观的多样性。人类活动如农业和城市化可以改变植物的优势和多样性，影响物种分布，促进外来物种的扩散，改变土壤性质，进而重塑景观格局。自然干扰也会显著改变景观结构，如火灾后森林类型的转变或河流的改道。这些因素的综合作用决定了景观的格局，而人类活动的影响日益显著，成为未来景观演变的关键因素，值得特别关注。

基于斑块−廊道−基质模型，组成景观的结构单元一般包括斑块（patch）、廊道（corridor）和基质（matrix）。

1）斑块　　由于研究对象、方法和目的的差异，不同学者对斑块的定义有所区别。例如，Forman 和 Godron（1986）认为斑块是外观上不同于周围环境的非线性的同质化地表区域，是构成景观的基本结构和功能单元；邬建国等（1992）认为斑块是依赖于尺度且与周围环境（基质）在性质或外观上不同的空间实体。但所有定义都强调斑块的空间非连续性和内部均质性。根据不同的起源和成因，景观斑块常分为以下 5 种。

（1）干扰斑块（disturbance patch）。由小范围内局域性的树木死亡、火灾干扰、过度放牧和污染物排放等造成的小面积斑块。林隙（forest gap）也称林窗，就是典型的干扰斑块，是森林群落内一株或多株优势树木死于自然或人为干扰，从而在原本连续的林冠中形成的空隙。林隙形成之初，内部光照、温度和水分等环境因子与林下有明显区别，有利于阳性树种更新从而物种多样性提高；随着演替的进行和周围树木向林隙内伸展，林隙闭合，林隙与林下的环境差异也逐渐降低，林隙内物种多样性降低；在林隙发育晚期，其植物物种与周边基本一致。

（2）残余斑块（remnant patch）。残余斑块的成因与干扰斑块刚好相反。残余斑块是在大范围的林草大火、森林采伐、农业开发和城市化等干扰后，在局域范围内幸存的自然或半自然动植物群落。中国南方的风水林就是典型的残余斑块，在周围的农田、村庄和人工林包围之下，仍然保存着地带性植被的典型物种，是局域性生物多样性保护的对象，也为周边退化生态系统的修复提供参照和种源。如果周边受干扰的生态系统恢复较慢，残余斑块就可能保留很长时间；如果在自然和人为辅助下，受干扰的生态系统很快恢复起来，残余斑块就会消失。

（3）环境资源斑块（environment resource patch）。环境资源斑块是由于土壤的类型、水分、养分，以及与地形相关的各种资源环境条件在空间上的不均匀分布造成的斑块，反映了环境中资源的正常异质性分布，因而与干扰无关，一般保持相对稳定。绿洲就是典型的环境资源斑块，是在荒漠基质上以小尺度生物群落为基础构成的相对稳定、具有明显小气候效应的景观。绿洲是干旱区能流、物流最集中的场所和生态环境最敏感的区域，在气候变化、人类干扰和地下水下降的影响下，有些绿洲面临规模萎缩、连通性下降、功能降低，无法维持原有的人类和其他生物种群活动的适宜气候环境。

（4）人为引入斑块（introduced patch）。这种斑块是由于人们有意或无意地将动植物引入某些地区而形成的局域性生态系统，可分为种植斑块（如农田和人工林）和人类聚居地，是最明显而又普遍存在的景观组分之一，包括房屋、庭院、道路和毗邻的周边环境。城市就是典型的人为引入斑块，目前居住着全球一半以上人口，是现代科技创新和工业生产的集中地，但由于无序蔓延和管理不足，存在环境恶化和高度脆弱性的问题。

2）廊道　　景观中有 3 种类型的廊道，即线状廊道、带状廊道和河流廊道。线状廊道包括小道、公路、铁路、堤坝、沟渠、树篱、排水沟和灌溉渠等，通常只由边缘物种（edge species）组成。带状廊道是包含斑块内部环境的相对较宽的地带，可以为内部物种提供生存空间和迁徙通道。河流廊道是指沿着河流分布而不同于周围基质的植被带，包括河道边缘、河漫滩、堤坝和部分高地，其宽度变化对物种生存与迁徙，以及控制水流和养分流动具有重要的功能意义。

在景观中，廊道常常相互交叉形成网络（network），使廊道与斑块和基质的相互作用复杂化。网络具有一些独特的结构特点，例如，网络密度（network density），即单位面积的廊道数量；网络连接度（network connectivity），即廊道相互之间的连接程度；网络闭合性（network circuitry），即网络中廊道形成闭合回路的程度。网络的功能与廊道相似，但与基质的作用更加广泛和密切。

3）基质　　一般而言，基质是景观中最广泛出现的部分。例如，农业景观中的大片农田是基质，而各种廊道（如河流、道路和林带）和斑块（如居住区、人工林和风水林等）镶嵌于其中。因此，基质通常比斑块和廊道具有更高的连续性，通常对景观的总体动态具有支配性作用。

Forman（1995）认为，面积上的绝对优势、空间上的高度连续和对景观总体动态的支配作用等特征，是识别基质的 3 个基本标准。在实际研究和应用中，有时要截然区分斑块、廊道和基质不仅是困难的，而且是不必要的。在许多情形下，景观中不存在占有绝对面积优势的植被类型或者生态系统类型；并且，由于景观结构单元的划分总是与观察尺度相联系，所以斑块、廊道和基质的区分往往是相对的。从广义上讲，也可将基质看作是景观中占主导地位的斑块，而许多所谓的廊道也可看成是狭长形斑块。

二、景观生态学的基本概念

景观生态学家强调景观的结构、功能和动态（即景观如何随着时间的推移而变化），这三个属性是所有景观的特征，是量化和比较不同景观的基础。景观结构指景观要素的多样性和空间排列。景观功能指这些空间要素之间的相互作用，如能量、营养物质、物种和基因在斑块之间的流动。景观动态指景观结构和功能如何随时间变化。景观生态学的研究由这三个关键景观属性及其相关基本原则或核心概念驱动发展（表 6-1）。

表 6-1 景观生态学中常用术语的定义（改自 Forman，1995）

术语	定义
组成（composition）	每一种栖息地或覆盖类型都有什么以及有多少
布局（configuration）	空间元素的特定排列；常用作空间结构或斑块结构的同义词
连通性（connectivity）	景观中栖息地或覆盖物类型的空间连续性
廊道（corridor）	一种特定类型的相对较窄的带，与两侧相邻的区域不同
覆被类型（cover type）	用户定义的分类方案中的类别，用于区分景观上的不同栖息地、生态系统或植被类型
边缘（edge）	生态系统或覆盖类型在其周边附近的部分，其中的环境条件可能与生态系统中的内部位置不同；也用于测量景观上覆盖类型之间的相邻长度
片段化（fragmentation）	将栖息地或覆盖类型分解为更小、不相连的地块；通常与栖息地丧失有关，但并不等同于栖息地丧失
异质性（heterogeneity）	由不同元素组成的性质或状态，如在景观上出现的混合栖息地或覆盖物类型；与元素相同的同质性相反
景观（landscape）	至少在一个感兴趣的因素上具有空间异质性的区域
基质（matrix）	景观中的背景覆盖类型，特征是覆盖范围广、连通性高；并非所有风景都有明确的基质
斑块（patch）	与周围环境在性质或外观上不同的表面区域
尺度（scale）	物体或过程的空间或时间维度，以粒度和范围为特征

1. 景观异质性

景观异质性（landscape heterogeneity）指景观自然属性的多样性和复杂性，包括组成、结构和功能等方面。景观异质性可分为：①结构异质性，即景观自然属性（如土地覆盖）的类型及其空间排列；②功能异质性，即不同土地覆被类型对生物或非生物过程的影响，包括栖息地的多样性和连通性。量化景观结构异质性的方法相对成熟，通常采用 Shannon 多样性指数、土地覆被类型比例等指标，但景观功能异质性的量化手段仍有待发展。景观异质性在维持生物多样性、生态系统服务和生态恢复力方面起至关重要的作用，是人们进行景观规划和管理时需要考虑的重要因素。例如，提高景观结构异质性可促进农业景观中的物种多样性，但过高的异质性水平可能导致物种多样性略有下降。增加景观异质性是增加农业景观生物多样性的有效途径，同时又不占用农业生产用地。

2. 空间格局

景观在形态和功能上展现出多样性。我们可以通过多种特征来识别和分类景观，包括地形特征（如山地景观）、主要的土地覆被类型（如森林景观）、特定的生态功能（如生态保护区或声学环境）、提供的服务或产品（如农业景观），以及与人类活动和文化价值观相关的特征（如城市景观或文化景观）。值得注意的是，景观的概念并不仅限于陆地。由于异质性是景观的一个核心特征，海洋和淡水生态系统也应被包括在内，因为它们同样具有基质、栖息地、资源和环境条件的多样性。河流景观、海洋景观或"海景"等概念也属于景观范畴，它们同样具有空间异质性，因此，从景观生态学的角度进行研究可以为相关管理提供有价值的见解和策略。

3. 尺度依赖性

尺度（scale）由粒度（grain）和范围（extent）来表征（图 6-2）。粒度是指给定数据集中最精细的空间分辨率，如栅格地图中的网格大小。范围则表示整个研究区域的大小。尽管粒度和范围之间存在一定的相关性，范围仍然可以独立于粒度而变化；但粒度在一定程度上受范围的制约，因为较小的范围需要更高的分辨率，即较小的粒度。当我们描述某种模式、过程或现象是尺度依赖的（scale-dependent）时，表示该现象会随测量的粒度或范围变化而发生变化。

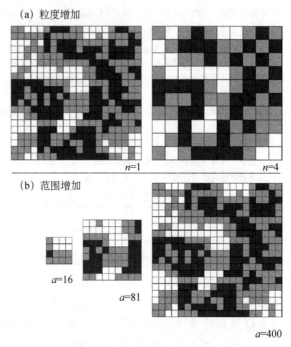

图6-2　空间尺度两个组成部分的示意图（改自 Turner et al., 1989）

（a）图为粒度，（b）图为范围。粒度的大小用 n 表示；范围（总面积）用 a 表示

景观的定义和理解受所考察尺度的影响。尽管传统上景观是基于人类视角来定义的，但景观生态学领域内一直存在一种趋势，即把景观视为一个具有空间异质性的区域，其尺度是相对于研究中的特定过程或生物体来确定的。例如，在北美洲的高草草原，蚱蜢和野牛虽然共享同一栖息地，但对食物资源的分布和可用性的感知可能截然不同，因为它们的活动范围和需求尺度不同。这种观点强调了景观的尺度依赖性，认识到空间异质性可以在多个尺度上存在。多尺度的斑块结构揭示了影响景观形成的不同过程和干扰的尺度。这种多尺度的视角扩展了景观的概念和景观生态学的研究范围。根据这一观点，任何规模和类型的空间分布都可以被视为一个景观。这种认识很重要，因为它表明景观生态学不仅是关注区域或大尺度的生态学，而且是研究空间格局如何影响所有尺度上的生态过程。这种理解有助于更全面地把握景观生态学的广泛性和应用性。

4. 景观动态

正如生态系统一样，景观也始终处于动态变化之中。从微小区域内的短期变化到广阔区域内的长期演变，各种规模的环境变化共同塑造了我们所见到的景观。因此，景观更应被理解为一个不断变化的"动态马赛克"，而非处于某种静态平衡状态。理解人为改变与自然扰动之间的差异，以及这些变化是否符合特定景观的历史变化范围，对于评估人类活动对景观结构和功能的潜在影响至关重要。此外，对于某些生态响应或景观功能而言，变化的速度可能与由此引发的结构变化（如栖息地的分布和数量）同等重要，甚至更为关键。例如，物种可能对栖息地的快速丧失或破碎化反应迟缓，因此，对物种对景观变化反应的评估可能低估了物种真正的灭绝风险。

5. 空间背景

空间背景在生态学研究中扮演着关键角色。由于景观的异质性，我们能够预见生态过程在空间上会有所差异。例如，栖息地对特定物种的适宜程度不同，这将直接影响物种的种群增长速率。优质栖息地能够维持种群的活力，而质量较差的栖息地则难以做到。要准确理解斑块内的种群动态，必须掌握有关栖息地质量的信息，因为种群动态直接受栖息地条件的影响。然而，栖息地质量本身也可能受到空间位置的影响，导致同一栖息地内不同地点的质量存在差异。例如，对于在森林中心筑巢的鸟类，其繁殖成功率可能高于在边缘筑巢的鸟类，因为边缘地区的捕食风险更高。此外，森林斑块被次生林环绕时的繁殖成功率可能高于被农田包围的森林，因为农田环境下的捕食风险更高。在森林覆盖率较高的景观中，捕食风险通常低于森林覆盖率较低的地区。因此，空间背景对于理解单个斑块内的生态过程以及斑块间的相互作用都至关重要。

6. 景观中的生态流

景观生态学中的生态流（ecological flow）是一个关键概念，它受到景观异质性的显著影响。这种异质性体现在斑块间的边界特性和土地覆盖或利用模式的镶嵌结构上。斑块边界对不同物种的通透性不同，这取决于物种对栖息地边缘的感知和适应能力。一些物种可能能够轻易穿越边界，而其他物种则可能将边界视为障碍。在植物群落之间，过渡区域可能表现为明显的"硬边界"，尤其当生物难以跨越这些边界时；也可能呈现出较为平缓的"软边界"，在不同栖息地类型间形成渐进的过渡。此外，生态系统间的流动，如陆地与水域之间的流动，也十分常见。例如，农业地区的地表径流是海洋和淡水系统中非点源污染的主要来源。这些流动不仅从陆地到水域，也可能逆向发生，如沿海地区的海水倒灌。斑块或生态系统间的不对称流动对景观内部及斑块间的动态具有深远的影响，尤其是在研究个体运动、基因流动和营养流动对生态过程的影响时。

7. 景观的连通性

连通性在景观生态学中扮演着核心角色，指生物、物质或营养物质在景观中斑块或系统之间流动的能力，这种流动可以是物理上的，也可以是功能上的，即使在结构上没有直接的连接（如通过栖息地走廊）。连通性可被视为景观的一个新属性，它是由生态流和景观模式相互作用产生的。因此，景观生态学的许多研究都与连通性的评估和分析紧密相关。连通性对于理解景观中干扰的传播至关重要，包括生物体、物质和营养物质的移动与重新分配，以及由此引发的种群结构和动态的变化。连通性还影响基因流动和群体遗传结构、入侵物种和疾病的扩散、群落动态，以及生态系统的结构和功能。简而言之，连通性是景观生态学研究中的一个关键概念，影响着景观中各种生态过程和现象。

8. 景观的多功能性

景观多功能性是指景观同时提供多种功能，且不同功能间存在相互作用的特性。景观的多功能性意味着它能够满足人类社会的多种需求，包括生态、社会和经济方面的需求。随着人类活动对景观的改造日益增加，景观管理变得尤为重要，它需要解决因不同利益和价值观念而产生的冲突（刘焱序和傅伯杰，2019）。景观生态学的核心目标之一是实现可持续性，这不仅关乎生态系统的健康，也关乎自然资源的有效管理。因此，景观生态学的兴起正是为了满足资源管理的全面性和广泛性需求，它强调利用生态学原理来解决人类土地利用所引发的环境和社会问题，以实现景观的可持续发展。然而，目前景观多功能性的概念不明确、计量方法粗略以及实践应用较少，是当前制约景观多功能性研究继续深化的障碍。

三、景观格局分析

由于景观生态学强调空间格局和生态过程之间的相互作用，因此有必要采用合理的方法描述和量化空间格局。首先，景观随着时间的推移而变化，我们需要了解不同时间的景观格局有何不同，以及是如何变化的。其次，需要比较给定景观中的两个区域或多个不同景观之间的不同或相似程度。再者，需要定量评估不同驱动因素对景观格局的影响。最后，景观格局的不同方面可能对生物的运动模式、营养物质的再分配或自然扰动的传播等过程很重要。因此，空间格局度量在许多景观研究中起关键作用。

1. 景观格局分析所用的数据

景观格局分析通常依赖于存储在地理信息系统（geographical information system，GIS）中的数字化土地利用/土地覆盖数据。这些数据主要分为四类。①航空摄影，作为早期景观研究的关键数据源，在卫星遥感数据普及之前，主要以黑白照片形式存在，而现代则多采用真彩色或红外图像；其优势在于分辨率可能极高，但缺点是覆盖范围可能不均匀，某些区域可能缺乏数据，且土地利用类型的分类过程耗时。②数字遥感数据，目前被众多研究者广泛采纳和获取。这些数据由各国在全球范围内提供，具有广泛的频率和空间覆盖，是宝贵的数字数据资源；其优点是覆盖范围广，但缺点是获取高精度数据的成本相对较高。③公开的普查数据，如全国性或区域性的土地利用或土地资源普查数据。④实地测绘数据，这些数据通常适用于较小范围的景观研究。

无论采用哪种数据源，景观指标的计算通常依赖于图像或光谱数据分类的空间数据集，各种公开发表的土地利用或生态系统分类系统可供参考。①中国《第三次全国国土调查工作分类地类认定细则》提出了 13 个一级地类：湿地、耕地、种植园用地、林地、草地、商业服务业用地、工矿用地、住宅用地、公共管理与公共服务用地、特殊用地、交通运输用地、水域及水利设施用地和其他土地。②欧阳志云等（2015）提出了一套基于中等分辨率遥感数据的生态系统分类体系，包含 9 个一级类、21 个二级类和 46 个三级类，该体系主要基于生态系统内部特征的相似性，并考虑了气候和地形等环境因素。③世界自然保护联盟（International Union for Conservation of Nature，IUCN）在 2021 年发布了《IUCN 全球生态系统分类体系 2.0》，该体系依据生态功能和生物组成，将地球上的生态系统划分为 10 个领域、25 个生物群区和 108 个生态系统功能性群组（ecosystem functional group）。

在景观格局分析的软件工具中，尽管少数软件支持矢量数据格式，但大多数工具仍是基于栅格数据格式设计的。在栅格数据模型中，景观被分割成一系列相等大小的方形单元格，这些单元格的尺寸决定了数据的详细程度（即分辨率）。栅格数据在景观分析中更常见，主要是因其便于进行计算机编程处理且卫星遥感数据大多是以栅格形式提供。

栅格数据和矢量数据是地理信息系统（GIS）中用于存储和处理地理信息的两种主要数据模型。栅格数据（raster data）由一系列规则排列的网格单元（称为栅格或像素）组成，每个单元格包含一个值，代表该位置的属性。这些属性可以是颜色、高度、温度、土地覆盖类型等。栅格数据特别适合表示连续变化的地理现象，如地形、温度分布、植被指数等。栅格数据的分辨率由栅格单元的大小决定，单元越小，分辨率越高，数据越详细，但数据量也越大。栅格数据在处理遥感图像、地形分析和环境模拟等领域非常有用。矢量数据（vector data）使用点、线和多边形来表示地理特征。点用于表示位置，线用于表示线性特征（如道路、河流），多边形用于表示面状特征（如湖泊、行政区域）。矢量数据模型的优点在于它能够精确地表示地理特征的形状和位置，且数据量相对较小，便于编辑和分析。矢量数据在地图制作、城市规划、土地管理等领域中常见。

栅格数据和矢量数据各自具有独特的优点和适用场景。在实际应用中，根据具体需求，如分析的类型、数据的来源和精度要求，以及最终的展示效果，可以选择最适合的数据模型。此外，栅格数据和矢量数据可以进行转换，以利用各自的优势。例如，矢量数据可转换为栅格数据以进行空间分析，而栅格数据也可转换为矢量数据以进行精确的地理特征表示。这种转换使得 GIS 用户能够根据不同的任务和目标灵活地使用数据。

2. 景观格局分析的注意事项

1）景观分类体系非常关键　　在进行景观格局分析时，分类体系中类别的数量和类型对分析结果有着显著影响。例如，使用遥感数据对同一地区进行景观分类时，如果采用基于森林类型的分类体系与基于森林年龄的分类体系，将得到截然不同的景观分类结果。这两种分类方法会导致不同的景观格局描述和定量分析结果。因此，选择合适的分类体系对于景观格局分析至关重要，这取决于研究的具体问题。分类体系的选择应与研究目标相匹配，确保分类的详细程度与研究区域的大小相适应。通常情况下，研究区域越小，分类体系越需要细化。同时，为了确保分析结果的可比性，所有参与比较的景观区域应采用相同的分类体系。

确定了景观分类体系后，必须明确地从原始数据中定义不同的景观类别。例如，区分"森林"和"灌丛"的植被高度和覆盖度标准可能因所采用的分类方法而有所不同；同样，区分"高密度城市"和"低密度城市"的建筑密度标准也会根据分类方案而变化。为了确保一项研究结果的透明度和可比性，使得其他研究者能够理解并复现，或者将该项研究结果与其他研究进行对比，分类方案的描述必须清晰、直接。

2）需要明确定义尺度　　尺度包括两个基本方面，即粒度和范围。任何景观格局分析中使用的数据的粒度和范围都会影响给定指标的数值结果,因此必须对其进行明确定义。这种敏感性意味着,不同尺度(粒度或范围)的景观数据的比较可能是无效的,因为结果反映了与尺度相关的误差,而不是景观模式的差异。因此,在进行景观分析时,必须谨慎考虑尺度的选择,以确保分析结果的准确性和可比性。

尺度如何影响景观指标?当粒度增大(即分辨率降低)时,稀有或小面积的景观元素往往变得难以辨识,甚至可能消失。景观单元的形状趋向于简化,细节信息减少,导致不同景观类型的边界变得模糊。随着尺度的改变,不同景观覆盖类型的比例变化会影响一系列景观指标,包括斑块大小、斑块密度和景观多样性等。某些指标对粒度变化的敏感性高于其他指标。例如,景观多样性和分形维数等指标在不同粒度和覆盖类型数量的分析中显示出较高的稳定性,而平均斑块形状则可能因粒度变化而有所波动。像素大小对量化景观连通性特征的影响显著。

研究区域的地理范围对景观指标的影响是独立于粒度的,主要体现在两个方面。首先,随着研究区域的扩大,稀有景观覆盖类型的出现频率通常会增加,这与物种丰富度随采样面积增加而增加的现象类似。相反,研究区域的缩小则可能导致稀有类型的代表性降低。其次,当斑块的尺寸相对于整个研究区域较大时,它们可能会被地图的边界所截断。研究区域的范围越小,这种边界效应越明显,从而可能对斑块的大小、形状和复杂性等指标的测量造成偏差。

3)斑块的操作性定义 定义斑块的两种常见规则是"四邻规则"(仅限水平和垂直方向)和"八邻规则"(包括水平、垂直和对角线方向)。不同的规则将影响斑块分析的结果,包括斑块的数量、平均大小,以及对栖息地连通性的评估(图6-3)。与八邻规则相比,四邻规则倾向于产生更多、更小的斑块且可能会降低栖息地的连通性评估。

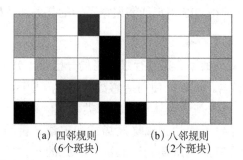

(a)四邻规则 (b)八邻规则
(6个斑块) (2个斑块)

图 6-3 四邻规则(a)和八邻规则(b)在同一地图上识别斑块的图示
相同颜色的单个方格或若干方格为一个斑块

在进行斑块分析时,数据的分辨率和分类方案也是需要考虑的因素。分辨率的提高通常会导致斑块数量的增加,因为较高的分辨率能够捕捉到更多细节。物种或生态过程对栖息地的需求可能各不相同,这可能需要对地图数据进行重新分类,以适应对不同物种或生态过程的斑块分析。在斑块识别上,方法也有所不同:一些方法仅根据覆盖类型来识别斑块,而不考虑斑块的实际使用情况;而其他方法则基于斑块预期功能的差异来识别斑块。因此,对于不同的物种或生态过程,同一景观可能呈现出不同的面貌。

　　总之，任何基于斑块的量化分析（如斑块平均大小、斑块大小分布、周长与面积的比例关系，以及从图论中提取的网络模型）都受到斑块定义过程中所考虑因素的影响。因此，斑块的定义需要仔细考虑和精心设计。斑块不应被视为景观中固定不变的实体，而是应根据具体的研究目标和分析需求，进行灵活的定义。

　　4）指数的关联性和冗余性　　在景观分析中，选择的指标必须与研究目的相一致，这与数据分类和空间尺度的选择同等重要。然而，由于许多指标之间存在显著的相关性，揭示相似的空间特征，这可能导致信息的冗余。在任何研究中，都要确保所选指标能够准确地反映预期的空间模式，并且相互独立。忽略景观指数之间的相关性可能会导致对关键响应变量的错误解释。

　　多变量分析揭示了景观指标之间的相关性，例如，Riitters 等（1995）发现了 55 种景观指标在表达景观的空间格局特征方面存在一定程度的重叠。因此，一般的景观分析仅需 5 类相对独立的指标：①景观类别或覆盖类型的数量（多样性）；②景观纹理的精细度或粗糙度；③斑块的紧凑性或复杂性；④斑块的线性或平面特性；⑤斑块边缘形状的复杂性或简单性。因此，在选择指标时应优先考虑那些相互独立的指标，确保每个指标或指标组合都能揭示具有生态意义的景观特征。也就是说，许多高度相关的指标并不会提供新的信息，易于计算的指标也不一定在分析中必不可少。

　　需要注意的一个关键问题是，景观指标之间的关系可能并非总是线性的。如果错误地假设景观指标之间存在线性关系，可能会得出不准确的结论。

　　5）事先思考以避免景观分析的误区　　尽管我们期望有一个通用的景观指标能够全面捕捉景观的复杂性，但现实是，没有一个单一指标能够完全涵盖景观的所有方面。在着手分析景观模式之前，建议先思考以下问题，以指导分析并避免常见的误区。

　　（1）我们进行这项研究的科学或管理问题是什么？

　　（2）哪些空间格局特性最吸引我们？为什么？这些特性如何随时间演变？如何影响我们关注的过程？

　　（3）哪些指标可以作为我们希望量化的空间质量的潜在指标？对于整个景观、特定覆盖类型或单个斑块，我们应该计算哪些指标？

　　（4）回答这些问题需要哪些空间数据？分类数据还是连续数据更适合这些问题？对于分类数据，哪种分类方案最符合我们的研究目标？

　　（5）对于跨多个领域或时间段的分析，数据集的尺度和分类方案是否一致？

　　（6）空间数据的准确性如何？数据中的错误是否可能影响分析结果？在比较不同景观时，数据源和分类方法是否一致？

　　（7）每个指标是如何计算的（计算公式是什么）？它的潜在范围是什么（最小值和最大值）？它是标准化的还是无限制的值？单位是什么？

　　（8）计算的指标之间存在怎样的相关性结构（提供每个指标的描述性统计数据，并通过散点图和相关系数来检查指标的相关性结构）？最精简的指标集是什么？

　　（9）我们将使用什么方法来确定指标在统计和生态学上的重要性？指标的价值、差异或趋势将如何从生态学角度进行解释？

通过回答这些问题，我们可以更有效地选择和解释景观分析中的指标，从而更深入地理解景观的复杂性。

3. 景观指数及其应用

1）斑块形状指数 一般而言，斑块形状指数（patch shape index）是通过将斑块的边长与其面积的比值进行数学转换得到的，目的是标准化不同形状的斑块，以便进行比较。为了标准化，通常会使用形状最紧凑且简单的几何形状（如圆形或正方形）作为参照，以确保不同斑块的形状指数具有可比性。具体来说，斑块形状指数通过量化斑块形状与同等面积的圆形或正方形之间的差异来评估斑块形状的复杂性。常见的斑块形状指数 S 有以下两种形式：

$$S = \frac{P}{2\sqrt{\pi A}} \tag{6-1}$$

$$S = \frac{0.25P}{\sqrt{A}} \tag{6-2}$$

式中，P 是斑块周长；A 是斑块面积。当斑块形状为圆形时，式（6-1）的取值最小，等于 1；当斑块形状为正方形时，式（6-2）的取值最小，等于 1。对于式（6-1）而言，正方形的 S 值为 1.1283，边长分别为 1 和 2 的长方形的 S 值为 1.1968。由此可见，斑块的形状越复杂或越扁长，S 的值就越大。

2）景观丰富度指数 景观丰富度指数（landscape richness index）是指景观中斑块类型的总数，用 R 表示，即

$$R = m \tag{6-3}$$

式中，m 是景观中斑块类型数目。

在比较不同景观时，采用相对丰富度（relative richness）和丰富度密度（richness density）指标更为适宜，即

$$R_r = \frac{m}{m_{max}} \tag{6-4}$$

$$R_d = \frac{m}{A} \tag{6-5}$$

式中，R_r 和 R_d 分别表示相对丰富度和丰富度密度；m_{max} 是景观中斑块类型数的最大值；A 是景观面积。

3）景观多样性指数 景观多样性指数（landscape diversity index）是以信息论为基础，用来度量系统结构组成复杂程度的一些指数，用 H 表示。常用的指数有以下两种。

（1）Shannon-Wiener 多样性指数（又称 Shannon-Wiener 指数，或 Shannon 多样性指数）：

$$H = -\sum_{k=1}^{n} P_k \ln P_k \tag{6-6}$$

式中，P 是斑块类型 k 在景观中出现的概率（通常以该类型占有的栅格细胞数或像元数占景观栅格细胞总数的比例来估算）；n 是景观中斑块类型的总数。

（2）Simpson 多样性指数，用 H' 表示：

$$H' = 1 - \sum_{k=1}^{n} P_k^2 \tag{6-7}$$

式中各项定义同前。多样性指数的大小取决于两个方面的信息：一是斑块类型的多少（即丰富度），二是各斑块类型在面积上分布的均匀程度。对于给定的当各类斑块的面积比例相同时（即 $P_k=1/n$），H 达到最大值（Shannon-Wiener 多样性指数）：$H=\ln n$，Simpson 多样性指数 $H'_{max}=1-1/n$。通常，随着 H 的增加，景观结构组成的复杂性也趋于增加。

4）景观优势度指数　景观优势度指数（landscape dominance index）是多样性指数的最大值与实际计算值之差，用 D 表示，其表达式为

$$D = H_{max} + \sum_{k=1}^{m} P_k \ln P_k \tag{6-8}$$

式中，H_{max} 是多样性指数的最大值；P 是斑块类型 k 在景观中出现的概率；m 是景观中斑块类型的总数。通常，较大的 D 值对应一个或少数几个斑块类型占主导地位的景观。

5）景观均匀度指数　景观均匀度指数（landscape evenness index）反映景观中各斑块在面积上分布的不均匀程度，通常以多样性指数和其最大值的比来表示。以 Shannon 多样性指数为例，均匀度可表达为

$$E = \frac{H}{H_{max}} = \frac{-\sum_{k=1}^{n} P_k \ln P_k}{\ln n} \tag{6-9}$$

式中，H 是 Shannon 多样性指数；H_{max} 是其最大值。显然，当 E 趋于 1 时，景观斑块分布的均匀程度也趋于最大。

6）景观形状指数　景观形状指数（landscape shape index，LSI）与斑块形状指数相似，只是将计算尺度从单个斑块上升到整个景观而已。其表达式如下：

$$LSI = \frac{0.25E}{\sqrt{A}} \tag{6-10}$$

式中，E 为景观中所有斑块边界的总长度，为景观总面积。当景观中斑块形状不规则或偏离正方形时，LSI 增大。

7）正方像元指数　正方像元指数（square pixel index，SQP）是周长与斑块面积比的另一种表达方式，即将其取值标准化为 0 与 1 之间。其表达式如下：

$$SQP = 1 - \frac{4\sqrt{A}}{E} \tag{6-11}$$

式中，A 为景观中斑块总面积；E 为总周长。当景观中只有一个斑块且为正方形时，SQP=0；当景观中斑块形状越来越复杂或偏离正方形时，SQP 增大，渐趋于 1。显然，SQP 与 LSI 之间有直接的数量关系，即

$$LSI = \frac{1}{1 - SQP} \tag{6-12}$$

8）景观聚集度指数　景观聚集度指数（landscape contagion index）用 C 表示，数

学表达式一般如下：

$$C = C_{\max} + \sum_{i=1}^{n}\sum_{j=1}^{n} P_{ij}\ln P_{ij}$$ (6-13)

式中，$C_{\max}$ 是聚集度指数的最大值（$2\ln n$），n 是景观中斑块类型总数；P_{ij} 是斑块类型 i 与 j 相邻的概率。在一个栅格化的景观中，P_{ij} 的一般求法是

$$P_{ij} = P_i P_{j/i}$$ (6-14)

式中，P_i 是一个随机抽选的栅格细胞属于斑块类型 i 的概率（可用斑块类型 i 占整个景观的面积比例来估算）；$P_{j/i}$ 是在给定斑块类型 i 的情况下，斑块类型 j 与其相邻的条件概率，即

$$P_{j/i} = m_{ij} / m_i$$ (6-15)

式中，m_{ij} 是景观栅格网中斑块 i 和 j 相邻的细胞边数；m_i 是斑块类型 i 细胞的总边数。比较不同景观时采用相对聚集度 C' 更为合理（Li and Reynolds，1993），其计算公式如下：

$$C' = C / C_{\max} = 1 + \frac{\sum_{i=1}^{n}\sum_{j=1}^{n} P_{ij}\ln P_{ij}}{2\ln n}$$ (6-16)

式中各项定义同前。聚集度指数反映景观中不同斑块类型的非随机性或聚集程度。如果一个景观由许多离散的小斑块组成，其聚集度的值就较小；当景观中以少数大斑块为主或同一类型斑块高度连接时，其聚集度的值则较大。与多样性和均匀度指数不同，聚集度指数明确考虑斑块类型之间的相邻关系，因此能够反映景观组分的空间配置特征。

因为多样性、均匀度、优势度和聚集度指数都是以信息论为基础而发展起来的，有时统称为信息论指数（information theoretic index）。除聚集度指数外，多样性、均匀度和优势度等指数在种群和群落生态学中应用已久。

9）分形维数　　分形维数（fractal dimension）可以直观地理解为不规则几何形状的非整数维数。而这些不规则的非欧几里得几何形状可通称为分形（fractal）。不难想象，自然界的许多物体，包括各种斑块及景观，都具有明显的分形特征。近年来，分维方法已被广泛地应用在生态学空间格局分析中。

对于单个斑块而言，其形状的复杂程度可以用它的分形维数来量度。斑块分形维数可由下式求得

$$P = kA^{F_d/2}$$ (6-17)

即

$$F_d = 2\ln\frac{P}{k} / \ln A$$ (6-18)

式中，P 是斑块的周长；A 是斑块的面积；F_d 是分形维数，是常数。对于栅格景观而言，$k=4$。一般来说，欧几里得几何形状的分形维数为 1；具有复杂边界斑块的分形维数则大于 1，但小于 2。在用分形维数来描述景观斑块镶嵌体的几何形状复杂性时，通常采用线性回归方法，即

$$F_d = 2s$$ (6-19)

式中，s 是对景观中所有斑块的周长和面积的对数回归而产生的斜率。因为这种回归方

法考虑不同大小的斑块，由此求得的分形维数反映了所研究景观不同尺度的特征。

分形结构的一个核心特性是自相似性（self-similarity），意味着整体的形态可以通过其基本单元的重复组合来构建。对于具有分形特征的景观，其斑块性在不同尺度上应展现出显著的相似性。这种特性可以通过在不同尺度上计算分形维数来评估，观察其值在不同尺度范围内的稳定性。如果分形维数在某个特定的尺度范围内保持恒定，这表明景观在该尺度范围内具有自相似性。相反，如果分形维数随着尺度的变化而变化，那么这些变化的临界点可能揭示了景观的层次结构。

除了上述几种景观指数，还有许多其他类型的指数。表 6-2 列出了 16 种景观指数，其中一些已在前面提及。近年来，多种免费的景观格局分析软件可通过互联网获取。其中，FRAGSTATS 是最受欢迎的软件之一。FRAGSTATS 是一个用于定量分析景观结构和空间格局的计算机程序。它在三个层面上计算景观格局指数：斑块级别、斑块类型级别和景观级别，可以计算表 6-2 中的所有指数。

表 6-2 景观格局分析常用景观指数表

序号	景观指数	缩写	序号	景观指数	缩写
1	斑块数	NP	9	平均斑块面积	MPS
2	斑块密度	PD	10	斑块面积标准差	PSSD
3	边界总长度	TE	11	斑块面积变异系数	PSCV
4	边界密度	ED	12	景观形状指数	LSI
5	斑块丰富度	PR	13	平均斑块形状指数	MSI
6	斑块丰富度密度	PRD	14	面积加权平均斑块形状指数	AWMSI
7	Shannon 多样性指数	SHDI	15	双对数回归分形维数	DLFD
8	最大斑块指数	LPI	16	平均斑块分形维数	MPFD

在应用 FRAGSTATS 软件进行景观分析时，用户需要明确分析地理范围，这个范围可以是任何空间现象的代表。此软件能够对景观中斑块的面积和空间分布特性进行量化，但其分析仅限于类型数据（如不同类型的地图）。用户在使用时，需要根据景观数据的具体特点和所研究的生态学问题，合理确定分析的范围和粒度，并进行恰当的斑块分类和边界定义。与所有计算机程序相同，此软件本身不能自动为数据赋予生态学含义，这需要研究者结合专业知识和深入思考来完成。

四、景观模型

1. 模型的定义

模型的定义多种多样，通常指对现实世界中系统或现象的简化或概括表示。具体来说，模型是对真实系统或现象中核心要素及其相互作用的抽象表达。哪些要素是核心的，这不仅取决于系统或现象的性质，还与研究目的的紧密相关。模型可通过多种方式构建，包括文字描述、图表、物理模型（如飞机模型等）及数学公式。在生态学领域通常关注的是数学模型。数学模型在科学研究中扮演着关键角色，它们具备以下关键功能。

（1）预测能力：数学模型能够利用现有的数据和信息，通过计算来预测系统未来的行为和发展趋势。

（2）深化理解：通过构建、运行和分析数学模型，研究者能够更深入地理解研究对象的内在机制和相互作用。

（3）暴露知识空白：数学模型要求对变量和它们之间的关系有清晰的定义，这有助于揭示人们对研究对象理解的不足或模糊之处。模型运行中出现的异常结果可以为研究者提供新的研究方向。

（4）信息整合：在研究复杂系统时，数学模型能够整合来自不同学科、不同尺度和不同模式与过程的数据，将这些信息转化为有用的知识。

（5）支持管理和决策：经过验证的数学模型能够模拟不同管理策略或自然事件对生态系统或景观的影响，因此在管理和决策过程中发挥着重要的支持作用。

这些功能使得数学模型成为科学研究和实际应用中不可或缺的工具。

2. 生态学建模的一般原理和过程

生态学模型是对现实生态系统的简化或抽象表达，旨在通过数学方法来模拟生物与环境之间的相互作用。在构建模型时，生态学家需要根据研究目的和系统特点，选择合适的简化或抽象标准。模型的目的是提供一个有效的工具，帮助我们理解和预测复杂的生态现象，而不是简单地复制现实。一个好的模型能够将复杂系统简化，使其易于理解，而一个差的模型可能会使原本简单的问题变得复杂难懂。

Levins（1966）提出了生态学建模的"三分"观点，即模型的普遍性、真实性和准确性之间的相互制约关系。普遍性指的是模型能够代表的系统或现象的广泛性，真实性指的是模型与真实系统的相似程度，而准确性则是指模型输出与实际观测值的吻合程度。Levins 认为，虽然这三个方面可以同时改进，但通常只能在其中两个方面达到最佳。这意味着在建模时需要在普遍性、真实性和准确性之间做出权衡。

生态学建模通常包括四个阶段：建立概念模型、建立定量模型、模型检验和模型应用。建立概念模型阶段涉及定义研究问题、确定建模目的和系统边界。建立定量模型阶段则包括选择数学方法、确定变量关系、估计参数值和编写计算机程序。模型检验阶段包括模型确认和模型验证，确保模型的正确性和有效性。模型应用阶段则涉及模拟实验设计、结果分析和模型结果的交流。

生态学模型的建立是一个循环往复、不断修正的过程，不同类型的模型（如种群模型、生态系统模型和景观模型）虽然在具体内容和数学方法上有所不同，但都遵循类似的建模原理和过程。模型的建立和应用需要综合考虑模型的普遍性、真实性和准确性，以及模型的可操作性和可理解性，以达到最佳的建模效果。

3. 景观模型的主要类型及特征

根据其处理空间异质性的方法，景观模型可以分为三大类。①非空间景观模型：不考虑研究区域的空间异质性，或者假定空间是均质或随机的，在景观生态学中使用较少。②分布模型（或准空间模型）：考虑空间异质性的统计特性，在景观生态学中广泛使用。③景观空间模型：明确地将研究对象和过程的空间位置及其空间相互作用纳入考量，是在景观生态学中广泛使用且具有代表性的景观模型。由于景观生态学的核心在于研究空间格局与生态过程的相互作用，因此景观空间模型成为景观模型中最典型的代表（邬建国，2007）。

依据模型的结构特征差异和对研究涉及生态学过程处理方式的不同，可进一步将景观空间模型分为空间概率模型、邻域规则模型、景观机制模型、景观智能耦合模型 4 类（何东进等，2012）

（1）空间概率模型在景观生态学中的应用非常广泛，是生态学中经典的马尔可夫模型在空间上的扩展。这种模型通过转移矩阵来模拟景观斑块从一个类型转换到另一个类型的动态过程。空间马尔可夫模型（spatial Markovian model）假设转移概率不随时间变化且这种概率仅与斑块在前一时间点的状态有关。由于模型的简洁性以及对数据要求不高，空间马尔可夫模型成为景观生态学家描述或预测植被演替、植物群落空间结构变化以及土地利用变化。在计算转移概率时，该模型不考虑空间格局本身对转移概率的影响，而是反映景观的总体概率。因此，该模型虽然在预测某些斑块类型变化的面积比例时可以相当准确，但在空间格局方面的误差通常较大。

（2）邻域规则模型认识到，在景观动态变化的过程中，斑块的变化不仅受前一时间点状态的影响，还受到周围斑块特性及其变化的制约。这些影响可以转化为一系列规则，进而约束景观动态变化的幅度和方向。基于这一理念，邻域规则模型应运而生，成为一类重要的景观离散型动态模型。在这些模型中，应用最广泛且具有代表性的是细胞自动机模型（cellular automation model，CA 模型）。CA 模型的基本构成包括栅格网络、细胞状态、邻域规则和转换方程。该模型直观简单，应用广泛，其最大的优势在于能够将局部小尺度数据与邻域转换规则相结合，通过计算机模拟研究大尺度系统的动态特征。此外，CA 模型中的细胞与基于栅格的 GIS 中的栅格结构相同，使得模型与 GIS、遥感数据处理等系统的集成变得相对容易。然而，CA 模型也存在局限，主要表现在以下几点：过分强调邻近单元的状态及其相互作用而忽略了区域和宏观因素的影响；转换规则是预先设定的，但实际的景观状态转换并非完全确定的；难以把握时空分辨率，这影响了模拟结果的准确性。

（3）景观机制模型（mechanistic landscape model），也称景观过程模型（process-based landscape model），是一种基于生态学过程的内在机制，模拟其空间动态变化的模型。为了深入理解景观动态，我们必须考虑空间格局与生态学过程的相互作用，这包括动物个体行为、种群动态及其调控、干扰的扩散过程、生态系统中的物质循环和能量流动、土地利用变化以及其他驱动景观格局变化的因素。基于这些相互作用，景观过程模型可以被归纳为四大类：空间生态系统模型、空间斑块动态模型、空间直观景观模型和个体行为模型。以个体行为模型为例，这类模型以生物个体为基本单位，模拟其行为及其与其他个体和景观的相互作用。在个体行为模型中，景观结构的动态变化和功能通过个体行为的变化来体现。这些模型主要包括个体迁移模型和一系列数字化影像处理。个体迁移模型根据种群相互作用、扩散、迁移、生境选择和捕食偏好等数据，模拟动植物个体的活动。而数字化影像处理则涉及将景观影像数字化为格网形式的像元，并在适宜的尺度上测量景观特征，结合个体行为特征参数进行模型构建，分析模拟对象的动态特征。然而，个体行为模型在数据需求上量大，这是其建模的主要难点。当数据资料充分时，个体模型能有效模拟生活在异质性空间环境中、具有复杂生活史的小种群动态。但在特定分辨率水平和特定个体的数据不足时，模型的应用会变得极为困难。此外，个体模型常涉及众多个体、种群和系统的细节信息，这可能导致模型结构的复杂化。同时，由于个体模型直接融入观测数据，模型也容易受到经验知识的影响。因此，与其他景观动态模型相比，个体行为模型通常不具备普适性。

（4）景观智能耦合模型是一个融合了人工智能算法和景观机制的新兴领域，在人工智能和 GIS 技术背景下不断发展。这类模型包括基于人工智能算法的景观模型和景观机制耦合模型。以基于人工智能算法的景观模型为例，这些模型依赖于算法来实现，其中人工神经网络（artificial neural network，ANN）应用最广泛。人工神经网络模拟人脑功能的基本特征，具有自学习、联想存储和寻找最优解的能力。由于自然和人为因素与景观空间格局、生态安全之间存在复杂的非线性关系，ANN 越来越多地被引入到景观生态学研究中，并与 GIS 技术相结合。国内外学者已经将 ANN 应用于景观空间格局及其动态分析、森林资源管理、景观生态规划、区域生态分类与评价以及区域土地利用空间模拟预警等方面，并取得了理想的效果。这表明，GIS 技术与 ANN 方法的结合具有巨大的潜力，有助于模拟不同干扰下的景观变迁，揭示景观格局演替的规律和机制，以及预测景观的未来变化趋势。

五、山水林田湖草沙生命共同体

"生命共同体"理念强调了生态系统的统一性和相互依存性，是人类生存发展的物质基础。中国政府自 2016 年起实施了一系列生态保护和修复项目，以整体、系统的方式治理生态环境。景观生态学为山水林田湖草沙一体化保护和修复工程提供了系统性的学科支持，促进了人与自然和谐共存，在土地利用规划、生物多样性保护、生态系统服务评估、生态恢复、城市规划、环境影响评估、气候变化适应、生态旅游和灾害风险管理等方面发挥着重要作用。

1. 山水林田湖草沙生命共同体与景观生态学基本原理

景观生态学强调景观的空间异质性，由不同属性的斑块组成，这些斑块在空间上形成镶嵌结构，具有经济、生态和文化价值。山水林田湖草沙生命共同体展现了这种镶嵌景观的特征，通过空间单元的组合和非空间属性，如树木年龄、土地生产力，形成具有异质性、尺度特征和多重价值的景观格局。

景观过程，如物流、能流和信息流的水平移动，是不同空间单元间相互作用的结果，体现了生命共同体中各要素的相互依存关系。景观生态学的核心理论"格局决定过程，过程塑造格局"，强调了景观单元的空间关系和非空间属性对景观过程的影响，以及这些过程如何塑造景观格局。

山水林田湖草沙一体化保护和修复工程，基于格局过程关系理论，通过优化景观格局来控制景观过程，增强景观功能。这一工程实践不仅体现了理论的应用，还为检验格局对过程的调控规律提供了机会。

景观生态学的研究成果，如气候变化和人类活动对水质的影响，为山水林田湖草沙系统的格局和过程关系研究提供了理论基础和方法。学科围绕核心理论构建了包括养分空间再分配、景观整体性与异质性、尺度分析、结构镶嵌性、生态流与空间再分配、景观演化的人类主导性、多重价值与文化关联等原理，为山水林田湖草沙系统的保护和修复提供了系统的理论支持（图6-4）。

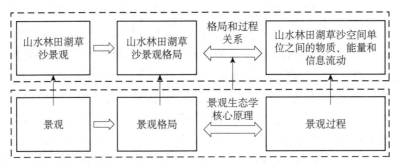

图 6-4　山水林田湖草沙生命共同体与景观生态学核心理论的对应关系（引自李月辉等，2023）

2. 景观生态建设基本原理在山水林田湖草沙一体化保护和修复工程中的应用

山水林田湖草沙一体化保护和修复工程就是景观生态建设工程，符合景观生态学的概念和原理。这些工程中的景观生态学原理实践主要体现在规划和评价两部分，且这两部分紧密联系、相互反馈（图6-5）。

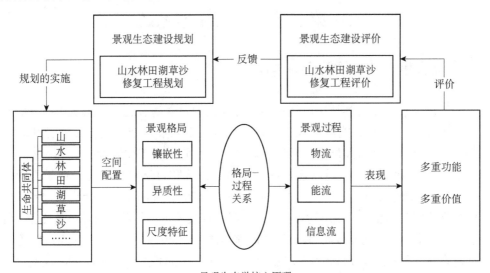

图 6-5　景观生态建设对山水林田湖草沙一体化保护和修复工程的理论支撑（引自李月辉等，2023）

（1）景观生态建设规划：将景观生态学应用于空间规划领域由来已久。到了 20 世纪 90 年代，随着景观生态建设概念的提出，又发展出了"大集中、小分散相结合"，以及"景观安全格局最小阻力表面模型"等规划理念和方法。这些规划方法的核心在于空间单元的优化配置，即景观生态建设规划不仅关注单个景观单元的生态要素分析和评价、利用的合理性，还关注单元间的空间关系和相互作用。

在山水林田湖草沙一体化保护和修复工程的规划中，注重空间单元关系的规划思想和方法可以得到充分的体现和应用。例如，在科尔沁草原山水林田湖草沙生态保护和修复工程的规划中，首先确定了规划目标和时空范围，以生态恢复为核心目标，空间范围覆盖通辽市95%的面积，时间范围为2021～2023年。接着，根据当前的生态问题，将规划区域划分为7个保护修复单元，并确定每个单元的修复和治理方向，选择相应的保护和修复模式，以及优化措施。最后，规划工程的具体实施细节。在这些规划步骤中，最能体现空间单元间关系的是各单元的修复治理措施，例如，在疏林草原生态恢复单元中，退耕还林、退耕还草的措施旨在调整耕地、林地和草地之间的空间配置；在河湖湿地保护修复单元中，湿地河湖联通的措施旨在调整河湖之间的空间网络关系。

（2）景观生态建设评价：山水林田湖草沙生态修复工程所处区域的自然条件差异很大，很难建立统一的刚性标准。因此，为了评价保护修复工程完成后的多重景观功能和景观价值，需要一个开放的评价体系。例如，针对乌梁素海流域的山水林田湖草沙生态保护修复试点工程，从生态现状和功能出发，研究人员对流域的水土流失、土地沙化等生态敏感性，以及土壤保持、水源涵养、生物多样性维持等生态功能的重要性进行了系统评价，形成了基于生态敏感性和生态功能重要性相结合的评价体系。而在其他地区，评价体系可能有所不同。因此，山水林田湖草沙生态修复工程需要一个既有共性又具有针对性的灵活开放评价体系（图6-5）。

◆ 第二节 复合生态系统

一、复合生态系统的概念与内涵

生态学理论被视作人类解决现代社会关键问题的科学基石之一。在现代社会面临的众多关键问题中，粮食、能源、人口增长，以及工业发展所依赖的自然资源和环境问题，都与社会结构、经济发展和自然环境息息相关。随着城市化进程的加快，城市与周边地区的环境协调问题也日益凸显。尽管社会、经济和自然环境是三个性质不同的系统，各自拥有独特的结构、功能和发展模式，但它们的存续和发展又受到其他系统的影响。这些复杂问题不能简单归结为社会问题、经济问题或生态问题，而是涉及社会、经济和自然环境等多个系统的复合问题，我们将其称为社会-经济-自然复合生态系统问题。

从复合生态系统的视角来看，研究不同子系统之间的相互作用和联系，包括物质、能量和信息的流动规律，以及效益、风险和机会之间的动态关系，是所有社会、经济、生态学研究者以及规划、管理、决策人员共同面临的挑战，也是解决现代社会关键问题的核心所在。

社会-经济-自然复合生态系统理论指出，城市与区域是以人的行为为主导、自然环境为依托、资源流动为命脉、社会文化为经络的复合生态系统，三个子系统既有各自运行规律，也是相互作用的整体；复合生态系统中，人是最活跃的因素，也受自然生态规律制约。社会子系统由人的观念、体制及文化构成，这三个子系统是相生相克、相辅相成的；经济子系统是指人类主动地为自身生存和发展组织有目的的生产、流通、消费、还原和调控活动；自然子系统由水、土、气、生、矿及其间的相互关系构成人类赖以生存、繁衍的生存环境。复合生态系统理论开创了人与自然耦合机制与调控方法研究的新思路，为我国可持续发展战略和生态县、生态市、生态省的规划与建设，以及生态文明建设奠定了理论基础（马世骏和王如松，1984）。

1. 复合生态系统的特征

构成这一复合生态系统的三个主要组成部分各自具有独有的特征。社会子系统受到人口流动、政策制定以及社会结构的约束，而文化、科技水平和传统习俗是理解社会组织和人类行为之间相互作用的关键要素。经济子系统的健康状况通常通过价值高低来衡量，特别是在计划经济体制下，物质的流动、供需平衡，以及影响资本积累和利润的速率，是评估经济管理效能的重要指标。

自然子系统为人类生产活动提供资源，随着科技的进步，这些资源在数量和质量上都有所增加，但这种增长是有限的。例如，矿产资源不可再生，无法持续利用。生物资源虽然可以再生，但在其大量繁殖和提高其周转率时，也会受时空条件和开发方式的限制。生态学的基本原则要求系统在结构上要保持协调，在功能上要实现基于平衡的持续循环和再生。不遵循生态学原则的生产管理方式会给自然环境带来沉重的负担和损害。

此外，经济的稳定增长依赖于持续的自然资源供应、良好的工作条件和不断的技术创新。大规模的经济活动需要通过高效的社会组织和合理的社会政策来实现其经济目标；反之，经济的繁荣也会推动社会进步，增加物质积累，提高人们的生活质量和精神福祉，同时促进对自然环境的保护和改善。自然环境与人类社会之间的这种相互影响和相互补充的关系，可以简要地通过图 6-6 表示。

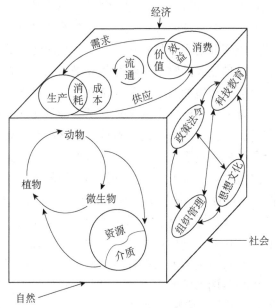

图 6-6　社会-经济-自然复合生态系统示意图（引自马世骏和王如松，1984）

人类社会的经济活动包括生产、加工、运输和销售等多个环节。生产加工过程中所需的原材料和能源均来源于自然环境，而消费后产生的废弃物则重新回归自然界。自然界通过物理、化学和生物的循环过程为人类的生产活动提供必要的资源。人类生产的产品数量受到自然资源供应能力的限制。产品数量是否能满足社会需求，实现供需平衡，并获得经济效益，取决于生产过程和消费过程的成本控制、效率和资源利用程度。

在这一持续的动态循环中，科学技术扮演着至关重要的角色。因此，在评估成本和产品价值时，通常会将科技投入和环境效益纳入考量。在这样的复合生态系统中，人类既是推动系统发展的核心动力，也是潜在的破坏因素。因此，它构成了一个特殊的、具有人工和自然双重属性的生态系统。一方面，人类通过文明和智慧，使自然服务于社会经济活动，推动物质和文化生活水平的持续提升；另一方面，作为自然的一部分，人类的所有宏观活动都必须遵循自然生态系统的法则，受到自然条件的限制和调节。这种人类活动与自然规律之间的基本矛盾，正是复合生态系统的一个基本特征。

2. 衡量复合生态系统的指标

复合生态系统由三个相互依存的子系统组成，因此，评估这一系统的有效性，首先需要从整体视角出发，将这三个子系统视为一个整体的组成部分。需要做到以下几点。

（1）学者们需要跨越社会科学和自然科学的界限，进行跨学科的合作与协同工作。未来的生态学家应当具备广泛的技能，既精通自然科学，又对社会科学有深入的理解。

（2）研究应侧重于系统各组成部分之间的综合关系，而非仅关注各个部分的细节。研究的重点应放在系统功能、发展趋势上，而不仅仅是数量上的增长。

（3）应超越传统的因果关系和单一目标决策方法，采用多目标、多属性的决策分析方法。

（4）鉴于系统中存在的大量不确定性因素，以及获取完整数据的难度，研究方法需要突破传统的确定性和统计方法，采用宏观与微观相结合、确定性与模糊性相结合的方法。

复合生态系统的评估是一个复杂的决策过程，它需要从多个角度进行考量，包括系统结构的组织性、系统组成部分之间的相互作用，以及系统运作的有序性。评估自然系统时，关键评估其是否遵循自然界的物质循环和相互平衡原则，是否能够确保自然资源的持续可用性，以及人类居住环境的适宜性和稳定性。对于经济系统，评估的重点在于其是否能够促进资源的可持续利用而非单纯消耗，是否能够实现盈利而非亏损，以及是否达到了平衡发展或是否存在失衡现象，是否实现了预期的经济效益。社会系统的有效性评估则需要关注社会职能机构是否有效运作，是否推动了社会的整体繁荣。为了实现复合生态系统的综合效益最大化，降低风险，并提高系统的生存和进化能力，评估工作应当在经济生态学的框架下进行，明确社会、经济和生态的具体目标。

在评估社会子系统时，我们通常会参考以下关键指标：城镇居民的平均可支配收入和农村居民的平均纯收入，这两个指标能够体现不同地区居民的经济水平和购买力；人口密度指标则揭示了人口在特定区域的集中程度；城市化水平可以通过非农业人口在总人口中的比例来衡量；而公共图书馆的藏书量，以及医疗技术人员和床位的数量，则分别反映了教育和医疗资源的普及程度和可及性。

在分析经济子系统时，我们通常会关注以下关键指标：国内生产总值（gross domestic product，GDP）和人均地方财政一般预算收入，这两个指标能够综合反映一个地区的经济发展水平和居民的经济实力；人均货物运输量则反映了该区域的物流和交通能力；第二产业和第三产业在 GDP 中的比例，揭示了该地区的产业结构；地区进出口总额则体现了该区域的国际贸易活动和经济开放程度；而单位 GDP 的能源消耗量则反映了经济活动中的能源使用效率和经济发展的可持续性。

在对自然子系统进行评估时，通常将其分为自然资源和生态环境两个主要方面。在自然资源方面，我们关注的指标包括人均水资源量，它能够反映一个地区水资源的丰富程度；森林覆盖率，用以衡量森林资源的充足性；建成区绿化覆盖率，用以评估城市绿化环境的质量；人均耕地面积，揭示土地资源的可利用性；人均公共绿地面积，用以衡量城市公共绿地的普及程度；以及人均城市道路面积，反映城市基础设施的覆盖情况。在生态环境方面，城镇生活污水处理率是衡量城市处理生活污水能力的重要指标；工业固体废物综合利用率则显示了将工业废物转化为可持续资源的能力；工业废水、二氧化硫和烟尘排放量指标均代表了工业发展对环境造成的压力；农业化肥施用量则反映了农业活动对土地环境的影响。这些指标共同构成了对自然子系统全面评估的基础，帮助我们了解和管理自然资源的可持续利用和生态环境的健康状况。

3. 复合生态系统的类型

复合生态系统是一个综合性的概念，它涵盖了自然环境和人类活动相互交织的复杂网络。在这个网络中，自然环境要素如土壤、水体、大气和生物多样性构成了基础，而人类活动，包括经济、社会和文化活动，则在其中扮演着关键角色。复合生态系统的核心在于强调人类与自然环境之间的相互影响和相互依存，以及在追求经济发展的同时，如何维护生态平衡和环境保护。流域生态系统、山地生态系统、农林生态系统和城市生态系统作为复合生态系统概念下的具体体现，各自具有独特的自然和人文特征，以及适应其特定环境的生态结构和功能。

流域生态系统以水循环为核心，具有高度的自然属性，是指由河流、湖泊、湿地等水体及其周边陆地组成的生态系统。流域生态系统在水循环、生物多样性保护、水资源管理等方面具有重要作用。流域生态系统强调的是水体与周边陆地环境的相互作用，以及如何在水资源利用和保护之间找到平衡。

山地生态系统以其地形多样性和气候垂直分布为特点，是指分布在山地地区的生态系统，它包括山地森林、草甸、高山湿地等。山地生态系统的特点是地形复杂、气候多变、生物多样性丰富。山地生态系统在水源涵养、土壤保持、生物多样性保护等方面具有重要作用。由于山地生态系统对气候变化和人类活动较为敏感，因此保护和合理利用山地资源尤为重要。

农林生态系统体现了较高的人类活动参与度，是将农业和林业活动相结合的复合生态系统。这种系统通常包括农田、果园、牧场、林地等，旨在通过合理的土地利用和管理，实现农业生产和林业资源的可持续利用。农林生态系统在提供食物、木材等资源的同时，也注重生态平衡和环境保护，旨在实现食物生产和生态保护的双重目标。

城市生态系统具有显著的人类属性，是人类活动最密集的区域，主要由城市居民、建筑物、交通网络、工业设施、商业活动、绿地等组成。城市生态系统的特点是高密度的人口、高强度的人类活动和复杂的基础设施。在城市生态系统中，人类活动对自然环境的影响尤为显著，因此在城市规划和管理中，如何实现可持续发展和生态平衡是一个重要的议题。

这些生态系统不仅展现了各自独特的生态结构和功能，还反映了它们在不同环境条件下的运作机制。流域和山地生态系统更多地受到自然因素的影响，农林和城市生态系统则深受人类活动的影响。每种系统都需要特定的管理和保护策略，以维持其生态平衡和可持续性。这些生态系统类型虽然各有特点，但都强调人类活动与自然环境之间的相互作用和相互影响，以及在发展经济的同时保护环境和生态平衡的重要性。

二、流域生态系统

流域，即一条河流或水系的汇水区域，是一类典型的复合生态系统。流域生态学运用现代生态学理论和系统科学方法，研究流域内高地、河岸带、水体等不同子系统之间的物质、能量和信息流动规律。研究流域生态系统的结构和功能，从中等和较大尺度上对流域内资源的开发、保护和环境问题进行探讨，可以为流域内陆地和水体的合理利用提供科学依据，从而促进区域社会经济的可持续发展。

现代生态学的多数研究往往仅限于水生生态系统或陆地生态系统。然而，水生生态系统具有脆弱性，易受周边地区的影响，包括人类活动和自然过程。同时，水是陆地生态系统中的关键生态因子，人类对陆地生态系统的理解离不开对水的研究。因此，将流域视为一个复合生态系统，结合水生生态系统和陆地生态系统的综合研究，在理论和实践上都具有重要意义（邓红兵等，1998；尚宗波和高琼，2001）。

1. 流域生态系统研究的基础理论

1）水文学　水文学是专注于研究地球上水的形态、运动、变化及其地理分布的科学，其核心在于探究地球的水循环和水平衡。该学科在流域层面的研究尤为重要。流域可能覆盖广阔的面积，包含多样化的森林和草地等植被类型，它们在流域内发挥着多方面的作用，对水文循环产生不同程度的影响。森林作为流域生态系统的重要组成部分，对降水的截留、蒸发和渗透等过程具有显著的调控作用，进而影响河流的流量和水质。因此，水文学尤其是森林水文学，在流域生态学研究中的应用至关重要，在这一领域，以下三个尺度的研究尤为重要。

（1）小流域尺度：研究森林在小流域范围内的水文功能和对水循环的影响，有助于人们理解森林如何影响局部水文过程。

（2）整个流域尺度：从宏观角度分析整个流域的水文动态，考虑森林覆盖、土地利用变化等因素对流域水文的总体效应。

（3）全球变化响应尺度：研究流域内森林水资源系统如何响应全球气候变化或其他环境变化，以及这些变化对水资源可利用性和水质的潜在影响。

对这些尺度的深入研究，可以帮助人们更好地理解森林在流域水文循环中的作用，为流域管理和水资源保护提供科学依据，同时为应对气候变化提供策略支持。

2）湖沼学　　湖沼学专注于内陆水域，特别是湖泊和沼泽，由 Forel 于 1892 年定义，同时 Forbes 强调了湖泊作为生态系统整体的重要性。早期湖沼学与海洋学相似，侧重于水体的物理环境研究，这对受物理特性影响的湖泊尤为重要。湖泊被视为是具有独特生态系统和环境条件的封闭或半封闭系统。现代湖沼学扩展到生态学、生物学、地质学和水文学等多个方面，形成了综合性研究领域。

湖沼学研究强调湖泊生态系统的复杂性和动态性，以及对气候变化、人类活动和其他环境因素的响应。跨学科的研究方法有利于全面理解湖泊生态系统，为湖泊保护和管理提供科学依据。为了全面理解生态系统服务和生态过程，湖沼学的未来研究需综合多种方法，包括加强观测、发展建模技术、跨学科合作，从而为淡水资源的可持续利用和保护提供科学基础。淡水生态系统建模和模拟技术发展迅速，生态模型的使用标志着湖沼学研究向定量化转变。但模型在模拟自然生态系统时存在局限，需要更多实证数据支持。

3）水土保持学　　水土保持学是一门专注研究水土流失规律和制定水土保持措施的应用技术科学。该学科的核心目标是防治水土流失，保护和合理利用水土资源，以维护和提升土地的生产力，确保土地资源的生态、经济和社会效益得到充分发挥。水土保持学研究内容广泛，包括水土保持原理的研究、水土保持措施的配置与规划、水土保持生态建设的动态监测技术与效益评价，以及生产建设项目中的水土保持研究。

从流域生态系统的角度出发，水土保持学还涵盖了对土壤、水、生物等自然资源的管理，这是当前水土保持学研究的一个新兴方向。主要研究领域包括：流域生态系统的结构和组成，以及其健康状况的评价；流域生态系统功能及其作用机理的研究、建模；社会、经济等因子对流域水土资源管理的影响；水土保持实践和新方法新技术的应用。这些研究方向共同构成了水土保持学在流域管理中的综合框架，旨在实现土地资源的长期可持续利用和生态平衡的维护。

在以上三个相关学科中，水文学的研究方法或技术可以用来获取流域的基本数据。湖沼学被视为流域生态学的重要基础，因为水既是流域生态系统的驱动力，也是最终的受影响者。流域由不同的水陆生态系统构成，但对水的研究是流域研究的核心。水土保持学的方法与目的在某种程度上与流域生态学的应用相一致。

2. 流域生态系统的主要研究议题

1）流域的结构与功能　　流域是一个社会、经济和自然环境交织的复合生态系统，由生态、经济和社会三个子系统构成，关键要素包括人口、环境、资源等，它们在时空上相互作用，以社会需求为动力，追求流域的可持续发展。自然子系统是这一开放系统的基础，经济子系统是其发展的关键，社会子系统则在该系统中发挥主导作用。

流域生态系统的有序性和复杂性体现在其生产与再生产过程中，物流、能流、信息流和资金流的交换与融合，赋予了系统物质循环、能量流动、信息传递和资金增值的功能。流域生态系统由水体、河岸带和高地等自然要素构成，在结构和功能上较单一生态系统表现出更高的复杂性。

2）研究尺度与等级系统理论　　流域生态系统研究需采用多尺度方法，覆盖从单一生态系统到整个流域系统的多个层面，及其对全球气候和环境变化的响应。研究应跨越个体生态系统、小集水区、流域整体及流域间相互作用的不同尺度。等级系统理论指出，生态系统由多级有序层次组成，高层级过程速率较慢，系统组织性源于层次间速率差异，决定生态系统结构和功能。低层级行为支撑高层级，反之高层级调控低层级。结构等级关注生物分类，功能等级关注生态过程速率。生态系统行为在多时空尺度展开，考量尺度和过程速率对复合生态系统（如流域）研究尤为重要。

流域生态系统研究的复杂性要求在不同尺度上综合生物、物理、化学和人文因素。多尺度、多层次的研究方法有助于全面理解系统结构、功能和动态及其对全球变化的响应，支持制定有效的管理和保护策略，保障生态健康和可持续性。

3）河流连续统　　河流连续统自微小源头汇集成广阔流动系统，形成流域内延展的网络。这一系统以异养为主，依赖陆地生态系统提供的能量和营养物质，河流本身的初级生产力通常不是主要能量源。

河流连续统作为生物多样性的基石和生态走廊，对物种的分布、迁徙和生命活动具有重要影响。河流生态系统在能量流中主要作为传输者和转化者，维持生物多样性，连接不同生态系统。这一概念为我们提供了理解河流生态系统及其与流域环境相互作用的全面视角，为河流生态系统的保护和管理提供了科学基础。

4）生态交错带与河岸生态系统　　生态交错带是不同生态系统间的过渡区域，具有随时间、空间和相互作用强度变化的独特性质。这些区域在生态上较为脆弱，特别是在应对环境变化、抵抗外界干扰、维持系统稳定、对全球变化的敏感性以及资源和空间竞争方面。在流域生态系统中，水-陆交错带如湖泊周围、河岸、源头水域尤为关键，它们在生物多样性和生态功能方面具有高价值。

河岸生态系统作为河流与陆地植被的生态过渡区，在结构上是两者的桥梁。它不仅增强了生态系统间的连通性，还为多种生物提供栖息地，促进物质和能量流动，对维持流域生态系统的健康和稳定至关重要。生态交错带的研究除了有助于人们理解生态系统间的相互作用，还利于保护生物多样性、增强生态系统服务、应对全球变化，为制定有效的保护策略和促进可持续发展提供科学依据。

三、山地生态系统

山地生态系统以其独特的高度、坡度和相对高度，形成了地球上多样化的自然景观。山地生态系统是一个由山脉、高原、盆地和丘陵构成的生态网络。地形多样性带来丰富的微气候和生境，气候垂直带的分布影响植被和物种多样性。土壤多样性由地形、母岩和气候条件决定，影响植被生长和养分循环。山地生态系统还是许多特有种和濒危种的栖息地，生物多样性丰富，生态过程复杂。

山地生态系统的研究和管理须跨学科合作完成，生态学、地理学、地质学和水文学等学科的知识方法对于该系统的研究都很重要。为促进山区可持续发展，学者需开展多学科的综合性研究，明确山区资源和制约因素，制定兼顾经济社会发展与生态环境保护的策略（方精云等，2004；王根绪等，2011）。

1. 山地生态系统研究的主要内容

1）山地生物多样性监测与评估　　山地生态系统的监测主要关注气象变化和冰川动态，这些数据为全球变暖提供了证据。生态监测显示，植物正向高海拔迁移，这反映了气候变暖对植物分布的影响。特别是在过去 50 年，高山植被带的物种数量显著增加，尤其在近 10 年气温急剧升高的背景下，物种丰富度增长速度更快。例如，意大利北部的阿尔卑斯山脉，气温上升导致高山植被带物种丰富度显著增加，植物迁移速率为平均每 10 年 24m，造成高山草地先锋植物覆盖度增加，而原有雪线植物种数和覆盖度减少。这种气候变化驱动的物种更替、扩张与灭绝在山地生态系统中表现出短期响应，而长期效应如结构重组、物种入侵、空间分布格局再造和垂直带谱位移可能具有普遍性。

高山林线作为森林与苔原或高山草甸生态系统的分界线，是一个包含多种生态敏感因素的独特生态带。林线的上升是气候变化的直接结果，如在俄罗斯乌拉尔山脉南坡，过去 70 年冬季温度上升了 3℃，夏季温度上升了 0.6℃，导致原本的林线带转变为茂密的森林带。

2）山地生态系统功能及其变化　　山地生态系统在中纬度地区是关键的陆地碳汇，能有效吸收和储存碳。气候变化，尤其是水热条件的改善，正在提升森林和草地等生态系统的生产力。观测数据和系统模型均表明，气候变暖可能增强山地生态系统的生产能力，过去 20 年中，由于二氧化碳浓度上升和气温升高，山区植被覆盖度有所增加。

作为地球上的"水塔"，山地生态系统对人类社会和淡水生态系统至关重要。气候变化影响水文循环和山区径流，进而影响水资源。全球气候变暖导致冰川退缩，改变融水的季节和年度模式，增加冰川对河流的补给；积雪减少，春季融雪提前，增加融雪洪水频率。在预测未来气候变暖的情景下，高冰川覆盖率流域的冰川径流预计增加，而冰川较少流域的径流将减少。

3）山地生态保护与可持续发展　　中国是世界山地大国，山地面积约 622.39 万平方公里，约占国土面积的 64.9%。山地不仅是国家生态安全屏障的重要组成部分，也是自然资源和生物多样性的重要保护区。以山地为主，包括周围低地和谷地的山区拥有丰富的土地、生物、能源、矿产等自然资源和旅游资源，是农业安全和现代化的重要基地，具有重要的战略地位。然而，阶梯地貌带来的地表物质稳定性差、生态环境脆弱、山地灾害频发等问题，加上人类活动的干扰，使山区成为经济发展的难点区域。

文安邦等（2023）报道，近年来中国山区基础设施快速发展，生产生活条件显著提升，全国山区形成了以高速公路和高速铁路为主动脉的交通格局，普通铁路、国道、县道、乡镇村道等构成了蛛网式交通网络。山地生态系统的水源涵养、土壤保持、固碳量占全国生态系统服务功能的 85% 以上，保护了平原低地的农田和城镇，支撑了江河流域中下游地区的经济发展。秉持保护就是发展的理念，中国山区产业结构得到显著优化，现代化进程稳步推进，平均现代化率达 63.4%，为全面实现山区现代化奠定了基础。

未来，相关学者要围绕气候变化与山地生态系统的响应，开展生态环境效应评估与应对工作，特别是要针对气候变化对北方山地和高原地区的影响提出策略；破解山地灾害风险防控与工程安全问题，完善风险防控与安全防护体系，提升防灾减灾能力；推进中国式山地生态系统生态保护与现代化建设，全面提升山区可持续发展水平（文安邦等，2023）。

2. 山地-绿洲-荒漠复合生态系统

山地-绿洲-荒漠复合生态系统集中分布在干旱地区和半干旱地区，如美国西部、中国西部、澳大利亚内陆地区，以及非洲撒哈拉沙漠周边地区等。这些地区通常具有不规则的地形地貌，包括高山、绿洲和荒漠。山地提供了水源和生态系统服务，形成了绿洲，为当地居民提供了生计和生活条件。而在山地周围的低洼地区，则可能是干旱和荒漠化的区域，缺乏水资源和植被覆盖，生态系统脆弱。山地-绿洲-荒漠复合生态系统由其子系统之间通过物质和能量的交流互动紧密联系在一起。这种复合生态系统的分布区域通常面临着水资源短缺、土地退化、生态平衡失调等问题，需要综合的生态保护和管理措施来实现可持续发展。下文以中国西部为例进行介绍

（1）山地系统：在中国西部干旱区，祁连山、阿尔泰山、天山、昆仑山与阿尔金山等山地起着至关重要的生态作用，维系着该地区的生态安全，这些山地与盆地之间密不可分。塔里木盆地、准噶尔盆地、柴达木盆地与周边山地构成了干旱区独特的山盆体系。山地系统的地质地貌特征、热量、气候、水文、植被和土壤等特殊性，决定了其物质循环、能量流动和信息传递的过程和方式，也塑造了山地系统的宏观生态景观格局。

山地为盆地提供了丰富的粒状物质，这些物质是绿洲土壤的重要成分；同时，山地向盆地输送了大量的地表水和地下水，决定了天然绿洲的规模和范围，影响了人工绿洲的发展潜力，也塑造了干旱区绿洲与荒漠之间既相互矛盾又协调共生的宏观格局。在全球变化的大背景下，山地系统内部及其与荒漠系统和绿洲系统之间物质流、能量流及信息流的相关性如何变化，对维护干旱区山地系统与绿洲和荒漠系统的稳定性具有重要的现实意义（王让会等，2004）。

（2）绿洲系统：绿洲系统在全球陆地生态系统中扮演着重要的角色，其独特的气候、水文、植被、土壤、地貌类型和人类活动使其在陆地生态系统中具有特殊地位。绿洲系统是干旱和半干旱地区特有的生态系统类型，根据人为活动和干扰程度的不同，通常分为天然绿洲和人工绿洲两种类型。绿洲系统因其独特的自然地理特征，与特殊的地球化学过程紧密相关，这些过程进一步引发了绿洲系统的一系列生态效应。

绿洲是山地-绿洲-荒漠复合生态系统中人类活动的核心区域，也是物质、能量和信息转换的重要区域。水资源是绿洲的生命线，绿洲内的水文变化直接影响着各种产业的发展格局。提高绿洲的生产力对促进绿洲经济的发展至关重要。随着人类活动的增加，全球环境发生了重大变化，干旱区绿洲对全球变化的响应也呈现出一系列特征。绿洲系统是干旱区中生产力最高的生态系统类型之一，但受到自然和人为因素的影响，各种绿洲的生产力水平也有所不同。防止绿洲生产力衰退是繁荣绿洲经济的关键问题。对于普遍存在的问题，正确识别导致绿洲生产力下降的因素，充分运用市场机制，积极调整绿洲产业结构，实现绿洲经济的可持续发展具有极其重要的现实意义（王让会等，2004）。

（3）荒漠系统：中国西部的荒漠地区，由于远离海洋、受高原和山系阻隔，气候干燥、冷热变化剧烈，年降水量低于200mm，气温年较差和日较差大。荒漠是干旱区常见

的生态系统，相对脆弱，其特点包括气候干燥、降水稀少、植被贫乏、地面温度变化大、风力强、地表水稀缺、多盐碱土。水是荒漠的生命线，荒漠多因缺水形成，改良利用部分荒漠可行，但砾质和砂质荒漠改造困难。荒漠地带水资源不合理利用导致地下水位下降，沿岸植被衰退，流域生态环境治理对改善生态具有关键作用。河西走廊荒漠的水分极度不平衡，环境脆弱，生态退化明显。荒漠–绿洲过渡带生态退化，是干旱区生态系统典型退化区域，该区域生态环境的改善对荒漠和绿洲生态系统的稳定至关重要（王让会等，2004）

（4）山地–绿洲–荒漠复合生态系统的可持续发展：在山地–绿洲–荒漠复合生态系统的产业发展中，山地系统除了经营林牧业，还有少量矿产开采业和重要的旅游业。实施天然林保护工程和草地生态置换工程，合理利用草场是当前的紧急任务。在绿洲系统中，以绿洲大农业为主的经济模式具有独特特色，生态农业和精准农业发展迅速，特色旅游潜力巨大，土地利用类型多样，开发程度高，产业结构调整力度大。而荒漠系统以草原放牧为主，具有油气开发潜力，沙产业和生态产业兴起，成为旅游业的重要增长点。绿洲系统作为干旱区重要的系统类型，是人类活动的核心地区，各种物质交流、能量转换和信息传递达到了较高水平，因此绿洲也是干旱区生产力最高的地区。现代干旱区的经济活动大多围绕绿洲展开，许多传统生产方式已发生变化，这是适应时代发展的必然选择。在生态文明建设的背景下，依托山地资源，保护荒漠环境，发展绿洲经济，探索新的产业发展思路和模式，是寻求干旱区可持续发展的良好途径（陈芳等，2014）。

四、农林复合生态系统

1968 年，King 从复合经营的角度对农林复合生态系统进行了研究，并提出了"agri-silviculture"这一术语，这是农林复合生态系统的原始概念。1977 年，Bene 等在关于贫困地区热带国家农业与林业现状的报告中，首次提出并解释了"agroforestry"这一术语，明确了这一学科的主要研究方向，强调了促进农林复合生态系统生产体系发展的重要性。1977 年，国际农林复合生态系统研究会（The International Center for Research in Agroforestry，ICRAF）成立，标志着农林复合生态系统作为一种独特的生态系统类型，正式进入生态学研究的视野。农业的演变，从原始农业到石油农业，旨在满足人类对食物和副产品的需求。尽管石油农业提高了产量，但是也引发了能源危机、环境污染和生态退化，制约了农业的可持续性。全球正寻求新的农林发展模式，以实现资源合理利用和生态环境保护。农林复合生态系统作为解决这些问题的有效模式，逐渐受到重视，成为研究热点。自 1977 年 ICRAF 成立以来，已有多次会议聚焦农林复合生态系统议题，亚洲和拉丁美洲一些国家已开始推广各种地区适宜性的农林复合生态系统做法（张明如等，2003；赵兴征和卢剑波，2004；潘康乐等，2022）。

1. 农林复合生态系统的构建与效益

农林复合生态系统的核心要素包括土地、环境、林业与农业元素及人力管理。其研究旨在确立适应各地条件的最佳模式，实现生态、经济和社会效益的最大化。

构建高效农林复合系统须遵循生态学等学科原理，确保系统最优化。构建该系统的原则包括资源多级利用、生态结构优化、高生物量维持、生态效益优先及环境质量持续改善。此系统为多功能、高效的土地利用方式，可以提供稳定的经济、生态和社会效益，但限于当前评价方法多数是定性的，故无法对其做出综合和定量的考量。

农林复合生态系统相比纯农田，具有提升土地利用率、生物能效率、生态环境、稳定性和抗灾能力等效益。它还能减少管理投入，增加产品多样性，降低农业生产和生态环境管理的风险，提高森林覆盖率，促进土地改良，有效利用农村劳动力，缓解劳动力过剩问题，推动农村经济结构合理化。

2. 农林复合生态系统的实践

农林复合生态系统这一概念虽是近几十年才被正式提出，但其实践却有着悠久的历史。早在一个多世纪前，缅甸的农民就开始了农林结合的经营方式。这种模式随后传播到了非洲、拉丁美洲以及全球各地。例如，在西班牙的马略卡岛上，90%的农业用地采用了林粮间作的模式，上层种植无花果、杏、橄榄和栎树，下层种植小麦。在中美洲，一些农民模仿森林的多层结构，在极小的地块上种植了20多种不同的作物。

农林结合的形式多种多样。例如，农田防护林对农作物的增产效果越来越受到重视。瑞典、新西兰等森林资源丰富的国家，以及荷兰这样土地资源紧张的国家，都在积极营造防护林。在非洲撒哈拉沙漠地区，人们通过不规则地在农田中种植树木来促进作物增产和防止土地沙化。埃及在新垦沙漠边缘的农场推广种植乔灌木，以保护农田。

农林间作是农林复合经营中最常见的形式。尼日利亚每年有约20 000hm^{2}的土地实行农林间作，新造林地前三年让农民间种农作物，既增加了农产品产量，又有利于幼林管理。北非的地中海沿岸国家普遍实行油橄榄与小麦间作，以及麦草间作。墨西哥在破布木的树行间种植玉米，减少了造林成本。日本的山区也广泛采用农林复合经营，这种经营方式被称为"山区的致富之路"。

林牧结合是畜牧业发达地区常见的农林复合经营方式。西欧和北美洲有在林内放牧的传统。美国在成熟的松林中放牧，既减少了杂草和易燃物，又促进了牲畜的成长。西班牙和葡萄牙实行栓皮栎、油橄榄与牧草间作。意大利的波河平原实行杨树与玉米、小麦、土豆及三叶草、苜蓿间作。这种模式在我国和阿根廷也很常见。

我国的农林复合经营历史悠久、形式多样、规模巨大，世界罕见。据估计，我国有50多种农林复合生态系统的主要组合模式，可以归纳为五大系统：①以农为主的农林系统，包括农林间作、农田林网和防护林带；②以林为主的林、农、牧、副系统，如东北红松阔叶林下栽培人参等药材；③以牧为主的牧林系统，如在草原和牧地进行乔、灌、草结合的植树造林；④以渔为主的渔林系统，如在江河、湖泊沿岸和水库、鱼塘周围栽植木本植物；⑤庭院综合经营系统，如家庭庭院中进行的种、养、加等综合经营。

世界各地根据自身条件，将农、林、牧、副、渔等产业在单位面积土地上进行有机整合，实现了一地多用、立体种植，充分利用了光能和地力，提高了生物生产力，改善了生态环境。尽管各地采取的形式不尽相同，但都在追求更好的生态、经济和社会效益。

五、城市复合生态系统

全球多数人口居住在城市，这一现象反映了从农业社会向城市社会的转变。至 2018 年底，中国常住人口城镇化率达 59.6%，城市达 672 个。发达国家如美国、加拿大和澳大利亚的城市人口比例超 85%。城市集聚了全球 80% 以上的社会经济活动，提供了相对充足的就业、教育和医疗机会，吸引人们向城市迁移，以致城市规模和数量不断增长。

城市是思想、商业、文化、科学和生产的中心，也是社会经济发展的主要引擎。但人口密集和活动频繁导致资源过度消耗和环境恶化，引发居民生活质量下降、拥挤、污染和犯罪等问题，对城市可持续发展构成挑战。联合国将建设包容、安全、弹性和可持续的城市定为 17 个可持续发展目标之一。城市受人类活动影响，以人工环境为主，支撑大量人口。为提升生活质量和效率，人类改造自然生境，创造新城市生境，如建筑、道路和公园。这些生境对经济发展、生活水平提升及城市生物多样性有重要作用，影响整个城市生态系统，进而影响居民生活和效率（王如松等，2014；王效科等，2020）。

1. 城市是生态系统

生态系统是生物群落及其环境相互作用形成的统一体，城市亦然，它是一种构成具有独特属性的生态系统。城市生态系统由社会、经济和自然子系统组成，它结构复杂，生物多样性和社会经济活动丰富；人类活动对其影响深远。城市规划和活动塑造了其形态和动态变化，其边界由与周边区域的显著差异界定。城市生态系统各元素的性质和功能在人类作用下发生变化，需新的生态学理论和方法适应其特殊性。

将城市视作生态系统的研究有助于理解城市生物与环境的互动，并解决生态问题。城市生态系统由不同功能区组成，这些区域相互联系、作用，不可分割。城市各部分共同提供生活、生产和发展空间。研究应综合考虑城市内的功能单元，确保全面深入。

2. 城市是人与自然复合的生态系统

城市的人口集中，依赖外部区域提供食物、水及其他生活必需品，同时产生的废弃物超出了城市生态系统的自我净化能力，需通过外部处理或人工设施来维持环境稳定。城市生态系统表现出以人为主导的复合特性。在城市发展中，人类起主导作用，但自然同样重要，二者互动塑造了城市生态系统的结构和功能。

1）城市生态系统中人与自然的作用　城市生态系统被划分为社会、经济和自然三个子系统，这些子系统相互作用和联系。为了简化问题，可将社会和经济子系统合并为人类及其活动。这样，城市生态系统的组成可简化为人类和自然两大类，进而可以更方便地分析它们在生态系统组分、结构、过程、功能和服务等方面的作用（表 6-3）。

（1）组分：城市生态系统由自然因素（如水体、土壤、空气、生物等）和人工因素（如道路、管道、建筑物和输电线路等）共同构成。

（2）结构：在城市生态系统结构中，自然界的生产者（如进行光合作用的植物）、消费者（如植食动物和肉食动物）和还原者（如分解有机物的微生物）与人类社会的生产者（如服务业从业者、基础设施建设者）、消费者（如在饮食、取暖、制冷、交通、娱乐等方面消费的人），以及还原者（如焚烧垃圾、净化废气、处理污水的人）共同存在。人类可以同时扮演生产者、消费者和还原者的角色。

表 6-3　人与自然在城市生态系统的基本组分、结构、过程、功能和服务的作用

项目		自然	人类	相互作用
组分		空气、水体、土壤、生物	道路、建筑物、管道、输电线路	镶嵌
结构	生产者	进行光合作用的植物	服务业从业者、基础设施建设者	融合
	消费者	植食动物和肉食动物	在饮食、取暖、制冷、交通、娱乐等方面消费的人	
	还原者	分解有机物的微生物	焚烧垃圾、净化废气、处理污水的人	
过程		空气流动、河水流动、土壤形成、生物生长、食物链	交通、通信	耦合
功能		空气质量和水体质量维护、水资源供应、生产力维持、能量流动、养分循环	产品生产、环境净化、教育卫生	互补
服务		产品、调节、文化	产品、调节、文化	协同

（3）过程：城市生态系统的过程包括自然界的空气流动、河水流动、土壤形成、生物生长和食物链，以及人类的交通、通信等，这些过程涉及能量、物质、物资和信息的流动。

（4）功能：城市生态系统功能方面，自然提供空气质量和水体质量维护、水资源供应和生产力维持、能量流动和养分循环等服务，而人类活动则包括产品生产、环境净化、教育卫生，以满足生活、生产和文化需求。

（5）服务：城市生态系统服务包括自然和人类提供的产品、调节和文化服务。对于城市特别关注的服务，如碳固定、温室气体减排、热岛效应缓解、暴雨径流减缓、水质和空气质量改善、人体健康等，人类和自然可以独立或合作实现这些服务。

2）城市生态系统中人与自然的相互作用机制　在城市生态系统中，人类活动扮演着核心角色，其社会经济活动对城市的形成和发展起决定性作用。同时，自然界在为城市提供生活和生产条件方面也发挥关键作用。在城市生态系统中，自然和人类各自扮演不同角色，共同作用于城市生态系统的健康和可持续发展。这种作用体现在以下方面。

（1）组分上的镶嵌：城市生态系统由人工构筑物和自然要素组成。人工构筑物如建筑物、道路等，是人类活动的产物；自然要素如植被、湖泊等，是自然界的产物。这些元素在城市空间中相互镶嵌，影响着生态系统的结构、过程、功能和服务。

（2）结构上的融合：城市生态系统由生产者、消费者和还原者构成，这些元素共同维持着能量流动和物质循环。为了满足人类需求，城市生态系统需要人工基础设施来增强自然界的生产、消费和分解能力，确保城市功能的正常运作和效率的提升。

（3）过程上的耦合：城市生态系统包括自然过程和社会经济过程。这些过程相互耦合，共同完成能量流动和物质循环。城市需要从外部输入和内部转运大量能量和物质，这些物质最终通过人工废弃物处理系统回归自然，参与自然循环。

（4）功能上的互补：自然界提供的生产功能和养分循环功能可能无法完全满足城市的需求，因此需要人工设施来补充。例如，城市的食物和能源供给、居住、教育卫生等功能，除了部分依赖自然环境，主要依靠人工设施来实现。

（5）服务上的协同：城市需要食物、水、能源、良好的环境和文化生活等服务。自然和人工设施在提供这些服务时各有优势，因此需要优化配置，利用它们的互补性来减少城市面临的生态环境问题。

在城市生态系统中，人与自然的关系可以是竞争的，也可以是互补的。例如，土地开发和自然景观保护之间存在竞争。在城市快速发展阶段，人工建筑用地的增加往往导致自然用地的减少，进而影响生物多样性和生态系统服务，降低人居环境质量。在城市规划和建设中，应减少人与自然的竞争，强化互补与协同，以实现人与自然和谐共存，推动城市可持续发展。

3）人与自然共存进化范式　　人类活动已扩展至全球生态系统，包括偏远地区，促使生态学研究从纯自然系统转向受人类影响的系统，如农田和城市。生态学家目前正在探索人类活动对生态系统的影响，寻找可持续发展途径。

中国古代"天人合一"观念与现代理论相呼应，如社会-经济-自然复合生态系统理论强调整体性、协调性。人与自然耦合系统的概念提出空间、时间上的耦合特点。社会-生态系统理论认为资源使用者需政府引导以有效保护资源。实践表明，考虑人类与自然相互作用是理解发展和生态系统动态的关键。

城市是人与自然共生的产物，早期人们关注经济社会问题，之后逐渐重视生态环境。城市生态系统研究强调人与自然的关系，如耦合框架和人类-自然耦合系统。城市发展改变了自然和人类，影响人与自然关系，但通过社会、经济和技术系统耦合，可建立人与自然的和谐关系，保障城市复合生态系统的发展。人类社会发展是与自然共进化的历史。生物出现改变了地球环境，促进新生物出现。盖亚假说指出生物与环境的相互作用形成自我调节的系统。人类深刻改变地球，形成人类世，城市化加剧了这种影响。城市发展是自然和人类共同支撑的，是二者共存进化的产物。

城市生态系统研究的核心是人与自然共存进化范式。城市是人与自然构成的复合系统，相互作用形成协同、自我调节的系统。人类适应城市生活，进行城市建设和行为改变。城市动植物也适应城市环境。人类是城市生态系统的重要组成，直接参与重要过程和功能。自然要素如气候、水文、地形、植被、土壤对城市生活质量和环境有调控作用。人与自然在城市生态系统中共存，共同维持过程和功能。人类和自然相互作用、适应，塑造城市生态系统结构和功能，形成自然-人工复合格局、社会-生物-地球-化学循环耦合过程和生产-生活复合功能。城市发展改变地球自然进化史，但建立在人与自然共存进化基础上。人与自然共存进化是城市生态环境问题产生的根源，也是解决之道。认识这一规律是未来城市生态学研究的重要内容。

◆ 第三节　地理生态学

一、生物多样性的地理格局

从热带雨林到极地苔原，生物多样性随纬度升高而减少，热带低地的生物多样性也比高山地区丰富，这是 19 世纪洪堡和华莱士观察的现象。这种地理格局普遍适用于各类生物。生物多样性涵盖遗传、物种和生态系统层面，对生态系统稳定性和功能至关重要，是人类生存的基础。遗传多样性体现物种内基因型差异，物种多样性指地区内物种数量和差异，生态系统多样性描述生物间关系多样性。其中，物种多样性最为直观。

1. 生物多样性纬度梯度

1）植物　　生物多样性在纬度梯度上的分布对植物来说表现得尤为明显，全球植物种类与其所在纬度有密切联系。Mutke 和 Barthlott（2005）利用全球植物分布数据绘制了一幅展示维管植物丰富度的世界地图。该研究表明，维管植物的多样性在全球的分布非常不均匀。全球仅有 5 个地区（哥斯达黎加西北部、巴西大西洋沿岸的森林带、热带安第斯山脉的东部、婆罗洲北部和新几内亚）的物种丰富度超过 5000 种/$10^4 km^2$，而这些地区的总面积仅占地球陆地面积的 0.2%。尽管面积不大，但这些多样性中心却拥有约 18 500 种特有的维管植物，占全球维管植物种类总数的 6.2%。大多数全球生物多样性中心都位于湿润的热带山区，这些地方的气候条件适宜，地质多样性高，即那里的非生物环境条件具有高度多样性。这些地区的生物多样性之所以如此丰富，与它们所处的非生物环境条件（包括气候、地形和地质因素）的多样性密切相关。

一些学者提出，微型生物（包括原核生物、原生生物、苔藓植物、真菌，以及一些小型植物和动物）在全球的分布可能非常广泛，它们的分布主要受限于环境条件的适宜性。这一观点被称为"万物无处不在"假说（everything is everywhere hypothesis），它质疑了从大型生物研究中得出的一些生态学规律是否适用于微型生物，特别是微型生物多样性可能不存在纬度梯度格局。一些学者认为温带地区的苔藓植物多样性可能与热带地区相当，苔藓植物可能不像大型维管植物那样表现出明显的纬度多样性格局。苔藓植物分为三个主要类群：藓纲（约 13 000 种）、苔纲（约 5000 种）和角苔纲（100～150 种），总计 18 000 多种。苔藓植物在全球分布广泛，它们能在几乎所有陆地环境中生存。

然而，Wang 等（2017）对 3146 种苔纲和 118 种角苔纲植物的分析发现，尽管赤道地区的物种丰富度并不一定是最高的，但热带地区的苔藓植物物种丰富度普遍高于温带地区。Qian 等（2024）的最新研究也发现，藓纲植物的物种丰富度随着纬度的升高而降低。以上两项研究发现的这些规律在全球、美洲、非洲与欧洲、亚洲和大洋洲等各个尺度上均成立（图 6-7）。这些发现提示我们在研究微型生物时，仍需考虑纬度梯度上环境因素的作用。

2）动物　　2008 年，一项汇集了 1700 余名专家、耗时 5 年的全球研究发布了关于 5487 种野生哺乳动物的分布与保护状况评估。该研究显示，陆地哺乳动物在安第斯山脉和非洲山地森林（如艾伯丁裂谷）具有高物种丰富度；亚洲的某些区域，特别是中国西南的横断山、马来西亚半岛和婆罗洲，也有哺乳动物多样性热点。海洋哺乳动物的物种丰富度与海洋初级生产力密切相关，在中纬度地区，约北纬和南纬 40°处达到峰值，与陆地模式有显著差异。受威胁陆地哺乳动物多集中在南亚和东南亚，而海洋哺乳动物则主要在北大西洋、北太平洋和东南亚。陆地哺乳动物的主要威胁是栖息地丧失和退化，海洋哺乳动物则更多受意外死亡和污染影响（Schipper et al., 2008）。这项研究不仅加深了我们对全球生物多样性分布格局的认识，对制定有效的保护策略也具有重要意义。识别物种丰富度热点和受威胁物种集中地区，有助于人类有针对性地分配有限的资源，实施适应性生物多样性保护策略。

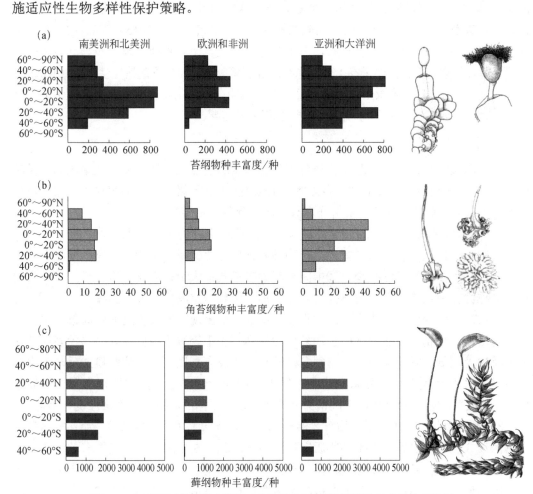

图6-7　全球不同纬度带上苔纲、角苔纲和藓纲植物物种丰富度分布格局

（a）图和（b）图改自Wang et al.，2017，（c）图改自Qian et al.，2024

全球鸟类分布同样呈现明显的纬度梯度，南美洲热带地区的安第斯山脉东部物种丰富度极高，而高纬度和沙漠地区则较低。这与鸟类对气候的适应密切相关，适应温暖气候的古老的基部类群在热带低地最丰富，而适应寒冷或干燥气候的衍生类群在温带和热带高山更常见。纬度多样性梯度主要体现了基部类群在温带地区的灭绝，而非热带地区衍生类群的积累（Hawkins et al.，2007）。

无脊椎动物也表现出沿着纬度梯度变化的多样性模式。Economo 等（2018）发现，蚂蚁的物种丰富度在赤道附近的热带区域达到最高，向极地方向逐渐减少，并且物种多样性主要集中在有限的几个类群中。这项研究进一步强调了生物多样性纬度梯度的普遍性，对于理解无脊椎动物多样性纬度梯度形成机制具有重要意义。

3）微生物　　微生物的生物多样性分布与大型生物显著不同，可归因于其体型微小、繁殖快速、丰度较高和扩散较易。例如，植物的内生真菌在热带雨林的多样性高，与植物寄主多样性相关；不同寄主携带独特的内生真菌，因此，随着寄主多样性增加，内生真菌多样性也增加。与之相反的是，森林中的外生菌根真菌多样性从热带到亚热带、温带逐渐升高，但目前还没有明确的解释（高程和郭良栋，2013）。溪流中枯落叶上的真菌多样性沿纬度呈驼峰状分布，在中纬度达峰值。土壤真菌地理分布与动植物分布模式相似，其丰富度在热带最高，受生态和地理因素影响，但气候起决定性作用（Tedersoo et al.，2014）。上述不同微生物类群的复杂模式表明，微生物多样性受纬度梯度上的不同环境因素影响，并且主导的环境因素因类群和生境而异。

2. 生物多样性海拔梯度

随着海拔升高，温度、湿度和光照等环境因素迅速变化，这一变化速率比纬度梯度快 1000 倍，对动植物及微生物的多样性产生深刻影响。因此，海拔梯度作为重要的环境梯度，为人类理解生物多样性的分布和维持机制提供了重要视角。

1）大型动植物　　山地大型动植物的物种多样性随着海拔的变化呈现出多种模式，主要可归纳为以下 5 种。①递减模式：物种多样性与海拔呈现负相关，意味着随着海拔的升高，物种多样性逐渐减少。②中间高度膨胀模式：大量研究支持这一模式，它表明物种多样性在海拔梯度上先随海拔上升而增加，达到一定高度后又开始减少，形成一种单峰分布。③中间偏下峰值模式：生物多样性的峰值出现在海拔梯度的中间偏下位置，也就是山体中部稍低海拔地区的生物多样性最高。④中等海拔降低模式：物种多样性在中等海拔处较低。⑤无关模式：物种多样性与海拔没有直接关系。这些模式反映了山地物种多样性对环境变化的复杂响应，不同地区的动植物群落可能因地理位置、气候条件、土壤类型和生物相互作用等因素的差异而表现出不同的海拔梯度多样性变化趋势。

2）土壤动物　　土壤动物通过分解有机残体、改变土壤的物理化学性质，积极参与土壤的形成和发育过程，并推动物质循环和能量转化，在生态系统中发挥着关键作用。尽管土壤动物包括各种生物分类群，但相关研究往往集中在土壤节肢动物和土壤线虫等特定的类群上。土壤动物群落的海拔梯度多样性模式包括：①负相关模式，土壤动物的类群数量和个体数量都随着海拔的升高而减少；②中等海拔最大模式，土壤动物的多样性在中等海拔地区达到峰值；③多样性指数负相关模式，土壤动物的多样性指数（如 Shannon-Wiener 指数或 Simpson 指数）随着海拔的升高而降低，表明高海拔地区的土壤动物多样性较低。

3）微生物　　土壤微生物多样性的海拔分布存在多种可能的模式，包括无明显趋势、随海拔升高而下降、单峰分布或下凹型分布等。以细菌为例，在土壤微生物中，它们是数量最大、种类最多、功能最多样的类群。根据目前已有的研究结果，土壤细菌多样性的海拔分布并未明确倾向于某种分布模式，而表现为无趋势、下降、单峰或者下凹型等多种海拔分布格局。Bryant 等（2008）发现酸杆菌门（Acidobacteriota）物种丰富度随海拔升高呈现单调递减的模式。Fierer 等（2011）发现有机质土壤、矿质土壤、叶表面的细菌多样性没有明显的海拔梯度格局。Singh 等（2014）发现韩国汉拿山的土壤细菌多样性在中海拔较低，而低海拔和高海拔相对较高。但比较清楚的是，其与动植物的海拔分布格局并不一致，这意味着两者的驱动机制可能不同。未来的研究需要进一步探索土壤微生物多样性分布的驱动因素，以及这些模式背后的生态和演化机制（厉桂香和马克明，2018）。

3. 生物多样性地理格局的形成机制

在地理尺度上，研究常以物种丰富度作为生物多样性的主要指标。值得注意的是，研究生物多样性地理格局的形成机制，必须综合考虑不同尺度上生态和进化过程的影响。Harrison 和 Cornell（2008）提出了四个步骤，以帮助人们更深入地理解区域因素对局域物种丰富度的影响：①识别影响区域物种丰富度变化的区域气候因素；②检验区域物种丰富度对局域物种丰富度的影响；③同时分析区域和局域气候对区域和局域物种丰富度的作用，以及区域物种丰富度对局域物种丰富度的影响；④考虑区域性的地质历史事件以及局域的人类与自然干扰对区域和局域物种丰富度的直接和间接影响（图 6-8）。迄今为止，生态学家已经提出了数百种假说来解释生物多样性的分布格局，且新的假说仍在持续提出。这些假说从现代气候、历史过程以及随机因素等角度出发，试图揭示生物多样性分布的机制（刘怿宁等，2010）。

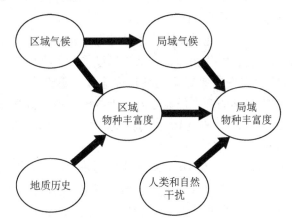

图 6-8　不同尺度影响生物多样性格局的主要因素（引自 Harrison and Cornell，2008）

1）现代气候及相关假说　　气候由热量和水分两个基本要素构成，它们从不同角度影响生物的生命活动。热量是生命活动的基础和能量来源，而水分是生物体的重要组成部分和生理活动的必要条件。因此，现代气候在很大程度上决定了生物的分布和生理活动，进而影响生物多样性的分布格局。现代气候的主要理论包括环境能量假说、生产力假说、水热动态假说和生态学代谢理论等，这些理论分别从气候的不同方面解释了生物多样性的分布（表 6-4）。

在研究中，通常使用温度或潜在蒸散来表示环境能量。在温度较高的地区，变温动物的生理活动更为活跃，繁殖和养育后代的能量利用效率更高；恒温动物可以减少用于维持体温的能量，将更多能量用于繁殖和养育后代，这可能增加物种的种群规模，降低物种灭绝概率，从而增加物种多样性。因此，环境能量假说认为物种多样性的地理格局主要是由能量对物种生理活动的直接控制引起的。

表 6-4 现代气候相关假说简介

假说名称	代表人物	气候指标	主要验证类群
环境能量假说	Turner、Currie 等	年均温、潜在蒸散量（PET）、太阳辐射或日照时数等	英国蝴蝶和蛾类、鸟类；北美洲脊椎动物；伊比利亚半岛爬行动物
生产力假说	Brown、Wight 等	实际蒸散量（AET）、干旱区的年降雨量，以及归一化植被指数（NDVI）	北美洲树木；全球树木；全球鸟类
水热动态假说	O'Brien、Whittaker 等	能量：温度或 PET 水分：年降雨量；或直接用 AET 表示水热动态	非洲树木；全球种子植物科的多样性；澳大利亚鸟类
生态学代谢理论	Brown、Alen 等	绝对温度	北美洲两栖动物、全球鱼类；南北美洲及澳大利亚蚂蚁；东亚和北美洲树木

在寒冷地区，许多物种无法忍受冬季的严寒，因此物种多样性随冬季温度的降低而减少，这种现象被称为寒冷忍耐假说。除了直接限制物种分布，能量还可能提高一个地区的净初级生产力，增加生物量的积累，从而提高该地区的生物多样性。然而，能量的直接和间接作用主要适用于水分充足的环境，如森林。在水分稀缺的极端环境中，如撒哈拉沙漠，尽管热量充足，但由于干旱，物种多样性很低。因此，一些学者认为水分条件对生物多样性大尺度格局的影响不容忽视。例如，在非洲南部，降水与温度的综合作用比单纯的能量理论更能解释树种多样性。

水热动态假说提出了水分和能量相互作用的综合方程，认为水分和能量共同决定了生物多样性的分布格局。生态学代谢理论则认为温度控制了物种的新陈代谢速率，新陈代谢速率通过世代时间和突变速率影响物种形成速率，最终决定一个地区的物种多样性。该理论从生物学和物理学的基本假设出发，推导出物种丰富度与绝对温度的倒数呈线性关系，其斜率为$-0.7 \sim -0.6$，对应物种新陈代谢中的活化能为 $0.6 \sim 0.7$eV。实际数据也较好地验证了这些理论。

2）历史过程及相关假说　　与 20 世纪中叶兴起并占据主导地位的现代气候相关假说相比，生物多样性格局的历史过程相关假说拥有更悠久的历史。在生物多样性研究的早期，面积效应、进化过程或地质历史事件就被认为是形成纬度分布模式的关键因素。

尽管现代气候相关假说在解释和预测方面表现出强大的能力，但它难以解释气候条件相似的不同地区之间物种多样性存在的显著差异。例如，中国、美国和欧洲大陆虽然位于相似的纬度带，面积相近，气候条件相似，但高等植物的种类数量却有显著不同，中国有近 30 000 种，美国约 18 000 种，而欧洲仅有约 11 500 种。此外，热带森林研究中心（Center for Tropical Forest Science，CTFS）对全球不同区域热带雨林的 50hm^2 标准样地的调查也显示，尽管同为热带雨林，马来西亚的 Pasoh 雨林有 817 种树木，南美洲巴拿马的洛科罗拉多岛（Barro Colorado Island，BCI）雨林有 303 种树木，而南亚印度的雨林仅有 71 种树木，远少于 Pasoh 雨林。

与现代气候相关假说强调当前气候条件不同，历史过程相关假说强调历史累积效应，认为一个地区的物种多样性是该地区物种形成、灭绝和扩散动态平衡的结果。历史过程相关假说认为热带不仅是物种起源的中心，也是物种多样性的"博物馆"，即温带地区的物种起源于热带，并且热带保存了许多在温带地区已经灭绝的物种，从而形成了目前低纬度地区物种多样性高于高纬度地区的格局。

历史过程相关假说从物种形成、灭绝和扩散三个方面解释了物种多样性的纬度梯度格局。在物种形成方面，进化假说认为热带地区由于温度较高，进化速率更快，因此积累了更多的物种；同时，热带气候相对稳定，受冰期影响较小，拥有更长的有效进化时间。在物种灭绝方面，地史成因假说认为历史上的周期性或极端事件对生物多样性产生了重大影响。例如，第三纪末期开始的冰期导致了北方物种的大量灭绝，而中国由于山脉的天然庇护所作用，许多物种得以保存，因此物种多样性高于北美洲和欧洲。此外，在物种扩散方面，冰期的周期性变化还导致物种的迁移和回迁过程，一些物种由于迁移速度的限制，未能达到其气候限制的界限，从而减少了该地区的物种多样性。例如，目前欧洲还有许多树木的分布未达到其气候限制的北界。

3）随机因素及相关假说　　在生态学研究中，确定性和随机性是理解自然界的基本原则。生态学的发展历程反映了这两种原则的相互作用和融合。在 20 世纪 90 年代之前，无论是现代气候相关假说还是历史过程相关假说，都体现了确定性的视角。然而，自 90 年代以来，随机性也被引入来解释生物多样性的分布格局，其中中域效应和中性理论受到了广泛关注。

（1）中域效应（mid-domain effect）由 Colwell 和 Hurtt 于 1994 年提出，并在 2000 年进一步被完善。它指出，除了物种多样性随纬度和海拔升高而减少的普遍趋势，中海拔地区的物种多样性往往高于高海拔和低海拔地区。这一现象与水热条件适宜或面积较大有关，中域效应认为，即使在没有明显环境梯度的情况下，物理边界对物种分布的限制也可能导致生物多样性从赤道向两极递减的纬度格局，或形成单峰的海拔格局。中域效应的提出对传统的气候决定论和历史过程相关假说提出了挑战。

（2）中性理论（neutral theory）则强调随机过程对群落内部结构的影响，认为即使不考虑物种间的差异，仅通过扩散限制就能对群落结构做出预测。中性理论的两个核心假设是：所有个体具有相同的出生、死亡、迁入和迁出速率；群落动态是一个零和过程，即群落中个体数量保持不变。基于这些假设，中性理论预测群落物种多度分布符合零和多项式分布，物种本身受到的扩散限制而非所处环境或物种的属性决定了群落结构。

中性理论在预测群落内物种多度分布方面表现出色，且在不同类型的群落和研究尺度上都取得了较好的结果。尽管中性理论在解释群落整体结构方面具有优势，但它忽略了物种的个性，因此在保护生物学中的应用受到限制。中性理论的假设更多的是一种概念上的简化，而非生物学现实的反映。

经过近 20 年的讨论，目前关于生态位理论和中性理论的争论已逐渐减弱，两种理论开始相互借鉴和融合，以更全面地理解生物多样性的分布格局（唐志尧等，2009；王志恒等，2009）。

4. 总结

随着物种分布数据的不断积累，生态学家对不同区域和不同尺度的生物多样性格局研究日益增多。尽管生态学家在研究方法和观点上存在差异，但普遍认同单一因素无法全面解释生物多样性在不同尺度和区域的分布模式。因此，评估特定尺度下某个因素对特定生物类群多样性分布格局的相对影响，已成为当前生物多样性格局研究的焦点。近年来，生物多样性分布格局的研究趋势显示，各种理论假说正逐渐融合。例如，代谢理论开始整合物种形成等历史假说中的概念，而近中性理论则考虑了物种间的竞争差异，并有学者尝试将实际空间过程纳入中性理论中，这些都体现了中性理论与生态位理论的结合。同时，随着计算机技术的进步和数理模型、统计方法的引入，生态学研究获得了更坚实的理论基础，为预测全球变化背景下生物多样性的响应提供了可能。

值得注意的是，尽管上述理论在探讨生物多样性分布时未直接考虑人类活动的影响，但人类活动实际上已经对地球上的生物多样性造成了深远的影响。联合国生物多样性和生态系统服务政府间科学政策平台（Intergovernmental Science-Policy Platform for Biodiversity and Ecosystem Services，IPBES）发布的《生物多样性和生态系统服务全球评估报告》显示，如果不采取措施，全球物种灭绝速度将进一步加速，而现在的灭绝速度已经至少比过去 1000 万年的平均值高出数千倍。许多物种在我们尚未充分了解之前就已经灭绝，这对人类和地球都是巨大的损失。对于一些广为人知的旗舰物种，如大熊猫和白鳍豚，公众已经意识到栖息地的破坏对它们构成了威胁。然而，对于许多其他物种，如两栖动物和微小生物，它们更容易受到生境退化的影响，却往往得不到足够的关注。

二、岛屿生物地理学

1. 岛屿生物地理学理论

1）岛屿性与岛屿　　岛屿性在生物地理学中指自然环境因界限明确和隔离程度不同而类似岛屿的特征。具有岛屿性的生态单元包括溪流、山洞等具有隔离特征的生态系统，以及森林中的湿地、沙漠中的绿洲、农田中的森林等陆地区域。人类活动如森林砍伐和城市扩张也会导致生境岛屿化。

海洋中的岛屿分为陆桥岛屿和真正的海洋岛屿。陆桥岛屿原本与大陆相连，后因海平面上升等地质变动而孤立，岛上生物经历了与大陆不同的进化。真正的海洋岛屿上的生物是从大陆或其他陆地跨海迁徙而来，这些岛屿是研究岛屿生物地理学的理想场所。

岛屿性的概念不仅丰富了我们对生物多样性和进化的理解，也为保护生物学、生物地理学和生态系统管理提供了重要的理论基础。通过研究岛屿生态系统，我们可以更好地理解物种如何在隔离和环境压力下适应和演化，以及设计有效的保护策略来维护这些独特的生物多样性。

2）种-面积曲线　　在气候条件相对一致的区域内，样地内物种数量与取样面积的大小密切相关。在不同面积的海洋岛屿中，某一分类群的物种数量随着岛屿面积的增大而增加。图 6-9 展示了西印度群岛两栖动物和爬行动物物种数量与岛屿面积的经验关系，表明岛屿面积越大，两栖和爬行动物的物种数量就越多。

种-面积曲线公式通常用 $S=cA^z$ 来表示，其中 S 代表某一分类群在面积为 A 的岛屿上的物种数量，c 是一个取决于分类群和生物地理区域的参数，z 是曲线的斜率，其大小反映了物种数量随面积增加的速率。例如，当 $z=0.5$ 时，岛屿面积只需增加 4 倍即可使物种数量翻倍；而当 $z=0.14$ 时，面积需要增加 140 倍才能达到同样的效果。大多数分类群的 z 值为 $0.18 \sim 0.35$。

3）平衡理论　　MacArthur 和 Wilson 在 1963 年和 1967 年提出，岛屿上的生物多样

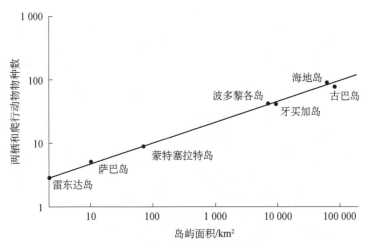

图 6-9　西印度群岛两栖和爬行动物物种数与岛屿面积的经验关系（引自 Lomolino et al.，2017）

横坐标和纵坐标均为对数（log）转化后的数值

性水平主要由两个因素决定：新物种的迁入和原有物种的灭绝。如图 6-10 所示，尽管物种的组成会持续变化和更新，但当迁入率与灭绝率达到平衡时，岛屿上的物种数量将趋于稳定。这一观点构成了岛屿生物地理学理论的核心，因此该理论也被称为平衡理论。从图 6-10 可以观察到，随着岛屿上物种数量的增加，新物种迁入的速率会降低，而物种灭绝的速率则提高。这是因为岛屿上的生态位或生境空间有限，已定居的物种越多，新物种成功定居的机会就越小，而每个已定居物种的灭绝风险则相应增加。因此，对于特定岛屿而言，随着物种丰富度的增加，迁入率和灭绝率将分别呈现下降和上升的趋势。

对于不同的岛屿，生物多样性随岛屿面积增加而增加的现象被称为面积效应。假设在陆地边缘形成一系列大小不同但距离陆地等距的岛屿，从陆地迁入这些岛屿的物种速率将相同，但岛屿上物种的灭绝率则会因岛屿大小而异。小岛屿由于空间有限，物种间竞争加剧，能容纳的物种数量较少，每个物种的种群规模也较小。当迁入率与灭绝率相等时，岛屿上的物种总数也会较小。例如，西印度群岛岛屿上的两栖动物和爬行动物多样性随着岛屿面积的增加而增加（图 6-9）。

此外，还存在距离效应，即岛屿与陆地及其他岛屿的距离越远，其物种数量就越少。这是因为如果岛屿面积相同，距离越远，物种迁入的速度就越慢。距离是衡量岛屿隔离程度的一个重要指标，但对于陆地岛屿而言，绝对距离并非唯一决定因素。动物在不同月份的迁移距离、不同物种的迁移能力、对环境变化的反应和忍耐程度，以及植物资源多样性和生境质量等因素都会影响物种的迁入。

2. 岛屿生物地理学与自然保护区的建立

自然保护区或保护地可被视为岛屿，它们因人类活动而被隔离，形成了具有不同大小和形状的生境岛屿。这些岛屿与海洋岛屿不同，因为陆地岛屿周围有哺乳动物、鸟类和其他生物，它们可以自由进出。一些保护区建立在受破坏的自然生态系统残余斑块上，如果这些斑块隔离程度高，一些传播能力差的物种迁入也会受到限制。因此，岛屿生物地理学理论为研究保护区内的物种变化和目标物种的种群动态提供了理论基础（曹

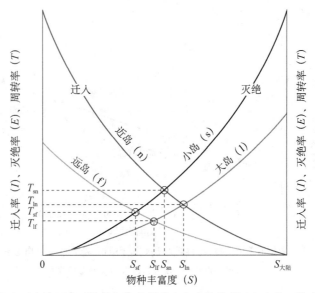

图 6-10　不同面积大小和到大陆距离不等的岛屿上物种丰富度与物种迁入率和灭绝率、周转率的关系
（引自 Lomolino et al., 2017）

s 和 l 分别表示小岛和大岛；n 和 f 分别表示近岛和远岛；T_{sn}、T_{ln}、T_{sf} 和 T_{lf} 分别表示小而近的岛屿、大而近的岛屿、小而远的岛屿以及大而远的岛屿上的物种周转率；S_{sn}、S_{ln}、S_{sf} 和 S_{lf} 分别表示小而近的岛屿、大而近的岛屿、小而远的岛屿以及大而远的岛屿上的物种丰富度

坤芳，1989）。

选择保护区地点时，应优先考虑物种丰富度高的地区，同时也要重视对特有种、受威胁种和濒危物种的保护。特别重要的是保护关键互惠共生种，因为它们在生态系统中扮演着至关重要的角色。保护区应包含足够复杂的生境类型，以确保关键种的生存。如果保护区是原始植被的残余斑块，应尽可能将周围已利用的区域纳入保护范围，以促进植被的恢复。

保护区的面积应根据关键种的种群密度、对生境多样性的需求、遗传需求，以及物种的生物学特性来确定。不同物种需要不同的领地范围，例如，啄木鸟需要 $10km^2$ 的领地，而山狮则需要 $400km^2$ 的领地范围。保护区周围的生态系统与保护区的相似性也是确定保护区面积时要考虑的因素。

保护区的最佳形状是圆形，以减少边缘效应。虽然岛屿生物地理学理论没有直接预测哪种形状的岛屿最好，但考虑到边缘效应，圆形比狭长形的保护区更优。

关于建立一个大保护区还是多个小保护区的问题，岛屿生物地理学理论持中立态度。大多数研究认为，一个大的保护区比多个小保护区更有利于物种的保护，因为大保护区能容纳更多物种。然而，小保护区虽然容易发生局部物种灭绝，但它们能提供更广泛的保护范围。

通过廊道连接几个保护区通常被认为比相互隔离的保护区更优，因为廊道可以作为物种迁徙的通道，有助于维持物种多样性。廊道还能增加保护区的美观和生态连通性，但同时也要注意廊道可能带来的负面影响，如传染病传播和捕食动物引入。

参 考 文 献

曹坤芳. 1989. 岛屿生物地理学与自然保护区的建立. 生态学进展, 6(3): 172-178.

陈芳, 魏怀东, 丁峰, 等. 2014. 干旱绿洲农业区社会-经济-自然复合生态系统可持续发展综合评价. 中国农学通报, 30(11): 39-43.

邓红兵, 王庆礼, 蔡庆华. 1998. 流域生态学: 新学科, 新思想, 新途径. 应用生态学报, 9(4): 443-449.

方精云, 沈泽昊, 崔海亭. 2004. 试论山地的生态特征及山地生态学的研究内容. 生物多样性, 12(1): 10-19.

傅伯杰. 2021. 国土空间生态修复亟待把握的几个要点. 中国科学院院刊, 36(1): 64-69.

傅伯杰, 王仰麟. 1990. 国际景观生态学研究的发展动态与趋势. 地球科学进展, 5(3): 56-60.

傅伯杰, 陈利顶, 马克明, 等. 2011. 景观生态学原理及应用. 北京: 科学出版社.

高程, 郭良栋. 2013. 外生菌根真菌多样性的分布格局与维持机制研究进展. 生物多样性, 21(4): 488-498.

何东进, 游巍斌, 洪伟, 等. 2012. 近 10 年景观生态学模型研究进展. 西南林业大学学报, 32(1): 96-104.

厉桂香, 马克明. 2018. 土壤微生物多样性海拔格局研究进展. 生态学报, 38(5): 1521-1529.

李月辉, 胡远满, 王正文. 2023. 山水林田湖草沙一体化保护和修复工程与景观生态学. 应用生态学报, 4(1): 249-256.

刘学录, 任继周, 张自和. 2002. 河西走廊山地—荒漠—绿洲复合生态系统的景观要素及其成因类型. 草业学报, 11(3): 40-47.

刘焱序, 傅伯杰. 2019. 景观多功能性: 概念辨析、近今进展与前沿议题. 生态学报, 39(8): 2645-2654.

刘怿宁, 乔秀娟, 唐志尧. 2010. 寻求生物多样性分布格局的形成机制. 自然杂志, 32(5): 260-266.

马世骏, 王如松. 1984. 社会-经济-自然复合生态系统. 生态学报, 4(1): 1-9.

欧阳志云, 张路, 吴炳方, 等. 2015. 基于遥感技术的全国生态系统分类体系. 生态学报, 35: 219-226.

潘康乐, 郭梁, 陈欣, 等. 2022. 农林复合生态系统服务功能研究进展. 生态与农村环境学报, 38(12): 1535-1544.

尚宗波, 高琼. 2001. 流域生态学: 生态学研究的一个新领域. 生态学报, 21(3): 468-473.

唐志尧, 王志恒, 方精云. 2009. 生物多样性分布格局的地史成因假说. 生物多样性, 17(6): 635-643.

王根绪, 邓伟, 杨燕, 等. 2011. 山地生态学的研究进展、重点领域与趋势. 山地学报, 29(2): 129-140.

王让会, 马英杰, 张慧芝, 等. 2004. 山地、绿洲、荒漠系统的特征分析. 干旱区资源与环境, (3): 1-6.

王让会, 马映军, 彭茹燕. 2001. 西北干旱区山地—绿洲—荒漠系统信息传递耦合关系. 干旱地区农业研究, 19(2): 100-105.

王让会, 张慧芝, 黄青. 2005. 山地-绿洲-荒漠系统耦合关系研究的新进展. 中国科学基金, 19(6): 339-342.

王如松, 李锋, 韩宝龙, 等. 2014. 城市复合生态及生态空间管理. 生态学报, 34(1): 1-11.

王效科, 苏跃波, 任玉芬, 等. 2020. 城市生态系统: 人与自然复合. 生态学报, 40(15): 5093-5102.

王志恒, 唐志尧, 方精云. 2009. 物种多样性地理格局的能量假说. 生物多样性, 17(6): 613-624.

文安邦, 汤青, 欧阳朝军, 等. 2023. 中国山地保护与山区发展: 回顾与展望. 中国科学院院刊, 38: 376-384.

邬建国. 2007. 景观生态学. 2 版. 北京: 高等教育出版社.

邬建国, 李百炼, 伍业钢. 1992. 缀块性和缀块动态: Ⅰ.概念与机制. 生态学杂志, (4): 43-47.

张明如, 翟明普, 尹昌君, 等. 2003. 农林复合生态系统的生态学原理及生态经济功能研究进展. 中国水土保持科学, 1(4): 66-71.

赵兴征, 卢剑波. 2004. 农林系统研究进展. 生态学杂志, 23(2): 127-132.

Bene J G, Beall H W, Cote A. 1977. Trees, food, and people: land management in the tropics. Ottawa: International Development Research Centre.

Bryant J A, Lamanna C, Morlon H, et al. 2008. Microbes on mountainsides: contrasting elevational patterns of bacterial and plant diversity. Proceedings of the National Academy of Sciences of the United States of America, 105(S1): 11505-11511.

Colwell R K, Hurtt G C. 1994. Nonbiological gradients in species richness and a spurious Rapoport effect. The American Naturalist, 144: 570-595.

Economo E P, Narula N, Friedman N R, et al. 2018. Macroecology and macroevolution of the latitudinal diversity gradient in ants. Nature Communications, 9(1): 1778.

Fierer N, McCain C M, Meir P, et al. 2011. Microbes do not follow the elevational diversity patterns of plants and animals. Ecology, 92(4): 797-804.

Forman R T T. 1995. Land Mosaics. The Ecology of Landscape and Region. Cambridge: Cambridge University Press.

Forman R T T, Godron M. 1986. Landscape Ecology. New York: John Wiley & Sons.

Harrison S, Cornell H. 2008. Toward a better understanding of the regional causes of local community richness. Ecology Letters, 11(9): 969-979.

Hawkins B A, Diniz Filho J A F, Jaramillo C A, et al. 2007. Climate, niche conservatism, and the global bird diversity gradient. American Naturalist, 170(S2): S16-S27.

Keith D A, Ferrer-Paris J R, Nicholson E, et al. 2020. The IUCN Global Ecosystem Typology 2.0: Descriptive profiles for biomes and ecosystem functional groups. Gland, Switzerland: IUCN.

King K F S. 1968. Agri-silviculture (The Taungya System). Ibadan: University of Ibadan.

Levins R. 1966. The strategy of model building in population biology. American Journal of Science, 54: 421-431.

Li H, Reynolds J F. 1993. A new contagion index to quantify spatial patterns of landscapes. Landscape Ecology, 8: 155-162

Lomolino M V, Riddle B, Whittaker R. 2017. Biogeography: Biological Diversity Across Space and Time. Sunderland: Sinauer Associates, Inc.

Mutke J, Barthlott W. 2005. Patterns of vascular plant diversity at continental to global scales. Biologiske Skrifter, 55: 521-538.

Naveh Z, Lieberman A S. 1984. Landscape Ecology: Theory and Application. New York: Springer.

Qian H, Dai Z, Wang J. 2024. Strong evidence for latitudinal diversity gradient in mosses across the world. Plant Diversity, 46(4): 537-541.

Riitters K H, O'Neill R V, Hunsaker C T, et al. 1995. A factor analysis of landscape pattern and structure metrics. Landscape Ecology, 10: 23-40.

Risser P G, Karr J R, Forman R T. 1984. Landscape Ecology: Directions and Applications. Champaign: Illinois Natural History Survey.

Singh D, Lee-Cruz L, Kim W S, et al. 2014. Strong elevational trends in soil bacterial community composition on Mt. Halla, South Korea. Soil Biology and Biochemistry, 68: 140-149.

Schipper J, Chanson J S, Chiozza F, et al. 2008. The status of the world's land and marine mammals: diversity, threat, and knowledge. Science, 322(5899): 225-230.

Tedersoo L, Bahram M, Pölme S, et al. 2014. Global diversity and geography of soil fungi. Science, 346(6213): 1256688.

Turner M G, Gardner R H, O'Neill R V. 2001. Landscape Ecology in Theory and Practice: Pattern and Process. New York: Springer.

Turner M G, O'Neill R V, Gardner R H, et al. 1989. Effects of changing spatial scale on the analysis of landscape pattern. Landscape Ecology, 3: 153-162.

Wang J, Vanderpoorten A, Hagborg A, et al. 2017. Evidence for a latitudinal diversity gradient in liverworts and hornworts. Journal of Biogeography, 44: 487-488.

Wiens J A. 1997. Metapopulation dynamics and landscape ecology. In: Hanski I A, Gilpin M E. Metapopulation Biology: Ecology, Genetics and Evolution. San Diego: Academic Press.

Wu J G, Hobbs R. 2007. Key Topics in Landscape Ecology Series: Cambridge Studies in Landscape Ecology. Cambridge: Cambridge University Press.

Zonneveld I S. 1972. Land evaluation and land (scape) science. Enschede: International Institute for Aerial Survey and Earth Sciences.

Zonneveld I S. 1989. The land unit-a fundamental concept in landscape ecology, and its applications. Landscape Ecology, 3: 67-86.

第七章

未来的生态学与生态文明

本章数字资源

◆ 第一节 生态文明：人类文明新形态

文明是一个广泛的概念，它通常是指一个社会或民族在物质和精神文化方面所达到的较高水平。文明的形成和发展是一个长期的历史过程，它包括了人类社会在经济、政治、法律、科技、教育、艺术、宗教、哲学、道德等多方面的进步和成就。一般而言，文明主要体现在城市化、文字的使用、复杂的社会结构、技术进步、法律和政府、宗教与哲学、艺术和文学以及道德与伦理等诸多方面。文明的发展是人类社会进步的体现，不同地区和民族的文明各有特色，共同构成了人类丰富多彩的文化遗产。中国是一个拥有悠久历史和灿烂文化的文明古国，中华文明在世界文明史上占有重要地位。

一、人类文明发展史

人类文明的发展史是一个漫长而复杂的过程，它涵盖了从人类早期社会的形成到现代社会的演变，涉及众多领域的发展，包括科技、农业、政治、宗教、艺术等。人类文明的发展具有以下几个显著特点。①持续性：尽管经历了多次战争和其他灾难，但是人类文明一直在不断发展和演变。②多样性：不同地区的文明展现出各自独特的文化和社会结构。③互动性：不同文明之间通过贸易、战争、文化交流等方式相互影响。④创新性：科技进步和思想解放推动了文明的不断革新。

基于生产力发展水平，人类文明形态的历史进程可以划分为原始文明、农业文明、工业文明和生态文明四大阶段。这四大阶段迭次发展，展现出不断进步的总体态势。

1. 原始文明

原始文明标志着人类由游牧向定居农耕过渡，发展了农业、手工业、贸易和宗教等文明要素，促进了社会结构的初步复杂化。尽管生产能力有限，但是集体合作满足了基本的生活需求。原始社会的小型群体以血缘关系为纽带，形成了以部落领袖或年长者为首、共享宗教信仰和习俗的社会结构。

经济和生活方式与自然环境紧密相连，人类依赖采集和狩猎获取食物，形成了适应性强的生活方式。原始文明阶段人们使用简单的石器、木器和骨器工具，经济模式以自给自足为主，物质财富积累有限。

对自然的敬畏和崇拜塑造了宗教与信仰，宗教和精神生活在原始文明中占有重要的地位，文化和知识主要通过口头传统传承。采集和狩猎文明促进了人类的交流与合作，为社会形成和发展奠定了基础。

技术进步，如火的使用和简单工具的制造，为文明发展奠定了基础。农业的萌芽和铁器的发明推动了社会向更先进的农业文明阶段过渡。原始文明反映了特定历史阶段的生产和生活方式，为人类社会发展奠定了基础（王存刚，2023）。

2. 农业文明

农业文明是人类由游牧狩猎采集向定居农耕生活过渡的关键阶段，深刻影响了社会结构、经济活动和文化政治体制。这一时期，全球多地如幼发拉底河-底格里斯河流域、尼罗河流域、地中海北岸、中南美洲、印度河-恒河流域以及黄河-长江流域分别孕育了苏美尔-阿卡德-巴比伦文明、古埃及文明、古希腊-罗马文明、玛雅-阿兹特克-印加文明、印度文明和中华文明等伟大文明，它们在适应和改造自然环境中取得了显著成就。

这些文明虽然地理分散、文化多样，但共同依赖农业生产，稳定的食物来源促进了人口增长和社会复杂化。社会分层，政治权力集中，法律、道德、宗教信仰等社会规范逐步确立，维护了社会秩序。文字发明促进了知识传播，建筑和艺术体现了美学与精神追求。

农业的起源可追溯至新石器时代，人类开始培育植物和驯化动物，经济基础逐渐由农业取代狩猎采集。农业技术如耕作方法、灌溉系统的发展提升了生产效率，促进了社会分工和专业化，形成了不同职业和社会阶层。

农业文明推动了社会结构和组织形式的复杂化，包括政府、法律、教育和宗教体系，为社会稳定和管理提供了基础。农业活动改变了土地使用和生态系统，城市化趋势显现，城市成为政治、经济和文化活动的中心。

地区间的贸易和文化交流促进了商品、技术与文化知识的传播，形成了市场和贸易网络。然而，农业活动也对环境产生了影响，可能导致生态变化和生物多样性减少。

随着工业革命的到来，人类社会开始从农业文明向工业文明过渡，农业文明的经济技术地位受到挑战，这标志着社会发展的新阶段（王存刚，2023）。

3. 工业文明

工业文明是社会发展的重要阶段，以工业化生产为核心，起源于18世纪的工业革命，从英国扩展至全球。这一阶段的特点是机械化大生产、科技进步、社会结构变革、城市化、全球化和文化传播，同时伴随着环境影响。

工业文明极大地提升了生产力，改变了生产和分配方式，促进了现代民主和法律体系的发展。科技创新，如蒸汽机、电力和内燃机的应用，成为发展的关键。社会结构出现工人阶级、中产阶级和资本家阶级，人口向城市迁移，城市化显著。全球贸易和文化交流加强，教育和大众传媒推动了生活方式的多样化。

工业生产中的现代科技应用提高了生产效率和产品质量，推动了生产流程的智能化和自动化。全球化加强了世界各地的工业生产联系，城市化为工业生产提供了便利（王存刚，2023）。

　　然而，工业文明也面临环境和社会挑战。环境污染、生态破坏、社会不平等和劳动问题需要通过法律与政策调节。应对环境影响的措施包括执行环境保护法规、推广清洁能源、发展循环经济、提高资源利用效率、污染治理和生态修复。

　　生态文明的发展是实现可持续发展的必然要求，对保护自然环境、促进社会经济持续健康发展、实现人与自然和谐共生具有重要意义。

二、生态文明的概念与内涵

1. 生态文明的概念

　　生态文明是人类在经历农业文明和工业文明后，基于对人与自然关系的深刻理解，经过长期实践形成的一种先进文明形态和新发展阶段，强调人、自然和社会之间的和谐发展，旨在实现物质和精神成果的全面进步。这一新型社会形态以人与自然、人与人、人与社会之间的和谐共生、良性循环、全面发展和持续繁荣为基本目标。生态文明是一个融合生态与文明的概念，强调人类社会与自然环境的和谐共生。生态学关注生命体与环境的互动，而文明则描述社会进步和人类发展的状态。1978 年，德国学者伊林·费切尔首次提出"生态文明"，视其为超越工业文明的新型文明形态。中国学者叶谦吉提出社会主义生态文明，强调人类活动与自然环境的互利共存。美国学者罗伊·莫里森在《生态民主》中也提及生态文明，认为它是工业文明后的新文明形态，标志着人类对可持续发展的追求。

　　根据历史唯物主义，经济基础决定上层建筑，生态文明的核心要素包括生产力、生产关系、生产和消费等，它们相互作用，共同推动生态文明社会的发展。2007 年 10 月，党的十七大报告提出把建设"生态文明"作为实现全面建设小康社会奋斗目标的新要求。2022 年，习近平总书记在党的二十大报告中全面系统总结了新时代十年我国生态文明建设取得的举世瞩目重大成就、伟大变革，深刻阐述了人与自然和谐共生是中国式现代化的重要特征，对推动绿色发展、促进人与自然和谐共生作出重大战略部署。

　　习近平生态文明思想融合生态学科理论与实践，基于马克思主义人与自然辩证关系，扩展道德关怀至自然，强调经济政策须遵循生态原则，推动现代化与生态优势相结合。它提倡可持续价值观，促进人与人、人与自然的和谐，解决紧张关系，追求和谐发展。生态文明补充、完善工业文明，强调人与自然的共同体关系，追求整体与生态价值，要求人类活动尊重自然和社会系统利益。它承认生态和环境承载力有限，视人类为自然的一部分而非主宰，倡导和谐共存，实现社会、经济与自然的可持续发展（表 7-1）。

表 7-1　人类不同历史阶段的文明形态和特点

指标类型	原始文明	农业文明	工业文明	生态文明
时间尺度	1 万年以前	1 万年至今	1800 年至今	最近 40 多年
空间尺度	个体或部落	流域或国家	国家或洲际	全球
哲学认知	全自我存在（求生与繁衍）	追求"是什么"	追求"为什么"	追求"将发生什么"
人文特质	淳朴	勤勉	进取	协调
推进动力	主要靠本能	主要靠体能	主要靠技能	主要靠智能

续表

指标类型	原始文明	农业文明	工业文明	生态文明
对自然态度	自然拜物主义	自然优势主义（靠天吃饭）	人文优势主义（人定胜天）	天人协同进化（天人和谐）
经济水平	融于天然食物链	自给水平（衣食）	富裕水平（效率）	优化水平（平衡）
经济特征	采食渔猎	简单再生产	复杂再生产	平衡再生产
系统识别	点状结构	线状结构	面状结构	网络结构
消费标志	满足个体延续需要	维持低水平的生存需求	维持高水平的透支需求	全面的可循环可再生需求
生产模式	从手到口	简单技术和工具	复杂技术与体系	绿色技术与体系
能源输入	人的肌肉	人、畜及简单自然能力	化石能源	绿色能源
环境响应	无污染	缓慢退化	全球性环境压力	资源节约、生态平衡
社会形态	组织度低	等级明显	分工明显	公平正义、共建共享

2. 生态文明的内涵

生态文明作为人类文明进程中的一个创新概念，代表着人与自然和谐共存、持续繁荣的新型文明形态。它倡导的是一种绿色、循环、低碳的生活方式和发展路径，旨在实现经济、社会与环境的协同进步。这一理念的产生，是人类在经历了以经济增长和物质积累为主导的传统工业文明之后，对现有发展模式的深刻反思和对未来道路的积极规划。

生态文明的核心价值体现在多个层面：首先，它强调可持续发展的重要性，意味着不仅要满足现代人的需求，还要保障未来世代的需求不受损害。其次，生态文明赋予生态系统及其服务以极高的价值，认识到它们是不可替代的，应在社会经济发展中得到充分的尊重和保护。最后，生态文明提升了环境伦理观念，呼吁人类承担起对自然环境的道德责任，倡导尊重生命、保护生物多样性和维持生态平衡。

在经济社会层面，生态文明促进了结构的转型，推动经济向更绿色、低碳、循环的路径发展，减少了环境负担。它还鼓励人们改变生活方式，采取更为环保、资源节约的行为，增强公众的生态意识和参与度。在政策和法规方面，生态文明要求政府创新政策和法规，更加注重环境保护和生态平衡。

在国际层面，生态文明强调全球合作的重要性，特别是在面对跨国界的环境问题时需要国际社会共同协作。科技创新是实现生态文明的关键，它支持资源的高效利用和环境的有效保护。此外，生态文明尊重文化多样性，认可不同文化中的传统知识和实践对生态保护的独特贡献。最后，生态文明提倡整体系统的管理思维，从全局视角出发，统筹经济、社会、环境等因素，实现均衡发展。

因此，生态文明的提出是对人类发展观念的一次重大更新，它强调在全球化背景下，人类社会需要重新审视与自然的关系，寻求一种更加和谐、可持续的发展路径（牛文元，2013）。

三、生态文明建设的理论探索与实践

1. 生态文明发展水平量化理论

量化生态文明的发展水平是一项复杂的任务，它要求我们综合评估一系列指标和因素。将生态文明的概念转化为可量化的模型，对在宏观层面为国家政策制定和制度设计提供支持具有重要意义。长期以来，学者通过对生态文明概念的辨识和抽象，已经取得了显著的研究进展。牛文元（2013）认为，衡量生态文明水平可以通过一个综合模型来实现，该模型由4个关键参数组构成。

（1）资源供给丰度：在静态领域中，如果人们达不到基础生存条件的临界值，就不可能关注生态环境的恢复和保育，因此资源供给丰度是生态文明水平的第一限制。

（2）社会绿色水平：在动态领域中，社会绿色水平指生产、流动、消费的社会绿色程度，即分别从投入产出效率、可循环度、废物资源化、社会折旧率等方面加以度量。

（3）国民心理期望：在精神领域中，国民心理期望是道德体系成熟程度、心理愉悦程度、社会剥夺感、国民幸福指数等集中对管理者、决策者、政策执行者的总和期望值。

（4）系统调控能力：在管理领域中，可以用科学规划能力、顶层设计能力、风险预测能力、管控处置能力等对系统调控能力加以衡量。

在研究生态文明评价指标体系时，学者通常将指标体系的构建分为两大类。一类是基于生态系统构建的评价指标体系，如陈佳等（2013）从生态保护、环境改善、资源节约和排放优化4个角度出发，构建了生态文明发展评价指标体系，并对生态文明发展指数进行量化评估。张欢等（2014）则构建了一个省域生态文明评价指标体系，包括生态系统压力、生态系统健康状况和生态环境管理水平三个维度。另一类评价指标体系则从更广泛的生态文明建设范畴出发，如宓泽锋等（2016）从自然、经济和社会三个系统构建了生态文明建设指标体系，对省域生态文明建设进行评价。

国内学者在构建生态文明评价指标体系时，主要集中在经济、社会、环境和资源等关键领域，并通过这些评价指标体系对生态文明建设进行评估，常用的指标有以下几个。

（1）环境质量指标：空气质量指数（AQI）、水质指数、土壤污染指数。

（2）资源利用效率：能源消耗强度、水资源利用效率、材料循环利用率。

（3）生态服务功能：生物多样性指数、森林覆盖率、绿地面积比例。

（4）社会经济指标：绿色 GDP、环保投资比例、公众环保意识和参与度。

（5）政策法规指标：环境法规的完善程度、环境管理能力。

（6）国际合作与交流：国际环境协议参与度、国际环保合作项目。

为了量化生态文明发展水平，通常需要建立一个综合评价指标体系，将上述指标进行整合和权重分配，并通过数学模型计算出一个综合指数。这个综合指数可以反映一个地区或国家生态文明建设的总体水平。此外，还需要对各项指标进行定期监测以及对综合指标进行评估，以确保生态文明建设的持续改进和提升。

2. 生态文明发展水平评价实践

1）国际比较　　生态文明评价指标体系的国际比较是一个多维度的分析过程，涉及对不同国家在生态文明建设方面的实践和成效进行比较研究。通过国际比较，可以了解不同国家在生态文明建设方面的优势和不足，从而为各国提供相互学习和借鉴的机会。在国际比较中，学者通常会从以下几个方面进行评价。

（1）生态经济：评估各国在生态经济方面的表现，包括绿色产业的发展、生态产品和服务的市场表现以及生态经济政策的实施效果等。

（2）生态环境：考察各国在生态环境保护方面的成就，如空气质量、水质、生物多样性保护、森林覆盖率等指标。

（3）社会发展：分析各国的生态文明建设对社会发展的贡献，包括公众的生态意识、教育水平、健康状况以及社会公平和包容性等。

（4）保障支撑：评估各国在生态文明建设中的保障支撑体系，包括法律法规、政策支持、科技创新、国际合作等。

例如，刘思明和侯鹏（2016）通过构建涵盖生态经济、生态环境、社会发展和保障支持4个要素的评价指标体系，对全球55个主要国家的生态文明建设进行了国际比较研究。研究结果显示，发达国家的生态文明发展水平普遍高于发展中国家。中国在生态文明建设方面取得了显著进步，但与发达国家相比仍有一定的差距。通过国际比较研究，可以为各国提供改进生态文明建设的策略和建议，促进全球生态文明建设的共同进步。

2）生态文明建设水平评价指标　　生态文明建设的生态指标通常包括多个方面，旨在全面评估和促进生态环境的保护与改善。以下为一些省级、市级和县级生态文明建设生态指标，这些指标的选取和应用需要根据各地的实际情况进行调整与优化，以确保生态文明建设的针对性和有效性。

（1）省级生态文明建设生态指标。

环境空气质量：如$PM_{2.5}$、PM_{10}、SO_2、NO_2等污染物的年均浓度。

水环境质量：地表水达到或优于Ⅲ类水质的比例，以及劣Ⅴ类水体的比例。

森林覆盖率：山区、丘陵区、平原区、高寒区或草原区的林草覆盖率。

生物多样性保护：重点保护物种的保护状况，以及外来物种的入侵情况。

生态红线划定：生态保护红线的划定和执行情况。

资源节约与利用：单位地区生产总值能耗、单位工业增加值用水量下降率。

环境风险防范：危险废物安全处置率、污染场地环境监管体系。

生态经济：新增和更新公共汽电车中新能源与清洁能源车辆比例。

生态文化：公众对生态环境质量满意程度、城镇新建绿色建筑比例。

生态文明制度建设：生态环境信息公开率、党政领导干部生态环境损害责任追究制度建立情况。

（2）市级生态文明建设生态指标。

环境空气质量：优良天数比例提高幅度、重污染天数比例下降幅度。

水环境质量：达到或优于Ⅲ类水质比例提高幅度、劣Ⅴ类水体比例下降幅度。

生态环境状况指数（EI）：确保不降低。

生态保护红线：开展划定情况。

耕地红线：遵守情况。

受保护地区占国土面积比例：山区、丘陵地区、平原地区。

空间规划：编制情况。

单位地区生产总值能耗：达到省级考核要求。

单位地区生产总值用水量：达到省级考核要求。

单位工业用地工业增加值：达到省级考核要求。

（3）县级生态文明建设生态指标。

环境空气质量：PM$_{2.5}$浓度、地表水环境质量。

生态环境状况指数（EI）：确保不降低。

森林覆盖率：保持稳定或持续改善。

生物物种资源保护：重点保护物种受到严格保护，外来物种入侵情况。

危险废物安全处置率：达到要求。

污染场地环境监管体系：建立情况。

生态保护红线：开展划定情况。

受保护地区占国土面积比例：保持稳定或持续改善。

单位地区生产总值能耗：达到省级考核要求。

单位地区生产总值用水量：达到省级考核要求。

3）生态文明建设对生态学理论研究的要求　　生态文明建设不仅推动了生态学理论向跨学科整合和系统性思维的发展，而且对深化生态系统服务价值评估、生态足迹与承载力研究提出了更高的要求。在这一过程中，探索生态恢复策略、生态风险评估方法以及生态伦理与政策的关联变得尤为重要。此外，关注全球变化对生态系统的影响、开发可持续发展指标体系，以及增强公众参与和生态教育，也是实现生态文明建设的关键环节。这些要求不仅促进了生态学理论的进一步发展，而且使其可以更好地指导实践，为可持续发展提供了坚实的科学依据。通过这些综合性的努力，生态学能够更全面地理解和应对环境问题，为构建和谐的人与自然关系提供理论支持和实践指导。

◆ 第二节　生态文明建设的生态学途径

一、生态要素动态调查评估

1. 生物多样性调查评估

近年来，世界各国组织开展了多项生物多样性调查评估工作，为生物多样性保护提供翔实可靠的基础数据与决策支持。在全球尺度上，2012 年，联合国环境规划署（United Nations Environment Programme，UNEP）主导成立了生物多样性和生态系统服务政府间科学政策平台（Intergovernmental Science-Policy Platform on Biodiversity and Ecosystem Services，IPBES）（IPBES，2024），定期评估全球生物多样性和生态系统服务及其相互联系。世界自然基金会（World Wide Fund For Nature，WWF）每两年发布一项《地球生命力报告》，这是对全球生物多样性最全面的评估之一（WWF，2024）。此外，开展"物种 2000"（Species 2000）、"全球生物多样性信息网络"（Global Biodiversity Information Facility，GBIF）、"全球生物多样性观测网络"（The Group on Earth Observations-Biodiversity Observation Network，GEO BON）、国际生物多样性计划（DIVERSITAS）和全球性的海洋生物调查计划等行动；在区域尺度上，IPBES 开展了非洲、美洲、亚太地区、欧洲和中亚 4 个区域的评估，建立了亚太生物多样性监测网络（AP BON）、欧洲生物多样性监测网络（Europa BON）等区域子网络；在国家尺度上，巴西、南非、印度、日本、德国、瑞典、美国等均开展了全国性的生物多样性本底调查（吴杨等，2020）。

我国作为最早签署《生物多样性公约》的缔约方之一，高度重视生物多样性保护，相继印发《关于进一步加强生物多样性保护的意见》和《中国的生物多样性保护》白皮书，全面开展生物多样性调查，并发布《中国生物多样性红色名录》，建立生物多样性监测网络，完善生物多样性调查、观测和评估等相关技术与标准体系，为生物多样性保护提供重要保障。2024 年，根据新时期生态文明建设和生物多样性保护战略部署，制定了《中国生物多样性保护战略与行动计划（2023—2030 年）》，将生物多样性调查监测、生物多样性评估作为优先行动（吴慧等，2022）。

全国生物多样性调查采用网格法取样，分辨率为 10km×10km。生物多样性调查涉及生态系统、物种和遗传资源 3 个层级的调查，为指导和规范生物多样性调查工作，2017 年环境保护部制定了县域生物多样性调查与评估技术规定，包括陆生高等植物、植被、陆生哺乳动物、鸟类、两栖类和爬行类、昆虫、大型真菌、内陆鱼类、内陆浮游生物、内陆大型底栖无脊椎动物、内陆周丛藻类 12 个类群及生物多样性相关传统知识的调查与评估技术，调查内容包括种类、数量、分布、生境、威胁因子等，从生物多样性的现状、威胁因子、保护状况等方面构建生物多样性评估指标体系，分析人为干扰和自然因素对生物多样性的影响，为制定相关保护政策提供重要参考（肖能文等，2022）。

生物多样性调查中应用较广泛的技术方法有卫星遥感、激光雷达、声音、无人机热红外、红外相机、环境 DNA 等。为便于数据管理，我国依托现有各级各类监测站点和监测样地（线），构建了中国生物多样性监测与研究网络（Sino BON）、中国生物多样性观测网络（China BON）等信息化平台。Sino BON 从基因、物种、种群、群落、生态系统和景观等水平对生物多样性进行了长时序、多层次的全面监测与系统研究。China BON 在全国建立了 749 个观测样区，包括 380 个鸟类观测样区、159 个两栖动物观测样区、70 个哺乳动物观测样区和 140 个蝴蝶观测样区，及时掌握生物多样性变化情况。

2. 生态系统调查评估

2001 年，联合国启动千年生态系统评估（Millennium Ecosystem Assessment，MA）项目，完成了全球尺度生态系统状况的综合评估。2007 年，英国开始动议开展国家生态系统综合评估，完成了国家陆地、淡水和海洋生态系统状况及其变化的综合评估。欧洲许多国家也借助千年生态系统评估的实施，如西班牙、葡萄牙、波兰、德国、法国等国陆续开展了国家生态系统状况综合评估（侯鹏等，2015）。2012 年，联合国环境规划署成立了生物多样性和生态系统服务政府间科学政策平台（IPBES），旨在评估全球生态系统服务现状和趋势、对人类福祉的影响及其响应《生物多样性公约》的应对措施的有效性。

我国开展生态系统服务研究已有几十年历史，随着研究技术和方法的创新，研究方向由简单的价值评估逐渐拓展到生态系统过程、功能维持与提高、价值转移及实现机制等综合研究，研究尺度由大尺度逐渐向中小尺度转移，如流域、区域尺度（自然保护区、山脉、县乡村等）。

自 2000 年以来，生态环境部联合中国科学院等相关部门完成了 3 次全国生态状况调查评估，分别是 2000 年全国生态环境调查、全国生态环境十年变化（2000—2010 年）遥感调查与评估、全国生态状况变化（2010—2015 年）调查评估，旨在全面评估生态系统格局、质量和服务功能等生态环境状况变化及其存在的问题与胁迫因素。2020 年，国家林业和草原局发布《森林生态系统服务功能评估规范》（GB/T 38582—2020），将森林生态系统支持、供给、调节和文化服务分为九大功能类别、18 个指标类别，并提出分布式测算方法和评估公式。2021 年，生态环境部发布《全国生态状况调查评估技术规范》等十一项标准，包括森林、草地、湿地、荒漠生态系统野外观测的样地选择与样方设置、指标体系和技术方法，以及生态系统格局、质量和服务功能评估的指标体系与方法，将生态系统服务功能分为水源涵养、土壤保持、防风固沙和生物多样性维护四大服务类别，定量评估生态系统服务功能的空间格局和总体变化趋势，明确不同类型生态系统服务功能的变化情况及变化关键区域（傅伯杰等，2017；杨海江等，2024）。

3. 生态资产调查评估

近年来，随着我国生态文明建设的不断深入，生态系统已经被视为国家或区域总资产的重要组成部分，生态资产是生态系统的自然资源属性和生态系统服务属性的综合体现，是人类社会可持续发展的基础支撑。如何准确评估和度量生态资产，实现生态资产的科学管理和合理使用，将生态资产管理与社会经济管理融为一体，已成为事关国家可持续发展的重要议题之一。

生态资产的概念是在自然资本（natural capital）和生态系统服务的基础上发展起来的，目前国际上普遍认为生态资产是生态系统的生物和非生物组成部分及其为人类提供的产品与服务价值。生态资产可以分为实体和价值体现两种形式，其中，自然资本侧重于实体形式，是指环境资源的物质和能量存量，主要包括两部分：一是植被生物量、土壤有机质、动物和水等可再生速度较为缓慢的自然资本存量，二是化学燃料和物质等不可再生的自然资本存量。生态系统服务侧重于价值体现形式，是指生态系统为人类社会提供的自然资源的有形和无形服务产品的集合，在此基础上，有学者提出生态系统生产总值（gross ecosystem product，GEP），并将其定义为生态系统为人类提供的产品与服务价值的总和（侯鹏等，2020）。

生态资产的评估方法可以分为实物量法和价值量法。实物量是指生态产品的物理量，如粮食产量、洪水调蓄量、土壤保持量、固碳量与景点旅游人数等；价值量是指生态产品的货币价值。实物量是价值量评估的基础，价值量是实物量的价值化过程和结果。

我国常采用实物量法和价值量法相结合的方式，如欧阳志云等（2013）将物质量法和价值量法相结合，建立了生态系统生产总值（GEP）核算指标体系，主要包括提供产品价值、调节服务价值和文化服务价值共三大类 17 项功能指标，以生态系统产品与服务功能量和各指标价格为基础，核算生态系统产品和服务的总经济价值。2021 年 3 月，联合国统计委员会正式将 GEP 纳入最新的环境经济核算系统——生态系统核算框架（SEEA EA）中，将 GEP 作为生态系统服务和生态资产价值核算指标。2022 年，国家发展和改革委员会、国家统计局制定了《生态产品总值核算规范》，从实物量和价值量两个方面测度生态产品的总量、结构等状况，并提出了不同生态系统所提供的生态产品的实物量和价值量核算指标与方法。根据确定的核算基准时间，通过统计调查、机理模型等核算各项指标的实物量；在实物量核算的基础上，选择适当的价值评估方法，核算各类生态产品的价值量。

二、生态系统保护规划与设计

1. 国家公园规划设计

国家公园是指由国家批准设立并主导管理，边界清晰，以保护具有国家代表性的大面积自然生态系统为主要目的，实现自然资源科学保护和合理利用的特定陆地或海洋区域。国家公园的首要功能是重要自然生态系统的原真性、完整性保护，同时兼具科研、教育、游憩等综合功能。目前，全球已有 200 多个国家建立了国家公园，但由于政治、经济、文化背景和社会制度特别是土地所有制不同，各国对国家公园的内涵界定也不尽相同（唐小平等，2019）。

国家公园是我国自然保护地的最重要类型之一，属于全国主体功能区规划中的禁止开发区域，纳入全国生态保护红线区域管控范围，实行最严格的保护。2017 年 9 月，中共中央办公厅、国务院办公厅印发了《建立国家公园体制总体方案》，明确了国家公园在自然保护地体系中的核心地位和国家公园体制改革的重要内容。2019 年 6 月，中共中央办公厅、国务院办公厅印发了《关于建立以国家公园为主体的自然保护地体系的指导意见》，提出建立以国家公园为主体、自然保护区为基础、各类自然公园为补充的自然保护地体系。2020 年 12 月，《国家公园设立规范》等 5 项国家标准正式发布，贯穿了国家公园设立、规划、勘界立标、监测和考核评价的全过程管理环节。2021 年 10 月，我国正式设立三江源、大熊猫、东北虎豹、海南热带雨林、武夷山首批 5 个国家公园。2022 年 6 月，国家林业和草原局制定了《国家公园管理暂行办法》，提出了规划建设、保护管理、公众服务、监督执法等方面的规定要求，并研究起草了《国家公园法（草案）》（征求意见稿）。2022 年 12 月，国家林业和草原局等部门印发了《国家公园空间布局方案》，依据国家公园设立标准，遴选出 49 个国家公园候选区（含正式设立的 5 个国家公园），总面积约 110 万 km² （唐小平等，2023）。

我国国家公园规划体系可分为 2 个序列、4 个层级。在国家宏观层面，规划体系由国家公园发展规划、系列专项规划构成，是在国家层面对全国国家公园建设和治理的整体性、长期性安排，作为一种战略性、前瞻性、导向性的公共政策，在国家公园建设管理中起引领作用。2020 年 4 月，中央全面深化改革委员会第十三次会议审议通过了《全国重要生态系统保护和修复重大工程总体规划（2021—2035 年）》，其中包括《国家公园等自然保护地建设及野生动植物保护重大工程建设规划（2021—2035 年）》专项规划，提出了保护体系、智慧国家公园、公众服务体系三大建设内容及重点任务。在实体国家公园层面，规划体系由总体规划、专项规划或管理计划、年度实施计划 3 级规划成果构成。国家公园规划属于国土空间规划体系的专项规划，是国家公园规划体系的重要组成部分，是国家公园保护、管理和建设的基本依据。依据《国家公园总体规划技术规范》，总体规划应当明确国家公园的管理目标、分区管控、总体布局等要求，因地制宜地编制保护体系、服务体系、社区发展、土地利用协调、管理体系等专项规划，并根据实际情况确定年度实施计划。

2023 年 8 月 19 日，在青海省举办的第二届国家公园论坛上，国家林业和草原局发布了首批国家公园总体规划和感知系统，规划期为 2023～2030 年，坚持保护优先，把生态系统的完整性、原真性保护作为首要任务，突出了保护管理、监测监管、科技支撑、教育体验、和谐社区五大重点，布局了先进的监测体系、高水平的科研体系、完备的科普宣教体系。

2. 自然保护区规划设计

自然保护区是指保护典型的自然生态系统、珍稀濒危野生动植物种的天然集中分布区、有特殊意义的自然遗迹的区域。其具有较大面积，确保主要保护对象安全，维持和恢复珍稀濒危野生动植物的种群数量及赖以生存的栖息环境。从自然保护地建设以来，我国出台了大量自然保护区相关的政策法规、标准规范，为自然保护区规划设计提供了重要支撑。

自然保护区是自然保护地体系的基础。2020 年 4 月，《国家公园等自然保护地建设及野生动植物保护重大工程建设规划（2021—2035 年）》中明确了国家级自然保护区的建设内容和重点任务。一是完善保护管理体系：开展自然保护区整合优化、资源普查、勘界立标、自然资源确权登记等工作，加强保护区管护、巡护、监管、科研监测、公众教育等设施设备建设。二是提升保护管理能力：全面推进自然资源专项调查，健全自然保护区监测监管系统，完善解说引导和公共服务配套设施，着力提升自然保护区资源保护、监测评估和公众服务等主体业务能力。

全国各省也开始编制自然保护地规划，推动自然保护地高质量建设。《广东省自然保护地规划（2021—2035 年）》提出，结合自然保护区自身特点，对重点建设自然保护区进行针对性分类、目标化建设。对生态区位重要、基础设施建设水平有待提升的自然保护区，重点开展本底调查、管护设施优化、受损生态系统或栖息地恢复、科研监测监管设施完善、水电设施清退等工程；对城镇周边，具备较好的公众服务供给条件的自然保护区，重点开展资源管护、公众教育、生态旅游等设施建设；对保护需求迫切的自然保护区，重点开展受损生态系统恢复、植被恢复、物种保护、核心保护区管理权获取、水电设施清退等工程。《福建省自然保护地总体布局和发展规划（2022—2035 年）》将全省自然保护区分为自然生态系统类、野生生物类、自然遗迹类 3 个类别，提出自然保护区整合优化、设施设备建设、监测体系建设、野生动植物保护、宣传教育、规划衔接、监测评估等建设任务。

3. 自然公园规划设计

自然公园是指保护重要的自然生态系统、自然遗迹和自然景观，具有生态、观赏、文化和科学价值，可持续利用的区域。其包括森林公园、地质公园、海洋公园、湿地公园等各类自然公园。

自然公园是自然保护地体系的补充，以提供自然资源保护和生态产品供给、满足广大群众多样化生态需求为主要建设方向。2020 年 4 月，《国家公园等自然保护地建设及野生动植物保护重大工程建设规划（2021—2035 年）》中明确了国家级自然公园的建设内容和重点任务。一是资源管理水平提升：完成所有国家级自然公园整合归并优化、勘界立标和确权登记。划定访客开放范围，推进国家级自然公园的精细化保护和科学利用。对 150 处左右国家级自然公园开展示范建设，科学保护各类主要保护对象的原真性、传承性和观赏性，融合提高主要保护对象的生态、文化、美学和科研价值。二是服务保障设施建设：建设维护野外观测基地、户外体验道路、自然营地、宣教场所和访客服务中心等宣教服务设施，配套必要的安全防护、环卫保障、交通配套和引导解说系统，对 50 处左右自然公园开展数字化、智能化建设，打造智慧自然公园。

2021 年 7 月，《"十四五"林业草原保护发展规划纲要》提出，增强自然公园生态服务功能，一是提升自然公园生态文化价值：完成各类自然公园定位和范围划定，确保自然公园内的自然资源及其承载的生态、景观、文化、科研价值得到有效保护。开展勘界立标，对受损严重的自然遗迹、自然景观等进行维护修复。二是提升自然教育体验质量：健全公共服务设施设备，设立访客中心和宣教展示设施。建设野外自然宣教点、露营地等自然教育和生态体验场地。完善自然保护地引导和解说系统，加强自然公园的研学推广。

自然公园规划要明确自身定位，依据主要保护对象类型，开展针对性建设。其中，森林公园主要开展林相恢复和景观优化；湿地公园主要开展岸线生态改造、污染防控、水源补给、水系连通等工程；风景名胜区强调景观融合和自然性维护；地质公园以遗迹加固和威胁因素防治建设为主；海洋公园侧重于自然岸线恢复和干扰因素清除；石漠公园要维护典型生态系统景观，并防范石漠化范围扩大。同时，推进重点建设自然公园内必要的科普教育、资源展示设施设备，以及配套交通、环卫、门禁等公共服务设施建设，开展生态旅游、科普教育活动，在提升自然公园多样化保护价值的同时，强化生态服务供给保障能力。

4. 生态保护红线划定

生态保护红线是指在生态空间范围内具有特殊重要生态功能、必须强制性严格保护的区域，包括具有重要水源涵养、生物多样性维护、水土保持、防风固沙等功能的生态功能重要区域，水土流失、土地沙化等生态敏感脆弱区域，以及其他经评估目前虽然不能确定但具有潜在重要生态价值的区域。

2012 年，我国开始部署生态保护红线划定工作。2015 年 5 月，环境保护部印发《生态保护红线划定技术指南》，指导全国生态保护红线划定。2017 年 2 月，国务院印发的《全国国土规划纲要（2016—2030 年）》《关于划定并严守生态保护红线的若干意见》中提出，构建以青藏高原生态屏障、黄土高原-川滇生态屏障、东北森林带、北方防沙带和南方丘陵山地带（即"两屏三带"）以及大江大河重要水系为骨架的陆域生态安全格局；构建以海岸带、海岛链和各类保护区为支撑的"一带一链多点"海洋生态安全格局。依托"两屏三带"为主体的陆域生态安全格局和"一带一链多点"的海洋生态安全格局，将水源涵养、生物多样性维护、水土保持、防风固沙等生态功能重要区域，以及生态环境敏感脆弱区域进行空间叠加，划入生态保护红线，涵盖所有国家级、省级禁止开发区域，以及有必要严格保护的其他各类保护地等。生态保护红线原则上按禁止开发区域的要求进行管理，严禁不符合主体功能定位的各类开发活动，严禁任意改变用途，确保生态保护红线功能不降低、面积不减少、性质不改变，保障国家生态安全。

2020 年 2 月，自然资源部、国家林业和草原局启动自然保护地整合优化工作，以省为单位形成自然保护地整合优化预案，并将自然保护地整体纳入生态保护红线。2023 年 8 月，我国首部生态保护红线蓝皮书正式发布，系统总结了全面完成生态保护红线划定的历程、方法、成果和实践案例。根据《中国生态保护红线蓝皮书（2023 年）》，全国划定生态保护红线面积合计约 319 万 km^2，涵盖我国全部 35 个生物多样性保护优先区域，90%以上的典型生态系统类型。其中，陆域生态保护红线面积约 304 万 km^2，占我国陆域国土面积的比例超过 30%；海洋生态保护红线面积约 15 万 km^2。整合优化后的自然保护地约占生态保护红线总面积的 56%，自然保护地外的生态功能极重要、生态极脆弱区域约占 28%，具有潜在重要生态价值的区域约占 16%。

三、退化生态系统修复规划与设计

1. 国土空间生态修复规划

近年来，我国坚持以习近平生态文明思想为指导开展生态保护修复工作，逐步构建了"国家规划+专项规划+地方规划"的国土空间生态修复规划体系，提出全国生态保护修复工作"一盘棋"，为全方位、全地域、全过程推进国土空间生态保护修复提供了科学指引。

在国家规划层面，2020 年 4 月，中央全面深化改革委员会审议通过的《全国重要生态系统保护和修复重大工程总体规划（2021—2035 年）》（以下简称《双重规划》）是党的十九大后生态保护和修复领域第一个综合性规划，是国土空间生态修复规划体系的核心内容和标志性成果。该规划将全国划分为青藏高原生态屏障区、黄河重点生态区（含黄土高原生态屏障）、长江重点生态区（含川滇生态屏障）、东北森林带、北方防沙带、南方丘陵山地带、海岸带七大重点区域，提出了 9 项重大工程，包括七大区域生态保护和修复工程，以及国家公园等自然保护地建设与野生动植物保护、生态系统保护和修复支撑体系 2 项单体工程，明确了各项重大工程的建设思路、主要任务和重点指标，并细化为 47 项具体任务。

在专项规划层面，根据《双重规划》重大工程布局，编制了 9 个重大工程专项建设规划，明确了重点流域、区域和海域的建设任务。此外，自然资源部等编制印发了《红树林保护修复专项行动计划（2020—2025 年）》《"十四五"海洋生态保护修复行动计划》《"十四五"历史遗留矿山生态修复行动计划》等专项行动计划，明确了重点领域的生态保护修复任务。

在地方规划层面，2020 年 9 月，自然资源部办公厅发布《关于开展省级国土空间生态修复规划编制工作的通知》，要求各省（自治区、直辖市）编制省级国土空间生态修复规划。截至 2023 年 9 月，已有 26 个省（自治区、直辖市）印发省级国土空间生态修复规划。各地以生态、农业、城镇三大空间的生态修复为主，探索多元化生态修复路径，实施生态修复重大工程，系统谋划国土空间生态保护和修复工作。生态空间以自然恢复为主、人工修复为辅，重点推进森林保育、水源涵养、水土保持、生物多样性保护、海岸带生态保护和修复等任务；农业空间以全域土地综合整治为抓手，重点增强耕地安全生产及生态功能，提升土壤环境容量及耕地质量；城镇空间以蓝绿空间的保护和修复为主，重点开展城市绿地、水网、生态廊道建设，增强城市生态系统韧性，提升城市人居生态品质。《北京市国土空间生态修复规划（2021 年—2035 年）》中，依据全市生态、农业、城镇三大空间，结合自然资源类型、生态系统受损退化程度及生态保护修复目标的差异等，划定 5 个一级生态修复分区、18 个二级生态修复分区，并明确生态修复重点地区和优先顺序。同时，通过"生态＋治理"和"利用型修复"等方式，推动生态产业化、产业生态化，实现生态修复与绿色发展互促共融。《广东省国土空间生态修复规划（2021—2035 年）》中提出，以绿美广东生态建设为引领，面向生态、农业、城镇三大空间，构建具有全球意义的生物多样性保护网络，统筹推进国土空间整体保护、系统修复与综合治理，支撑全省高质量发展。

2. 基于自然的解决方案

2008 年，世界银行在年度发展报告中首次提出"基于自然的解决方案"（Nature-based Solutions，NbS）。2009 年，世界自然保护联盟（IUCN）建议在《联合国气候变化框架公约》中引入基于自然的解决方案，以应对气候变化。目前，基于自然的解决方案的定义主要有两种解读视角。世界自然保护联盟将基于自然的解决方案定义为：保护、可持续管理和改良生态系统的行动，以生态适应性的方式应对社会挑战，同时提高人类福祉和生物多样性。而欧盟委员会则认为：基于自然的解决方案是受到自然启发和支撑的解决方案，在具有成本效益的同时，兼具环境、社会和经济效益，并有助于建立具有韧性的社会生态系统。世界自然保护联盟侧重于生态可持续发展，欧盟委员会侧重于兼顾经济可持续发展。两者都说明，基于自然的解决方案由最初应用于生物多样性保护、减缓和适应气候变化领域，逐步扩展到与可持续发展相关的多重领域。2020 年，世界自然保护联盟制定了《IUCN 基于自然的解决方案全球标准》，提出了 8 项准则和 28 项指标，为设计、审核和推广基于自然的解决方案提供指导与全球框架（张克荣等，2023）。

基于自然的解决方案根据对生态系统的不同利用方式可分为三类：一是更好地利用与保护现有的生态系统，如以自然通风净化空气、以城市绿地管理雨洪；二是调整现有生态系统，如棕地治理、恢复生态系统功能；三是创造和管理新的生态系统，如新建绿色屋顶和外立面等基础设施调节微气候。

基于自然的解决方案与我国生态文明建设理念有异曲同工之处。第一，在基本原则上，二者都坚持生态优先。基于自然的解决方案以保护生态环境为前提，寻求以自然为中心的效用最大化。生态文明建设坚持人与自然和谐共生，以尊重自然、顺应自然、保护自然为发展的基本原则。第二，在治理手段上，二者均依靠自然的力量实施前瞻性生态治理。基于自然的解决方案强调人们是自然前瞻性的保护者、管理者和修复者，主张从自然中获得启示，通过模仿、修复和利用自然，替代原有的技术手段。我国生态文明建设以坚持节约优先、保护优先、自然恢复为基本方针，建立以国家公园为主体的自然保护地体系，以生态保护红线、环境质量底线、资源利用上线为发展基准，同样强调依靠自然力量来解决现实问题。第三，在实施目标上，二者均指向可持续发展。基于自然的解决方案认为保护自然有助于提高生态系统与社会经济系统的适应能力，创新生态治理手段也为创造就业和营造宜居环境提供了机会。生态文明建设并非孤立推进，而是全方位渗透到经济、政治、文化和社会建设中，不仅推动国内形成绿色发展方式和生活方式，还致力于维护全球生态安全，推动可持续发展。因此，可以将基于自然的解决方案与生态文明建设结合起来，建立生态治理长效机制，形成本土可持续发展模式，将生态文明建设落到实处。

3. 退化生态系统修复设计

中国退化土地面积超过国土面积的 1/3，是世界上受荒漠化危害最为严重的国家之一。因此，中国迫切需要恢复退化的森林、草原、农田、湿地、河流、湖泊等生态系统，以提升生态服务功能。2020 年 6 月发布的《全国重要生态系统保护和修复重大工程总体规划（2021—2035 年）》提出，以"两屏三带"以及大江大河重要水系为骨架的国家生态安全战略格局为基础，综合考虑生态系统的完整性、地理单元的连续性和经济社会发展的可持续性，制定了到 2035 年开展森林、草原、荒漠、河流、湖泊、湿地、海洋等自然生态系统保护和修复工作的主要目标，并提出了统筹山水林田湖草沙一体化保护和修复的总体布局、重点任务、重大工程和政策举措。2020 年 8 月发布的《山水林田湖草生态保护修复工程指南（试行）》提出要遵循 5 方面保护修复原则，即生态优先、绿色发展；自然恢复为主、人工修复为辅；统筹规划、综合治理；问题导向、科学修复；经济合理、效益综合。2021 年 8 月发布的《"十四五"林业草原保护发展规划纲要》也提出了森林、草原、湿地、荒漠等生态系统保护和修复工作的主要目标与任务，包括三北防护林、天然林保护、退耕还林还草、湿地保护与修复、石漠化治理等工程，并在黄河、长江、青藏高原等重点区域实施一批山水林田湖草沙系统治理示范项目。

2021 年 6 月 5 日，联合国正式启动"生态系统恢复十年（2021—2030 年）"倡议，呼吁保护和恢复世界各地的生态系统，以造福人类和自然。2022 年 12 月 13 日，在联合国生物多样性大会上，"中国山水工程"入选首批十大"世界生态恢复旗舰项目"，该工程于 2016 年启动，包含 75 个大型项目，所有项目都将生物多样性目标纳入在内，是践行山水林田湖草沙生命共同体理念的标志性工程。该项目与国家空间规划相吻合，在景观或流域尺度上开展工作，纳入农业和城市地区及自然生态系统，力图促进多个地方产业的发展。目前，该项目已完成生态保护修复面积 350 多万公顷，到 2030 年的目标是恢复 1000 万 hm^2。IPBES 评估提出，只要恢复重点地区 15% 的生态系统，就能减少 60% 的物种灭绝。这些旗舰项目表明，只要有政治意愿、科学证据和跨境合作，就能实现联合国生态系统恢复十年的目标，转变人与自然的关系，扭转气候变化、自然和生物多样性丧失以及污染与废物这三重地球危机。

4. 生态公益林建设

生态公益林是指以人类生存、生活和社会经济持续稳定发展，创造优良生态环境为目的的森林，分为防护林和特种用途林。其中，防护林包括水源涵养林、水土保持林、防风固沙林、农田牧场防护林、护路护岸林；特种用途林包括国防林、自然保存林、实验林、种子林、环境保护林、风景林，名胜古迹和革命纪念地的林木，自然保护区的森林等。目前，全国生态公益林按保护程度分为特殊公益林（所有国防林、位于生态重要或脆弱性等级1级地区的生态公益林）、重点公益林（所有实验林、环境保护林、文化林和风景林及位于生态重要或脆弱性等级2级地区的生态公益林）和一般公益林（除特殊公益林和重点公益林以外的生态公益林）三类。生态公益林按照管理层级分为国家级、省级、地方级（市、县、区）三大类别。

2001年颁布的《生态公益林建设导则》（GB/T 18337.1—2001）、《生态公益林建设规划设计通则》（GB/T 18337.2—2001）、《生态公益林建设技术规程》（GB/T 18337.3—2001）三项标准，为生态公益林建设、规划设计、经营管理提供了指导。2016年，根据《中共中央　国务院关于加快推进生态文明建设的意见》（中发〔2015〕12号）关于大力开展森林经营的要求，国家林业局编制了《全国森林经营规划（2016—2050年）》，确立了以多功能森林经营理论为指导的经营思想，树立了全周期森林经营理念，明确了培育健康稳定优质高效森林生态系统的核心目标，提出了天然林和人工林中严格保育的公益林的森林作业法，并针对全国8个森林经营区的突出问题，分别提出了经营方向和经营策略，明确了各经营区的经营目标和主要任务。

生态公益林兼具生态效益、社会效益和经济效益，对国土生态安全、生物多样性保护和经济社会可持续发展有重要作用。我国很早就开始实施公益林生态补偿政策，推动地区间生态保护与经济发展的良性互动、提高森林培育质量、完善森林生态建设体系、协调与平衡生态保护各主体之间的利益，促进社会经济可持续发展。公益林生态补偿政策的效果评价主要聚焦于4个方面。一是对农户生计能力的影响，公益林生态补偿政策影响农户的营林收入，且具有地区异质性、林农异质性。二是公益林生态补偿政策实施调整了就业结构，推动劳动力向城市和非农行业转移，形成了特色农村产业结构。三是不同的补偿对象给政策实施所带来的机会成本的把握能力不同，但获得的补偿相同，造成地区之间和农户之间矛盾，影响社会公平。四是林农生态意识，主要表现在参与补偿意愿、管护意识、环保意识等方面，随着政策的大力宣传，农户的森林生态意识将逐渐增强。目前，公益林生态补偿政策存在一些问题，如公益林补偿标准没有反映社会经济条件和森林生产力水平的地区差异，公益林补偿的经费渠道较为单一等，需通过政府赎买和政府租赁等方式，创新公益林补偿形式，同时探索多元化、差别化补偿机制，促进公益林管理的多样化发展，更好地激励各地区和经营主体参与森林保护与生态恢复。

◆ 第三节　生态学理论与实践融合发展

在过去的几十年中，中国经历了显著的经济增长和生态环境变迁。生态学作为独立的一级学科，得到了政府的高度重视和社会的广泛关注。自 2012 年生态文明建设成为国家发展战略的一部分，到 2018 年写入宪法，习近平总书记提出的"绿水青山就是金山银山"理念，强调了生态环境保护的重要性，并倡导构建"山水林田湖草沙"生命共同体。这些政策和理念体现了国家在生态文明建设上的坚定立场。中央政府通过顶层设计和实施重大举措，推动经济社会发展与自然规律的协调，形成人与自然和谐发展的战略导向。生态学不仅提供了理论基础，也指导实践，成为理论与实践相结合的重要学科。

中国的生态学家应系统地梳理、提出并研究生态学领域的重大基础理论问题，建立和完善自己的技术体系，这将对生态学学科的长远发展具有决定性意义。同时，生态学家应积极参与生态文明建设的实践，为保护生态和建设美丽中国提供知识与智慧（方精云，2021；于贵瑞等，2021）。在总结归纳国内外近年来发表的生态学及其应用领域关键问题的基础上，结合我国生态文明建设的需求，从生物多样性保护、生态系统过程与功能、退化生态系统修复、人类影响与全球变化以及现代生态学方法论等 5 个方面，总结归纳关键问题，并对部分问题展开阐述。

一、生物多样性保护领域

如何在人类活动不断增多的情况下，有效地保护和恢复生物多样性，是生态学研究面临的重大挑战。许多问题都与生物多样性保护相关，涵盖了对不同生态系统、自然保护地、国家公园的管理以及人类健康等多个方面（Sutherland et al.，2009，2013；张健等，2022；Senior et al.，2024）。

生物多样性保护领域十大科学问题

（1）生物濒危或灭绝的原因与机制是什么？可否基于生态学理论预测物种的灭绝风险？

（2）随着自然栖息地的丧失和破碎化，"灭绝债务"的规模有多大？何时偿还？

（3）昆虫衰退的程度如何？这种衰退会引发其他类群（如蝙蝠）的衰退吗？

（4）现有条件下的中国自然保护地网络发挥了多大作用？

（5）非本地种源引入是否会导致本地种群基因多样性丧失、远交衰退和基因库缩小？

（6）转基因生物如何威胁生物多样性？采取哪些措施才能减轻这种威胁？

（7）应当采取什么标准量度栖息地条件以评估保护区内栖息地的变化情况？

（8）生物多样性如何影响人类精神与生理健康？

（9）大型工程建设对生物多样性有什么影响以及如何减缓？

（10）如何建立保障生物多样性保护决策和行动科学性与有效性的机制？

---

1. 物种灭绝

物种灭绝（species extinction）是生物进化史中的一个自然现象，是指一个生物分类单元（如物种）的最后一个个体死亡，导致该物种在地球上彻底消失。物种灭绝可能由多种因素引起，包括环境变化导致的不适应、随机事件、疾病、捕食压力、繁殖问题等。物种并非永久存在，不同生物类群的物种的寿命存在差异。它们有生有灭，平均寿命通常短于 1000 万年。根据世界自然保护联盟（IUCN）的标准，灭绝分为"灭绝"（extinct，EX）和"野外灭绝"（extinct in the wild，EW）。后者指的是物种在野外的个体已经消失，但可能在人工控制的环境中（如动物园或植物园）仍然存活。

古生物学家大卫·劳普（David Raup）总结了 3 种物种灭绝的假说。①公平游戏（fair game）假说：基于达尔文的自然选择理论，认为能够逃脱灭绝的物种是那些能适应环境的物种。②弹雨场（field of bullets）假说：认为物种灭绝是随机的，与物种的适应性无关，类似于战场上的随机子弹击中。③荒谬灭绝（wanton extinction）假说：提出生存下来的物种不一定是最适应环境的，而可能是由于其他偶然因素。例如，哺乳动物对环境的适应能力很强，但昆虫与植物比哺乳动物更能耐受高强度辐射。如果地球受到一颗超新星的强烈辐射，那么陆地上的哺乳动物将大批灭绝，而昆虫与植物则有可能生存下来（蒋志刚和马克平，2014）。

2. 灭绝债务

物种灭绝并非总是立即发生，而是可能在栖息地丧失或退化后经历一段时间的延迟，这一现象称为灭绝债务（extinction debt）。灭绝债务反映了生物多样性保护中的一个挑战，尤其影响长寿命物种和种群数量接近灭绝阈值的物种。栖息地破坏，如丧失、破碎化或退化，是导致灭绝债务的主要原因。灭绝债务的存在意味着，即使停止进一步的环境破坏，历史上积累的环境影响也可能导致物种灭绝。因此，保护现存生境可能不足以防止物种灭绝。生境恢复和重建是偿还灭绝债务、防止物种灭绝的有效方法。为了量化灭绝债务并保护生物多样性，需要长期监测、高质量的实证研究和新的分析方法。这要求跨学科合作，包括生态学、环境科学、统计学和地理信息系统等领域的知识（蒋志刚和马克平，2014）。

在非洲森林中，据估计约有 30%的灵长类物种背负着灭绝债务，这主要是由于森林栖息地的丧失。这些物种的未来灭绝风险很高，但具体灭绝的时间尚不确定。了解不同生态系统中存在的灭绝债务对保护工作至关重要。即使没有进一步的生境破坏或其他环境影响，由于历史上的灭绝债务，许多物种也可能面临灭绝的威胁。因此，保护现存的生境可能不足以防止物种的灭绝。

二、生态系统过程与功能领域

生态系统是由生物和非生物元素构成的复杂网络，维持着生态平衡。近 20 年来，群落生态学和生态系统生态学的结合加深了我们对生物多样性、生态过程、生态系统适应性与恢复力的理解。同时，我们也开始理解生态系统在全球环境变迁中的作用，包括碳循环、营养物质循环和其与全球气候系统的相互作用。尽管如此，生态系统科学仍面临挑战，如预测生态系统未来状态、理解空间尺度的作用以及利用生态网络知识研究功能。生物多样性与生态系统功能的关系是研究热点，植物多样性与群落生产力、稳定性和抗干扰能力的正相关关系得到观察，但解释存在争议。生物多样性对生态系统多功能性的影响，尤其是不同营养层次和地下生物多样性的作用，是未来研究的重要方向。功能性状作为生物多样性的功能维度，与生态功能的联系需要进一步研究（Sutherland et al.，2009，2013；张健等，2022；Senior et al.，2024）。

生态系统过程与功能领域十大科学问题

（1）生物多样性变化如何影响和改变生态系统功能？

（2）物种功能性状在多大程度上可以预测群落特征以及生态系统功能变化？

（3）哪些因素和机制决定了生态系统对外部扰动的恢复力？如何衡量恢复力？

（4）海洋、淡水和陆地生物群落之间的生态系统特性与动态有什么共性？

（5）生态相互作用网络的结构如何影响生态系统的功能和稳定性？

（6）生物入侵和本地物种的丧失在多大程度上改变了生态系统的特性？

（7）如何估算自然资产（包括可更新和不可更新资源）并将其整合到 GDP 的计算中？

（8）如何度量生态系统多功能性？其时空动态主要受哪些因素的制约？

（9）怎样才能确保规划的生态网络在现实中发挥生态安全保障作用？

（10）如何实现复合生态系统中社会、经济和自然要素的耦合以实现可持续发展？

---

1. 生态系统多功能性度量与应用

生态系统多功能性是指生态系统能够提供多种生态服务的能力，包括供给服务（如食物、水、木材）、调节服务（如气候调节、洪水控制）、文化服务（如休闲、精神满足）和支持服务（如土壤形成、养分循环）。度量生态系统多功能性的方法多样，但每种方法都有其局限性。度量生态系统多功能性是一个复杂的过程，涉及多个方面的考量。主要的度量方法包括以下几个方面。

（1）单功能法：通过测定生态系统的各个功能，并与生物多样性建立关系，进而判断生态系统多功能性与生物多样性的关系。

（2）平均值法：将不同功能的测定值进行转化、平均，得到一个代表所测功能平均水平的指数，即多功能性指数。

（3）单阈值法：评估随着多样性的增加而达到某一阈值水平的功能数的变化。通过计算每个生态系统中达到某一阈值的功能数来求得一个指数，其表示在该阈值条件下这个生态系统整体功能的水平。

（4）多阈值法：该方法包含 0～100% 的所有阈值，对每个阈值计算相应的多功能性指数。

（5）主成分分析法：使用主成分分析法，也可以得到类似的多功能性指数，通过对所有的生态系统功能进行主成分分析，得到第一轴和第二轴的得分，用其表示生态系统的多功能性。

（6）度量指标体系：建立一套生态系统服务功能价值评估体系，定量评估人们从生态系统获取的效益及协调经济发展与生态保护。

这些方法可以单独使用，也可以结合使用，以提供对生态系统多功能性的全面评估。度量生态系统多功能性有助于理解生物多样性对生态系统服务的贡献，以及如何更好地保护和管理生态系统。

评估生态系统多功能性面临多方面的挑战，包括数据获取的限制、评估方法的局限、尺度考量、时间滞后效应、社会经济因素以及政策实施。需要大量数据涵盖生物多样性、生态过程和人类活动，但技术、成本和时间限制可能影响数据收集。评估方法可能无法涵盖生态系统服务的全部价值。尺度差异也可能导致评估结果不一致。时间滞后效应增加了评估生态系统多功能性变化的复杂性。社会经济因素如人口增长和消费模式也影响生态系统服务需求。将评估结果转化为有效政策和管理措施是另一个挑战。因此，需要综合运用多种评估方法，并进行跨学科合作以解决这些挑战，促进生态系统的可持续管理（张宏锦和王娓，2021；黄小波等，2021）。

2. 生态网络构建理论与实践

生态网络构建的目的在于通过识别和连接生态源地、生态廊道与生态节点，优化景观破碎化，保护生物多样性，维持生态系统的稳定性和完整性。这一跨学科领域融合了生态学、地理学和环境科学等，不断发展理论和实践方法以适应环境与社会需求的变化。生态网络构建基于景观生态学原理，强调空间异质性、尺度效应和生态过程，识别关键生态源地，构建综合阻力面，提取生态廊道，促进物种迁移和基因流动。随着理论发展，生态网络已扩展为包含源地、廊道、节点和缓冲区的复杂系统，功能拓展至生态系统服务、气候适应和人类福祉提升。构建生态网络的方法论结合了 GIS 空间分析、生态足迹评价、服务价值评估等技术手段。例如，GIS 空间叠置法确定生态节点和连接，最小路径法识别关键廊道，图论分析和形态学空间格局分析法（MSPA）关注廊道结构的连接性，电路理论模拟迁移扩散过程。

在中国推进生态网络构建的过程中，城市化带来的扩张和土地开发对生态空间完整性构成压力，同时需平衡生态保护与经济社会发展的需求。生态廊道建设因跨土地类型和行政区域而面临协调与成本挑战。生态网络监测与评估体系的不完善，缺乏统一标准，影响科学管理。公众参与度不足、资金与技术投入有限，及跨部门协调机制不健全均制约生态网络的发展。全球气候变化也带来新的规划考虑。为了应对这些挑战，中国正采取加强立法、提升公众环保意识、研发生态技术、完善监测评估体系等措施，以促进生态网络的可持续发展。这些努力旨在实现生态资源的合理利用，保护生物多样性，并提升生态系统服务，确保社会经济需求得到满足，构建人与自然和谐共生的环境。

3. 复合生态系统多尺度耦合与可持续发展

耦合概念起源于物理学，描述了系统间通过相互作用产生的相互吸引现象。随着人类活动对地球影响的加剧，这一概念被广泛应用于生态学、地理学、气象学和水文学等领域。在生态学中，耦合研究关注系统内部不同部分间的相互依赖性，尤其与能量流动和物质交换等生态过程紧密相关。研究显示，生态系统内部各要素间的耦合关系越紧密，其捕获、转移和储存能量与物质的能力越强。因此，小尺度上的耦合关系变化会对大尺度上的生态系统功能产生影响，反之亦然。研究耦合时，必须考虑多尺度因素。

生态学领域的耦合研究主要集中在三个尺度：生态系统尺度、景观尺度和区域尺度。在生态系统尺度下，研究方法包括直接观察和模型模拟分析。小尺度上的生态要素耦合通常通过直接观察进行分析，如监测碳、氮、水、土壤和植被等生态要素的动态变化，以及在某一要素变化时观察其他要素的响应，从而建立要素间的逻辑或定量关系。模型模拟分析是另一种研究生态要素耦合关系的方法，能够弥补直接观测实验的不足，并深入揭示内在机制。

在景观尺度下，不同生态系统间的耦合关系通常需要从景观尺度出发，考虑恢复面积、恢复方法、流域规模、气候等自然和人为因素的影响。在区域尺度上，社会系统与自然系统的相互作用是关键考量因素，研究需要综合考虑自然和社会系统中的多种因素。

多尺度耦合与可持续发展紧密相连，有助于理解环境变化和生态过程，制定有效的环境保护和生态恢复措施，确保环境的可持续性。它还能揭示社会结构、文化习俗和人类行为对环境的影响，为制定促进社会公平和提高生活质量的可持续发展策略提供依据。多尺度耦合研究有助于提高社会对环境变化的适应性和韧性，制定出更加灵活和有效的适应策略。

中国在推动多尺度耦合方面采取了多项措施，如划定生态保护红线、实施流域综合治理项目、建立生态文明试验区、推动绿色金融发展、建立环境监测网络和促进公众参与等，以促进生态文明建设并实现经济、社会和环境的协调发展。这些实践表明，中国在多尺度耦合方面已经取得了显著进展，未来随着生态文明建设的不断深入，多尺度耦合在中国的应用将更加广泛和深入。

三、退化生态系统修复领域

修复生态学是研究受损生态系统修复与治理的理论、技术与方法的领域，涵盖流域治理、水体修复、植被恢复、再造林等。该领域面临的核心科学挑战包括理解退化生态系统的原因和过程、设定明确的恢复目标、开发适应不同退化程度的恢复技术、建立有效的监测体系、评估长期效应、确保生态恢复与社会经济发展相协调，以及促进公众参与和加强教育。国际合作和技术创新，如生物技术与生态工程，对提高恢复效率和效果至关重要。利用这些努力，可以实现退化生态系统的健康和功能恢复，支持可持续管理（Sutherland et al.，2009，2013；张健等，2022；Senior et al.，2024）。

退化生态系统修复领域十大科学问题

（1）如何确定退化生态系统的修复目标并重建生态系统的稳定性与持续性？

（2）哪些因素和机制决定了生态系统对外部扰动的恢复力？如何衡量恢复力？

（3）土壤生物（尤其是螨虫和线虫等）多样性在生态恢复过程中发挥哪些作用？

（4）生态脆弱区/生态交错区受到矿山开采等大规模干扰后需多久才能恢复？

（5）如何修复陆地和水体中复杂的食物网？

（6）在生态恢复和重建过程中，乡土物种的作用究竟有多大？

（7）如何科学划定生态修复优先区并确定大规模生态恢复项目的优先级和修复模式？

（8）生态修复如何影响"社会-经济-自然"复合生态系统的脆弱性和弹性？

（9）大规模的生态修复工程如植树造林、退牧还草和全面禁渔将带来怎样的环境收益？

（10）如何全面监测和科学评估生态修复项目的成效？

1. 食物网的修复理论与实践

修复生态学正逐渐超越传统方法，整合食物网相关的生态学理论与实践方法以重建受损生态系统的功能和物种间相互作用。食物网的复杂性对生态系统的动态具有重要影响，捕食者与猎物间的相互作用影响着生态过程和恢复力。顶级捕食者的缺失对生态系统产生深远影响，引发连锁效应，如狼的重新引入在大黄石生态系统中促进了河岸植被恢复。在恢复实践中，食物网模型的局限性要求考虑跨栖息地的能量和营养流动，理解景观背景对生态系统服务和恢复的重要性。对食物网的生态修复而言，岛屿是一个相对简单的实践环境，而大陆系统则需考虑生态系统与周边环境的相互作用。例如，雪雁迁徙展示了不同栖息地间的动态联系，强调了景观尺度食物网联系的重要性。

群落生态学家研究生态组合规则和物种引入顺序对群落结构的影响，发现物种引入顺序可影响物质流动和生态系统功能。食物网的恢复不仅涉及结构，也包括功能重建，稳定同位素分析和分子技术为监测与评估食物网提供了工具。食物网研究推动了对生态系统中捕食作用和间接效应的认识，强调了从整个生态系统视角出发，结合食物网视角，推动生态恢复工作。将食物网思维融入恢复项目，视为生态系统实验，将促进恢复工作的发展，对恢复生态系统产生积极影响。

2. 脆弱生态系统的生态修复

生态脆弱区又称生态交错区，是不同生态系统间的过渡地带，具有生态环境条件的明显区别和生态变化的敏感性，是生态保护的重要领域。人类活动如过度放牧、耕种、水资源过度开发和植被破坏，导致这些区域面临荒漠化、水土流失、生物多样性减少和自然灾害频发等问题。中国将生态脆弱区划分为林草交错带、农牧交错带、干旱半干旱区等，这些区域面临冻融侵蚀、水力侵蚀、风力侵蚀、土地沙漠化、盐渍化、石漠化和水土资源短缺等生态挑战。

生态脆弱区的特征包括抗干扰能力弱、对全球气候变化敏感、时空波动性强、边缘效应显著和环境异质性高。中国的生态脆弱区广泛分布，主要集中在北方干旱半干旱区、南方丘陵区、西南山地、青藏高原以及东部沿海地区。中国针对生态脆弱区实施了一系列生态恢复项目和工程，积累了丰富的生态恢复技术，形成了综合考虑生态、经济和社会效益的复合模式。构建生态恢复模式评价指标体系，对不同生态脆弱区的生态恢复模式进行综合效益评估，优化生态恢复技术模式，构建综合治理技术体系。

生态脆弱区的生态恢复发展方向包括整合生物多样性和生态系统服务、应用成本效益分析、强化生态恢复管理制度、建立生态恢复信息平台。这些措施旨在提升生态系统功能和服务能力，增进人类福祉，同时考虑经济因素和社会经济效益，加强信息交流和公共协商。

在生态恢复效益监测中，生态效益的监测数据较为全面，而社会经济效益的监测数据相对不足。未来，应加强对生态恢复模式的综合监测，为生态恢复模式的评价提供更全面的数据支持。利用这些措施，可以优化生态恢复技术模式，并构建一个综合治理技术体系，以应对生态脆弱区面临的多重生态挑战，实现社会、经济和生态的可持续发展。

3. 复杂自持生态系统构建

自持生态系统（self-sustaining ecosystem）是自然界中能够自我调节、更新并长期保持其结构和功能的生态系统。这类系统依靠生产者、消费者和分解者的相互作用，实现物质循环和能量流动，如森林中枯枝落叶的分解与养分再利用。稳定性来源于生态系统的自我平衡机制，包括自然调节、生态演替和物种进化，这些机制使生态系统能适应环境变化，维持生物多样性和生态过程。自持生态系统的生物多样性不仅丰富了生物组成，也提供了多样的生态位和生态过程。维持自持状态需要生态系统满足资源充足、规模适中、位于资源丰富地区等条件。这些系统减少了对不可再生资源的依赖，通过内部循环提高了环境可持续性，并为人类和其他生物提供稳定的食物来源，有助于维护生态平衡。自持生态系统的存在对地球生态健康至关重要，为人类提供生态服务和资源。保护和恢复这些系统，确保其完整性和功能性，是我们的重要责任（Rietkerk et al.，2004）。

四、人类影响与全球变化领域

全球变化生态学专注于研究生物圈如何响应全球性变化，尤其是碳循环、水循环等对大气中人类活动的响应。理解这些影响对制定保护和恢复生态系统的策略至关重要。全球气候变化对生态系统产生了深远影响，对生态学理论提出了新的挑战。研究者需要开发新的理论框架和方法，以预测和适应气候变化，更好地理解其对生态系统结构和功能的影响（Sutherland et al.，2009，2013；张健等，2022；Senior et al.，2024）。

人类影响与全球变化领域十大科学问题

（1）生物入侵、气候变化、人类活动等影响生物多样性的内在机制与演化后果是什么？

（2）关键生物类群（大型动物、顶级捕食者、传粉者等）衰退的关键影响因素和驱动机制是什么？

（3）生物群落如何响应与适应不断增加的极端气候事件？

（4）抗生素和杀虫剂等化合物对生物多样性产生了什么样的影响？

（5）城市化和基础设施造成的栖息地片段化对生物多样性造成了什么后果？

（6）如何更好地认识现存或潜在野生动物流行病，从而有力地保护人类和家畜的健康？

（7）塑料垃圾对海洋环境产生了什么影响？

（8）人造光污染将对野生动物的行为、死亡率和种群统计产生什么影响？

（9）气候变化和其他生态压力的相互作用会引发怎样的协同效应？

（10）我们能把过量的二氧化碳存到何处？

1. 栖息地片段化对生物多样性的影响

栖息地片段化是生态学中一个复杂且多维的现象，涉及栖息地被分割成更小斑块的过程，这些斑块可能被不同类型的栖息地或其他非适宜生境所隔离。这种现象的影响包括栖息地数量减少、斑块数量增多、斑块面积减小和斑块间隔离度增加，这些变化对生物多样性产生深远影响。

不同研究对栖息地片段化的定义和测量方法差异显著，有的侧重于斑块大小，有的强调景观连通性的破坏。一般认为，栖息地片段化对生物多样性有负面影响，尤其是当它与栖息地丧失相关联时。然而，不同的栖息地片段化概念和测量方法可能导致不同的研究结论。

栖息地丧失是片段化最直接的影响，但生态学家关注的是它如何改变剩余栖息地的特性，如形成小而孤立的斑块。这些变化不仅影响物种的生存，还可能改变物种间的相互作用。除了栖息地的减少，片段化还可能导致斑块数量增多、面积缩小和隔离度增加，这些形态变化通常通过多种测量方法来评估，但不同方法之间可能存在紧密联系。

尽管栖息地丧失对生物多样性的影响通常大于栖息地片段化本身，但片段化的影响可能既有正面也有负面。一些研究表明，片段化可能通过增加捕食者-猎物系统的稳定性、增强竞争物种的共存以及稳定单一物种种群动态等机制，对生物多样性产生正面影响。然而，片段化也可能导致种群数量减少和生存风险增加，特别是当栖息地斑块过小，无法支持当地种群的生存时。

片段化对生物多样性的影响并非总是负面的。对于一些物种而言，迁移率与栖息地斑块的线性尺寸相关，而非面积大小。此外，栖息地类型的接近程度和景观结构的互补性以及积极的边缘效应，都可能对生物多样性产生正面影响。

保护生物多样性的策略需要考虑栖息地丧失和片段化的影响，确定维持特定地区所有物种所需的最小栖息地面积，并考虑如何在景观中分散不同类型的栖息地，以最大化保护效果。对栖息地破碎化效应的理解对制定有效的保护措施至关重要。

2. 森林碳储量及碳汇潜力

森林碳汇是森林生态系统通过光合作用吸收并储存二氧化碳的能力，对降低大气中二氧化碳浓度、缓解全球气候变化具有重要作用。森林是地球上最大的陆地生态系统碳库，其碳汇功能对实现碳中和目标至关重要。全球森林的碳汇功能和增汇潜力远超其他生态系统类型，提升森林固碳能力是抵消化石燃料碳排放、减缓全球变暖的有效途径。

准确评估森林碳汇功能是制定增汇策略的基础。现有评估方法包括基于实地调查的生物量模型估算和基于模型模拟的评估。实地调查方法精度高但工作量大，模型模拟方法适用于大尺度研究，但参数本地化和过程模型参数设定是难点。研究关注不同评估方法的综合运用、多源数据整合及不确定性分析，以提高评估精度和预测固碳潜力。

森林碳汇功能体现在五大碳库的固碳能力：植被地上和地下生物量、木质残体、凋落物与土壤碳库。植被和土壤碳库是主要构成，分别占总碳储量的44%和45%。森林土壤碳库因稳定性高，在增强碳汇功能和应对气候变化方面发挥关键作用。全球森林碳储量呈下降趋势，但中国陆地生态系统的碳汇能力依然较强。

全球森林碳汇的地理分布具有显著格局特征。欧洲、东亚、北美等地区的森林生态系统对全球森林碳汇增长有贡献，而南美、非洲等地区的森林碳储量的年增长率呈负值。中国森林碳汇的空间分布呈现南高北低的格局，东南和西南的亚热带及热带森林具有更强的固碳能力。

森林土壤碳储量的地理分布也具有显著格局，寒带森林土壤碳储量占全球陆地生态系统碳储量的23%。中国森林土壤碳储量在170～350Pg，长期监测数据显示森林土壤碳库随时间增长。

森林碳汇研究的未来发展趋势包括建立综合评估体系、优化监测网络、开发模拟系统、构建全组分碳库分析框架和建立可持续的林业碳金融市场。这些措施将提高评估精度、预测固碳潜力、促进碳中和与碳减排目标的实现。

五、现代生态学方法领域

跨学科合作在生态学理论研究中至关重要，它要求融合不同学科的知识和方法以应对生态学研究中的复杂性问题。生态学研究需处理来自多样生态系统的大量数据，这要求运用高级统计和模型以确保结果的准确性。技术进步，如遥感、基因测序、大数据分析，为生态学提供了新的工具，同时也带来了处理庞大数据的挑战。尽管资源有限，但过去20年的技术变革，包括计算机性能提升、分子技术发展、统计方法创新和遥感技术进步，已极大地推动了生态学研究。公民科学参与为生态学研究提供了更丰富的数据和公众参与的视角，促进了科学知识的普及和环保意识的提高。这些技术和方法的创新提高了我们对生态系统的理解，帮助我们更准确地预测和应对环境变化。未来，生态学研究将着重开发新的测量和监测工具，包括模拟观察过程的方法，以深入理解生态系统动态，为生物多样性保护和生态系统的可持续管理提供科学依据（Sutherland et al.，2009，2013；张健等，2022；Senior et al.，2024）。

现代生态学方法领域十大科学问题

（1）如何开发和推广适用于生态调查监测及研究的新方法与新技术？

（2）如何结合多尺度多类型的监测数据提高对生态系统属性的预测精度？

（3）其他学科使用的哪些理论可以为生态学所用？

（4）如何更好地开发和利用经验模型来理解自然系统？

（5）过去的生态预测有多成功？为什么？

（6）人工智能、机器学习和深度学习等新技术如何促进对生态学的认识？

（7）如何结合多种尺度和类型的监测（从野外到地球观测）来做出可靠的生态推断？

（8）广泛研究的生态模式（物种-丰度分布、物种-区域关系等）在多大程度上是统计过程而不是生态过程的结果？

（9）确定生态变化的幅度和方向的最适当的基线是什么？

（10）如何在生态模型中解释人类行为和生态动态之间的反馈？

---

1. 生态调查和监测的新方法

生态学研究和生态文明建设都在推动采用新的方法进行生态调查和监测，在提升工作效率的同时减少成本，并且增强监测数据的科学性和权威性。

（1）环境 DNA-宏条形码技术：环境 DNA（environmental DNA，eDNA）技术起源于 20 世纪 80 年代末，最初应用于微生物研究领域。该技术从环境样本（如土壤、沉积物、空气和水体）中提取 DNA，无需对目标生物进行分离。环境样本中的 DNA 可能来自动植物脱落的细胞、游离 DNA，以及皮肤、尿液和粪便等排泄物，为物种在环境系统中的存在提供了记录。与传统生态学方法相比，eDNA 技术允许非损伤性取样，通过对土壤、水体或空气中的动物毛发、脱落细胞、粪便等遗传材料进行检测，这使得样本采集更为便捷，成本更低，且受气候条件影响较小，便于收集大量样本。目前，eDNA 技术在生态学领域的应用已得到广泛研究和报道（陈炼等，2016）。

DNA 宏条形码（DNA metabarcoding）技术是一种创新的生物学方法，它通过分析生物体中短的标准化的 DNA 序列来识别和鉴定物种，为生态学研究提供了新的视角和工具。这种技术与传统的分子系统学研究相似，但具有快速、自动化和通用性的优势，即使在没有分类学专家的情况下也能进行物种识别，并可与传统形态学结合进行深入研究（裴男才和陈步峰，2013；陈炼等，2016）。

环境 DNA-宏条形码技术是一种高效的生物多样性监测方法，它通过采集环境样本、提取 eDNA、设计引物扩增特定分子标记基因、高通量测序以及生物信息学分析 5 个步骤来识别和评估调查区域的生物种类。①根据生态调查和监测的目的，遵循相关技术要求，采集研究区的水体、土壤、大气和粪便等环境样本；②采用氯仿萃取法、物理破碎法或二氧化硅提取法等技术提取 eDNA；③根据研究对象的不同，选择相应的分子标记基因，如动物研究中的线粒体基因或植物研究中的叶绿体基因，设计引物扩增特定分子标记基因；④利用高通量测序技术在短时间内对这些扩增的 DNA 片段进行测序；⑤通过生物信息学分析，将测序得到的序列与数据库中的序列进行比对，或先聚类为操作分类单元（OTU）后再比对，实现对环境样本中多个物种（或高级分类单元）的鉴定。这一技术因其高效性和准确性，已成为生态学和生物监测领域的重要工具（裴男才和陈步峰，2013；陈炼等，2016；李晗溪等，2019）。

环境 DNA-宏条形码技术在生态学领域的应用极为广泛，涵盖了物种生活史过程监测、外来入侵生物的早期预警、珍稀濒危物种的监测、食性分析及食物网研究、群落构建机制研究以及区域性生物多样性的监测与评估等多个方面。例如，该技术能够通过分析水体中的 eDNA 浓度变化，有效监测和预测特定鱼类物种的产卵场、索饵场和迁移路径等关键生活史事件，从而显著提升生态监测的效率并降低成本。在对外来入侵物种和珍稀濒危物种的监测中，eDNA 方法显示出比传统调查方法更高的灵敏度和有效性。此外，eDNA 分析还能同时追踪生物在不同营养级和群落中的动态变化，为理解生态系统变化中的生物相互作用提供关键信息。生物多样性的有效保护需要准确的监测与评估，但传统物种鉴定方法存在高耗时且效率低、高度依赖专家经验以及鉴定结果的准确性难以保证等局限性。环境 DNA-宏条形码技术为广泛的物种监测提供了新的思路。如

Thomsen 等（2012）研究发现，通过从湖泊、池塘和河流中采集少量水样并直接提取其中的 DNA，可以有效检测和定量分析区域内珍稀和濒危淡水生物（包括两栖类、鱼类、哺乳类、昆虫类和甲壳类）的多样性。

（2）被动声学监测技术：被动声学监测（passive acoustic monitoring，PAM）技术是一种基于动物叫声特征的生物多样性评估方法，通过在野外环境中安装自动录音机（声音传感器）来收集野生动物及其环境的声音信号。这种技术能够同步收集来自多个录音机矩阵的声音信号数据，并可根据需求在特定时间段进行声音数据的收集。与传统的距离抽样法和标志重捕法相比，PAM 技术具有非侵入性，监测成本更低，能够调查更广泛的物种，尤其是对人类敏感、种群密度低的濒危物种，且时空尺度更大。PAM 技术克服了传统声学研究中人工定期观测和记录的局限性，减小了时间、空间及天气等不可控因素的影响，具有成本低、侵入性弱、工作周期长、记录空间范围广等优势，有利于长时间、大范围开展动物保护监测研究。尽管 PAM 技术在几十年前已被研究者采用，但由于早期设备携带不便、存储空间有限、持续工作时间较短、声音质量较差以及人工分析技术的局限，它主要用于小尺度工作，并未被普遍应用和推广。随着技术的进步，PAM 技术的应用范围和效果得到了显著提升（马海港和范鹏来，2023；覃远玉等，2023）。被动声学监测技术的应用可以分为 2 个主要阶段：野外监测和室内分析。

野外监测分为 2 个阶段。第一阶段，在开展监测工作之前，明确监测目标，以指导设备的选择和布置。例如，在濒危物种的监测中，设备的声源定位能力、监测范围和布置密度对物种分布建模至关重要。为准确计算物种多度和丰富度，需确保目标物种在复杂环境中的声音具备足够的可检测性和识别性。在设计监测方案时，应合理规划自变量的梯度，使收集的数据能够有效回答研究问题。第二阶段，明确监测方案要点，包括设备的选择、监测方案和数据存储与传输。市面上有多种国内外的专业设备用于声学监测。但这些设备之间存在一定差异，可能导致数据不一致，且成本较高的设备可能限制传感器的广泛部署和公众参与。在设计监测方案时，需根据物种的活动节律安排监测时间。空间采样策略则应根据具体研究问题进行设计，如采用分层随机抽样。为了应对长期监测目标产生的庞大数据量，建立声景数据库变得至关重要，这有助于实现数据收集和存储的标准化（许晓青等，2023）。

数据分析的核心任务是通过处理声信号来提取关键的生物信息，主要通过两种方式实现：首先，物种的鸣声可以通过手动或自动的技术进行检测和分类，但这一过程往往需要专家的标注和大量的时间投入，尤其是对于那些缺乏公开数据或自动处理难度较大的物种。其次，通过分析声音的振幅和频率特征计算出声学指数。通常认为，一个地区的生物多样性越丰富，其声信号的复杂性和多样性也越高，因此声学指数能够有效地衡量生物多样性的水平。α 指数用于评估单一区域的声学多样性，而 β 指数则用于比较不同区域之间的声学多样性差异。使用声学指数可以避免逐一识别发声物种的烦琐工作，但计算结果可能会受到环境噪声的干扰。至今已有超过 60 种声学指数，但这些指数的普适性和适用性仍然存在一定的争议（许晓青等，2023）。

目前，被动声学监测已经被广泛用于哺乳动物和鸟类等生物类群的监测。PAM 技术在陆生哺乳动物研究中的应用涵盖了活动规律和时间分配、栖息地利用、物种分布、种群大小与密度、生物多样性以及人为干扰的影响。例如，钟恩主等（2021）设计了一套被动声学监测系统用于西黑冠长臂猿（*Nomascus concolor*）监测。指向性拾音器阵列能有效分辨长臂猿鸣声来源方向，弥补了传统监测设备难以分辨鸣声方向的缺陷。边琦等（2023）在北京市东郊森林公园布设了 50 个矩阵式样点，进行传统鸟类观测，并同步采集鸟类鸣声数据，以比较两种方法的结果，从而探究声学监测的有效性。结果表明，声学指数为快速评估生物多样性提供了一种有前景的分析工具，但其方法仍需进一步研究和改进。随着监测手段的不断完善和数据处理技术的提升，声学监测在城市生物多样性保护及动态管理中的应用潜力也逐渐增大。

（3）无人机遥感技术：无人驾驶飞机系统（unmanned aerial system，UAS），简称无人机（drone），是一种不搭载操作人员的有动力飞行器，借助空气动力提供升力，能够自主飞行或远程操控。无人机与遥感技术的结合，即无人机遥感，是以无人驾驶飞行器（unmanned aerial vehicle，UAV）为载体，配备相机、光谱成像仪、激光雷达扫描仪等各种遥感传感器，获取高分辨率的光学影像、视频和激光雷达点云数据。

与传统遥感技术和平台相比，轻小型无人机遥感技术展现出独特的优势，尤其在生态学研究中具有重要价值。首先，无人机能够从几米高度拍摄高分辨率地面影像，分辨率可达厘米级，弥补了卫星遥感在天气不佳或分辨率受限时无法获取清晰图像的缺陷。其次，无人机具备高度的时效性，能够快速监测风雪灾害、森林火灾及采伐后的森林更新与演替情况，并可实时传输影像到地面终端，或在短时间内完成目标区域的全面调查。此外，小型无人机体积小、轻便、灵活，具有良好的移动性，在运输和保管上比有人机遥感平台更节省费用。相较于卫星遥感，无人机还能在云层下低空飞行，有效解决卫星光学遥感因云层遮挡而无法获取影像的问题。与有人机航空遥感相比，无人机无需机场基础设施和专业飞行员，便携性和机动性更强，特别适合小范围的应急响应或高频次调查。由于卫星遥感数据的空间尺度难以与地面调查数据匹配，生态学家对遥感技术的应用曾持保留态度。然而，无人机遥感提供了一种高效且成本较低的解决方案，近年来逐渐引起生态学家的关注，遥感技术在生态学中的应用越来越广泛。

轻小型无人机监测的工作流程主要分为前期准备、数据获取和后期数据处理与分析3 部分。在前期准备阶段，首先，需要申请飞行空域，接着根据气象预报或实时天气状况确定飞行条件，并根据地形特征和障碍物分布选择合适的起降地点；其次，根据监测区域的范围、影像重叠度和分辨率需求，设定具体的飞行航线。在数据获取阶段，执行飞行任务并实时监控与飞行安全密切相关的各项参数，以确保任务的顺利进行。最后，在后期数据处理与分析阶段，依据遥感设备的要求进行图像拼接、几何校正、信息提取与分析等步骤。

在生态学领域，无人机遥感技术的应用已成为一个新兴且快速发展的研究方向。无人机遥感在植物监测方面可以有效弥补传统地面调查的不足，如地面精度差、人力成本高和覆盖范围小，现已被应用于植物资源调查、物候监测、病虫害监测等。例如，在植被垂直结构的研究中，无人机遥感可以高效测量森林冠层高度、郁闭度以及高度变异，为量化分析提供了科学支持。Zhang 等（2016）在鼎湖山的 20hm² 大样地中，利用搭载数码微单相机的无人机对植被进行了动态监测，生成了该区域的数字表面模型（digital surface model，DSM）。研究人员结合数字高程模型（digital elevation model，DEM），计算出森林冠层高度。然后，他们将无人机获得的数据与实际植物样方数据、地形和气象数据等结合，计算物种多样性指数，并进行了相关分析，探讨了利用无人机对森林群落进行长期监测的实用性和可行性。在动物监测方面，无人机技术也逐渐受到关注。例如，Weissensteiner 等（2015）使用无人机评估鸟类繁殖行为，与传统方法相比，节省了近 85%的调查时间。马鸣等（2015）利用多旋翼无人机记录高山兀鹫的繁殖过程，成功拍摄了兀鹫巢穴、亲鸟、幼鸟及其生长发育情况。2016 年，由央视和西北濒危动物研究所等单位组织的"我们与藏羚羊"科考活动中，科研人员通过固定翼无人机记录藏羚羊迁徙，获得了迁徙群体的密度、数量和年龄结构等关键数据。

尽管无人机技术在我国逐渐被科学界认可，但当前的应用规模仍处于初期阶段。无人机数据的获取与处理在技术上对许多生态学家来说仍具有挑战性，如树冠的自动识别与轮廓勾勒、植被参数的自动反演、动物个体的自动识别与计数，甚至体型测量等。此外，无人机在生态学中的应用领域还有待进一步拓展，激光雷达、多光谱和高光谱遥感技术、热红外成像仪等在无人机生态监测中的应用尚属少见，主要原因是这些先进遥感设备成本高昂，且对操作和数据处理的专业能力要求较高。

2. 人工智能、机器学习和深度学习在生态学中的应用

（1）人工智能与生态学：人工智能（artificial intelligence，AI）是一门致力于研究、开发能够模拟、扩展甚至超越人类智能的理论、方法、技术及应用系统的科学。20 世纪 50 年代以来，对人工智能的定义不完全统一，其核心概念涵盖计算机科学、心理学、哲学、语言学、数学、仿生学和社会学等多学科领域。2023 年 11 月，经济合作与发展组织（Organization for Economic Co-operation and Development，OECD）提出了新的人工智能定义：人工智能系统是一种基于机器的系统，可以根据明确或隐含的目标，从接收到的输入推断如何生成输出，如预测、内容、推荐或决策，这些输出能影响物理或虚拟环境。不同人工智能系统在部署后的自主性和适应性水平各不相同。这一新定义突出了人工智能系统不断学习新目标的能力，标志着全球对人工智能的认知进一步深化与趋同。

与人工智能的深度融合正在成为生态学发展的新趋势。随着人工智能技术在算力、算法和数据处理能力方面的快速进展，其在揭示复杂系统的高维关系和演化规律方面展现出巨大潜力。作为研究复杂系统的核心学科之一，生态学不仅为人工智能提供了丰富的应用场景，还给 AI 的架构创新带来了重要的启发性模型和方法。两者的相互作用，形成了"人工智能驱动生态学"与"生态学驱动人工智能"的双向促进趋势，标志着跨学科领域的合作与创新正加速推进。

与人工智能的融合是基于生态学发展的内在逻辑和应对现实需求的双重驱动。首先，从学科逻辑上看，二者都致力于理解和预测复杂系统的动态行为，尤其是研究多维交互和多尺度反馈中的非线性特性。生态学对复杂系统的涌现行为（如生态系统的恢复力）和自适应特性的深刻理解，为人工智能的发展提供了丰富的理论框架；人工智能则为生态学提供了强大的数据处理和模式识别工具。相比之下，AI 研究侧重于发展预测能力而非解释机制，而生态学的研究模式可以推动 AI 开发更深入地理解现象背后原因的方

法。其次，从现实需求来看，当前全球面临的重大挑战，如疾病传播、生物多样性下降和气候变化等，迫切需要更深入的生态认知。此类复杂的环境问题要求我们将人工智能与生态学相结合以获得系统性的智慧与解决方案。此外，生态系统的自适应和稳健性特性为设计更为稳健的人工智能架构提供了重要启示。由此可见，人工智能与生态学的融合不仅推动了双方领域的发展，也为应对未来的不确定性提供了重要支持（图7-1）。

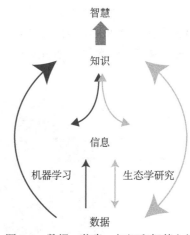

图7-1　数据、信息、知识和智慧之间的相互关系（引自Han et al., 2023）

如图7-1所示，"数据"作为原始观测或测量结果的反映，如特定地点的海面温度（SST）卫星数据，是信息构建的基础。将这些测量结果综合成有意义的形式，如通过时间序列图展示SST的空间或时间背景，便构成了"信息"。"知识"则在此基础上增加了背景，通过提供类似的例子或与其他知识系统进行比较，如一些海洋生物会经历热应力。"智慧"进一步考虑所有这些因素以及社会或文化价值，以评估可能采取的行动，如限制碳排放以减轻气候变暖的有害影响（图7-1）。在这个框架内，机器学习（machine learning，ML）和生态系统研究相互作用，ML能够将数据转化为信息，甚至绕过信息步骤直接进行推理，将其作为知识传达。而生态学的双向箭头代表了对数据收集过程的迭代反馈，通过统计建模和假设检验来完善知识。如果我们能够结合各学科的优势，明确识别偏差，管理不确定性和不同的认知方式，尤其是在信息和知识层面，那么人工智能和生态系统科学的协同进步将促进对复杂系统功能的更深入理解、预测和保护。这种跨学科的合作不仅能够增强我们对数据的理解，还能够推动科学和社会的进步，为应对全球性挑战提供更全面的解决方案（图7-1）。

（2）人工智能的主要统计学方法：AI是计算机科学的一个分支，旨在开发能够执行传统上依赖人类智能的任务的机器或软件系统，如视觉识别、语言理解、决策和翻译。AI系统可以包括专家系统、自然语言处理系统以及推荐系统等，涵盖了机器学习（ML）和深度学习（deep learning，DL）等重要分支。

机器学习（ML）是实现AI的一种方法，它使计算机能够从数据中学习并提高自身性能，而无需明确编程。机器学习算法通过统计方法识别数据模式，并根据这些模式做出预测或决策。深度学习（DL）是机器学习的一个子领域，它采用类似于人脑结构的人工神经网络（artificial neural network，ANN），模拟人类的学习过程，能够在数据中建立多层次的表示和抽象，从而识别复杂的模式。深度神经网络（deep neural network，DNN）作为深度学习的基础结构，包含多个隐藏层，能够捕捉数据的复杂特征，因此在图像和语音识别、自然语言处理等领域表现突出。卷积神经网络（convolutional neural network，CNN）是深度神经网络的一种，特别适合处理如图像等具有网格状拓扑结构的数据。CNN通过卷积层提取局部特征，再通过池化层减少空间维度，从而有效应用于视觉任务。总体而言，AI是一个庞大的领域，其中机器学习是实现AI的一种方法，而深度学习则是机器学习的一个子领域,通过深度神经网络来捕捉复杂的模式和结构。深度神经网络作为深度学习的核心,通过多层结构识别复杂特征;卷积神经网络则专门用于处理图像等空间数据,是深度学习在视觉任务中的重要应用(图7-2)。

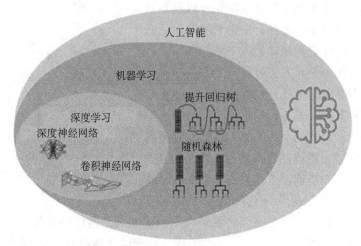

图7-2 人工智能、机器学习和深度学习之间的关系(引自 Pichler and Hartig,2022)

AI 的许多关键技术高度依赖统计学。统计学不仅为 AI 中的数据处理和建模提供了理论基础,也在算法优化、特征选择和结果解释方面起着核心作用。因此,无论是 AI 的基本理论,还是具体实践,统计学方法都是不可或缺的。生态学领域常用的一些相关的统计方法有以下几种。①决策树(decision tree,DT),通过树状模型模拟决策过程,用于模拟种群动态和评估不同生物的栖息地适宜性。②随机森林(random forest,RF)算法作为一种集成学习方法,通过构建多个决策树提高预测的准确性和稳健性,用于预测入侵植物物种的存在、识别稀有地衣物种以及确定空巢鸟类的巢位点。③人工神经网络(ANN)模仿人脑神经元的连接,用于学习和模拟生态系统中的复杂函数,如营养流动和种群动态,并估计生物多样性与环境之间的关系。④支持向量机(support vector machine,SVM)作为监督学习算法,在物种分布模拟中发挥重要作用。⑤关联规则(association rule,AR)用于发现大型数据库中变量间的潜在关系,可用于生态系统内不同地理元素之间的分布规则和内在关联。⑥贝叶斯学习(Bayesian learning,BL)基于贝叶斯定理,为生态学和环境科学提供了一个强大灵活的数据分析工具,可以整合不同来源的信息,用于评估生态系统对城市化的响应以及渔业生态学等领域。

(3)人工智能的生态学应用:人工智能,特别是机器学习(ML)和深度学习(DL)在生态学领域的应用日益广泛,特别是在水文循环、碳循环、气象预测、气候变化、物种分布、健康评估、景观生态和资源管理等方面。随着生态数据的积累和机器学习算法的成熟,生态学研究迎来了新的途径。

物种分布模型(species distribution model,SDM),也称为生态位模型(ecological niche model,ENM),是一种数学模型,它基于物种存在或丰富度数据及环境因子数据来构建。这类模型在多维生态空间中依据采样点提供的统计信息来估计物种的生态位需求,并将其投射到选定的时空范围内。它们以概率形式反映物种对生境的偏好程度,通常用于反映大尺度上物种适宜生境的分布情况。SDM 的应用日益广泛，尤其在全球变化背景下，被用来研究生态系统的关键组分（如建群种和常见物种）对气候变化的响应、预测入侵物种的潜在分布区、评估区域气候变化对物种丰富度和群落稳定性的影响，以及划定濒危珍稀物种保护区范围和评估人类活动对濒危物种的影响。现代 SDM 依赖于先进技术，如随机森林（RF）、支持向量机（SVM）和人工神经网络（ANN），这些技术能够处理大量数据并识别复杂的非线性关系，从而提高预测的准确性。这些模型不仅帮助科学家理解物种生态位、预测气候变化的影响，还为物种保护提供了科学依据。

近年来，ML 推动了物种和植被分布的精准预测与重建。Benito 等（2008）使用随机森林（RF）算法，预测了未来伊比利亚半岛的树种分布，显示了 RF 在生态数据处理和树种分布预测中的潜力。类似地，Pouteau 等（2012）将支持向量机（SVM）和 RF 算法结合，用于稀有植物分布的预测，凸显了这些算法在保护生物学和生物多样性研究中的应用价值。在气候变化背景下，Ghosh 等（2014）基于 SVM 物种分布模型（SDM），结合历史气候数据和两个代表性气候变化情景，预测了 1961～2099 年中国竹子的潜在分布，展示了 SVM 在气候变化对生物多样性影响研究中的作用。对于植被变化的重建，Vaca 等（2011）和秦锋等（2022）使用 RF 方法重建了末次冰盛期以来青藏高原的植被分布变化，显著提高了植被分布图的精度，体现了 RF 在古生态学和生态恢复研究中的应用潜力。

景观生态学研究地球表面景观的结构、功能和变化，关注人类活动与自然环境的相互作用。机器学习技术在土地覆盖/土地利用分类、城市和农业景观分析、水文现象监测等方面展现出巨大潜力。例如，RF、NN、CNN 等算法在处理遥感数据、识别土地类型特征、实现景观类型分类中发挥重要作用。此外，机器学习技术还用于评估城市扩张、农业用地变化及其对生态系统服务的影响，以及监测水文循环变化和预测极端水文事件。

机器学习的应用提高了景观生态学研究的数据处理效率与准确性，为理解复杂的人地耦合系统提供了新的视角。这些技术使研究者能够更有效地监测和预测景观变化，为生态管理和保护提供科学依据。随着技术的不断进步，未来机器学习在景观生态学中的应用将更加广泛和深入，给生态学研究与实践带来更多创新和突破。

近年来，生态环境领域依托人工智能技术的自主学习、自动推理、智能判断等特性，对各类生态环境数据进行融合、建模和分析，推动了人工智能在生态环境监测预警与污染溯源、生态系统保育与修复、生态产品价值实现、资源循环利用与低碳发展、生态环境规划与空间管控以及生态环境数字化治理与智慧决策等方面的应用。这为解决传统生态环境治理手段单一、精准度不高、决策分析能力不足等问题提供了有效的技术路径。例如，在生态产品价值实现方面，人工智能技术有助于生态产品的调查和监测，支持构建智慧化、高效化、共享化的生态产品信息云平台。通过大数据、物联网、云计算等技术优化生态产品监测体系，可以全面摸清生态产品的构成、数量和质量，掌握其功能特点、权益归属、保护开发情况及市场价格等信息。在生态环境规划与空间管控方面，现代社会对灵活、精确、高效的规划方法需求日益增强，以应对环境问题的复杂性和不确定性。人工智能的发展使得生态环境规划方法和工具不断创新，通过大数据、机器学习、知识图谱、虚拟现实等技术的应用，能够更好地适应快速变化和高度复杂的环境问题，从而提升决策的科学性和针对性，显著提高生态环境规划的精准度和效率。

（4）存在的问题与发展方向：尽管机器学习（ML）在生态学研究中提供了超越传统方法的精度和速度，但它也面临着一系列挑战，包括数据质量、模型过拟合、"黑盒"问题以及算法选择等。数据质量直接影响模型性能，而模型过拟合和"黑盒"问题可能影响结果的解释性与算法适应性。为应对这些挑战，研究趋势是将 ML 技术与传统统计方法结合，采用集成学习策略，通过组合不同模型来提高预测精度。生态学问题的复杂性和多样性意味着没有通用的 ML 模型，集成方法能构建更精准的预测系统。生态学研究的跨学科特性要求研究者具备专业判断力，根据具体目标、领域和数据集选择最合适的 ML 模型，并深入理解算法以准确解释结果，同时考虑分析结果乃至结论的不确定性。这样的跨学科融合将促进 ML 技术在生态学中的广泛应用，帮助我们深入理解生态系统动态（李慧杰等，2023）。

参 考 文 献

边琦, 王成, 程贺, 等. 2023. 声学指数在城市森林鸟类多样性评估中的应用. 生物多样性, 31: 22080.

陈佳, 吴明红, 严耕. 2013. 中国生态文明建设发展评价研究. 北京: 国家行政学院出版社.

陈炼, 吴琳, 刘燕, 等. 2016. 环境 DNA metabarcoding 及其在生态学研究中的应用. 生态学报, 36(15): 4573-4582.

方精云. 2021. 生态学学科体系的再构建. 大学与学科, 2: 61-72.

傅伯杰, 于丹丹, 吕楠. 2017. 中国生物多样性与生态系统服务评估指标体系. 生态学报, 37: 341-348.

侯鹏, 付卓, 祝汉收, 等. 2020. 生态资产评估及管理研究进展. 生态学报, 40: 8851-8860.

侯鹏, 王桥, 申文明, 等. 2015. 生态系统综合评估研究进展: 内涵、框架与挑战. 地理研究, 34: 1809-1823.

胡健波, 张健. 2018. 无人机遥感在生态学中的应用进展. 生态学报, 38(1): 20-30.

黄小波, 郎学东, 李帅锋, 等. 2021. 生态系统多功能性的指标选择与驱动因子:研究现状与展望. 生物多样性, 29: 1673-1686.

蒋志刚, 马克平. 2014. 保护生物学原理. 北京: 科学出版社.

李晗溪, 黄雪娜, 李世国, 等. 2019. 基于环境 DNA-宏条形码技术的水生生态系统入侵生物的早期监测与预警. 生物多样性, 27: 491-504.

李慧杰, 王兵, 牛香, 等. 2023. 机器学习技术在生态学中的应用进展. 生态学杂志, 42(11): 2767-2775.

刘思明, 侯鹏. 2016. 生态文明建设国际比较研究: 2008—2012. 经济问题探索, (3): 9.

马海港, 范鹏来. 2023. 被动声学监测技术在陆生哺乳动物研究中的应用、进展和展望. 生物多样性, 31: 22374.

马鸣, 庭州, 徐国华, 等. 2015. 利用多旋翼微型飞行器监测天山地区高山兀鹫繁殖简报. 动物学杂志, 50(2): 306-310.

宓泽锋, 曾刚, 尚勇敏, 等. 2016. 中国省域生态文明建设评价方法及空间格局演变. 经济地理, (4): 7.

牛文元. 2013. 生态文明的理论内涵与计量模型. 中国科学院院刊, 28: 163-172.

欧阳志云, 朱春全, 杨广斌, 等. 2013. 生态系统生产总值核算: 概念、核算方法与案例研究. 生态学报,

33: 6747-6761.

裴男才, 陈步峰. 2013. 生物 DNA 条形码: 十年发展历程、研究尺度和功能. 生物多样性, 21: 616-627.

秦锋, 赵艳, 曹现勇. 2022. 利用机器学习方法重建末次冰盛期以来青藏高原植被变化. 中国科学: 地球科学, 52(4): 697-713.

生物多样性和生态系统服务政府间科学政策平台(IPBES). 2024. 土地退化与恢复评估报告.

世界自然保护联盟(IUCN). 2021. 基于自然的解决方案全球标准: NbS 的审核、设计和推广框架. 格兰德: IUCN.

苏艳军, 严正兵, 吴锦, 等. 2022. 生态遥感新方法及其在自然保护地天空地一体化监测中的应用. 植物生态学报, 46: 1125-1128.

唐小平, 欧阳志云, 蒋亚芳, 等. 2023. 中国国家公园空间布局研究. 国家公园(中英文), 1: 1-10.

唐小平, 张云毅, 梁兵宽, 等. 2019. 中国国家公园规划体系构建研究. 北京林业大学学报(社会科学版), 18: 5-12.

王存刚. 2023. 人类文明形态的历史、现实与趋势: 一个概要的论述. 人民论坛, (10): 45-49.

吴慧, 徐学红, 冯晓娟, 等. 2022. 全球视角下的中国生物多样性监测进展与展望. 生物多样性, 30: 196-210.

吴杨, 潘玉雪, 张博雅, 等. 2020. IPBES 框架下的生物多样性和生态系统服务区域评估及政策经验. 生物多样性, 28: 913-919.

肖能文, 赵志平, 李果, 等. 2022. 中国生物多样性保护优先区域生物多样性调查和评估方法. 生态学报, 42: 2523-2531.

许晓青, 蒲宝婧, 余楚萌, 等. 2023. 声学手段辅助自然保护地生物多样性监测现状及应用建议. 自然保护地, 3(4): 34-44.

杨海江, 勾晓华, 唐呈瑞, 等. 2024. 2010—2021 年中国森林生态系统服务功能价值评估研究进展. 生态学杂志, 43: 244-253.

于贵瑞, 王秋凤, 杨萌, 等. 2021. 生态学的科学概念及其演变与当代生态学学科体系之商榷. 应用生态学报, 32: 1-15.

张宏锦, 王娓. 2021. 生态系统多功能性对全球变化的响应: 进展、问题与展望. 植物生态学报, 45: 1112-1126.

张欢, 成金华, 陈军, 等. 2014. 中国省域生态文明建设差异分析. 中国人口·资源与环境, 24(6): 8.

张辉, 线薇薇. 2020. 环境 DNA 技术在生态保护和监测中的应用. 海洋科学, 44(7): 96-102.

张健, 孔宏智, 黄晓磊, 等. 2022. 中国生物多样性研究的 30 个核心问题. 生物多样性, 30: 22609.

张俊义, 李兰英, 姚任图, 等. 2023. 公益林生态补偿能否提升森林质量? 以浙江省龙泉市和安吉县为例. 林业经济, 45: 20-41.

张克荣, 张小全, 李潜, 等. 2023. 退化生态系统近自然精准修复: 基于自然的解决方案. 植物科学学报, 41: 751-758.

张志明, 徐倩, 王彬, 等. 2017. 无人机遥感技术在景观生态学中的应用. 生态学报, 37(12): 4029-4036.

钟恩主, 管振华, 周兴策, 等. 2021. 被动声学监测技术在西黑冠长臂猿监测中的应用. 生物多样性, 29: 109-117.

Benito Garzón M, Sánchez de Dios R, Sainz Ollero H. 2008. Effects of climate change on the distribution of Iberian tree species. Applied Vegetation Science, 11: 169-178.

Ghosh A, Fassnacht F E, Joshi P K, et al. 2014. A framework for mapping tree species combining hyperspectral and LiDAR data: role of selected classifiers and sensor across three spatial scales. International Journal of Applied Earth Observation and Geoinformation, 26: 49-63.

Han B A, Varshney K R, Ladeau S, et al. 2023. A synergistic future for AI and ecology. Proceedings of the National Academy of Sciences of the United States of America, 120(38): e2220283120.

IPBES. 2024. Global Assessment Report on Biodiversity and Ecosystem Services.

Pichler M, Hartig F. 2022. Machine learning and deep learning—A review for ecologists. Methods in Ecology and Evolution, 14: 994-1016.

Pouteau R, Meyer J Y, Taputuarai R, et al. 2012. Support vector machines to map rare and endangered native plants in Pacific islands forests. Ecological Informatics, 9: 37-46.

Rietkerk M, Dekker S C, de Ruiter P C, et al. 2004. Self-organized patchiness and catastrophic shifts in ecosystems. Science, 305: 1926-1929.

Senior R A, Bagwyn R, Leng D, et al. 2024. Global shortfalls in documented actions to conserve biodiversity. Nature, 630: 387-391.

Sutherland W J, Adams W M, Aronson R B, et al. 2009. An assessment of the 100 questions of greatest importance to the conservation of global biological diversity. Conservation Biology, 23: 557-567.

Sutherland W J, Freckleton R P, Godfray H C J, et al. 2013. Identification of 100 fundamental ecological questions. Journal of Ecology, 101(1): 58-67.

Thomsen P F, Kielgast J, Iversen L L, et al. 2012. Monitoring endangered freshwater biodiversity using environmental DNA. Molecular Ecology, 21(11): 2565-2573.

Vaca R A, Golicher D J, Cayuela L. 2011. Using climatically based random forests to downscale coarse-grained potential natural vegetation maps in tropical Mexico. Applied Vegetation Science, 14: 388-401.

Weissensteiner M H, Poelstra J W, Wolf J B W. 2015. Low-budget ready-to-fly unmanned aerial vehicles: an effective tool for evaluating the nesting status of canopy-breeding bird species. Journal of Avian Biology, 46(4): 425-430.

WWF. 2024. Living Planet Report 2022.

Zhang J, Hu J B, Lian J B, et al. 2016. Seeing the forest from drones: testing the potential of lightweight drones as a tool for long-term forest monitoring. Biological Conservation, 198: 60-69.